Nail H. Ibragimov
Differentialgleichungen und Mathematische Modellbildung
De Gruyter Studium

Weitere empfehlenswerte Titel

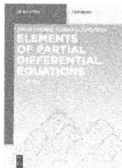

Elements of Partial Differential Equations
Pavel Drábek, Gabriela Holubová, 2014
ISBN 978-3-11-031665-0, e-ISBN (PDF) 978-3-11-031667-4,
e-ISBN (EPUB) 978-3-11-037404-9

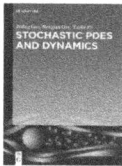

Stochastic PDEs and Dynamics
Boling Guo, Hongjun Gao, Xueke Pu, 2016
ISBN 978-3-11-049510-2, e-ISBN (PDF) 978-3-11-049388-7,
e-ISBN (EPUB) 978-3-11-049243-9

Computational Physics.
Mit Beispielen in Fortran und Matlab
Michael Bestehorn, 2016
ISBN 978-3-11-037288-5, e-ISBN (PDF) 978-3-11-037303-5,
e-ISBN (EPUB) 978-3-11-037304-2

Numerical Analysis of Stochastic Processes
Wolf-Jürgen Beyn, Raphael Kruse, 2017
ISBN 978-3-11-044337-0, e-ISBN (PDF) 978-3-11-044338-7,
e-ISBN (EPUB) 978-3-11-043555-9

Ordinary Differential Equations.
Example-driven, Including Maple Code
Radu Precup, 2018
ISBN 978-3-11-044742-2, e-ISBN (PDF) 978-3-11-044744-6,
e-ISBN (EPUB) 978-3-11-044750-7

Nail H. Ibragimov

Differentialgleichungen und Mathematische Modellbildung

Eine praxisnahe Einführung unter Berücksichtigung
der Symmetrie-Analyse

DE GRUYTER

Autor
Prof. Nail H. Ibragimov
Blekinge Institute of Technology
Research Center ALGA
Department of Mathematics and Natural Sciences
Karlskrona 371 79
Sweden
nailhib@gmail.com

Übersetzer
Dr. Jörg Volkmann
Am Windmühlenberg 16
38459 Bahrdorf
Deutschland
joerg_volkmann@web.de

ISBN 978-3-11-049532-4
e-ISBN (PDF) 978-3-11-049552-2
e-ISBN (EPUB) 978-3-11-049284-2

Library of Congress Cataloging-in-Publication Data
A CIP catalog record for this book has been applied for at the Library of Congress.

Bibliografische Information der Deutschen Nationalbibliothek
Die Deutsche Nationalbibliothek verzeichnet diese Publikation in der Deutschen
Nationalbibliografie; detaillierte bibliografische Daten sind im Internet über
http://dnb.dnb.de abrufbar.

© 2018 Walter de Gruyter GmbH, Berlin/Boston

Original title:
A Practical Course in Differential Equations and Mathematical Modelling
© 2004, 2005, 2006 Nail H. Ibragimov
Umschlaggestaltung: MattZ90/iStock/thinkstock
Satz: PTP-Berlin, Protago-TEX-Production GmbH, Berlin
Druck und Bindung: CPI books GmbH, Leck
♾ Gedruckt auf säurefreiem Papier
Printed in Germany

www.degruyter.com

Vorwort zur deutschen Auflage

Die Beschreibung fundamentaler Naturgesetze und technologischer Probleme, sowie der meisten mathematischen Modelle in Physik, Ingenieurwissenschaften, Biomathematik, Ökonomie usw. geschieht auf der Basis von nichtlinearen Differentialgleichungen. Damit stehen Naturwissenschaftler, Ingenieure, und die Studenten bzw. Forscher oben genannter Bereiche vor der Aufgabe, sich mit diesen Modellen zu beschäftigen. Dies beinhaltet auch die Frage nach den Lösungstechniken für solche Gleichungen. Hierfür stehen analytisch sogenannte Ad-hoc-Methoden zur Verfügung, die von der äußeren Form der Gleichung abhängen, oder es werden numerische Algorithmen angewandt.

Neben der Fragestellung nach dem Generieren von Lösungen für die mathematischen Modelle steht aber auch die Frage nach ihrer Qualität und Güte immer wieder im Raum, die es zu beantworten gilt. Versagen hier die analytischen Rechenmethoden, so kann diese Frage nicht behandelt werden, da die Numerik hierauf keine Antwort geben kann.

Eine gewinnbringende Alternative zu den bereits erwähnten Methoden bildet die Lie-Gruppen-Analysis, die sich auf diese mathematischen Modelle anwenden lässt. Mit ihren Algorithmen trägt sie einerseits dazu bei, Lösungen für reale Phänomene aus obigen Anwendungsbereichen zu bestimmen. So können beispielsweise die 400 Typen integrabler gewöhnlicher Differentialgleichungen zweiter Ordnung auf nur vier unterschiedliche Formen durch Anwendung von Lie-Gruppen-Methoden reduziert werden.

Andererseits lässt sich die Lie-Gruppen-Analysis auch als Mikroskop für die mathematische Modellbildung einsetzen und dient damit als entscheidendes Werkzeug, um die Frage nach der Güte und Qualität zu beantworten und das Qualitätskriterium in der Wissenschaft nach 5. Mose 19,15 zu bedienen.[1]

Die Idee zu diesem Werk entstand auf der MOGRAN 12 Tagung (= *Modern Group Analysis*), die 2008 in Porto durchgeführt wurde. Dort sprach Prof. Ibragimov darüber, das englischsprachige Original mit dem Titel „A Practical Course in Differential Equations and Mathematical Modelling: Classical and New Methods, Nonlinear Mathematical Models, Symmetry and Invariance Principles" in möglichst vielen Sprachen zu veröffentlichen, um für eine weite Verbreitung und Anwendung des betrachteten Stoffes zu sorgen. So trug er den Wunsch an mich heran, dieses Werk in deutscher Sprache abzufassen. Auch ich kann mich an dieser Stelle der Ansicht nur anschließen, da analytische Rechenmethoden sehr wichtig sind und deren Weiterentwicklung dazu dient, mit dem Vorurteil aufzuräumen, „das geht ja nur numerisch". Dieses Werk beweist das

---

[1] Jörg Volkmann, Norbert Südland, *The Variance Theorem for infinite boundaries: Theory and Application*, eingereicht bei: Chelyabinsk Physical and Mathematical Journal 2016/17

DOI 10.1515/9783110495522-001

Gegenteil und liefert auch genügend Material um mathematische Modellgleichungen nach dem schon erwähnten Qualitätskriterium zu beurteilen.

Dem Herrn sei gedankt, dass diese Arbeit trotz Höhen und Tiefen gelingen durfte. Aus dem Wunsch heraus, das Buch ins Deutsche zu übersetzen, hat sich eine Zusammenarbeit mit Prof. Ibragimov entwickelt, für die ich ihm an dieser Stelle danken möchte. Auch für die Möglichkeit, diese Arbeit abzufassen sowie für seine Geduld sei ihm außerdem gedankt.

Ein weiterer Dank geht an den Verlag De Gruyter für die Bereitschaft, dieses Buch zu veröffentlichen. Außerdem möchte ich mich bei dem Ehepaar Björn und Nadine Simon für das fleißige Korrekturlesen bedanken.

Ein ganz großes Dankeschön geht an meine Familie, insbesondere an meine liebe Frau Christa für ihre tatkräftige Unterstützung und Motivation.

Bahrdorf im August 2016   Jörg Volkmann

Vorwort zur dritten Auflage

Dieses Buch basiert auf Vorlesungen, die ich an der Technischen Hochschule Blekinge gehalten habe und dient als Lehrbuch für verschiedene Kurse. Bei diesen handelt es sich um

- *Differentialgleichungen.* Dieser Kurs kombiniert die grundlegenden klassischen Methoden für lineare gewöhnliche und partielle Differentialgleichungen mit neuen Methoden zum analytischen Lösen nichtlinearer Gleichungen. Er ist für Anfänger konzipiert worden. Die Studenten lernen, wie sich Symmetrien von Differentialgleichungen durch das Lösen von bestimmenden Gleichungen gewinnen lassen und wie dies symbolisch unter Zuhilfenahme von Computeralgebra-Programmen geschieht.
- *Analytische Methoden in der mathematischen Modellbildung.* Schwerpunkt dieses Kurses bilden die nichtlinearen mathematischen Modelle aus der Physik, Biologie und den Ingenieurswissenschaften. Der Kurs deckt auch Themen wie nichtlineare Superposition, Symmetrien, Erhaltungssätze sowie gruppeninvariante Lösungen ab.
- *Gruppen-Analysis von Differentialgleichungen.* Dieser Kurs führt die Studenten der Mathematik und der Ingenieurwissenschaften in die Gebiete der Theorie der Transformationsgruppen und der Lie-Algebren ein. Diese gehören zu den wichtigsten Themen für die praktischen Anwendungen. Die Studenten entwickeln analytische Fertigkeiten und erwerben vertiefte Kenntnisse in den modernen Methoden, nichtlineare gewöhnliche und partielle Differentialgleichungen zu lösen.
- *Distributionen und das Invarianzprinzip für Anfangswertprobleme.* Hierbei handelt es sich um eine einfach zu folgende Einführung in die grundlegenden Konzepte der Distributionstheorie mit dem Hauptaugenmerk auf nützliche Hilfsmittel. Lies infinitesimale Techniken wurden auf den Raum der Distributionen erweitert und zusammen mit einem Invarianzprinzip dazu benutzt, um Fundamentallösungen zu bestimmen. Dies alles führt zur Lösung von Anfangswertaufgaben für Gleichungen mit konstanten und variablen Koeffizienten.

Die dritte Auflage beinhaltet zahlreiche Erweiterungen. Hiervon sind die meisten in den Kapiteln 6 und 7 zu finden. Zum Beispiel fügte ich meine Theorie der integrierenden Faktoren für gewöhnliche Differentialgleichungen höherer Ordnung (Abschnitt 6.6.2) hinzu, sowie Lies Beweis für den Hauptsatz zur nichtlinearen Superposition (Abschnitt 6.7.2) und die Berechnung von Symmetrien für partielle Differentialgleichungen (Abschnitt 7.1.1). Außerdem habe ich die Kapitel 3 und 5 sowie die Aufgaben zu allen Kapiteln überarbeitet.

DOI 10.1515/9783110495522-002

Die Überarbeitung von Teilen des Buches für die dritte Auflage kam durch die Diskussion mit meinen Studenten zustande. Ihnen möchte ich für ihr großes Interesse an den neuen Methoden danken. Mein herzlichster Dank aber gilt Raisa für ihre stetige Hilfe.

Karlskrona, 17. November 2006   N. H. Ibragimov

Vorwort zur zweiten Auflage

Die zweite Auflage beinhaltet erhebliche Änderungen und Zusätze in praktisch allen Kapiteln. Neue Abschnitte wurden eingefügt. Hierbei handelt es sich zum Beispiel um die nichtlineare Superposition (Abschnitt 6.7), sowie um Erhaltungssätze (Abschnitt 7.3).

Bei der Anwendung von Differentialgleichungen besteht das Hauptaugenmerk darin, herauszufinden, ob sich die betrachtete Differentialgleichung in geschlossener Form lösen lässt oder nicht. Danach ist dann die Lösung so einfach wie möglich darzustellen. Um das Wesentliche meiner Erfahrungen beim Lösen verschiedener Typen von Differentialgleichungen zu formulieren, möchte ich den bekannten französischen Spruch „cherchez la femme" wie folgt umschreiben:

> Wenn du eine nichtlineare Differentialgleichung nicht lösen kannst, dann steckt eine Gruppe dahinter.

Daher fügte ich das Kapitel 6.5.1 hinzu. Hierin wird die Berechnung von Symmetrien durch Lösen der sogenannten bestimmenden Gleichungen diskutiert. Es wird dem Leser helfen, die Hauptgedanken zu erfassen. Hat er die Methode der bestimmenden Gleichungen verstanden, kann er auf diese einfache Weise Symmetrien finden. Als Werkzeug bieten sich Computeralgebra-Pakete an, die die Integrationsmethoden benutzen, die in diesem Buch beschrieben werden.

Die gruppentheoretische Anwendung von Distributionen und Fundamentallösungen wurden entwickelt und in beträchtlicher Allgemeinheit mit Schwerpunkt auf ihre Anwendung diskutiert.

Lie-Gruppen-Analysis spielt die zentrale Rolle in diesem Buch. Ich glaube, dass Lie-Gruppen in erster Linie dafür interessant sind, um sie bei der Lösung von Differentialgleichungen anzuwenden. Es ist ein Fehler, sie von diesem zentralen Anwendungsgebiet zu isolieren und als Zweig der abstrakten oder reinen Mathematik zu betrachten.

> Mathematik von den praktischen Anforderungen der Wissenschaften zu isolieren bedeutet, die Sterilität eines Kuhhaufens entfernt vom Bullen einzuladen.
> (P. L. Chebyshev, 1821–1894)

Mein herzlichster Dank gilt meinem Kollegen Claes Jogréus für seine permanente Hilfe. Meine Frau Raisa las das Manuskript in verschiedenen Reifegraden der zweiten Auflage, korrigierte Druckfehler und trug durch zahlreiche Kritiken zur jetzigen Fassung in erheblichem Maße bei. Hierfür möchte ich ihr meinen tiefsten Dank aussprechen. Es ist mir ebenso eine Ehre, meinen Töchtern Sania und Alia für ihre zahlreichen und hilfreichen Kommentare zu danken.

Karlskrona, 31. August 2005   N. H. Ibragimov

DOI 10.1515/9783110495522-003

Vorwort zur ersten Auflage

Die moderne Mathematik besitzt eine mehr als 300-jährige Geschichte. Schon von Anfang an lag der Fokus auf Differentialgleichungen als wichtigstes Hilfsmittel bei der mathematischen Modellbildung. Die meisten mathematischen Modelle der Physik, der Ingenieurwissenschaften, der Biomathematik führen auf nichtlineare Differentialgleichungen.

In der heutigen Zeit werden Ingenieure, Wissenschafts-Studenten und Forscher alltäglich mit Problemen der mathematischen Modellbildung konfrontiert, wozu auch die Lösungstechniken für Differentialgleichungen gehören. Manchmal können analytische Lösungen durch zahlreiche traditionelle Ad-hoc-Methoden gewonnen werden, bei denen spezielle Typen von Gleichungen integriert werden. Aber öfter lassen sich Lösungen auf diese Weise jedoch trotz der Tatsache nicht gewinnen, dass über 400 Typen von integrablen gewöhnlichen Differentialgleichungen zweiter Ordnung durch solche Ad-hoc-Methoden angesammelt und katalogisiert worden sind.

Auf der anderen Seite lassen sich jedoch fundamentale Naturgesetze und technologische Probleme mittels Differentialgleichungen formulieren und erfolgreich mittels der Methoden der Lie-Gruppen behandeln und lösen. So reduziert dieses Verfahren zum Beispiel die 400 klassischen Typen von Gleichungen auf nur 4! Die Entwicklungen auf dem Gebiet der Gruppen-Analysis liefern genügend Beweise dafür, dass diese Theorie eine universelle Methode darstellt, die Zahl der Differentialgleichungen zu bewältigen, bei denen alle anderen Integrationsmethoden versagen. Damit ist die Gruppen-Analysis die einzige universelle und effektive Methode zum analytischen Lösen von nichtlinearen Differentialgleichungen. Die alten Integrationsmethoden bauen im Wesentlichen auf die Linearitätseigenschaft bzw. die Konstanz der Koeffizienten der Gleichungen. Gruppen-Analysis behandelt sowohl lineare als auch nichtlineare Gleichungen in gleicher Weise unabhängig davon, ob die Koeffizienten variabel oder konstant sind. Vom traditionellen Standpunkt aus gesehen besitzt die lineare Gleichung

$$\frac{d^n y}{dx^n} + a_1 \frac{d^{n-1} y}{dx^{n-1}} + \cdots + a_{n-1} \frac{dy}{dx} + a_n y = 0$$

mit konstanten Koeffizienten $a_1, \ldots, a_n$ eine andere Form als

$$\bar{x}^n \frac{d^n \bar{y}}{d\bar{x}^n} + a_1 \bar{x}^{n-1} \frac{d^{n-1} \bar{y}}{d\bar{x}^{n-1}} + \cdots + a_{n-1} \bar{x} \frac{d\bar{y}}{d\bar{x}} + a_n \bar{y} = 0$$

bekannt als Euler-Gleichung. Vom Standpunkt der Lie-Gruppen sind diese Gleichungen zwei unterschiedliche Darstellungen ein und derselben Gleichung mit jeweils zwei vertauschbaren bekannten Symmetrien:

$$X_1 = \frac{\partial}{\partial x}, \quad X_2 = y \frac{\partial}{\partial y} \quad \text{und} \quad \overline{X}_1 = \bar{x} \frac{\partial}{\partial \bar{x}}, \quad \overline{X}_2 = \bar{y} \frac{\partial}{\partial \bar{y}}$$

DOI 10.1515/9783110495522-004

für die erste bzw. zweite Gleichung. Diese Symmetrien spannen zwei ähnliche Lie-Algebren auf und führen auf die Transformation $x = \ln|\bar{x}|$, die die Euler-Gleichung in die Gleichung mit konstanten Koeffizienten überführt.

Heute nun wurde Gruppen-Analysis als wesentlicher Bestandteil in das Curriculum für Differentialgleichungen und die nichtlineare mathematische Modellbildung aufgenommen und zieht mehr und mehr Studenten an. Zum Beispiel besuchten in Moskau am dortigen Institut für Physik und Technologie mehr als 100 Studenten die Vorlesung über partielle Differentialgleichungen, als ich die Liesche Methode dort lehrte. Bestand die Vorlesung jedoch nur aus dem traditionellen Lehrstoff, nahmen nur etwa 10 Studenten teil. Der gleiche Effekt war zu beobachten, als ich eine ähnliche Vorlesung für Studenten der Natur- und Ingenieurwissenschaften in Südafrika und Schweden hielt.

Der Text dieses Werkes basiert auf diesen Vorlesungen und reflektiert und erweitert meinen eigenen Geschmack und meine Erfahrungen. Es wurde geschrieben für die Kurse über Differentialgleichungen, die ich am Blekinge Institute of Technology für Ingenieure, Mathematiker und naturwissenschaftliche Studenten hielt. In meiner Darstellung habe ich mich bemüht, die Gruppen-Analysis von Differentialgleichungen für Ingenieure und Studenten zugänglich zu machen. Damit liegt der Schwerpunkt in diesem Buch auf der Anwendung bekannter Symmetrien und nicht so sehr auf deren Berechnung.

Mein besonderer Dank gilt Frau Elena Ischmakova für ihre intensive Hilfe bei der Vorbereitung dieses Manuskripts. Ein weiteres Dankeschön gebührt meinem Kollegen Claes Jogréus für seine Unterstützung. Abschließend möchte ich noch meiner Frau Raisa für ihre Unterstützung und für ihr Verständnis bei diesem Projekt danken.

Karlskrona, 31. August 2004   N. H. Ibragimov

Inhalt

1 Ausgewählte Kapitel der Analysis

Dieses einführende Kapitel richtet sich an die „Anfänger" und fasst grundlegende Sachverhalte der elementaren Mathematik und der mathematischen Analysis zusammen, die für das Verständnis der folgenden Abschnitte dieses Buches wichtig sind.

Weiterführende Literatur: E. Goursat [10].

1.1 Elementare Mathematik

1.1.1 Zahlen, Variable und elementare Funktionen

Die reellen Zahlen treten beim Umgang mit Experimenten (z. B. Abstandsmessungen, Massenbestimmungen usw.) als approximierte Dezimalzahlen auf. Zum Beispiel beträgt die Entfernung zum Mond „in Erdnähe" S km, wobei die Zahl S ungefähr 366 630 beträgt. Eine genauere Darstellung dieser Entfernung lautet 356 629 km und 744 m. Damit ist

$$S \approx 356\,629{,}744 \equiv 356\,629 + \frac{744}{1000} = 356\,629 + \frac{7}{10} + \frac{4}{100} + \frac{4}{1000}.$$

Setzt man diese Überlegungen weiter fort, so erhält man jeweils bessere Approximationen und schließlich eine Darstellung der Zahl S mit unendlich vielen Dezimalstellen. Dies führt zu folgender Definition:

Definition 1.1.1. Reelle Zahlen sind solche mit unendlich vielen Nachkommastellen

$$a = a_0, a_1 a_2 \ldots a_n \ldots, \tag{1.1.1}$$

Hierbei ist a_0 eine ganze Zahl. $a_1, \ldots, a_n$ sind Ziffern, d. h. sie können jede der zehn arabischen Symbole 0 bis 9 annehmen. Die Gleichung (1.1.1) besagt, dass

$$a = a_0 + \frac{a_1}{10} + \frac{a_2}{100} + \cdots + \frac{a_n}{10^n} + \cdots. \tag{1.1.2}$$

Bemerkung 1.1.1. Stellt (1.1.1) eine periodische (bzw. endliche) Dezimalzahl dar, so ist a eine rationale Zahl, d. h. $a = \frac{p}{q}$, wobei p und q ganze Zahlen sind mit $q \neq 0$. Reelle Zahlen mit nicht-periodischen unendlich vielen Dezimalstellen heißen irrationale Zahlen. Ferner werde die Zahl $0,(9) = 0,999\ldots$ mit 1 identifiziert.

Beispiel 1.1.1. Bekannte Beispiele für irrationale Zahlen sind

$$\sqrt{2} = 1{,}4142136\ldots \qquad \approx 1{,}41$$
$$\pi = 3{,}1415926535\ldots \qquad \approx 3{,}14$$
$$e = 2{,}718281828459045\ldots \qquad \approx 2{,}72$$

DOI 10.1515/9783110495522-005

Bemerkung 1.1.2. Die Darstellung der reellen Zahlen mit Hilfe des Dezimalsystems ist historisch gewachsen. Beispielsweise hatten die Babylonier ein anderes System. Hätte ihre Kultur einen längeren Bestand gehabt, so würde heute vielleicht mit dem Sexagesimal-System gerechnet werden. Eine Zahl in diesem System hätte dann folgende Darstellung:

$$a = a_0 + \frac{a_1}{60} + \frac{a_2}{60^2} + \cdots + \frac{a_n}{60^n} + \cdots . \tag{1.1.3}$$

Definition 1.1.2. Eine Variable x ist eine Größe, der jeder beliebige numerische Wert zugeordnet werden kann. Eine Größe mit einem festen Wert heißt Konstante. Man unterscheidet beliebige von absoluten Konstanten. Eine beliebige Konstante kann jeden vorgegebenen Wert annehmen, während eine absolute immer mit demselben Wert in allen Fragestellungen belegt wird.

Beispiel 1.1.2. In der Kreisgleichung $x^2 + y^2 = R^2$ stellen x und y Variablen dar, die als Koordinaten eines Punktes angesehen werden können, der sich auf dem Kreis bewegt, während der Radius R eine beliebige Konstante ist. Betrachtet man hingegen die Umfangsformel des Kreises $U = 2\pi R$, so enthält diese die beliebige Konstante R und zwei absolute Konstanten, nämlich 2 und $\pi \approx 3,14$.

Satz 1.1.1. *Jede reelle Größe a ist der Grenzwert einer Folge aus rationalen Zahlen $r_n = p_n/q_n$, wobei p_n und $q_n \neq 0$ ganze Zahlen sind:*

$$a = \lim_{n \to \infty} r_n. \tag{1.1.4}$$

Beweis. Sei eine reelle Zahl gegeben durch (1.1.1). Für r_n verwende man die endliche Summe der zugehörigen unendlichen Reihe (1.1.2):

$$r_1 = a_0 + \frac{a_1}{10}, \quad r_2 = a_0 + \frac{a_1}{10} + \frac{a_2}{100}, \ldots, \quad r_n = a_0 + \frac{a_1}{10} + \frac{a_2}{100} + \cdots + \frac{a_n}{10^n}.$$

Sie stellen eine Folge von reellen Zahlen $\{r_n\}$ dar, die der Gleichung (1.1.4) genügt. □

Basierend auf diesem Satz 1.1.1 folgt die Definition

Definition 1.1.3. Die Exponentialfunktion $y = a^x$ mit $a > 0$ ist diejenige reelle Zahl, die wie folgt definiert ist:

$$a^0 = 1, \quad a^1 = a, \quad a^n = \underbrace{a \cdots a}_{n}, \quad n = 2, 3, \ldots, \quad (\text{mit } x = n);$$

$$a^{\frac{1}{n}} \equiv \sqrt[n]{a} = b \Leftrightarrow b^n = a; \quad a^{\frac{p}{q}} = \sqrt[q]{a^p}, \quad (\text{mit } x = p/q);$$

$$a^x = \lim_{n \to \infty} a^{x_n} \equiv \lim_{n \to \infty} \sqrt[q_n]{a^{p_n}}, \quad (\text{mit } x = \lim_{n \to \infty} x_n, \ x_n = p_n/q_n).$$

Potenzgesetze:

$$a^{-x} = \frac{1}{a^x}, \quad a^x a^y = a^{x+y}, \quad (ab)^x = a^x b^x, \quad (a^x)^y = a^{xy}.$$

Beispiel 1.1.3. Man betrachte die Zahl $10^{\sqrt{2}} = 25,954\ldots$. Es ist

$$\sqrt{2} = \lim_{n\to\infty} x_n,$$

mit $x_0 = 1$, $x_1 = 1,4$, $x_2 = 1,41,\ldots$. Folglich ist

$$10^{\sqrt{2}} = \lim_{n\to\infty} y_n$$

mit

$$y_0 = 10^{x_0} = 10; \quad y_1 = 10^{x_1} \approx 25,12; \quad y_2 = 10^{x_2} \approx 25,70; \quad \ldots$$

Beim Lösen von Differentialgleichungen begegnet man oft der Exponentialfunktion

$$y = e^x. \tag{1.1.5}$$

Hierbei ist e eine reelle Zahl, die sich als Grenzwert einer der wichtigsten Zahlenfolgen der mathematischen Analysis ergibt:

$$e = \lim_{n\to\infty} \left(1 + \frac{1}{n}\right)^n. \tag{1.1.6}$$

Ihr Zahlenwert ist auf fünfzehn Nachkommastellen in Beispiel 1.1.1 angegeben.

Die Funktion (1.1.5) ist ein Vertreter der sogenannten elementaren Funktionen mit folgender Definition:

Definition 1.1.4. Die grundlegenden elementaren Funktionen lauten

$$y = C, \quad C = \text{const};$$
$$y = x^\alpha, \quad \text{mit } x > 0, \ \alpha \text{ reell};$$
$$y = a^x, \quad \text{mit } a > 0, \ a \neq 1;$$
$$y = \log_a x, \quad \text{mit } a > 0, \ a \neq 1; \ x > 0;$$
$$y = \sin x, \ y = \cos x, \ y = \text{tg } x(\equiv \tan x), \ y = \text{ctg } x;$$
$$y = \arcsin x, \ y = \arccos x, \ y = \text{arctg } x, \ y = \text{arcctg } x.$$

Eine Funktion $y = f(x)$ heißt elementare Funktion, wenn sie sich mit Hilfe einer endlichen Zahl von Operationen aus den grundlegenden elementaren Funktionen darstellen lässt. Diese beinhalten Addition, Subtraktion, Multiplikation, Division und Superposition.

Bemerkung 1.1.3. Der Logarithmus $\log_a x$ mit $a = e$ heißt natürlicher Logarithmus und wird mit $\ln x$ bezeichnet.

Bemerkung 1.1.4. Die grundlegenden trigonometrischen Funktionen können ineinander umgerechnet werden. So erhält man z. B. folgende Sinus-Darstellung:

$$\cos x = \sqrt{1 - \sin^2 x}, \quad \tan x = \text{tg } x = \frac{\sin x}{\sqrt{1 - \sin^2 x}},$$
$$\cot x = \text{ctg } x = \frac{\sqrt{1 - \sin^2 x}}{\sin x}.$$

Ähnliche Beziehungen gelten auch für die inversen trigonometrischen Funktionen. So ist z. B.

$$\arcsin x = \operatorname{arctg} \frac{x}{\sqrt{1 - x^2}}. \tag{1.1.7}$$

Für arctg findet man auch die Bezeichnung arctan.

Beispiel 1.1.4. Die folgenden hyperbolischen Funktionen geben ein Beispiel für nicht-grundlegende elementare Funktionen:

$$\sinh x = \frac{e^x - e^{-x}}{2}, \quad \cosh x = \frac{e^x + e^{-x}}{2}, \quad \tanh x = \frac{e^x - e^{-x}}{e^x + e^{-x}}. \tag{1.1.8}$$

Elementare Funktionen in mehreren Veränderlichen erhält man auf ähnliche Weise.

Beispiel 1.1.5. Die folgende Funktion $\psi(t, x, z)$ ist eine elementare Funktion der drei Veränderlichen t, x, z:

$$\psi = -\frac{1}{4} \ln \left| M + \frac{1}{t} \left(\sin^2 x + l_1 e^{-z} \sin x + l_2 e^{-2z} \right) \right|. \tag{1.1.9}$$

Hierbei sind l_1, l_2 und M beliebige Konstanten.

Beispiel 1.1.6. Die folgenden Funktionen treten häufig in Anwendungen auf, sind über Integrale definiert und gehören nicht zu den elementaren Funktionen:

$$\operatorname{Si}(x) = \int_0^x \frac{\sin t}{t} \, dt \qquad \text{(Integralsinus)}, \tag{1.1.10}$$

$$\operatorname{Ci}(x) = -\int_x^\infty \frac{\cos t}{t} \, dt \qquad \text{(Integralcosinus)}, \tag{1.1.11}$$

$$\operatorname{erf}(x) = \frac{2}{\sqrt{\pi}} \int_0^x e^{-t^2} \, dt \qquad \text{(Fehlerfunktion)}, \tag{1.1.12}$$

$$\operatorname{Ei}(x) = -\int_{-\infty}^x \frac{e^t}{t} \, dt, \qquad \operatorname{li}(x) = \int_0^x \frac{dt}{\ln t} \equiv \operatorname{Ei}(\ln x), \tag{1.1.13}$$

$$\Gamma(x) = \int_0^\infty e^{-t} t^{x-1} \, dt \qquad \text{(Gammafunktion)}. \tag{1.1.14}$$

Die Gammafunktion spielt eine wichtige Rolle in der Analysis und im Bereich der Differentialgleichungen. Sie besitzt interessante Eigenschaften, z. B.

$$\Gamma(x + 1) = x\Gamma(x), \quad \Gamma(x)\Gamma(1 - x) = \frac{\pi}{\sin(\pi x)}, \tag{1.1.15}$$

und signifikante numerische Werte (siehe z. B. [34]):

$$\Gamma(1) = 1, \quad \Gamma\left(\frac{1}{2}\right) = \sqrt{\pi}, \quad \Gamma\left(\frac{n}{2}\right) = \frac{2\pi^{n/2}}{\omega_n}, \quad \Gamma(n + 1) = n! \tag{1.1.16}$$

Hierbei ist ω_n der Oberflächeninhalt der Einheitskugel in n Dimensionen.

1.1.2 Quadratische und kubische Gleichungen

Fragestellungen der elementaren Mathematik lassen sich oft mit Hilfe der Transformationsmethode lösen. Dazu einige algebraische Betrachtungen.

Seien $x = x_1$ und $x = x_2$ zwei Lösungen (auch Wurzeln genannt) der allgemeinen quadratischen Gleichung

$$ax^2 + bx + c = 0, \quad a \neq 0, \tag{1.1.17}$$

welche durch folgende Ausdrücke definiert sind:

$$x_{1,2} = \frac{-b \pm \sqrt{b^2 - 4ac}}{2a}. \tag{1.1.18}$$

Der Term

$$\Delta = b^2 - 4ac \tag{1.1.19}$$

heißt die Diskriminante der quadratischen Gleichung (1.1.17). Das Verschwinden der Diskriminante (1.1.19) in (1.1.18)

$$\Delta = b^2 - 4ac = 0, \tag{1.1.20}$$

ist eine Bedingung dafür, dass die Gleichung (1.1.17) zwei gleiche Lösungen (Wurzeln) besitzt, d. h. $x_1 = x_2$.

Eine mögliche Herleitung der Lösung (1.1.18) ist die quadratische Ergänzung. Diese Methode ist recht einfach aber nicht praktikabel für die Gleichungen dritten oder höheren Grades.

Im Gegensatz zur quadratischen Ergänzung, die nur für quadratische Gleichungen zweckmäßig ist, stellt die Idee, Gleichungen zu transformieren, eine allgemeine Methode dar, um sowohl Lösungen quadratischer Gleichungen zu bestimmen als auch Gleichungen höheren Grades zu vereinfachen. Die einfachste Transformation einer Gleichung ist durch eine lineare Transformation der Variablen x gegeben, dargestellt durch

$$y = x + \varepsilon. \tag{1.1.21}$$

Sie verwandelt jede Gleichung vom Grad n in eine Gleichung desselben Grades. Somit wird z. B. aus der Gleichung (1.1.17) mit Hilfe der Substitution $x = y - \varepsilon$

$$ay^2 + (b - 2a\varepsilon)y + a\varepsilon^2 - b\varepsilon + c = 0.$$

Damit bildet die Transformation (1.1.21) die Gleichung (1.1.17) in eine neue quadratische Gleichung

$$\bar{a}y^2 + \bar{b}y + \bar{c} = 0$$

ab, mit

$$\bar{a} = a, \quad \bar{b} = b - 2a\varepsilon, \quad \bar{c} = c + a\varepsilon^2 - b\varepsilon. \tag{1.1.22}$$

Bestimmt man nun ε aus $b - 2a\varepsilon = 0$, so erhält man $\bar{b} = 0$ und $\bar{c} = c - b^2/(4a)$. Somit bildet die Transformation

$$y = x + \frac{b}{2a} \tag{1.1.23}$$

die Gleichung (1.1.17) auf die Gleichung

$$ay^2 - \frac{b^2 - 4ac}{4a} = 0.$$

ab. Ihre Lösungen lauten

$$y_{1,2} = \pm \frac{\sqrt{b^2 - 4ac}}{2a}$$

und mit (1.1.23) erhält man die Lösungen (1.1.18) der Gleichung (1.1.17).

Nun wird die allgemeine kubische Gleichung betrachtet, die zur besseren Durchführung der Berechnungen mit den Binomialkoeffizienten versehen ist:

$$ax^3 + 3bx^2 + 3cx + d = 0, \quad a \neq 0. \tag{1.1.24}$$

Nach Ausführung der linearen Transformation

$$y = ax + b \tag{1.1.25}$$

gelangt man zu der Form

$$y^3 + 3py + 2q = 0, \tag{1.1.26}$$

mit

$$p = ac - b^2, \quad 2q = a^2 d - 3abc + 2b^3. \tag{1.1.27}$$

Die reduzierte Gleichung (1.1.26) ist einfach lösbar durch

$$y = \sqrt[3]{k} + \sqrt[3]{l}.$$

Damit wird

$$y^3 - 3\sqrt[3]{kl}\,y - (k + l) = 0$$

und Gleichung (1.1.26) ergibt

$$k + l = -2q, \quad \sqrt[3]{kl} = -p.$$

Es folgt, dass k und l Lösungen der quadratischen Gleichung

$$z^2 + 2qz - p^3 = 0$$

sind. Damit ist eine der Wurzeln, z. B. k, gegeben durch

$$k = -q + \sqrt{q^2 + p^3}.$$

Sei

$$u = \sqrt[3]{-q + \sqrt{q^2 + p^3}}$$

irgendeine der drei Werte dieser kubischen Wurzel. Nun erhält man alle drei Werte von $\sqrt[3]{k}$ mit Hilfe von $u, \epsilon u, \epsilon^2 u$, wobei ϵ eine imaginäre dritte Einheitswurzel, d. h. $\epsilon^3 = 1$, in der Form (vgl. Abschnitt 1.2.6, Beispiel 1.2.1)

$$\epsilon = \frac{-1 + i\sqrt{3}}{2}, \quad \text{mit } i = \sqrt{-1}$$

ist. Das Quadrat von ϵ ist das konjugiert komplexe der kubischen Einheitswurzel

$$\epsilon^2 = \frac{-1 - i\sqrt{3}}{2}.$$

Da $\sqrt[3]{kl} = -p$ ist, folgt für $\sqrt[3]{l}$

$$-\frac{p}{u}, \quad -\frac{p}{u}\epsilon^2, \quad -\frac{p}{u}\epsilon.$$

Diese Ausdrücke lassen sich in der Form $v, v\epsilon^2, v\epsilon$ schreiben, mit

$$v = \sqrt[3]{-q - \sqrt{q^2 + p^3}}.$$

Zusammenfassend folgen Terme, die als Cardanosche Lösungen für kubische Gleichungen bezeichnet werden. Die Lösungen von (1.1.26) sind gegeben durch

$$y_1 = u + v, \quad y_2 = \epsilon u + \epsilon^2 v, \quad y_3 = \epsilon^2 u + \epsilon v, \tag{1.1.28}$$

mit

$$u = \sqrt[3]{-q + \sqrt{q^2 + p^3}}, \quad v = \sqrt[3]{-q - \sqrt{q^2 + p^3}}. \tag{1.1.29}$$

Der Ausdruck

$$q^2 + p^3 \tag{1.1.30}$$

heißt Diskriminante der kubischen Gleichung (1.1.26). Aus (1.1.29) folgt, dass das Verschwinden der Diskriminante eine Bedingung dafür ist, zwei gleiche Wurzeln zu haben. Die Lösungen der allgemeinen kubischen Gleichung (1.1.24) erhält man durch Einsetzen von (1.1.28) in Gleichung (1.1.25) unter Berücksichtigung von (1.1.27).

Beispiel 1.1.7. Die Gleichung $y^3 - 6y + 4 = 0$ besitzt die Form (1.1.26) mit $p = -2$ und $q = 2$. Damit ist $q^2 + p^3 = -4$ und (1.1.29) kann geschrieben werden als

$$u = \sqrt[3]{2(-1 + i)}, \quad v = \sqrt[3]{2(-1 - i)}.$$

Die Berechnung dieser Ausdrücke führt auf $u = 1 + i$, $v = 1 - i$. Damit liefert die Gleichung (1.1.28) drei verschiedene reelle Wurzeln:

$$y_1 = 2, \quad y_2 = -(1 + \sqrt{3}), \quad y_3 = -1 + \sqrt{3}. \tag{1.1.31}$$

Bemerkung 1.1.5. Die Diskriminante einer allgemeinen kubischen Gleichung (1.1.24) besitzt die Form

$$(ad)^2 - 6abcd + 4ac^3 - 3(bc)^2 + 4b^3d = -9 \begin{vmatrix} 3a & 2b & c & 0 \\ 3b & 2c & d & 0 \\ 0 & a & 2b & 3c \\ 0 & b & 2c & 3d \end{vmatrix}. \tag{1.1.32}$$

Das Verschwinden der Diskriminante (1.1.32) ist eine Bedingung dafür, dass die Gleichung (1.1.24) zwei gleiche Wurzeln besitzt. Die Voraussetzung dafür, dass (1.1.24) drei gleiche Wurzeln besitzt, lässt sich über die zwei Gleichungen (vgl. (1.1.20))

$$b^2 - ac = 0, \quad b^3 - a^2 d = 0 \tag{1.1.33}$$

formulieren.

Eine invariante Darstellung der Diskriminante (1.1.32) und der Gleichungen (1.1.33) findet man in [21], Abschnitt 10.1.3.

1.1.3 Inhalte ähnlicher Figuren am Beispiel der Ellipse

Definition 1.1.5. Die Transformation

$$\bar{x} = x \cos\theta + y \sin\theta + a_1, \quad \bar{y} = y \cos\theta - x \sin\theta + a_2, \tag{1.1.34}$$

beinhaltet Rotationen und Translationen und ändert den Abstand zwischen zwei Punkten und damit auch den Flächeninhalt geometrischer Figuren in der (x, y)-Ebene nicht. Die Transformation (1.1.34) heißt isometrisch oder starr (*rigid*) in der (x, y)-Ebene. In der Geometrie heißen zwei Figuren ähnlich, wenn sie durch eine isometrische Transformation aufeinander abgebildet werden können.

Man betrachte nun eine Skalentransformation

$$\bar{x} = ax, \quad \bar{y} = by, \tag{1.1.35}$$

die ebenfalls als Äquivalenztransformation oder Dilatation bekannt ist. Die beliebigen Konstanten $a \neq 0$ und $b \neq 0$ heißen Parameter der Transformation. Diese Skalentransformation bildet eine gleichförmige Streckung (Stauchung) im Falle $a = b$, und eine ungleichförmige Streckung (Stauchung), wenn $a \neq b$.

Definition 1.1.6. Zwei geometrische Figuren heißen ähnlich, wenn sie durch eine Skalentransformation (1.1.35) auseinander hervorgehen.

Beispiel 1.1.8. Jedes Rechteck ist ähnlich zu einem Einheitsquadrat

$$0 \leq x \leq 1, \quad 0 \leq y \leq 1.$$

Dies besagt, dass sich jedes Rechteck mit den Kantenlängen a und b durch eine geeignete Translation und Rotation in die Standardform $\{0 \le x \le a,\ 0 \le y \le b\}$ bringen lässt. Eine anschließend durchgeführte Dehnung/Stauchung mit $\bar{x} = x/a$, $\bar{y} = y/b$ bildet dieses Rechteck auf das Einheitsquadrat $\{0 \le \bar{x} \le 1,\ 0 \le \bar{y} \le 1\}$ ab.

Satz 1.1.2. *Gegeben seien zwei ebene geometrische Figuren* $\mathcal{M}$ *und* $\overline{\mathcal{M}}$, *die ähnlich sind, wobei* $\overline{\mathcal{M}}$ *aus* $\mathcal{M}$ *durch die Skalentransformation* $\bar{x} = ax$, $\bar{y} = by$ *hervorgeht. Dann sind die Flächeninhalte S und* $\bar{S}$ *von* $\mathcal{M}$ *und* $\overline{\mathcal{M}}$ *miteinander durch*

$$\bar{S} = abS \qquad (1.1.36)$$

verknüpft.

Beweis. Man betrachte zunächst ein Rechteck mit den Seiten m und n in der (x, y)-Ebene. Nach der Skalentransformation erhält man ein Rechteck mit den Seiten $\bar{m} = am$ und $\bar{n} = bn$. Damit sind die Flächeninhalte des Original-Rechtecks $S = mn$ und des Neuen $\bar{S} = \bar{m}\,\bar{n}$ über (1.1.36) miteinander verknüpft.

Für eine beliebige „gutmütige Figur", die sich mit Hilfe von Rechtecken überdecken lässt, kann (1.1.36) auf jedes einzelne Rechteck angewendet werden. Dieses Netz aus Rechtecken kann feiner und feiner gestaltet werden. Da der Flächeninhalt S der betrachteten Figur sich aus dem Grenzwert der Summe der einzelnen Rechtecke ergibt, ist der Beweis vollständig. □

Ein gutes Beispiel hierfür stellt die Ellipse dar. In der (x, y)-Ebene stellt sie den Ort aller Punkte dar, deren Summe der Abstände von zwei festen Punkten, den Brennpunkten der Ellipse, konstant ist. Die Standardgleichung hierfür in rechtwinkligen kartesischen Koordinaten lautet

$$\frac{x^2}{a^2} + \frac{y^2}{b^2} = 1, \qquad (1.1.37)$$

mit $a \ne 0$ und $b \ne 0$ als beliebige Konstanten. $2a$ bildet die Länge der Hauptachse, $2b$ die der Nebenachse.

Nach Satz 1.1.2 ist eine Methode gegeben, um den Flächeninhalt einer Ellipse zu berechnen. Es sei angemerkt, dass jede Ellipse (der Kreis ist ein Spezialfall davon) ähnlich zum Einheitskreis

$$x^2 + y^2 = 1$$

ist. Durch Dehnung/Streckung mittels

$$\bar{x} = \frac{x}{a}, \qquad \bar{y} = \frac{y}{b}$$

wird die Ellipse (1.1.37) auf den Einheitskreis

$$\bar{x}^2 + \bar{y}^2 = 1$$

abgebildet, dessen Flächeninhalt $\bar{S} = \pi$ ist. Aus Gleichung (1.1.36) folgt

$$\bar{S} = \frac{S}{ab}.$$

Hierbei ist S der Flächeninhalt der Ellipse. Damit folgt für die Ellipse (1.1.37)

$$S = \pi ab. \tag{1.1.38}$$

1.1.4 Algebraische Kurven zweiter Ordnung

Geraden, Ellipsen (insbesondere Kreise), Hyperbeln und Parabeln zählen im Allgemeinen zu den bekannten Beispielen algebraischer Kurven in der Ebene.

Zu den Beispielen von nicht-algebraischen Kurven gehören die trigonometrischen Kurven wie Sinus-Kurve, Kosinus-Kurve, Tangens-Kurve

$$y = \sin x, \quad y = \cos x, \quad y = \tan x,$$

aber auch die logarithmischen Kurven, die Exponentialkurven, die Kurve einer Gauß-Wahrscheinlichkeitsverteilung

$$y = \ln x, \quad y = e^x, \quad y = e^{-x^2},$$

sowie eine Anzahl von Spiralkurven, wie die archimedische, logarithmische, hyperbolische und parabolische Spirale:

$$r = a\theta, \quad \ln r = a\theta, \quad r\theta = a, \quad (r - c)^2 = a\theta,$$

mit $r = \sqrt{x^2 + y^2}$, $\theta = \arctan(y/x)$ und $a, c = $ const.

Im Allgemeinen sind algebraische Kurven in der (x, y)-Ebene definiert durch Gleichungen $P(x, y) = 0$, wobei $P(x, y)$ ein Polynom beliebigen Grades in den beiden Veränderlichen x und y darstellt.

Im Folgenden werden Gleichungen zweiter Ordnung der Form

$$Ax^2 + 2Bxy + Cy^2 + ax + by + c = 0 \tag{1.1.39}$$

betrachtet. Hierbei sind $A, \ldots, c$ beliebige Konstanten. Im Falle $A = B = C = 0$ reduziert sich (1.1.39) auf die lineare Gleichung $ax + by + c = 0$, die eine Gerade beschreibt. Es sei ab jetzt vorausgesetzt, dass die Gleichung (1.1.39) wenigstens einen der Terme Ax^2, $2Bxy$ und Cy^2 enthält. Die allgemeine lineare Transformation

$$x = \alpha\bar{x} + \beta\bar{y} + \mu, \quad y = \gamma\bar{x} + \delta\bar{y} + \nu \tag{1.1.40}$$

der Ebene bildet jede Gleichung (1.1.39) auf eine Gleichung derselben Form ab. Die Transformation (1.1.40) sei als invertierbar vorausgesetzt, d. h.

$$\Delta = \alpha\delta - \beta\gamma \neq 0. \tag{1.1.41}$$

Definition 1.1.7. Zwei Gleichungen der Form (1.1.39), welche durch eine lineare Transformation (1.1.40) ineinander überführbar sind, heißen äquivalent. Die zugehörigen Kurven werden als äquivalente Kurven bezeichnet.

Die algebraischen Kurven sollen nun bezüglich ihrer Äquivalenz klassifiziert werden. Man beachte hierbei, dass die lineare Transformation (1.1.40) aus der Hintereinanderausführung der homogenen linearen Transformation

$$x = \alpha\bar{x} + \beta\bar{y}, \quad y = \gamma\bar{x} + \delta\bar{y} \tag{1.1.42}$$

und einer Translation

$$x = \bar{x} + \mu, \quad y = \bar{y} + \nu \tag{1.1.43}$$

gebildet wird. Der Begriff „homogen" rührt von der Tatsache her, dass die Transformation (1.1.42) Terme erster Ordnung in $\bar{x}, \bar{y}$ miteinander verknüpft und den Hauptteil der Gleichung (1.1.39), das ist die quadratische Form

$$Ax^2 + 2Bxy + Cy^2 \tag{1.1.44}$$

wieder auf eine quadratische Form überführt, nämlich auf

$$\tilde{A}\bar{x}^2 + 2\tilde{B}\bar{x}\,\bar{y} + \tilde{C}\bar{y}^2,$$

wobei

$$\begin{aligned} \tilde{A} &= \alpha^2 A + 2\alpha\gamma B + \gamma^2 C, \\ \tilde{B} &= \alpha\beta A + (\alpha\delta + \beta\gamma)B + \gamma\delta C, \\ \tilde{C} &= \beta^2 A + 2\beta\delta B + \delta^2 C. \end{aligned} \tag{1.1.45}$$

Die Translation (1.1.43) hingegen ändert die quadratischen Terme von Gleichung (1.1.39) nicht. Damit beginnt die Klassifikation der algebraischen Kurven mit der Äquivalenz der quadratischen Form (1.1.44) in Bezug auf die linearen homogenen Transformationen (1.1.42).

Als erstes wird versucht, die Koeffizienten $\tilde{A}$ und $\tilde{C}$ in (1.1.45) gleichzeitig zum Verschwinden zu bringen. Das führt auf $\tilde{A} = 0$ und $\tilde{C} = 0$. Teilt man nun die Gleichung $\tilde{A} = 0$ durch γ^2 sowie $\tilde{C} = 0$ durch δ^2 und substituiert $\alpha/\gamma = \lambda$ und $\beta/\delta = \lambda$, so erhält man die folgende quadratische Form:

$$A\lambda^2 + 2B\lambda + C = 0. \tag{1.1.46}$$

Unter der Bedingung $B^2 - AC \neq 0$ besitzt die Gleichung (1.1.46) zwei verschiedene Lösungen $\lambda_1 \neq \lambda_2$, und es ergibt sich $\alpha/\gamma = \lambda_1$ und $\beta/\delta = \lambda_2$, da die Gleichungen $\alpha = \lambda_1\gamma$, $\beta = \lambda_2\delta$ unter $\gamma \neq 0$, $\delta \neq 0$ wegen $\lambda_1 \neq \lambda_2$ mit (1.1.41) verträglich sind. Damit wird also $\tilde{A}$ und $\tilde{C}$ gleichzeitig annulliert. Der Ausdruck $B^2 - AC$ heißt Diskriminante der quadratischen Form (1.1.44). Aus den Gleichungen (1.1.45) folgt also folgendes Lemma:

Lemma 1.1.1. *Die homogene lineare Transformation (1.1.42) transformiert die Diskriminante auf die folgende Gleichung:*

$$\tilde{B}^2 - \tilde{A}\tilde{C} = \Delta^2(B^2 - AC). \tag{1.1.47}$$

Hierbei ist Δ durch (1.1.41) gegeben.

Auf Grund dieses Lemmas 1.1.1 bleibt jede der drei Bedingungen

$$B^2 - AC > 0, \quad B^2 - AC = 0, \quad B^2 - AC < 0 \qquad (1.1.48)$$

nach Anwendung der Transformation (1.1.42) unverändert und damit auch nach der allgemeinen Transformation (1.1.40). Dies gibt Anlass dazu, jeden der drei Fälle (1.1.48) einzeln zu betrachten.

Sei $B^2 - AC > 0$.
Die Gleichung (1.1.46) besitzt damit zwei verschiedene reelle Wurzeln

$$\lambda_1 = \frac{-B + \sqrt{B^2 - AC}}{A}, \quad \lambda_2 = \frac{-B - \sqrt{B^2 - AC}}{A}.$$

Damit wird $\tilde{A}$ und $\tilde{C}$ gleichzeitig Null, wenn $\alpha/\gamma = \lambda_1$ und $\beta/\delta = \lambda_2$. Ist z. B. $\gamma = \delta = 1$ und substituiert man $\alpha = \lambda_1, \beta = \lambda_2$ in (1.1.45) unter der Forderung $\lambda_1\lambda_2 = C/A$, $\lambda_1 + \lambda_2 = -2B/A$, so erhält man

$$\tilde{B} = \frac{2(AC - B^2)}{A} \neq 0.$$

Mit Hilfe der Variablen $\bar{x}, \bar{y}$ aus (1.1.42) kann die Gleichung (1.1.39) wie folgt formuliert werden:

$$x = \lambda_1\bar{x} + \lambda_2\bar{y}, \quad y = \bar{x} + \bar{y}. \qquad (1.1.49)$$

Teilt man nun noch durch $\tilde{B}$, so erhält man die folgende Gleichung für eine Hyperbel:

$$\bar{x}\,\bar{y} + \tilde{a}\bar{x} + \tilde{b}\bar{y} + \tilde{c} = 0. \qquad (1.1.50)$$

Also bildet die Gleichung (1.1.39) unter der Bedingung $B^2 - AC > 0$ eine algebraische Kurve von hyperbolischem Typ.

Die Gleichung (1.1.50) lässt sich noch weiter vereinfachen durch Anwendung der Translation (1.1.43):

$$\bar{x} = \tilde{x} + \mu, \quad \bar{y} = \tilde{y} + \nu.$$

Sei hierfür $\mu = -\tilde{b}$ und $\nu = -\tilde{a}$, so reduziert sich (1.1.50) zur Standardform

$$\tilde{x}\tilde{y} = k, \quad k = \text{const.}$$

Im Falle $k = 0$ entsteht aus der Hyperbel ein Paar sich schneidender Geraden mit $\tilde{x} = 0$ und $\tilde{y} = 0$.

Mit Hilfe der Ausdrücke $\tilde{x} = \xi + \eta, \tilde{y} = \xi - \eta$ erhält man eine zweite Standardform für die Hyperbel:

$$\xi^2 - \eta^2 = k, \quad k = \text{const.}$$

Bemerkung 1.1.6. Es wurde bei den Betrachtungen $A \neq 0$ vorausgesetzt. Im Falle $A = 0$ und $C \neq 0$ vertausche man x und y und erhält wieder die Bedingung $A \neq 0$. Ist hingegen $A = C = 0$ und $B \neq 0$, so besitzt (1.1.39) schon die Form (1.1.50).

Sei $B^2 - AC = 0$.
Dann hat die Gleichung (1.1.46) eine Wurzel der Vielfachheit zwei von der Gestalt $\lambda = -B/A$. Sei $\beta/\delta = \lambda$, so folgt $\tilde{C} = 0$. Außerdem führt die Wahl $\beta = \lambda\delta$ auf $\tilde{B} = 0$ und $\tilde{A} \neq 0$. Setzt man z. B. $\gamma = \delta = 1$, so hat (1.1.41) $\alpha \neq \lambda$ zur Konsequenz. Formuliert man nun (1.1.39) in den Variablen $\bar{x}, \bar{y}$, die in (1.1.42) definiert sind, dann ist

$$x = \alpha\bar{x} + \lambda\bar{y}, \quad y = \bar{x} + \bar{y}, \quad (\alpha \neq \lambda). \tag{1.1.51}$$

Dividiert man nun noch durch $\tilde{A}$, erhält man die folgende Gleichung

$$\bar{x}^2 + \tilde{a}\bar{x} + \tilde{b}\bar{y} + \tilde{c} = 0. \tag{1.1.52}$$

Durch Anwendung der Translation $\bar{x} = \tilde{x} - (\tilde{a}/2)$, $\bar{y} = \tilde{y}$ folgt die Standardform der Parabelgleichung

$$\tilde{x}^2 + \tilde{b}\tilde{y} + k = 0.$$

Damit heißt eine Gleichung (1.1.39) mit $B^2 - AC = 0$ algebraische Kurve parabolischen Typs.

Sei $B^2 - AC < 0$.
Dann besitzt die Gleichung (1.1.46) zwei komplexe Wurzeln $\lambda_1 = p + iq$, $\lambda_2 = p - iq$, mit

$$p = -\frac{B}{A}, \quad q = \frac{\sqrt{AC - l^2}}{A}.$$

Die Koeffizienten $\tilde{A}$ und $\tilde{C}$ lassen sich gleichzeitig zu Null bringen durch $\alpha/\gamma = \lambda_1$ und $\beta/\delta = \lambda_2$ in (1.1.45). Setzt man dann z. B. $\gamma = \delta = 1$, so erhält man die komplexe Transformation

$$x = (p + iq)x' + (p - iq)y', \quad y = x' + y', \tag{1.1.53}$$

die die Gleichung (1.1.39) auf eine Gleichung hyperbolischer Form (1.1.50) abbildet. Um komplexwertige Transformationen zu vermeiden, benutze man nur reellwertige Variable. Um dies zu erreichen, löse man (1.1.53) für die Variablen x' und y':

$$x' = \frac{y}{2} + i\frac{py - x}{2q}, \quad y' = \frac{y}{2} - i\frac{py - x}{2q},$$

und betrachte Real- und Imaginärteil dieser konjugiert komplexen Variablen (multipliziert mit 2 wegen der Einfachheit) als neue reelle Variable:

$$\bar{x} = y, \quad \bar{y} = \frac{py - x}{q}.$$

Löst man die letzte Gleichung nun in Bezug auf x, y, so erhält man die folgende reelle Transformation der Form (1.1.42):

$$x = p\bar{x} - q\bar{y}, \quad y = \bar{x}. \tag{1.1.54}$$

Sie bildet die Gleichung (1.1.39) auf eine Gleichung der Form

$$\bar{x}^2 + \bar{y}^2 + \bar{a}\bar{x} + \bar{b}\bar{y} + \bar{c} = 0 \qquad (1.1.55)$$

ab. Die Terme erster Ordnung lassen sich durch die Anwendung der Translation $\bar{x} = \tilde{x} - (\bar{a}/2)$, $\bar{y} = \tilde{y} - (\bar{b}/2)$ wegtransformieren und (1.1.55) geht in die Standardform

$$\tilde{x}^2 + \tilde{y}^2 = k$$

über.

Diese Gleichung stellt einen Kreis für den Fall $k > 0$ dar, einen Punkt für $k = 0$ und keinen reellen Ort für $k < 0$. Damit ist (1.1.55) ein Kreis, wobei darauf zu achten ist, dass die Sonderfälle ebenfalls auftreten können. Nun ist aber der Kreis eine spezielle Form der Ellipse. Somit heißt eine Gleichung (1.1.39) mit $B^2 - AC < 0$ eine algebraische Kurve elliptischen Typs.

Die oben gezeigten Ergebnisse lassen sich nun wie folgt zusammenfassen:

Satz 1.1.3. *Jede Gleichung zweiter Ordnung der Form (1.1.39) stellt eine*
- *Kurve hyperbolischen Typs dar und kann mit Hilfe der homogenen linearen Transformation der Form (1.1.50) auf*

$$\bar{x}\,\bar{y} + \bar{a}\bar{x} + \bar{b}\bar{y} + \bar{c} = 0 \qquad (1.1.56)$$

abgebildet werden, wenn
$$B^2 - AC > 0.$$

- *Kurve parabolischen Typs dar, die auf die Form (1.1.52) abgebildet werden kann:*

$$\bar{x}^2 + \bar{a}\bar{x} + \bar{b}\bar{y} + \bar{c} = 0, \qquad (1.1.57)$$

wenn
$$B^2 - AC = 0.$$

- *Kurve elliptischen Typs dar, wenn sie auf die Form (1.1.55) abgebildet werden kann*

$$\bar{x}^2 + \bar{y}^2 + \bar{a}\bar{x} + \bar{b}\bar{y} + \bar{c} = 0, \qquad (1.1.58)$$

wenn
$$B^2 - AC < 0.$$

Bemerkung 1.1.7. Während der obigen Ausführungen ist mit Hilfe von (1.1.53) sichtbar geworden, dass elliptische und hyperbolische Kurven über komplexe lineare Transformationen miteinander zusammenhängen.

1.2 Differential- und Integralrechnung

1.2.1 Regeln zur Differentiation

Sei $f(x)$ eine Funktion einer Variablen. Ihre Ableitung $f'(x)$ in einem Punkte x ist definiert durch

$$f'(x) = \lim_{\Delta x \to 0} \frac{f(x + \Delta x) - f(x)}{\Delta x}. \tag{1.2.1}$$

Gewöhnlich werden die Ableitungen der Funktion $y = f(x)$ aber auch mit

$$\frac{\mathrm{d}f(x)}{\mathrm{d}x}, \quad y', \quad \frac{\mathrm{d}y}{\mathrm{d}x}, \quad D(y) = D_x(y), \quad D(f(x)) = D_x(f(x))$$

bezeichnet.

Sei nun $u = f(x^1, x^2, \ldots, x^n)$ eine Funktion von n Veränderlichen. Die partielle Ableitung bezüglich einer Variablen, z. B. x^i ist definiert durch

$$\frac{\partial f}{\partial x^i} = \lim_{\Delta x^i \to 0} \frac{f(x^1, \ldots, x^i + \Delta x^i, \ldots, x^n) - f(x^1, x^2, \ldots, x^n)}{\Delta x^i}. \tag{1.2.2}$$

Diese werden oft durch

$$\frac{\partial u}{\partial x^i}, \quad u_i = u_{x^i}, \quad D_i(u) = D_{x^i}(u), \quad D_i(f(x))$$

gekennzeichnet, wobei $x = (x^1, x^2, \ldots, x^n)$ ist.

Die *Hauptregeln* zur Differentiation umfassen
- die Formeln

$$D(au + bv) = aD(u) + bD(v),$$
$$D(uv) = vD(u) + uD(v),$$
$$D(u^\alpha) = \alpha u^{\alpha-1} D(u), \tag{1.2.3}$$
$$D\left(\frac{u}{v}\right) = \frac{vD(u) - uD(v)}{v^2},$$

wobei a, b und α Konstanten, u und v Funktionen sind. D kennzeichnet die gewöhnliche oder partielle Ableitung,
- eine Regel zur Differentiation einer inversen Funktion (Umkehrfunktion):

$$D_x(y) = \frac{1}{D_y(x)}, \tag{1.2.4}$$

- die Kettenregel. Hierzu sei $y = y(u)$, $u = u(x)$. Dann gilt

$$D_x(y) = D_u(y) \cdot D_x(u). \tag{1.2.5}$$

Der Begriff Kettenregel rührt aus der Eigenschaft von (1.2.5) her, die Ableitung von Verkettungen sukzessive zu berechnen. Sei z. B. $y = y(u)$, $u = u(v)$ sowie $v = v(x)$. Dann ist

$$D_x(y) = D_u(y) \cdot D_v(u) \cdot D_x(v).$$

1.2.2 Der Mittelwertsatz der Differentialrechnung

Der Begriff Mittelwertsatz der Differentialrechnung verweist auf folgenden Satz:

Satz 1.2.1. *Sei $f(x)$ eine in einem Intervall $[a, b]$ stetige differenzierbare Funktion. Dann existiert für zwei Punkte x_1, x_2 mit $a < x_1 < x_2 < b$ eine Stelle $\xi \in [x_1, x_2]$, so dass gilt*

$$f(x_2) - f(x_1) = (x_2 - x_1) f'(\xi). \tag{1.2.6}$$

Die Konsequenzen aus diesem Mittelwertsatz sind von entscheidender Bedeutung für die Integralrechnung und für die Theorie der Differentialgleichungen.

Satz 1.2.2. *Sei $y = f(x)$ eine stetige differenzierbare Funktion auf dem Intervall $a \leq x \leq b$. Dann ist $y' = 0$ im Intervall $[a, b]$ genau dann erfüllt, wenn $y = C = $ const.*

Beweis. Sei $y = C$. Es folgt offensichtlich aus Definition (1.2.1), dass $y' = 0$ gilt.
    Sei nun $y' = 0$. Nach Satz 1.2.1 gilt

$$y(x_2) - y(x_1) = (x_2 - x_1) y'(\xi)$$

für jedes x_1, x_2 aus dem Intervall $[a, b]$ mit $x_1 \leq \xi \leq x_2$. Nimmt man nun $y' = 0$ im gesamten Intervall an, so folgt $y'(\xi) = 0$. Folglich gilt $y(x_2) = y(x_1)$, d. h. y ist eine Konstante auf dem Intervall $[a, b]$. $\qquad\square$

Korollar 1.2.1. *Zwei Funktionen besitzen die gleichen Ableitungen genau dann, wenn ihre Differenz eine Konstante ist. Mit anderen Worten $f'(x) = g'(x)$ gilt genau dann, wenn*

$$f(x) = g(x) + C, \quad C = \text{const.}$$

1.2.3 Invarianzeigenschaften der Differentiale

Das Differential einer Funktion einer Veränderlichen $y = f(x)$ ist definiert durch

$$dy = y' \, dx.$$

In ähnlicher Weise lässt sich das Differential einer Funktion mehrerer Veränderlicher $u = f(x^1, x^2, \ldots, x^n)$ definieren:

$$du = \frac{\partial u}{\partial x^1} \, dx^1 + \cdots + \frac{\partial u}{\partial x^n} \, dx^n \equiv \sum_{i=1}^{n} \frac{\partial u}{\partial x^i} \, dx^i.$$

Oft wird diese Notation durch die Summenkonvention vereinfacht, um das Summenzeichen zu vermeiden. Die Summation erfolgt dann durch den wiederholten unteren und oberen Index. So kann dann z. B. obige Gleichung geschrieben werden als

$$du = \frac{\partial u}{\partial x^i} \, dx^i.$$

Die Invarianz eines Differentials beschreibt folgende Eigenschaft einer Funktion $f(u)$. Sei $u = u(x)$. Dann ist

$$df = \frac{df(u)}{du}\, du = \frac{df(u(x))}{dx}\, dx. \tag{1.2.7}$$

Der allgemeine Satz hierzu lautet

Satz 1.2.3. *Sei $u = f(x)$ eine Funktion von n Variablen $x = (x^1, \ldots, x^n)$ und sei $x^i = x^i(t)$, $i = 1, \ldots, n$, eine Funktion von s Variablen $t = (t^1, \ldots, t^s)$. Dann ist das Differential von u anzusehen als Funktion $u = f(x)$ von x und identisch mit dem Differential von u als Funktion $u = f(x(t))$ von t, d. h.*

$$du = \sum_{i=1}^{n} \frac{\partial f(x)}{\partial x^i}\, dx^i = \sum_{k=1}^{s} \frac{\partial f(x(t))}{\partial t^k}\, dt^k. \tag{1.2.8}$$

Ist im Besonderen $u = f(x, y)$ eine Funktion zweier Variablen, dann ändert eine beliebige Transformation

$$x = \varphi(\tilde{x}, \tilde{y}), \quad y = \psi(\tilde{x}, \tilde{y})$$

das Differential nicht. Das heißt,

$$\frac{\partial f(\varphi(\tilde{x}, \tilde{y}), \psi(\tilde{x}, \tilde{y}))}{\partial \tilde{x}}\, d\tilde{x} + \frac{\partial f(\varphi(\tilde{x}, \tilde{y}), \psi(\tilde{x}, \tilde{y}))}{\partial \tilde{y}}\, d\tilde{y} = \frac{\partial f(x, y)}{\partial x}\, dx + \frac{\partial f(x, y)}{\partial y}\, dy$$

oder kürzer

$$du = \frac{\partial u}{\partial \tilde{x}}\, d\tilde{x} + \frac{\partial u}{\partial \tilde{y}}\, d\tilde{y} = \frac{\partial u}{\partial x}\, dx + \frac{\partial u}{\partial y}\, dy.$$

1.2.4 Regeln zur Integration

Die Berechnung von Integralen basiert auf folgenden wichtigen Regeln:
(1) Die Integration ist die Umkehroperation der Differentiation (Hauptsatz der Differential- und Integralrechnung)

$$\int df(x) = f(x) + C \quad \text{bzw.} \quad \int f'(x)\, dx = f(x) + C, \tag{1.2.9}$$

wobei C eine beliebige Konstante, Integrationskonstante genannt, ist (vgl. Korollar 1.2.1).
(2) Die Integration ist eine lineare Operation.

$$\int [au(x) + bv(x)]\, dx = a \int u(x)\, dx + b \int v(x)\, dx, \quad a, b = \text{const.} \tag{1.2.10}$$

(3) Substitutionen von Variablen in Integralen (vgl. Gleichung (1.2.7))

$$\int f(x)\, dx = \int f(\varphi(t)) \cdot \varphi'(t)\, dt. \tag{1.2.11}$$

(4) Partielle Integration

$$\int u \, dv = uv - \int v \, du.$$ (1.2.12)

(5) Ableitung bestimmter Integrale

(i) $\dfrac{d}{dx} \displaystyle\int_a^x f(s) \, ds = f(x),$ (1.2.13)

(ii) $\dfrac{d}{dx} \displaystyle\int_{\varphi(x)}^{\psi(x)} g(s, x) \, ds = \int_{\varphi(x)}^{\psi(x)} \dfrac{\partial g(s, x)}{\partial x} \, ds + \psi'(x)g(\psi(x), x) - \varphi'(x)g(\varphi(x), x).$

1.2.5 Die Taylor-Reihe

Die Taylor-Reihendarstellung einer Funktion $f(x)$ an einer Stelle $x = a$ hat die Form

$$f(x) = f(a) + f'(a)(x - a) + \cdots + \frac{f^{(n)}(a)}{n!}(x - a)^n + \cdots.$$ (1.2.14)

Hierbei kennzeichnet $f^{(n)}(a)$ den Wert der n-ten Ableitung von $f(x)$ an der Stelle $x = a$. Ist $a = 0$, so geht die Taylor-Reihe (1.2.14) über in die Maclaurin-Reihe und ist von der Form

$$f(x) = f(0) + f'(0)x + \frac{f''(0)}{2!}x^2 + \cdots + \frac{f^{(n)}(0)}{n!}x^n + \cdots.$$ (1.2.15)

Somit lässt sich zum Beispiel die Maclaurin-Reihe für die Exponentialfunktion $f(x) = e^x$ berechnen. Da $f'(x) = e^x$, folgt $f(0) = f'(0) = \cdots = f^{(n)}(0) = 1$ und aus (1.2.15) ergibt sich

$$f(x) = 1 + x + \frac{x^2}{2!} + \cdots + \frac{x^n}{n!} + \cdots = \sum_{n=0}^{\infty} \frac{x^n}{n!}.$$

Die folgende Aufstellung enthält die Maclaurin- und die Taylor-Reihen für einige am häufigsten benutzte Funktionen:

(i) Die Exponential- und Logarithmusfunktion

$$e^x = 1 + x + \frac{x^2}{2!} + \frac{x^3}{3!} + \cdots; \quad a^x = e^{x \ln a} = 1 + x \ln a + \cdots$$ (1.2.16)

$$\ln x = (x - 1) - \frac{(x - 1)^2}{2} + \frac{(x - 1)^3}{3} - \cdots \quad (0 < x \le 2)$$ (1.2.17)

$$\ln(1 + x) = x - \frac{x^2}{2} + \frac{x^3}{3} - \frac{x^4}{4} + \cdots \quad (-1 < x \le 1)$$ (1.2.18)

$$\ln(1 - x) = -\left[x + \frac{x^2}{2} + \frac{x^3}{3} + \frac{x^4}{4} + \cdots \right] \quad (-1 \le x < 1)$$ (1.2.19)

(ii) Algebraische Funktionen (α ist eine beliebige reelle Zahl)

$$\frac{1}{1-x} = 1 + x + x^2 + x^3 + \cdots + x^n + \cdots \tag{1.2.20}$$

$$\frac{1}{1+x} = 1 - x + x^2 - x^3 + \cdots + (-1)^n x^n + \cdots \tag{1.2.21}$$

$$\frac{1}{\sqrt{1 \pm x}} = 1 \mp \frac{1}{2}x + \frac{3}{2\cdot4}x^2 \mp \frac{3\cdot5}{2\cdot4\cdot6}x^3 + \frac{3\cdot5\cdot7}{2\cdot4\cdot6\cdot8}x^4 \mp \cdots \tag{1.2.22}$$

$$\sqrt{1 \pm x} = 1 \pm \frac{1}{2}x - \frac{1}{2\cdot4}x^2 \pm \frac{3}{2\cdot4\cdot6}x^3 - \frac{3\cdot5}{2\cdot4\cdot6\cdot8}x^4 \pm \cdots \tag{1.2.23}$$

$$(1 \pm x)^\alpha = 1 \pm \alpha x + \frac{\alpha(\alpha-1)}{2!}x^2 \pm \frac{\alpha(\alpha-1)(\alpha-2)}{3!}x^3 + \cdots \tag{1.2.24}$$

$$(1 \pm x)^{-\alpha} = 1 \mp \alpha x + \frac{\alpha(\alpha+1)}{2!}x^2 \mp \frac{\alpha(\alpha+1)(\alpha+2)}{3!}x^3 + \cdots \tag{1.2.25}$$

(iii) Trigonometrische und hyperbolische Funktionen

$$\sin x = x - \frac{x^3}{3!} + \frac{x^5}{5!} - \frac{x^7}{7!} + \cdots + (-1)^n \frac{x^{2n+1}}{(2n+1)!} + \cdots \tag{1.2.26}$$

$$\cos x = 1 - \frac{x^2}{2!} + \frac{x^4}{4!} - \frac{x^6}{6!} + \cdots + (-1)^n \frac{x^{2n}}{(2n)!} + \cdots \tag{1.2.27}$$

$$\sinh x = x + \frac{x^3}{3!} + \frac{x^5}{5!} + \frac{x^7}{7!} + \cdots + \frac{x^{2n+1}}{(2n+1)!} + \cdots \tag{1.2.28}$$

$$\cosh x = 1 + \frac{x^2}{2!} + \frac{x^4}{4!} + \frac{x^6}{6!} + \cdots + \frac{x^{2n}}{(2n)!} + \cdots \tag{1.2.29}$$

(iv) Einige nicht-elementare Funktionen (vgl. Beispiel 1.1.6)

$$\text{Si}(x) = x - \frac{x^3}{3\cdot3!} + \frac{x^5}{5\cdot5!} - \frac{x^7}{7\cdot7!} + \cdots \tag{1.2.30}$$

$$\text{Ci}(x) = \gamma - \ln x - \frac{x^2}{2\cdot2!} + \frac{x^4}{4\cdot4!} - \frac{x^6}{6\cdot6!} + \cdots \tag{1.2.31}$$

$$\text{Ei}(x) = \gamma + \ln|x| + x + \frac{x^2}{2\cdot2!} + \frac{x^3}{3\cdot3!} + \frac{x^4}{4\cdot4!} + \cdots \tag{1.2.32}$$

$$\text{li}(x) = \ln(\ln x) + \ln x + \frac{(\ln x)^2}{2\cdot2!} + \frac{(\ln x)^3}{3\cdot3!} + \cdots \tag{1.2.33}$$

$$\text{erf}(x) = \frac{2}{\sqrt{\pi}} \left(x - \frac{x^3}{3} + \frac{x^5}{5\cdot2!} - \frac{x^7}{7\cdot3!} + \cdots \right) \tag{1.2.34}$$

Hierbei ist γ die Eulersche Konstante, die über die Zahlenfolge

$$\gamma = \lim_{n\to\infty} \left(1 + \frac{1}{2} + \cdots + \frac{1}{n} - \ln n \right) \approx 0,58$$

definiert ist.

1.2.6 Komplexe Variable

Eine komplexe Zahl ist von der Form

$$z = x + iy, \quad i = \sqrt{-1}.$$

Hierbei sind x und y reelle Zahlen. x heißt Realteil und y Imaginärteil von z. Das konjugiert Komplexe von z ist eine Zahl mit $\bar{z} = x - iy$. Komplexe Zahlen lassen sich aber auch mit Hilfe der trigonometrischen Funktionen darstellen:

$$z = r(\cos\theta + i\sin\theta) \tag{1.2.35}$$

oder äquivalent in der polaren Form (mit Hilfe der Eulerschen Formel (1.2.41)):

$$z = re^{i\theta}, \tag{1.2.36}$$

wobei r und θ reelle Zahlen sind. r heißt der Radius und θ das Argument von z. Aus (1.2.35) folgt, dass der Winkel nur bestimmt ist bis auf ganzzahlige Vielfache von 2π. Berücksichtigt man diese Nichteindeutigkeit, so lässt sich z z. B. in der Polardarstellung (1.2.36) schreiben als

$$z = re^{i(\theta + 2\pi k)}, \quad k = 0, \pm 1, \pm 2, \ldots \tag{1.2.37}$$

Der auf das Intervall $-\pi < \theta \le \pi$ beschränkte Wert θ heißt Hauptargument (Hauptwert).

Folgende Funktionen einer komplexen Variablen sind über eine Entwicklung in eine Maclaurin-Reihe (1.2.16), (1.2.26) und (1.2.27) im komplexen Bereich definiert:

$$e^z = 1 + z + \frac{z^2}{2!} + \cdots + \frac{z^n}{n!} + \cdots \tag{1.2.38}$$

$$\sin z = z - \frac{z^3}{3!} + \frac{z^5}{5!} + \cdots + (-1)^n \frac{z^{2n+1}}{(2n+1)!} + \cdots \tag{1.2.39}$$

$$\cos z = 1 - \frac{z^2}{2!} + \frac{z^4}{4!} + \cdots + (-1)^n \frac{z^{2n}}{(2n)!} + \cdots \tag{1.2.40}$$

Damit folgt $e^{iz} = \cos z + i\sin z$ und daraus die Eulersche Formel

$$e^{x+iy} = e^x(\cos y + i\sin y). \tag{1.2.41}$$

Mit dieser Beziehung lässt sich leicht zeigen, dass

$$\cos z = \frac{e^{iz} + e^{-iz}}{2}, \quad \sin z = \frac{e^{iz} - e^{-iz}}{2i}. \tag{1.2.42}$$

Außerdem ergibt sich mit Hilfe dieser Eulerschen Formel (1.2.41) und der Polardarstellung (1.2.36) für eine komplexe Zahl $z = r(\cos\theta + i\sin\theta)$ die Moivre–Laplace-Gleichung

$$z^n = r^n[\cos(n\theta) + i\sin(n\theta)]. \tag{1.2.43}$$

Ersetzt man in (1.2.43) n durch $1/n$ und benutzt die Darstellung für z, so erhält man n Werte für $\sqrt[n]{z}$:

$$\sqrt[n]{z} = \sqrt[n]{r}\left[\cos\left(\frac{\theta}{n} + \frac{2\pi}{n}k\right) + \mathrm{i}\sin\left(\frac{\theta}{n} + \frac{2\pi}{n}k\right)\right], \quad k = 0, 1, \ldots, n-1. \quad (1.2.44)$$

Beispiel 1.2.1. Im Folgenden werden die kubischen Einheitswurzeln berechnet, d. h. man löse die Gleichung $w^3 = 1$. Schreibt man die reelle Zahl 1 in trigonometrischer Form, so folgt

$$1 = \cos(2\pi k) + \mathrm{i}\sin(2\pi k).$$

Benutzt man nun (1.2.44) mit $k = 0, 1, 2$, so erhält man folgende Ausdrücke

$$w_1 = 1, \quad w_2 = \frac{-1 + \mathrm{i}\sqrt{3}}{2}, \quad w_3 = \frac{-1 - \mathrm{i}\sqrt{3}}{2}.$$

Die hyperbolischen Funktionen (1.1.8) sind ebenfalls auf den komplexen Fall erweiterbar und werden definiert durch

$$\sinh z = \frac{\mathrm{e}^z - \mathrm{e}^{-z}}{2}, \quad \cosh z = \frac{\mathrm{e}^z + \mathrm{e}^{-z}}{2}.$$

Trigonometrische und hyperbolische Funktionen sind über die Beziehungen

$$\sin z = -\mathrm{i}\sinh(\mathrm{i}z), \quad \cos z = \cosh(\mathrm{i}z), \quad \tan z = -\mathrm{i}\tanh(\mathrm{i}z),$$
$$\sinh z = -\mathrm{i}\sin(\mathrm{i}z), \quad \cosh z = \cos(\mathrm{i}z), \quad \tanh z = -\mathrm{i}\tan(\mathrm{i}z) \quad (1.2.45)$$

miteinander verknüpft.

Die Ableitungen der komplexwertigen Exponentialfunktion, der komplexen trigonometrischen und hyperbolischen Funktionen sind gegeben durch

$$(\mathrm{e}^z)' = \mathrm{e}^z, \quad (\sin z)' = \cos z, \quad (\cos z)' = -\sin z,$$
$$(\sinh z)' = \cosh z, \quad (\cosh z)' = \sinh z.$$

Benutzt man die polare Darstellung (1.2.37) von z, lässt sich die (mehrdeutige) Logarithmusfunktion in der komplexwertigen Variablen wie folgt definieren:

$$\ln z = \ln r + \mathrm{i}(\theta + 2\pi k), \quad k = 0, \pm 1, \pm 2, \ldots \quad (1.2.46)$$

Die komplexwertige Exponentialfunktion a^z, mit a ist definiert durch

$$a^z = \mathrm{e}^{z\ln a}. \quad (1.2.47)$$

1.2.7 Approximation von Funktionen

Definition 1.2.1. Eine Funktion $\alpha(x, \varepsilon)$ heißt von der Ordnung kleiner als ε^p (mit einer natürlichen Zahl $p \geq 1$) und wird bezeichnet mit

$$\alpha(x, \varepsilon) = o(\varepsilon^p), \quad \varepsilon \to 0, \quad (1.2.48)$$

wenn gilt

$$\lim_{\varepsilon \to 0} \frac{\alpha(x, \varepsilon)}{\varepsilon^p} = 0. \tag{1.2.49}$$

Die Bedingung (1.2.49) ist erfüllt, wenn jede der Maßgaben

$$\alpha(x, \varepsilon) = \varepsilon^{p+1} \phi(x, \varepsilon), \quad \phi(x, \varepsilon) \neq \infty \text{ für } \varepsilon \to 0$$

und

$$|\alpha(x, \varepsilon)| \leq C|\varepsilon|^{p+1}, \quad C = \text{const}$$

gilt.

Definition 1.2.2. Die Funktionen $f(x, \varepsilon)$ und $g(x, \varepsilon)$ heißen annähernd gleich mit einem Fehler $o(\varepsilon^p)$ für $\varepsilon \to 0$, wenn

$$f(x, \varepsilon) - g(x, \varepsilon) = o(\varepsilon^p).$$

Um die ungefähre Gleichheit auszudrücken, benutzt man entweder die Notation $g \approx f$ oder präziser

$$g(x, \varepsilon) = f(x, \varepsilon) + o(\varepsilon^p).$$

In Bezug auf die Taylor-Entwicklung (1.2.14) hat die angenäherte Darstellung von $f(x)$ mit dem Fehler $o((x - a)^n)$ für $x \to a$ das Aussehen

$$f(x) \approx f(a) + f'(a)(x - a) + \cdots + \frac{f^{(n)}(a)}{n!}(x - a)^n. \tag{1.2.50}$$

Zum Beispiel deutet die Entwicklung (1.2.34) an, dass für die Fehlerfunktion die Näherung gilt

$$\text{erf}(x) = \frac{2}{\sqrt{\pi}} \left(x - \frac{x^3}{3} \right) + o(x^4).$$

Bemerkung 1.2.1. Annähernd gleiche Funktionen f und g heißen oft äquivalente Funktionen und werden mit $f \sim g$ bezeichnet.

1.2.8 Jacobi-Matrix, funktionale Unabhängigkeit, Variablentransformationen in Mehrfachintegralen

Definition 1.2.3. Sei $x = (x^1, \ldots, x^n)$. Funktionen

$$u^\alpha = u^\alpha(x), \quad \alpha = 1, \ldots, m, (m \leq n) \tag{1.2.51}$$

heißen funktional abhängig, wenn irgendeine Relation der Form

$$\Phi(u^1(x), \ldots, u^m(x)) = 0$$

existiert. Ansonsten nennt man sie funktional unabhängig.

Ein bequemer Test für die Unabhängigkeit von Funktionen (1.2.51) lässt sich mit Hilfe ihrer Jacobi-Matrix

$$\left\| \frac{\partial u^\alpha}{\partial x^i} \right\|$$

formulieren. Hierbei kennzeichnet der Index α die Zeilen und i die Spalten. Somit sind die Funktionen (1.2.51) genau dann funktional unabhängig, wenn der Rang der Jacobi-Matrix gleich m ist. Ist $n = m$ besteht der Test auf funktionale Unabhängigkeit darin, die Determinante der Jacobi-Matrix zu bilden:

$$J = \det \left\| \frac{\partial u^\alpha}{\partial x^i} \right\|.$$

Satz 1.2.4. *Funktionen $u^1(x), \ldots, u^n(x)$ der n Variablen $x = (x^1, \ldots, x^n)$ heißen funktional unabhängig genau dann, wenn die Determinante der Jacobi-Matrix nicht verschwindet.*

Die Jacobi-Determinante ist aber auch nützlich, um die Substitutionsmethode der Integralrechnung mehererer Variabler (1.2.11) zu verallgemeinern.

Seien hierzu die Funktionen (1.2.51) funktional unabhängig und sei $m = n$. Dann liefert (1.2.51) eine Transformation der Variablen $y = u(x)$ mit der Jacobi-Determinante $J \neq 0$. Diese Transformation führt auf die folgende Regel zur Variablensubstitution bei Mehrfachintegralen:

$$\int f(y^1, y^2, \ldots, y^n) \, dy^1 \, dy^2 \cdots dy^n$$
$$= \int f(u^1(x), u^2(x), \ldots, u^n(x)) \, |J| \, dx^1 \, dx^2 \cdots dx^n. \tag{1.2.52}$$

1.2.9 Lineare Unabhängigkeit von Funktionen, Wronski-Determinante

Definition 1.2.4. Man betrachte m Funktionen in einer Variablen x:

$$y_1 = y_1(x), \quad y_2 = y_2(x), \quad \ldots, \quad y_m = y_m(x). \tag{1.2.53}$$

Die Funktionen (1.2.53) heißen linear abhängig, wenn Konstanten $c_1, \ldots, c_m$ existieren, die Paarweise von Null verschieden sind, so dass

$$c_1 y_1(x) + c_2 y_2(x) + \cdots + c_m y_m(x) = 0. \tag{1.2.54}$$

Im Falle $c_1 = c_2 = \cdots = c_m = 0$ heißen die Funktionen linear unabhängig.

Ein bequemer Test für die lineare Unabhängigkeit lässt sich mit Hilfe der Wronski-Determinante aus m Spalten und m Zeilen der Form

$$W[y_1, y_2, \ldots, y_m] = \begin{vmatrix} y_1 & y_2 & \cdots & y_m \\ y_1' & y_2' & \cdots & y_m' \\ \cdots & \cdots & \cdots & \cdots \\ y_1^{(m-1)} & y_2^{(m-1)} & \cdots & y_m^{(m-1)} \end{vmatrix} \tag{1.2.55}$$

formulieren.

Satz 1.2.5. *Die Funktionen* (1.2.53) *heißen linear unabhängig genau dann, wenn die Wronski-Determinante nicht verschwindet:*

$$W[y_1, y_2, \ldots, y_m] \neq 0. \tag{1.2.56}$$

1.2.10 Integration durch Quadratur

Die praktische Integration von Differentialgleichungen nutzt die Kenntnis der allgemeinen Lösung der einfachsten Differentialgleichung

$$\frac{\mathrm{d}y}{\mathrm{d}x} = 0. \tag{1.2.57}$$

aus. Nach Satz 1.2.2 ist die allgemeine Lösung von Gleichung (1.2.57)

$$y = C.$$

Im Folgenden werde die fundamentale Differentialgleichung der Integralrechnung betrachtet, die in den Arbeiten von Newton und Leibniz gelöst wurde. Dazu betrachte man eine stetige Funktion $f(x)$ und frage nach einer Funktion $y = F(x)$, deren Ableitung gleich $f(x)$ ist:

$$\frac{\mathrm{d}F(x)}{\mathrm{d}x} = f(x)$$

Die Funktion $F(x)$ heißt Integral von $f(x)$ bezüglich der Variablen x. Dieses Problem führt auf das Lösen einer gewöhnlichen Differentialgleichung erster Ordnung

$$y' = f(x). \tag{1.2.58}$$

Die allgemeine Lösung lässt sich darstellen als

$$y = \int f(x) \, \mathrm{d}x + C, \tag{1.2.59}$$

wobei $\int f(x) \, \mathrm{d}x = F(x)$ irgendein Integral von $f(x)$ in Bezug auf x ist. C ist eine beliebige Konstante, Integrationskonstante genannt. Durch Festlegen dieser Integrationskonstanten erhält man eine spezielle oder partikuläre Lösung. Damit besitzt (1.2.58) unendlich viele Lösungen, die durch die Familie einparametriger Ausdrücke (1.2.59) gegeben sind.

Notation. In der Analysis bezeichnet das Symbol $\int f(x)\,dx$ des unbestimmten Integrals alle Lösungen der Gleichung (1.2.58), d. h. $\int f(x)\,dx = F(x) + C$. $F(x)$ heißt partikuläres Integral von $f(x)$. In der Theorie der Differentialgleichungen wird für gewöhnlich eine andere Interpretation benutzt. $\int f(x)\,dx$ wird mit jedem partikulären Integral $F(x)$ der Funktion identifiziert. Diese Interpretation wird im Verlauf des gesamten Buches benutzt.

In der Notation (1.2.59) lautet dann die allgemeine Lösung z. B. für die Differentialgleichung zweiter Ordnung

$$y'' = f(x) \qquad (1.2.60)$$

mit den beiden beliebigen Konstanten C_1 und C_2

$$y = \int dx \int f(x)\,dx + C_1 x + C_2. \qquad (1.2.61)$$

Hierbei ist $\int dx \int f(x)\,dx = \int \left(\int f(x)\,dx \right) dx$.

Bemerkung 1.2.2. In der klassischen Literatur heißt die Formel (1.2.59) auch Quadratur. Eine Differentialgleichung (1.2.58) heißt damit lösbar mittels Quadratur (lösbar oder auch integrabel). Der gleiche Sachverhalt lässt sich auch auf die Gleichung

$$y' = h(y)$$

anwenden, da ihre Lösung durch eine zu (1.2.59) ähnliche Integralformel angegeben werden kann:

$$x = \int \frac{dy}{h(y)} + C \equiv H(y) + C,$$

mit $y = H^{-1}(x - C)$. Hierbei ist H^{-1} die inverse Funktion zu H.

1.2.11 Differentialgleichungen für Familien von Kurven

Man betrachte eine Familie von Kurven

$$y = f(x, C_1, \ldots, C_n) \qquad (1.2.62)$$

in der (x, y)-Ebene oder allgemeiner in impliziter Form

$$\Phi(x, y, C_1, \ldots, C_n) = 0. \qquad (1.2.63)$$

Nach Definition der impliziten Funktionen kann in Gleichung (1.2.63) y durch die Funktion f aus (1.2.62) ersetzt werden, wobei die Relation (1.2.63) dann (in einem Intervall) für alle zulässigen Werte der Parameter C_k, $k = 1, \ldots, n$ identisch erfüllt wird. Folglich lässt sich diese Identität nach x ableiten. Wiederholt man dies n mal, so folgt

$$\frac{\partial \Phi}{\partial x} + \frac{\partial \Phi}{\partial y} y' = 0,$$

$$\frac{\partial^2 \Phi}{\partial x^2} + 2\frac{\partial^2 \Phi}{\partial x \partial y} y' + \frac{\partial^2 \Phi}{\partial y^2} y'^2 + \frac{\partial \Phi}{\partial y} y'' = 0,$$

$$\vdots$$

$$\frac{\partial^n \Phi}{\partial x^n} + \cdots + \frac{\partial \Phi}{\partial y} y^{(n)} = 0. \tag{1.2.64}$$

Die Elimination der Parameter C_k aus den Gleichungen (1.2.63) und (1.2.64) führt auf eine gewöhnliche Differentialgleichung n-ter Ordnung

$$F(x, y, y', \ldots, y^{(n)}) = 0. \tag{1.2.65}$$

Die Funktion (1.2.62) liefert eine Lösung von (1.2.65), die von n beliebigen Konstanten C_i abhängt. Damit bezeichnet man (1.2.65) als Differentialgleichung für die Familie von Kurven (1.2.62) oder (1.2.63).

Diese eben beschriebene Prozedur kann vereinfacht werden durch Notationen aus dem Bereich der differentiellen Algebra (vgl. Abschnitt 1.4).

Notation. Die totale Differentiation D_x einer Funktion, die von endlich vielen Variablen $x, y, y', y'', \ldots$ abhängt, ist gegeben durch

$$D_x = \frac{\partial}{\partial x} + y'\frac{\partial}{\partial y} + y''\frac{\partial}{\partial y'} + \cdots + y^{(s+1)}\frac{\partial}{\partial y^{(s)}} + \cdots. \tag{1.2.66}$$

Mit Hilfe dieser Notation lässt sich (1.2.64) auch kompakter schreiben:

$$D_x\Phi = 0, \quad D_x^2\Phi = 0, \quad \ldots, \quad D_x^n\Phi = 0. \tag{1.2.67}$$

Außerdem vermeidet man auf diese Weise die Benutzung von (1.2.63) bei der Ableitung von (1.2.64).

Aufgabe 1.2.1. Gesucht ist die Differentialgleichung für die Familie von Geraden der Form $y = ax + b$ mit den beiden Parametern a und b.

Lösung. Man setze $\Phi = y - ax - b$. Die Gleichung (1.2.67) lautet damit

$$D_x\Phi \equiv y' - a = 0, \quad D_x^2\Phi \equiv y'' = 0.$$

Hierbei enthält die letzte dieser Gleichungen keinen Parameter. Folglich handelt es sich bei der Differentialgleichung (1.2.65) für Geraden um die einfachste lineare Gleichung zweiter Ordnung:

$$y'' = 0. \tag{1.2.68}$$

Aufgabe 1.2.2. Gesucht ist die Differentialgleichung der Familie von Parabeln, die in der Form $\Phi \equiv y - ax^2 - bx - c = 0$ gegeben sind mit den drei Parametern a, b und c.

Lösung. Mit Hilfe von (1.2.67) erhält man

$$D_x\Phi \equiv y' - 2ax - b = 0, \quad D_x^2\Phi \equiv y'' - 2a = 0, \quad D_x^3\Phi \equiv y''' = 0.$$

Damit ist die Gleichung für Parabeln die einfachste lineare Gleichung dritter Ordnung

$$y''' = 0. \tag{1.2.69}$$

Aufgabe 1.2.3. Gesucht ist die Familie von Kreisen gegeben in der Form $\Phi \equiv (x - a)^2 + (y - b)^2 - c^2 = 0$.

Lösung. Gleichung (1.2.67) liefert

$$x - a + (y - b)y' = 0, \quad 1 + y'^2 + (y - b)y'' = 0, \quad 3y'y'' + (y - b)y''' = 0.$$

Hier enthält die dritte Gleichung keinen der Parameter a und c. Somit lässt sich mit Hilfe der zweiten Gleichung die Substitution $y - b = -(1 + y'^2)/y''$ durchführen. Damit erhält man für die Familie von Kreisen die nichtlineare Differentialgleichung

$$y''' - 3\frac{y'y''^2}{1 + y'^2} = 0. \tag{1.2.70}$$

Aufgabe 1.2.4. Gesucht ist die Differentialgleichung für die Familie von Hyperbeln, die gegeben sind durch $\Phi \equiv (y - a)(b - cx) - 1 = 0$.

Lösung. Gleichung (1.2.67) liefert

$$(b - cx)y' - c(y - a) = 0, \quad (b - cx)y'' - 2cy' = 0, \quad (b - cx)y''' - 3cy'' = 0.$$

Aus der zweiten Gleichung folgt $b - cx = 2cy'/y''$. Dieses Ergebnis in die dritte Gleichung eingesetzt liefert die Differentialgleichung für die Hyperbeln:

$$y''' - \frac{3}{2}\frac{y''^2}{y'} = 0. \tag{1.2.71}$$

1.3 Vektoranalysis

Vektoranalysis liefert eine natürliche und kurze Notation, um geometrische und physikalische Probleme zu formulieren. Darum wurde sie zu einem Hauptbestandteil in der Grundausbildung der Naturwissenschaftler und Ingenieure. Sie wird umfassend in der Newtonschen Mechanik, der Kontinuumsmechanik und relativistischen Mechanik, in der Elektrodynamik usw. benutzt. Dieser Abschnitt enthält die grundlegenden Bezeichnungen und Formeln dieses Gebietes.

1.3.1 Vektoralgebra

Das Skalarprodukt $\boldsymbol{a} \cdot \boldsymbol{b}$ (= euklidisches Skalarprodukt, inneres Produkt) zweier Vektoren $\boldsymbol{a}$, $\boldsymbol{b}$ ist eine skalare Größe (z. B. eine reelle Zahl), die wie folgt definiert ist:

$$\boldsymbol{a} \cdot \boldsymbol{b} = |\boldsymbol{a}||\boldsymbol{b}| \cos \theta, \tag{1.3.1}$$

wobei θ ($0 \leq \theta \leq \pi$) der eingeschlossene Winkel zwischen den beiden Vektoren $\boldsymbol{a}$ und $\boldsymbol{b}$ ist. In der Literatur wird das Skalarprodukt auch als $(\boldsymbol{a}, \boldsymbol{b})$ oder $\boldsymbol{a}\boldsymbol{b}$ geschrieben.

Seien die Vektoren $\boldsymbol{a}$ und $\boldsymbol{b}$ in kartesischen Koordinaten gegeben:

$$\begin{aligned} \boldsymbol{a} &= a^1 \boldsymbol{i} + a^2 \boldsymbol{j} + a^3 \boldsymbol{k} = (a^1, a^2, a^3), \\ \boldsymbol{b} &= b^1 \boldsymbol{i} + b^2 \boldsymbol{j} + b^3 \boldsymbol{k} = (b^1, b^2, b^3), \end{aligned} \tag{1.3.2}$$

wobei $\boldsymbol{i}$, $\boldsymbol{j}$ und $\boldsymbol{k}$ die Koordinateneinheitsvektoren entlang der ersten, zweiten und dritten Koordinatenachsen sind. Das Skalarprodukt dieser beiden Vektoren ist gegeben durch

$$\boldsymbol{a} \cdot \boldsymbol{b} = \sum_{i=1}^{3} a^i b^i. \tag{1.3.3}$$

Ein Beispiel für die Anwendung des Skalarproduktes liefert die Mechanik. Der Angriffspunkt einer Kraft bewege sich entlang einer Strecke $\boldsymbol{x}$. Dabei wird die Arbeit

$$W = \boldsymbol{F} \cdot \boldsymbol{x} \tag{1.3.4}$$

verrichtet.

Aus dieser Gleichung (1.3.4) folgt, dass im Falle einer zur Kraft $\boldsymbol{F}$ senkrechten Bewegungsrichtung keine Arbeit verrichtet wird. Bewegt man beispielsweise eine Last im Gravitationsfeld der Erde entlang einer horizontalen Strecke, so wird keine Arbeit geleistet (vgl. Abb. 1.3.1). Dies widerlegt die allgemein gültige Erfahrung.

Das Vektorprodukt $\boldsymbol{a} \times \boldsymbol{b}$ zweier Vektoren $\boldsymbol{a}$ und $\boldsymbol{b}$ ist wie folgt definiert:
- Der Betrag des Vektors $\boldsymbol{a} \times \boldsymbol{b}$ ist gleich $|\boldsymbol{a} \times \boldsymbol{b}| = |\boldsymbol{a}||\boldsymbol{b}| \sin \theta$, wobei θ ($0 \leq \theta \leq \pi$) der von den Vektoren $\boldsymbol{a}$ und $\boldsymbol{b}$ eingeschlossene Winkel ist.
- Der Vektor $\boldsymbol{a} \times \boldsymbol{b}$ steht senkrecht auf der von $\boldsymbol{a}$ und $\boldsymbol{b}$ aufgespannten Ebene derart, dass das Tripel $\boldsymbol{a}$, $\boldsymbol{b}$ und $\boldsymbol{a} \times \boldsymbol{b}$ in dieser Reihenfolge ein Rechtssystem bildet.

Das Vektorprodukt wird auch mit $[\boldsymbol{a}, \boldsymbol{b}]$ oder $[\boldsymbol{a}\boldsymbol{b}]$ bezeichnet. Sein Betrag ist gleich dem Flächeninhalt des durch die Vektoren $\boldsymbol{a}$ und $\boldsymbol{b}$ aufgespannten Parallelogramms. Damit stellt es eine gerichtete Fläche dar und heißt in der klassischen Literatur auch gerichtete Fläche (*vectorial area*).

Das Vektorprodukt zweier Vektoren (1.3.2) ist in kartesischen Koordinaten definiert durch

$$\boldsymbol{a} \times \boldsymbol{b} = \begin{vmatrix} \boldsymbol{i} & \boldsymbol{j} & \boldsymbol{k} \\ a^1 & a^2 & a^3 \\ b^1 & b^2 & b^3 \end{vmatrix}, \tag{1.3.5}$$

Diese Jungen
leisten keine
Arbeit.

Dieser Junge
leistet Arbeit.

Abb. 1.3.1: Leisten von Arbeit.

wobei

$$\begin{vmatrix} \boldsymbol{i} & \boldsymbol{j} & \boldsymbol{k} \\ a^1 & a^2 & a^3 \\ b^1 & b^2 & b^3 \end{vmatrix} = (a^2 b^3 - a^3 b^2)\boldsymbol{i} + (a^3 b^1 - a^1 b^3)\boldsymbol{j} + (a^1 b^2 - a^2 b^1)\boldsymbol{k}.$$

Diese Beziehung (1.3.5) zeigt, dass das Vektorprodukt antikommutativ ist:

$$\boldsymbol{a} \times \boldsymbol{b} = -\boldsymbol{b} \times \boldsymbol{a}.$$

Betrachtet man nun drei Vektoren $\boldsymbol{a}$, $\boldsymbol{b}$ und $\boldsymbol{c}$, so lassen sich folgende Dreifachprodukte bilden:

$$(\boldsymbol{a} \cdot \boldsymbol{b})\boldsymbol{c}, \quad \boldsymbol{a} \times (\boldsymbol{b} \times \boldsymbol{c}), \quad \boldsymbol{a} \cdot (\boldsymbol{b} \times \boldsymbol{c}).$$

Das dreifache Vektorprodukt wird gewöhnlich wie folgt berechnet:

$$\boldsymbol{a} \times (\boldsymbol{b} \times \boldsymbol{c}) = (\boldsymbol{a} \cdot \boldsymbol{c})\boldsymbol{b} - (\boldsymbol{a} \cdot \boldsymbol{b})\boldsymbol{c}. \tag{1.3.6}$$

Das gemischte Produkt $\boldsymbol{a} \cdot (\boldsymbol{b} \times \boldsymbol{c})$ ist ein Skalarprodukt aus einem Vektor und dem Ergebnis aus einem Vektorprodukt, dessen Wert gleich dem Volumen des Spates ist, der durch die drei Vektoren $\boldsymbol{a}$, $\boldsymbol{b}$, $\boldsymbol{c}$ aufgespannt wird. Hierbei wird vorausgesetzt, dass die Vektoren $\boldsymbol{a}$, $\boldsymbol{b}$, $\boldsymbol{c}$ in dieser Reihenfolge ein Rechtssystem bilden. Für das Spatprodukt gilt die Identität

$$\boldsymbol{a} \cdot (\boldsymbol{b} \times \boldsymbol{c}) = \boldsymbol{b} \cdot (\boldsymbol{c} \times \boldsymbol{a}) = \boldsymbol{c} \cdot (\boldsymbol{a} \times \boldsymbol{b}). \tag{1.3.7}$$

In kartesischen Koordinaten lässt sich dieses Produkt mit den Vektoren

$$\boldsymbol{a} = (a^1, a^2, a^3), \quad \boldsymbol{b} = (b^1, b^2, b^3), \quad \boldsymbol{c} = (c^1, c^2, c^3)$$

über eine Determinante

$$a \cdot (b \times c) = \begin{vmatrix} a^1 & a^2 & a^3 \\ b^1 & b^2 & b^3 \\ c^1 & c^2 & c^3 \end{vmatrix} \qquad (1.3.8)$$

darstellen.

1.3.2 Vektorwertige Funktionen

Eine vektorwertige Funktion $a = f(t)$ einer skalaren Variablen t ist ein veränderlicher Vektor, der von t abhängt. In Koordinaten lässt er sich mit Hilfe von drei skalaren Funktionen

$$a^1 = f_1(t), \quad a^2 = f_2(t), \quad a^3 = f_3(t)$$

darstellen. Es folgt

$$a = f_1(t)i + f_2(t)j + f_3(t)k.$$

Die Ableitung einer vektorwertigen Funktion kann mit Hilfe von

$$a' \equiv \frac{df(t)}{dt} = \lim_{\Delta t \to 0} \frac{f(t + \Delta t) - f(t)}{\Delta t}$$

definiert werden. In Koordinatendarstellung ist

$$a' = f_1'(t)i + f_2'(t)j + f_3'(t)k.$$

Die zweite Ableitung ist demnach gegeben durch

$$a'' = f_1''(t)i + f_2''(t)j + f_3''(t)k.$$

Für vektorwertige Funktionen gelten somit auch die gewöhnlichen Differentiations-regeln, z. B.

$$(a + b)' = a' + b', \quad (\varphi a)' = \varphi' a + \varphi a',$$
$$(a \cdot b)' = a' \cdot b + a \cdot b', \quad (a \times b)' = a' \times b + a \times b'.$$

Sei ein Vektor a nun eine Funktion einer skalaren Variablen φ mit $\varphi = \varphi(t)$:

$$a = f(\varphi(t)).$$

Die Kettenregel für die vektorwertige Funktion kann in der gewöhnlichen Weise be-rechnet werden:

$$\frac{da}{dt} = \frac{df}{d\varphi} \frac{d\varphi}{dt}.$$

1.3.3 Vektorfelder

Eine kurze Betrachtung der Differentialrechnung von Vektorfeldern wird im Folgenden gegeben. Alle Berechnungen werden im rechtwinkligen karthesischen Koordinatensystem durchgeführt. Damit sind die unabhängigen Variablen x, y, z. Sie geben die Position eines Vektors $\boldsymbol{x} = (x, y, z)$ an. Alle betrachteten Funktionen werden als stetig differenzierbar dargestellt.

Ein skalares Feld ϕ ist eine Funktion des Ortsvektors $\boldsymbol{x} = (x, y, z)$:

$$\phi = \phi(x, y, z).$$

Ein Vektorfeld $\boldsymbol{a} = (a^1, a^2, a^3)$ ist eine vektorwertige Funktion

$$\boldsymbol{a} = \boldsymbol{a}(x, y, z),$$

die ebenfalls vom Ortsvektor $\boldsymbol{x} = (x, y, z)$ abhängt.

Die partielle Ableitung von skalaren und Vektorfeldern werden auf herkömmlichem Wege definiert, wie dies weiter oben für vektorwertige Funktionen geschehen ist.

Der Hamilton-Operator oder Nabla-Operator ∇ ist ein Vektor, der in kartesischen Koordinaten durch

$$\nabla = \boldsymbol{i}\frac{\partial}{\partial x} + \boldsymbol{j}\frac{\partial}{\partial y} + \boldsymbol{k}\frac{\partial}{\partial z}, \tag{1.3.9}$$

gegeben ist, wobei $\boldsymbol{i}$, $\boldsymbol{j}$ und $\boldsymbol{k}$ wieder die Einheitsvektoren entlang der x-, y- und z-Achse sind. In anderen Arbeiten wird der Nabla-Operator auch komponentenweise entlang der Koordinatenachsen dargestellt:

$$\nabla_x = \frac{\partial}{\partial x}, \quad \nabla_y = \frac{\partial}{\partial y}, \quad \nabla_z = \frac{\partial}{\partial z}. \tag{1.3.10}$$

Die Familie der Differentialoperatoren Gradient, Divergenz und Rotation lässt sich mit Hilfe des Nabla-Operators ∇ wie folgt darstellen (Nabla-Kalkül):

Der Gradient eines skalaren Feldes $\phi = \phi(x, y, z)$ ist das Produkt des Vektors ∇ mit einem Skalar:

$$\operatorname{grad} \phi \overset{\text{def}}{=} \nabla\phi = \frac{\partial\phi}{\partial x}\boldsymbol{i} + \frac{\partial\phi}{\partial y}\boldsymbol{j} + \frac{\partial\phi}{\partial z}\boldsymbol{k}. \tag{1.3.11}$$

Die Divergenz eines Vektorsfeldes $\boldsymbol{a}$ ist das Skalarprodukt des Vektors ∇ mit $\boldsymbol{a} = (a^1, a^2, a^3)$:

$$\operatorname{div} \boldsymbol{a} \overset{\text{def}}{=} \nabla \cdot \boldsymbol{a} = \nabla_x a^1 + \nabla_y a^2 + \nabla_z a^3 \equiv \frac{\partial a^1}{\partial x} + \frac{\partial a^2}{\partial y} + \frac{\partial a^3}{\partial z}. \tag{1.3.12}$$

Die Rotation eines Vektorfeldes $\boldsymbol{a} = \boldsymbol{a}(x, y, z)$ ist das Vektorprodukt des Vektors ∇ mit $\boldsymbol{a}$:

$$\operatorname{curl} \boldsymbol{a} \equiv \operatorname{rot} \boldsymbol{a} \overset{\text{def}}{=} \nabla \times \boldsymbol{a} = \begin{vmatrix} \boldsymbol{i} & \boldsymbol{j} & \boldsymbol{k} \\ \frac{\partial}{\partial x} & \frac{\partial}{\partial y} & \frac{\partial}{\partial z} \\ a^1 & a^2 & a^3 \end{vmatrix} \tag{1.3.13}$$

oder

$$\operatorname{rot} \boldsymbol{a} = \left(\frac{\partial a^3}{\partial y} - \frac{\partial a^2}{\partial z}\right) \boldsymbol{i} + \left(\frac{\partial a^1}{\partial z} - \frac{\partial a^3}{\partial x}\right) \boldsymbol{j} + \left(\frac{\partial a^2}{\partial x} - \frac{\partial a^1}{\partial y}\right) \boldsymbol{k}. \tag{1.3.14}$$

Die Verknüpfung von ∇ mit den Beziehungen der Vektoralgebra führt zur Existenz von Beziehungen, die skalare Felder und Vektorfelder miteinander verknüpfen. Seien hierzu $\boldsymbol{a}, \boldsymbol{b}$ Vektorfelder und ϕ, ψ skalare Felder sowie α, β beliebige Konstanten. Dann besitzt der Operator ∇ folgende Eigenschaften:

(1) $\nabla(\alpha\phi + \beta\psi) = \alpha\nabla\phi + \beta\nabla\psi,$

(2) $\nabla \cdot (\alpha\boldsymbol{a} + \beta\boldsymbol{b}) = \alpha\nabla \cdot \boldsymbol{a} + \beta\nabla \cdot \boldsymbol{b},$

(3) $\nabla \times (\alpha\boldsymbol{a} + \beta\boldsymbol{b}) = \alpha\nabla \times \boldsymbol{a} + \beta\nabla \times \boldsymbol{b},$

(4) $\nabla(\phi\psi) = \psi\nabla\phi + \phi\nabla\psi,$

(5) $\nabla \cdot (\phi\boldsymbol{a}) = (\nabla\phi) \cdot \boldsymbol{a} + \phi(\nabla \cdot \boldsymbol{a}),$

(6) $\nabla \times (\phi\boldsymbol{a}) = (\nabla\phi) \times \boldsymbol{a} + \phi\nabla \times \boldsymbol{a},$ (1.3.15)

(7) $\nabla \cdot (\boldsymbol{a} \times \boldsymbol{b}) = \boldsymbol{b} \cdot (\nabla \times \boldsymbol{a}) - \boldsymbol{a} \cdot (\nabla \times \boldsymbol{b}),$

(8) $\nabla \cdot (\nabla\phi) \equiv \nabla^2\phi \equiv \Delta\phi = \dfrac{\partial^2\phi}{\partial x^2} + \dfrac{\partial^2\phi}{\partial y^2} + \dfrac{\partial^2\phi}{\partial z^2},$

(9) $\nabla \cdot (\nabla \times \boldsymbol{a}) = 0,$

(10) $\nabla \times (\nabla\phi) = 0.$

Diese Eigenschaften werden aber auch in der Darstellung der Differentialoperatoren angegeben. So lassen sich beispielsweise die Eigenschaften (5), (9) und (10) schreiben als

(5′) $\operatorname{div}(\phi\boldsymbol{a}) = \phi \operatorname{div} \boldsymbol{a} + \boldsymbol{a} \cdot \operatorname{grad} \phi,$

(9′) $\operatorname{div} \operatorname{rot} \boldsymbol{a} = 0,$

(10′) $\operatorname{rot} \operatorname{grad} \phi = 0.$

1.3.4 Die drei klassischen Integralsätze

Satz 1.3.1 (Greenscher Satz). *Sei V ein beliebiges Gebiet in der (x, y)-Ebene mit dem Rand ∂V. Dann gilt für jede differenzierbare Funktion $P(x, y)$ und $Q(x, y)$*

$$\int_{\partial V} P \, dx + Q \, dy = \int_V \left(\frac{\partial Q}{\partial x} - \frac{\partial P}{\partial y}\right) dx \, dy \tag{1.3.16}$$

Satz 1.3.2 (Stokesscher Integralsatz). *Sei V eine orientierte Oberfläche im Raum (x, y, z) mit dem Rand ∂V. Ferner seien $P(x, y, z)$, $Q(x, y, z)$ und $R(x, y, z)$ diffe-*

renzierbare Funktionen. Dann gilt

$$\int_{\partial V} P\,dx + Q\,dy + R\,dz$$
$$= \int_V \left(\frac{\partial Q}{\partial x} - \frac{\partial P}{\partial y}\right) dx\,dy + \left(\frac{\partial R}{\partial y} - \frac{\partial Q}{\partial z}\right) dy\,dz + \left(\frac{\partial P}{\partial z} - \frac{\partial R}{\partial x}\right) dz\,dx. \quad (1.3.17)$$

Gleichung (1.3.17) lässt sich auch in der Vektornotation schreiben als

$$\int_{\partial V} \boldsymbol{A} \cdot d\boldsymbol{x} = \int_V \operatorname{curl} \boldsymbol{A} \cdot d\boldsymbol{S}.$$

Hierbei ist $\boldsymbol{A} = (P, Q, R)$, $d\boldsymbol{x} = (dx, dy, dz)$ und $d\boldsymbol{S} = \boldsymbol{v}\,dS$, wobei $\boldsymbol{v}$ die nach außen gerichtete Normale der Oberfläche von V ist.

Satz 1.3.3 (Divergenz-Satz oder Satz von Gauß–Ostrogradsky). *Sei V ein Volumen im Raum (x, y, z) mit der geschlossenen Oberfläche ∂V und sei $\boldsymbol{A}$ ein Vektorfeld. Dann gilt*

$$\int_{\partial V} (\boldsymbol{A} \cdot \boldsymbol{v})\,dS = \int_V (\nabla \cdot \boldsymbol{A})\,dx\,dy\,dz \equiv \int_V \operatorname{div} \boldsymbol{A}\,dx\,dy\,dz, \quad (1.3.18)$$

wobei $\boldsymbol{v}$ die nach außen gerichtete Normale der Oberfläche ∂V von V ist.

1.3.5 Die Laplace-Gleichung

Der Differentialoperator zweiter Ordnung

$$\Delta \equiv \nabla^2 = \frac{\partial^2}{\partial x^2} + \frac{\partial^2}{\partial y^2} + \frac{\partial^2}{\partial z^2} \quad (1.3.19)$$

heißt Laplace-Operator. Die Laplace-Gleichung in drei Veränderlichen

$$\Delta \phi \equiv \frac{\partial^2 \phi}{\partial x^2} + \frac{\partial^2 \phi}{\partial y^2} + \frac{\partial^2 \phi}{\partial z^2} = 0 \quad (1.3.20)$$

ist eine der wichtigsten Gleichungen der mathematischen Physik und gehört zu den linearen partiellen Differentialgleichungen zweiter Ordnung.

Beispiel 1.3.1. Die kugelsymmetrische Lösung $\phi = \phi(r)$ der Laplace-Gleichung (1.3.20) ist von der Form (vgl. Aufgabe 1.21)

$$\phi(r) = \frac{C_1}{r} + C_2,$$

mit $r = \sqrt{x^2 + y^2 + z^2}$ und $C_1, C_2 = \text{const.}$

1.3.6 Differentiation von Determinanten

Die Ableitung einer Determinante ist durch folgende Gleichungen gegeben:

$$\frac{\mathrm{d}}{\mathrm{d}x}\begin{vmatrix} a_{11}(x) & a_{12}(x) & \cdots & a_{1n}(x) \\ \cdots & \cdots & \cdots & \cdots \\ a_{i1}(x) & a_{i2}(x) & \cdots & a_{in}(x) \\ \cdots & \cdots & \cdots & \cdots \\ a_{n1}(x) & a_{n2}(x) & \cdots & a_{nn}(x) \end{vmatrix} = \sum_{i=1}^{n}\begin{vmatrix} a_{11}(x) & a_{12}(x) & \cdots & a_{1n}(x) \\ \cdots & \cdots & \cdots & \cdots \\ a'_{i1}(x) & a'_{i2}(x) & \cdots & a'_{in}(x) \\ \cdots & \cdots & \cdots & \cdots \\ a_{n1}(x) & a_{n2}(x) & \cdots & a_{nn}(x) \end{vmatrix},$$

wobei $a'_{ij}(x) = \mathrm{d}a_{ij}(x)/\mathrm{d}x$.

1.4 Differential-algebraische Notationen

Die Differential-Algebra liefert eine bequeme Sprache und ein effektives Hilfsmittel, um Differentialgleichungen anzufassen. In der klassischen mathematischen Analysis ist es üblich, Funktionen $u^\alpha(x)$ mit $\alpha = 1, \ldots, m$ und $x = (x^1, \ldots, x^n)$ darzustellen. Die Ableitungen

$$u_i^\alpha(x) = \frac{\partial u^\alpha(x)}{\partial x^i}, \qquad u_{ij}^\alpha(x) = \frac{\partial^2 u^\alpha(x)}{\partial x^i \partial x^j}, \qquad \cdots$$

betrachte man ebenfalls als Funktionen von x.

Differential-Algebra legt es nahe, die Größen $u^\alpha, u_i^\alpha, u_{ij}^\alpha, \ldots$ als Variablen zu betrachten. Ferner beschäftige man sich mit verknüpften Funktionen $f(x, u(x), \frac{\partial u(x)}{\partial x}, \ldots)$ als Funktionen $f(x, u, u_{(1)}, \ldots)$ mit den unabhängigen Veränderlichen $x, u, u_{(1)}, \ldots$

1.4.1 Differenzierbare Variablen, totale Ableitungen

Zunächst werde der eindimensionale Fall betrachtet. Hierzu sei x eine unabhängige Variable und y eine abhängige mit den Ableitungen $y', y'', \ldots, y^{(s)}, \ldots$ Die totale Ableitung (vgl. (1.2.66))

$$D_x = \frac{\partial}{\partial x} + y' \frac{\partial}{\partial y} + y'' \frac{\partial}{\partial y'} + \cdots + y^{(s+1)} \frac{\partial}{\partial y^{(s)}} + \cdots \tag{1.4.1}$$

wirkt auf die Differentialvariablen, d. h. auf Funktionen

$$f(x, y, y_{(1)}, \ldots) \tag{1.4.2}$$

einer endlichen Anzahl von unabhängigen Variablen

$$x, \quad y, \quad y_{(1)} = y', \quad y_{(2)} = y'', \quad \ldots \tag{1.4.3}$$

Die Menge aller Differentialfunktionen werde mit $\mathcal{A}$ bezeichnet.

Um den Unterschied zwischen dem Operator D_x und der partiellen Ableitung $\partial/\partial x$ in Bezug auf x zu verdeutlichen, werde die Wirkung beider Operatoren auf Funktionen aus $\mathcal{A}$ untersucht. Dazu sei

$$f = x, \quad f = y, \quad f = xy'.$$

Die totale Ableitung liefert

$$D_x(x) = 1, \quad D_x(y) = y', \quad D_x(xy') = y' + xy'',$$

während die partielle Ableitung

$$\frac{\partial x}{\partial x} = 1, \quad \frac{\partial y}{\partial x} = 0, \quad \frac{\partial(xy')}{\partial x} = y'$$

ergibt.

1.4.2 Höhere Ableitungen von Produkten und zusammengesetzen Funktionen

Die Formeln für höhere Ableitung von Produkten von Funktionen lassen sich auch auf beliebige Differentialfunktionen anwenden. Hierzu seien $f, g \in \mathcal{A}$. Dann gilt

$$D_x^k(fg) = D_x^k(f)g + \sum_{s=1}^{k-1} \frac{k!}{(k-s)!s!} D_x^{k-s}(f)D_x^s(g) + fD_x^k(g). \tag{1.4.4}$$

Außerdem ist es Faà de Bruno (1857) zu verdanken, dass eine Beziehung existiert, um höhere Ableitungen zusammengesetzter Funktionen zu berechnen. Sie erweitert die Kettenregel (1.2.5). Hierzu betrachte man eine Differentialfunktion der Form $f(y)$. Dann ist die k-te Ableitung, ausgedrückt mit $y', \dots, y^{(k)}$, sowie

$$f' = \frac{\mathrm{d}f}{\mathrm{d}y}, \quad f'' = \frac{\mathrm{d}^2f}{\mathrm{d}y^2}, \quad \dots, \quad f^{(k)} = \frac{\mathrm{d}^kf}{\mathrm{d}y^k}$$

gegeben durch

$$D_x^k(f) = \sum \frac{k!}{l_1!l_2!\cdots l_k!} f^{(p)} \left(\frac{y'}{1!}\right)^{l_1} \left(\frac{y''}{2!}\right)^{l_2} \cdots \left(\frac{y^{(s)}}{s!}\right)^{l_s} \cdots \left(\frac{y^{(k)}}{k!}\right)^{l_k}, \tag{1.4.5}$$

wobei die Summe über alle ganzen Zahlen $l_1, \dots, l_k$ derart läuft, dass

$$l_1 + 2l_2 + \cdots + kl_k = k \tag{1.4.6}$$

gilt. p ist eine positive ganze Zahl, die für jede Lösungsmenge $l_1, \dots, l_k$ von (1.4.6) gegeben ist durch

$$p = l_1 + l_2 + \cdots + l_k. \tag{1.4.7}$$

Benötigt man z. B. die dritte Ableitung, so löse man (1.4.6) und (1.4.7) für $k = 3$. Das heißt,

$$l_1 + 2l_2 + 3l_3 = 3,$$

$$p = l_1 + l_2 + l_3.$$

Damit gibt es drei Lösungsmengen, die durch die drei Werte l_1, l_2, l_3 (von Null verschieden) und p gebildet werden:

(1) $l_1 = 3$, $p = 3$; (2) $l_1 = 1$, $l_2 = 1$, $p = 2$; (3) $l_3 = 1$, $p = 1$.

Damit erhält man:

$$D_x^3(f) = f'''y'^3 + 3f''y'y'' + f'y'''.$$

1.4.3 Differentialfunktionen mehrerer Veränderlicher

Im Folgenden werden die algebraischen unabhängigen Variablen

$$x = \{x^i\}, \quad u = \{u^\alpha\}, \quad u_{(1)} = \{u_i^\alpha\}, \quad u_{(2)} = \{u_{ij}^\alpha\}, \quad \ldots \tag{1.4.8}$$

betrachtet.

Der Index i läuft über alle Werte von 1 bis n, α von 1 bis m. Die Variablen u_{ij}^α werden als symmetrisch in den unteren Indizes vorausgesetzt, d. h. $u_{ij}^\alpha = u_{ji}^\alpha$.

Für jedes $i = 1, \ldots, n$ lässt sich ein Operator

$$D_i = \frac{\partial}{\partial x^i} + u_i^\alpha \frac{\partial}{\partial u^\alpha} + u_{ij}^\alpha \frac{\partial}{\partial u_j^\alpha} + \cdots \tag{1.4.9}$$

einführen, der totaler Ableitungsoperator in Bezug auf x^i heißt.

Dieser Operator stellt formal eine Summe von unendlich vielen Termen dar. Diese bricht jedoch ab, wenn er auf eine Funktion einer endlichen Anzahl von Variablen $x, u, u_{(1)}, \ldots$ angewendet wird. Damit ist der totale Differentialoperator auf einer Menge endlich vieler Variablen $x, u, u_{(1)}, \ldots$ wohldefiniert. Zum Beispiel lässt sich leicht berechnen

$$D_i(x^k) = \delta_i^k, \quad D_i(u^\beta) = u_i^\beta, \quad D_i(u_k^\beta) = u_{ik}^\beta, \quad D_i(f(u^1)) = \frac{df}{du^1} u_i^1.$$

Hierbei stellt δ_i^k das Kronecker-Symbol dar, das wie folgt definiert ist:

$$\delta_i^k = 1 \quad \text{für } i = k; \qquad \delta_i^k = 0 \quad \text{für } i \neq k.$$

Obwohl also die Variablen (1.4.8) algebraisch unabhängig sind, lassen sie sich dennoch durch folgende Differential-Relation miteinander verknüpfen:

$$u_i^\alpha = D_i(u^\alpha), \quad u_{ij}^\alpha = D_j(u_i^\alpha) = D_j D_i(u^\alpha), \quad \ldots \tag{1.4.10}$$

Die Größen x^i heißen unabhängige Variable und u^α heißen Differentialvariable mit den Ableitungen u_i^α, u_{ij}^α, $\ldots$ erster, zweiter usw. Ordnung, berechnet mit Hilfe von

(1.4.10). Eine analytische Funktion einer endlichen Zahl von Variablen $x, u, u_{(1)}, \ldots$ nennt man eine Differentialfunktion. Die höchste Ordnung p der Ableitungen, die in der Differentialfunktion $f = f(x, u, u_{(1)}, \ldots, u_{(p)})$ auftritt, heißt Ordnung dieser Funktion und wird mit ord f bezeichnet.

Ist f eine Differentialfunktion der Ordnung p, so folgt, dass ihre totale Ableitung D_i von der Ordnung $p + 1$ ist. Die Menge aller Differentialfunktionen endlicher Ordnung zusammen mit dem Differentialoperator D_i aus (1.4.9) wird als Raum der Differentialfunktionen und mit $\mathcal{A}$ bezeichnet.

1.4.4 Der Körper der Differentialgleichungen

Sei $F \in \mathcal{A}$ eine Differentialfunktion der Ordnung p. Die Gleichung

$$F(x, u, u_{(1)}, \ldots, u_{(p)}) = 0 \tag{1.4.11}$$

definiert eine Hyperfläche im Raum der Variablen $x, u, \ldots, u_{(p)}$.

Das Konzept der Differentialgleichungen beinhaltet zwei unterschiedliche Bestandteile:
- eine Hyperfläche der Form (1.4.11), Körper der Differentialgleichung genannt (vgl. Abbildung 1.4.1);
- eine Klasse von Lösungen, die durch den mathematischen oder physikalischen Zusammenhang der Differentialgleichung hervorgebracht werden.

In der klassischen Literatur wird die Lösung einer Differentialgleichung mit einer genügend oft differenzierbaren Funktion verknüpft. Die Probleme der modernen Mathematik und Physik verlangen, dass das Konzept der Lösung erweitert wird durch Betrachtung von verallgemeinerten Lösungen (Distributionen) anstatt der klassischen Lösungen.

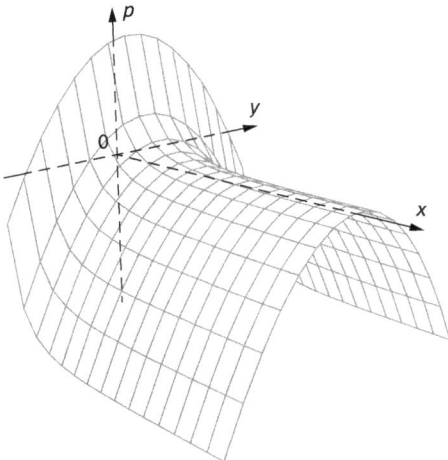

Abb. 1.4.1: Der Körper der Riccati-Gleichung $y' + y^2 - 2/x^2 = 0$, $p = y'$.

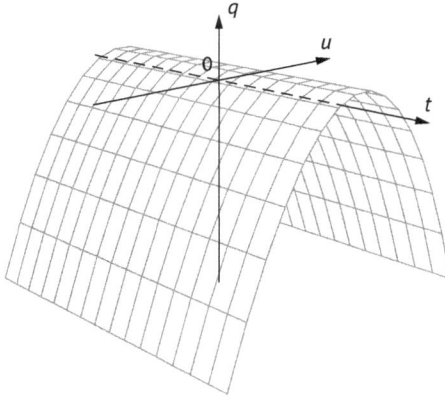

Abb. 1.4.2: Der Körper der Gleichung $u' + u^2 - u - 2 = 0$, $q = u'$.

Bei der Integration von gewöhnlichen Differentialgleichungen ist ein wesentlicher Schritt die Vereinfachung des Körpers (*frame*) durch Transformationen der Variablen. Die Analysis unter Verwendung von Lie-Gruppen liefert eine Methode, um geeignete Variablen-Transformationen zu bestimmen. Vorausgesetzt, dass solch eine infinitesimale Transformation bekannt ist, lassen sich die sogenannten kanonischen Variablen einführen. Dies vereinfacht die Gleichung durch Überführung des Körpers in einen Zylinder, d. h. die explizite Abhängigkeit von einer der Variablen x oder y wurde eliminiert.

Als Beispiel werde die Riccati-Gleichung aus Abbildung 1.4.1 betrachtet. Die gebogene Hyperfläche aus Abbildung 1.4.1 werde zu einem Zylinder begradigt, wie in Abbildung 1.4.2 gezeigt ist. Die Riccati-Gleichung

$$y' + y^2 - \frac{2}{x^2} = 0$$

ist invariant in Bezug auf die Dehnungstransformation (Dilatation)

$$\bar{x} = ax, \quad \bar{y} = \frac{y}{a}.$$

Die Lie-Gruppen-Analysis liefert leicht die kanonischen Variablen t und u, die definiert sind durch

$$t = \ln x, \quad u = xy.$$

Mit diesen Variablen wird die Riccati-Gleichung auf

$$u' + u^2 - u - 2 = 0$$

abgebildet.

Der Körper der letzten Gleichung, den man durch Setzen von $u' = q$ erhält, ist ein parabolischer Zylinder $q + u^2 - u - 2 = 0$, der sich entlang der t-Achse hinstreckt. Damit ist der hyperbolische Paraboloid aus Abbildung 1.4.1 durch den Übergang zu den kanonischen Variablen begradigt worden. Ähnliche Betrachtungen sind von Vorteil für alle Differentialgleichungen (gewöhnliche und partielle) mit bekannten Symmetrien. Hierfür wird Lie-Gruppen-Analysis verwendet.

1.4.5 Die Transformation von Ableitungen

Im Folgenden wird der Fall einer unabhängigen Variablen x und einer abhängigen Variablen y zu Grunde gelegt. Man betrachte die Transformation

$$\bar{x} = \varphi(x, y), \quad \bar{y} = \psi(x, y). \tag{1.4.12}$$

Satz 1.4.1. *Aus der Transformation (1.4.12) folgt der Variablenwechsel in dem totalen Differentialoperator*

$$D_x = D_x(\varphi)D_{\bar{x}}, \tag{1.4.13}$$

wobei D_x und $D_{\bar{x}}$ die totalen Differentialoperatoren in Bezug auf x und $\bar{x}$ sind. Die Ableitungen transformieren sich sukzessive nach

$$\bar{y}' = \frac{D_x(\psi)}{D_x(\varphi)}, \quad \bar{y}'' = \frac{D_x(\varphi)D_{\bar{x}}^2(\psi) - D_x(\psi)D_{\bar{x}}^2(\varphi)}{[D_x(\varphi)]^3}, \quad \dots \tag{1.4.14}$$

mit $\bar{y}' = \mathrm{d}\bar{y}/\mathrm{d}\bar{x}$, $\bar{y}'' = \mathrm{d}\bar{y}'/\mathrm{d}\bar{x}$.

Beweis. Die Transformation der totalen Ableitung (1.4.13) erhält man aus der ersten Gleichung von (1.4.12) durch Anwendung der Kettenregel. Zum Beweis der ersten Gleichung in (1.4.14) genügt es den Ausdruck (1.4.13) auf die zweite Gleichung in (1.4.12) anzuwenden. Es folgt $D_x(\varphi)D_{\bar{x}}(\bar{y}) = D_x(\psi)$.

Alternativ kann man auch folgende Rechnung durchführen:

$$\frac{\mathrm{d}\bar{y}}{\mathrm{d}\bar{x}} = \frac{\psi_x\,\mathrm{d}x + \psi_y\,\mathrm{d}y}{\varphi_x\,\mathrm{d}x + \varphi_y\,\mathrm{d}y} = \frac{(\psi_x + y'\psi_y)\,\mathrm{d}x}{(\varphi_x + y'\varphi_y)\,\mathrm{d}x} = \frac{\psi_x + y'\psi_y}{\varphi_x + y'\varphi_y} = \frac{D_x(\psi)}{D_x(\varphi)}.$$

Die zweite Gleichung in (1.4.14) und höhere Ableitung lassen sich durch die iterative Prozedur

$$\frac{\mathrm{d}\bar{y}'}{\mathrm{d}\bar{x}} = \frac{D_x(\bar{y}')}{D_x(\varphi)} = \frac{1}{D_x(\varphi)}D_x\left(\frac{D_x(\psi)}{D_x(\varphi)}\right)$$

gewinnen. $\qquad\qquad\qquad\qquad\qquad\qquad\qquad\qquad\qquad\qquad\qquad\qquad\qquad\square$

Beispiel 1.4.1. Die Regel zur Differentiation einer inversen Funktion (1.2.4) folgt aus (1.4.14) durch Anwendung auf die Transformation

$$\bar{x} = y, \quad \bar{y} = x.$$

Da $\varphi = y$, $\psi = x$, ergibt sich mit (1.4.13) und (1.4.14)

$$D_x = y'D_{\bar{x}}$$

und

$$\bar{y}' = \frac{1}{y'}, \quad \bar{y}'' = -\frac{y''}{y'^3}.$$

Im Folgenden werden nun der allgemeine Fall und die Transformationen

$$\bar{x}^i = \varphi^i(x, u), \quad i = 1, \ldots, n, \tag{1.4.15}$$

$$\bar{u}^\alpha = \psi^\alpha(x, u), \quad \alpha = 1, \ldots, m \tag{1.4.16}$$

betrachtet.

In der Notation der Differential-Algebra lässt sich die Transformation der Ableitungen leicht wie folgt gewinnen: Zunächst fällt auf, dass aus der Transformation der unabhängigen Variablen (1.4.15) die folgende Beziehung zwischen den totalen Ableitungen D_i und $\bar{D}_i$ in Bezug auf die alten und neuen Variablen folgt (vgl. (1.4.13)):

$$D_i = \sum_{j=1}^{n} D_i(\varphi^j)\bar{D}_j, \quad i = 1, \ldots, n. \tag{1.4.17}$$

Differenziert man nun beide Seiten von (1.4.16) unter Benutzung von $\bar{u}_i^\alpha = \bar{D}_i(\bar{u}^\alpha)$ und unterdrückt das Summenzeichen, so lässt sich das Ergebnis in der Form $D_i(\psi^\alpha) = D_i(\varphi^j)\bar{D}_j(\bar{u}^\alpha) = \bar{u}_j^\alpha D_i(\varphi^j)$ schreiben. Damit ergibt sich die Transformation der ersten Ableitung zu

$$\bar{u}_j^\alpha D_i(\varphi^j) = D_i(\psi^\alpha), \tag{1.4.18}$$

oder

$$\left(\frac{\partial \varphi^j}{\partial x^i} + u_i^\beta \frac{\partial \varphi^j}{\partial u^\beta} \right) \bar{u}_j^\alpha = \frac{\partial \psi^\alpha}{\partial x^i} + u_i^\beta \frac{\partial \psi^\alpha}{\partial u^\beta}.$$

Damit bleibt lediglich noch die letzte Gleichung nach $\bar{u}_j^\alpha$ aufzulösen. Die zweite Ableitung von (1.4.18) liefert die Transformation der zweiten Ableitungen usw.

Beispiel 1.4.2. Seien t, x zwei unabhängige Variable und sei u eine abhängige Veränderliche. Es werden nun zwei neue unabhängige Veränderliche τ, ξ und eine abhängige v eingeführt durch

$$\tau = t, \quad \xi = u, \quad v = x.$$

Die Gleichungen (1.4.17) und (1.4.18) ergeben damit

$$D_t = D_\tau + u_t D_\xi, \quad D_x = u_x D_\xi.$$

Ferner folgt

$$0 = v_\tau + u_t v_\xi, \quad 1 = u_x v_\xi.$$

Also ist für die Transformation der ersten Ableitungen

$$u_t = -\frac{v_\tau}{v_\xi}, \quad u_x = \frac{1}{v_\xi}.$$

1.5 Variationsrechnung

1.5.1 Prinzip vom kleinsten Zwang

Das Hamiltonsche Variationsprinzip oder das Prinzip vom kleinsten Zwang sagt aus: Die Bewegung eines mechanischen Systems mit der kinetischen Energie $T(t, q, v)$ und der potentiellen Energie $U(t, q)$ ist dadurch bestimmt, dass die Trajektorien der Teilchen des Systems ein Extremum des Wirkungsintegrals

$$S = \int_{t_1}^{t_2} L(t, q, v)\, dt \qquad (1.5.1)$$

liefern. Hierbei ist $L(t, q, v) = T - U$ die Lagrange-Funktion des Systems. Ferner sind t die Zeit, $q = (q^1, \ldots, q^s)$ die Teilchenkoordinaten des Systems sowie $v = \dot{q} \equiv dq/dt$ ihre Geschwindigkeiten. Die Wirkung ist auf der Menge der Funktionen $q^\alpha = q^\alpha(t)$ definiert, so dass das Integral im Intervall $t_1 \le t \le t_2$ existiert.

Man betrachte nun die Variation von q durch Setzen von $q + \delta q$ an Stelle von q. Es sei vorausgesetzt, dass der Zuwachs eine Funktion der Gestalt $\delta q = \delta q(t)$ ist, so dass sie überall klein ist im Intervall $t_1 \le t \le t_2$ und an den Enden verschwindet: $\delta q(t_1) = \delta q(t_2) = 0$. Die Ableitung ergibt $\delta v = d[\delta q(t)]/dt$. Dies führt auf die folgende Veränderung des Wirkungsintegrals (1.5.1): $\int_{t_1}^{t_2}[L(t, q + \delta q, v + \delta v) - L(t, q, v)]\, dt$. Die Entwicklung des Integranden nach Potenzen des Zuwachses δq und δv liefert einen linearen Anteil des Wirkungsintegrals δS (Summation über $\alpha = 1, \ldots, s$):

$$\delta S = \int_{t_1}^{t_2} \left(\frac{\partial L}{\partial q^\alpha} \delta q^\alpha + \frac{\partial L}{\partial v^\alpha} \delta v^\alpha \right) dt.$$

Integriert man den zweiten Term partiell, so erhält man

$$\delta S = \int_{t_1}^{t_2} \left[\frac{\partial L}{\partial q^\alpha} - D_t \left(\frac{\partial L}{\partial v^\alpha} \right) \right] \delta q^\alpha\, dt + \left[\frac{\partial L}{\partial v^\alpha} \delta q^\alpha \right]_{t_1}^{t_2}.$$

Berücksichtigt man noch die Randbedingungen $\delta q(t_1) = \delta q(t_2) = 0$, so folgt

$$\delta S = \int_{t_1}^{t_2} \left[\frac{\partial L}{\partial q^\alpha} - D_t \left(\frac{\partial L}{\partial v^\alpha} \right) \right] \delta q^\alpha\, dt, \quad \text{mit } D_t = \frac{\partial}{\partial t} + v^\alpha \frac{\partial}{\partial q^\alpha} + \dot{v}^\alpha \frac{\partial}{\partial v^\alpha}.$$

Die notwendige Bedingung dafür, dass das Integral (1.5.1) ein Extremum hat, ist $\delta S = 0$. Da das Intervall $t_1 \le t \le t_2$ und der Zuwachs δq^α beliebig sind, folgt

$$\frac{\partial L}{\partial q^\alpha} - D_t \left(\frac{\partial L}{\partial v^\alpha} \right) = 0, \quad \alpha = 1, \ldots, s. \qquad (1.5.2)$$

Diese Differentialgleichung (1.5.2) ist als Euler–Lagrange-Gleichung bekannt. Damit lösen die Trajektorien $q = q(t)$ eines mechanischen Systems mit der Lagrange-Funktion $L(t, q, v)$ die Euler–Lagrange-Gleichungen (1.5.2).

1.5.2 Die Euler–Lagrange-Gleichungen in mehreren Veränderlichen

Der Fall von mehreren unabhängigen Variablen $x = (x^1, \ldots, x^n)$ und abhängigen Differentialvariablen $u = (u^1, \ldots, u^m)$ lässt sich ähnlich behandeln. Im Folgenden werde die differential-algebraische Notation und Terminologie benutzt.

Sei $L \in \mathcal{A}$ eine Differentialfunktion erster Ordnung. Sei $V \subset \mathbb{R}^n$ ein beliebiges n-dimensionales Volumen im Raum der unabhängigen Variablen x mit dem Rand ∂V. Eine Wirkung ist das Integral

$$l[u] = \int_V L(x, u, u_{(1)}) \, dx. \tag{1.5.3}$$

Es heißt auch Variationsintegral. Die Variation $\delta l[u]$ des Integrals (1.5.3) hervorgerufen durch die Variation $u + h(x)$ von u ist definiert als linearer Teil (in h) des Integrals

$$\delta l[u] = \int_V \left[\frac{\partial L}{\partial u^\alpha} h^\alpha + \frac{\partial L}{\partial u_i^\alpha} h_i^\alpha \right] dx.$$

Es ist von der Form

$$\delta l[u] = \int_V \left[\frac{\partial L}{\partial u^\alpha} - D_i \left(\frac{\partial L}{\partial u_i^\alpha} \right) \right] h^\alpha \, dx + \int_V D_i \left(\frac{\partial L}{\partial u_i^\alpha} h^\alpha \right) dx.$$

Integriert man den zweiten Term partiell, so folgt

$$\delta l[u] = \int_V \left[\frac{\partial L}{\partial u^\alpha} - D_i \left(\frac{\partial L}{\partial u_i^\alpha} \right) \right] h^\alpha \, dx + \int_{\partial V} \frac{\partial L}{\partial u_i^\alpha} h^\alpha v^i \, dx.$$

Die Anwendung des Divergenz-Satzes 1.3.3 liefert

$$\delta l[u] = \int_V \left[\frac{\partial L}{\partial u^\alpha} - D_i \left(\frac{\partial L}{\partial u_i^\alpha} \right) \right] h^\alpha \, dx + \int_{\partial V} \frac{\partial L}{\partial u_i^\alpha} h^\alpha v^i \, dx,$$

wobei $v = (v^1, \ldots, v^n)$ die nach außen zeigende Einheitsnormale von ∂V ist. Vorausgesetzt, dass die Funktionen $h^\alpha(x)$ auf dem Rand ∂V verschwindet, so folgt

$$\delta l[u] = \int_V \left[\frac{\partial L}{\partial u^\alpha} - D_i \left(\frac{\partial L}{\partial u_i^\alpha} \right) \right] h^\alpha \, dx.$$

Eine Funktion $u = u(x)$ heißt Extremum des Variationsintegrals (1.5.3), wenn für jedes Volumen V und jeden Zuwachs $h = h(x)$, das auf dem Rand ∂V verschwindet, $\delta l[u(x)] = 0$ ist. Es folgt aus obigem Ausdruck für $\delta l[u]$, dass eine notwendige Bedingung dafür, dass u ein Extremum ist, durch die Euler–Lagrange-Gleichungen gegeben ist:

$$\frac{\delta L}{\delta u^\alpha} \equiv \frac{\partial L}{\partial u^\alpha} - D_i \left(\frac{\partial L}{\partial u_i^\alpha} \right) = 0, \quad \alpha = 1, \ldots, m. \tag{1.5.4}$$

Gleichung (1.5.4) liefert im allgemeinen ein System von m partiellen Differentialgleichungen zweiter Ordnung. $\delta L / \delta u^\alpha$ heißt Variationsableitung.

Aufgaben zu Kapitel 1

1.1. Um wie viel größer ist die Oberfläche der nördlichen Hemisphäre der Erde im Vergleich mit dem Äquatorbereich der Erde?

1.2. Bestimme die inversen hyperbolischen Funktionen zu

$$\text{(i)} \quad t = \operatorname{arcsinh} x, \quad \text{(ii)} \quad t = \operatorname{arctanh} x, \quad \text{(iii)} \ t = \operatorname{arccosh} x$$

durch Lösen der folgenden Gleichungen nach t:

$$x = \sinh t = \frac{e^t - e^{-t}}{2}, \quad x = \tanh t = \frac{e^t - e^{-t}}{e^t + e^{-t}}, \quad x = \cosh t = \frac{e^t + e^{-t}}{2}.$$

1.3. Beweise die Gleichung (1.1.7):

$$\arcsin x = \operatorname{arctg} \frac{x}{\sqrt{1 - x^2}}.$$

Finde eine Beziehung ähnlich zu (1.1.7) zwischen den inversen hyperbolischen Funktionen $\operatorname{arcsinh} x$ und $\operatorname{arctanh} x$.

1.4. Löse die kubische Gleichung $x^3 - 3x^2 + x + 5 = 0$.

1.5. Berechne folgende Integrale ($k, m \geq 0$ beliebige ganze Zahlen):

$$\int_{-\pi}^{\pi} \sin(kx) \sin(mx) \, dx, \quad m \neq k,$$

$$\int_{-\pi}^{\pi} \cos(kx) \cos(mx) \, dx, \quad m \neq k,$$

$$\int_{-\pi}^{\pi} \cos(kx) \sin(mx) \, dx, \quad m, k = 0, 1, 2, \ldots,$$

$$\int_{-\pi}^{\pi} \sin^2(kx) \, dx, \quad \int_{-\pi}^{\pi} \cos^2(kx) \, dx, \quad k = 1, 2, \ldots.$$

1.6. Bestimme die Maclaurin-Reihe (1.2.20) für die Funktion $f(x) = 1/(1 - x)$.

1.7. Bestimme die Maclaurin-Reihe (1.2.34) für die Fehlerfunktion $f(x) = \operatorname{erf}(x)$ über ihre Definition (1.1.12).

1.8. Weise die funktionale Unabhängigkeit der Funktionen f, g und h der drei Variablen x, y, z nach:

(i) $f = \sqrt{x^2 - y^2}$, $g = \sqrt{y^2 - z^2}$, $h = x^2 - z^2$;

(ii) $f = \sqrt{x^2 + y^2}$, $g = \sqrt{y^2 + z^2}$, $h = x^2 + z^2$;

(iii) $f = \sqrt{x^2 + y^2}$, $g = \sqrt{y^2 + z^2}$, $h = x^2 - z^2$.

1.9. Differenziere die hyperbolischen Funktionen $f(x) = \sinh x$, $f(x) = \cosh x$ und $f(x) = \tanh x$.

1.10. Weise die lineare Unabhängigkeit folgender Funktionen nach:

(i) $y_1(x) = e^x$, $y_2(x) = e^{-x}$;

(ii) $y_1(x) = e^x$, $y_2(x) = \cosh x$, $y_3(x) = \sinh x$;

(iii) $y_1(x) = e^x$, $y_2(x) = e^{-x}$, $y_3(x) = \sinh x$;

(iv) $y_1(x) = e^x$, $y_2(x) = \cosh x$, $y_3(x) = \tanh x$;

(v) $y_1(x) = \sinh x$, $y_2(x) = \cosh x$, $y_3(x) = \tanh x$.

1.11. Berechne (i) $e^{i\pi}$, (ii) $e^{i(\pi/2)}$, (iii) i^i.

1.12. Berechne die Divergenz $\nabla \cdot \boldsymbol{x}$ und die Rotation $\nabla \times \boldsymbol{x}$ des Ortsvektors $\boldsymbol{x} = (x, y, z)$.

1.13. Seien ϕ, ψ skalare Felder und $\boldsymbol{a}$ ein Vektorfeld. Berechne

(i) $\nabla \times (\nabla \phi) \equiv \operatorname{rot}(\operatorname{grad} \phi)$,

(ii) $\nabla \cdot (\nabla \times \boldsymbol{a}) \equiv \operatorname{div}(\operatorname{rot} \boldsymbol{a})$,

(iii) $\nabla \cdot (\boldsymbol{a} \times \boldsymbol{x}) \equiv \operatorname{div}(\boldsymbol{a} \times \boldsymbol{x})$,

(iv) $\nabla \times (\nabla \times \boldsymbol{a}) \equiv \operatorname{rot}(\operatorname{rot} \boldsymbol{a})$,

(v) $\nabla \cdot (\phi \nabla \psi - \psi \nabla \phi)$.

1.14. Verwandle folgendes Volumenintegral in ein Oberflächenintegral:

$$\int_V (\phi \Delta \psi - \psi \Delta \phi)\, \mathrm{d}x\, \mathrm{d}y\, \mathrm{d}z.$$

1.15. Berechne die Entwicklung (1.4.14) für die ersten und zweiten Ableitungen.

1.16. Bestimme die Transformation der ersten und zweiten Ableitung unter der Transformation $\bar{x} = e^x$, $\bar{y} = 1/y$.

1.17. Bestimme die Transformation der dritten Ableitung y''' unter der Transformation $\bar{x} = y$, $\bar{y} = x$ (vgl. Beispiel 1.4.1).

1.18. Löse die Gleichung $w^3 + 1 = 0$.

1.19. Beweise den Mittelwertsatz für bestimmte Integrale:

$$\int_a^b f(x)\, \mathrm{d}x = f(\xi)(b - a), \quad a \le \xi \le b.$$

1.20. Zeige unter der Voraussetzung, dass $g(x)$ das Vorzeichen in $a \le x \le b$, nicht ändert, die Beziehung

$$\int_a^b f(x)g(x)\, \mathrm{d}x = f(\xi) \int_a^b g(x)\, \mathrm{d}x, \quad a \le \xi \le b.$$

1.21. Bestimme die sphärisch invariante Lösung der Laplace-Gleichung aus Beispiel 1.3.1 durch Auffinden einer Funktion $\phi = \phi(r)$, die die Laplace-Gleichung (1.3.20): $\Delta\phi = 0$ löst.

1.22. Leite die Gleichung (1.1.45) her.

1.23. Beweise das Lemma 1.1.1.

1.24. Zeige, dass die Transformation (1.1.54) die Gleichung (1.1.39) auf eine Gleichung der Form (1.1.55) abbildet.

1.25. Nach Bermerkung 1.1.7 hängen elliptische und hyperbolische Kurven durch komplexe Transformationen zusammen. Damit hängen Gleichung (1.2.70) für Kreise und (1.2.71) für Hyperbeln durch eine komplexe Transformation zusammen. Man bestimme diese.

1.26. Beweise die Regel zur Differentiation von Determinanten aus Abschnitt 1.3.6.

1.27. Nach Gleichung (1.1.16) lässt sich die Oberfläche ω_n der Einheitsfläche in n Dimensionen mit Hilfe der Gamma-Funktion wie folgt ausdrücken:

$$\omega_n = \frac{2\sqrt{\pi^n}}{\Gamma\left(\frac{n}{2}\right)}.$$

Sei nun $n = 2$ und $n = 3$. Bestimme die bekannten Ausdrücke für den Umfang des Einheitskreises in der Ebene und der Oberfläche der Einheitskugel im dreidimensionalen Raum.

1.28. Zeige die erste Gleichung aus (1.1.15): $\Gamma(x + 1) = x\,\Gamma(x)$.

1.29. Berechne $\Gamma(-1/2)$.

1.30. Berechne das Integral $\int_0^\infty e^{-s^2}\,ds$ durch Substitution $t = s^2$ in Definition (1.1.14) der $\Gamma(x)$-Funktion. Berechne danach den Wert für $x = 1/2$.

1.31. Erkläre, warum in Gleichung (1.2.52) zur Variablentransformation eines Mehrfachintegrals der absolute Wert der Jacobi-Determinante berücksichtigt werden muss, während in der Gleichung (1.2.11) für den eindimensionalen Fall dies nicht der Fall ist.

2 Mathematische Modelle

Differentialgleichungen im eigentlichen Sinn traten in der Mathematik um 1680 in den Arbeiten des Schöpfers der Differential- und Integralrechnung auf. Der Begriff Differentialgleichung wurde erstmalig erwähnt von G. W. Leibnitz in seinem Brief an I. Newton (1676) und wurde dann in seinen Veröffentlichungen nach 1684 benutzt. Newtons *Principia* [29] beinhaltet zahlreiche Differentialgleichungen formuliert und integriert im Rahmen der elementaren Geometrie. Seitdem werden grundlegende Naturgesetze oder technische Probleme in Form von strengen mathematischen Modellen beschrieben, die meist mittels Differentialgleichungen formuliert werden.

Weiterführende Literatur: R. Courant und D. Hilbert [5, 4], M. D. Greenberg [11], N. H. Ibragimov [21], J. D. Murray [27, 28], G. F. Simmons [35].

2.1 Einführung

Differentialgleichungen verbinden unabhängige und abhängige Veränderliche mit deren Ableitungen. Eine Differentialgleichung heißt von n-ter Ordnung, wenn sie Ableitungen dieser Ordnung beinhaltet aber keine höheren.

Hängt die abhängige Variable nur von einer einzigen unabhängigen Veränderlichen ab, so heißt die Gleichung gewöhnliche Differentialgleichung. Das berühmte zweite Newtonsche Axiom für ein Teilchen in einem äußeren Kraftfeld F,

$$\frac{\mathrm{d}(m\boldsymbol{v})}{\mathrm{d}t} = \boldsymbol{F}, \tag{2.1.1}$$

gehört zu dieser Kategorie. Hierbei ist die Zeit t die unabhängige Veränderliche, m und $\boldsymbol{v} = (v^1, v^2, v^3)$ kennzeichnen die Teilchenmasse (im Allgemeinen ist m keine Konstante) und ihre Geschwindigkeit. Newtons Gleichung (2.1.1) ist ein System von drei Gleichungen erster Ordnung in Bezug auf die Geschwindigkeitskomponenten v^i, die als abhängige Variablen betrachtet werden. Ferner sagt sie aus, dass die Kraft F nur von t und $\boldsymbol{v}$ abhängt. Ist hingegen $\boldsymbol{F} = \boldsymbol{F}(t, \boldsymbol{x}, \boldsymbol{v})$, so handelt es sich bei (2.1.1) um eine Gleichung zweiter Ordnung in Bezug auf die Ortskoordinate $\boldsymbol{x} = (x^1, x^2, x^3)$ des Teilchens. Betrachtet man den Fall einer konstanten Masse und ersetzt in (2.1.1) $\boldsymbol{v} = \boldsymbol{x}'$, so erhält man ein System aus drei Gleichungen zweiter Ordnung

$$m\frac{\mathrm{d}^2\boldsymbol{x}}{\mathrm{d}t^2} = \boldsymbol{F}(t, \boldsymbol{x}, \boldsymbol{x}'). \tag{2.1.2}$$

Hängt hingegen die gesuchte Funktion von mehreren Variablen ab, so dass die in Frage kommende Gleichung die unabhängigen mit den abhängigen Variablen und deren Ableitungen verknüpft, so spricht man von partiellen Differentialgleichungen. Ein berühmtes Beispiel dieser Kategorie ist die d'Alembert-Gleichung für kleine trans-

DOI 10.1515/9783110495522-006

versale Schwingungen eines *string* (Schnur):

$$\frac{\partial^2 u}{\partial t^2} - k^2 \frac{\partial^2 u}{\partial x^2} = 0, \tag{2.1.3}$$

Hierbei ist k^2 eine positive Konstante. Dies ist eine partielle Differentialgleichung zweiter Ordnung in Bezug auf die beiden unabhängigen Variablen t für Zeit und x als räumliche Koordinate entlang der Schnur. Diese Gleichung ist auch als eindimensionale Wellengleichung bekannt.

Ein Modell für kleine transversale Schwingungen eines gleichförmig dünnen Stabes ist durch

$$\frac{\partial^2 u}{\partial t^2} + \mu \frac{\partial^4 u}{\partial x^4} = f, \tag{2.1.4}$$

gegeben, wobei f die totale Kraft ist, die auf den Stab wirkt. μ ist hier eine positive Konstante.

Das mathematische Modell der thermischen Diffusion nach J. B. J. Fourier (1811) ist eine partielle Differentialgleichung, auch als Wärmeleitungsgleichung bekannt. Der eindimensionale Fall dieser Gleichung lautet

$$\frac{\partial u}{\partial t} - k^2 \frac{\partial^2 u}{\partial x^2} = 0. \tag{2.1.5}$$

2.2 Naturphänomene

2.2.1 Populationsmodelle

Thomas Robert Malthus, der Pionier der mathematischen Betrachtungen demografischer Probleme, schlug in seiner Veröffentlichung „An essay on the principle of population as it affects the future improvement of society" (1798) das berühmte Populationsprinzip vor. Sein Modell ist mathematisch sehr einfach und basiert auf der natürlichen Annahme, dass die Wachstumsrate einer Population proportional ist zur betrachteten Population selbst. Dies lässt sich mit Hilfe der Differentialgleichung

$$\frac{dP}{dt} = \alpha P, \quad \alpha = \text{const} > 0 \tag{2.2.1}$$

formulieren. Damit führt das Malthusische Prinzip auf ein unbeschränktes Wachstum einer Population nach dem exponentiellen Gesetz

$$P(t) = P_0 e^{\alpha(t-t_0)}, \tag{2.2.2}$$

wobei P_0 und $P(t)$ die Anfangspopulation zur Zeit $t = t_0$ und die Population zu einer beliebigen Zeit t darstellen. Beide Größen sind anzugeben in Millionen Individuen. Hauptergebnis dieses Essays war, dass die Verwirklichung einer glücklichen Gesellschaft grundsätzlich durch die universelle Tendenz der Population gehemmt wird über ihren Lebensunterhalt hinauszugehen.

Es wurde bald eingesehen, dass das Malthusische Modell unrealistisch ist und einer Veränderung bedurfte. Folglich wurden zahlreiche veränderte Populationsmodelle betrachtet mit dem Ziel, ein realistisches Gesetz zum Populationswachstum zu finden. Eines von ihnen, bekannt als logistisches Wachstumsgesetz, wird durch folgende nichtlineare Gleichung beschrieben:

$$\frac{dP}{dt} = \alpha P - \beta P^2, \quad \alpha, \beta = \text{const} \neq 0. \tag{2.2.3}$$

Hierbei lässt sich der nichtlineare Term βP^2 als eine Art sozialer Reibung interpretieren. Eine Untersuchung dieses Gesetzes führte auf eine adäquate Beschreibung gewisser Insektenpopulationen. Diesen Zusammenhang jedoch als allgemeines Gesetz für das Populationswachstum anzusehen, führt auf starke Einschränkungen und entspricht nicht ganz der Realität, wie Beispiele menschlicher Populationen zeigen.

Ein Modell für Räuber und Beute wurde von A. J. Lotka (1925) und V. Volterra (1926) vorgeschlagen und ist durch ein System nichtlinearer gewöhnlicher Differentialgleichungen erster Ordnung gegeben:

$$\frac{dx}{dt} = (a - by)x, \quad \frac{dy}{dt} = (kx - l)y, \tag{2.2.4}$$

wobei a, b, k und l positive Konstanten sind. Hier kennzeichnet y die räuberische Spezies, während x die Beute beschreibt. Es wird vorausgesetzt, dass die Beutepopulation die ausschließliche Nahrung für die Räuber darstellt. Eine qualitative Untersuchung der Lösungen des obigen Systems zeigt z. B., dass jedes biologische System, das durch ein Lotka–Volterra-System (2.2.4) beschrieben wird, sich zu guter letzt einer Konstanten oder einer periodischen Population annähern wird.

2.2.2 Ökologie: Radioaktive Abfallprodukte

Radioaktivität ist die Folgeerscheinung beim Auseinanderbrechen von Elementen mit hohem Atomgewicht wie es z. B. bei Uran-Mineralien vorkommt. Die Entdeckung der Radioaktivität liefert neue Einsatzmöglichkeiten, wie z. B. die Bestimmung geologischer Zeiten usw. Künstliche Radioaktivität wird hauptsächlich bei praktischen Dingen benutzt, so in der Chemie, Medizin, nuklearen Energietechnik usw.

Der industrielle Gebrauch nuklearer Energie erfordert durch den Abfall eine unerbittliche Wachsamkeit, da die Gefahr einer Verseuchung durch den radioaktiven Abfall besteht.

Die mathematische Beschreibung des radioaktiven Zerfalls setzt voraus, dass die Zerfallsrate proportional zur Menge an radioaktivem Material ist. Damit besitzt das mathematische Modell die Form (2.2.1):

$$\frac{dU}{dt} = -kU. \tag{2.2.5}$$

Hierbei ist U die Menge an radioaktivem Material zur Zeit t und k ist eine positive Konstante. Die Lösung von (2.2.5) besitzt die Form

$$U(t) = U_0 e^{-k(t-t_0)}, \tag{2.2.6}$$

wobei U_0 die Anfangskonzentration der Substanz zur Zeit $t = t_0$ ist. Die empirische Konstante k hängt von dem betrachteten radioaktiven Material ab. Für gewöhnlich heißt sie Halbwertszeit und ist definiert über ein Zeitintervall $\Delta t = t - t_0$, nach dem die Substanz sich auf die Hälfte der ursprünglichen Menge verringert hat.

Beispiel 2.2.1. Es ist bekannt, dass die Halbwertszeit Δt von Radium 1600 Jahre beträgt. Damit folgt mit Hilfe von (2.2.6), dass $U_0/2 = U_0 e^{-1600\,k}$, woraus $k = (\ln 2)/1600 \approx 0{,}00043$ folgt. Damit ist die radioaktive Zerfallsfunktion von Radium nach t Jahren gegeben durch

$$U(t) = U_0 e^{-\frac{\ln 2}{1600}t}.$$

2.2.3 Die Keplerschen Gesetze und Newtons Gravitationsgesetz

Die augenscheinliche Bewegung der Planeten erscheint unregelmäßig und kompliziert. In alter Zeit war es offensichtlich, dass der Himmel die mathematische Schönheit veranschaulichte. Dies wäre nur der Fall, wenn die Planeten sich auf Kreisbahnen bewegen würden. In der Tat findet sich diese Annahme bei den griechischen Wissenschaftlern. Alle Planeten inklusive der Erde bewegen sich auf Kreisbahnen um die Sonne. J. Kepler entdeckte, dass die Planeten sich auf Ellipsen und nicht auf Kreisen um die Sonne bewegen, die in einem der Brennpunkte und nicht im Kreismittelpunkt lokalisiert ist. Er formulierte 1609 zwei Prinzipien der modernen Astronomie: Keplers erstes (Abbildung 2.2.1) und zweites Gesetz (Abbildung 2.2.2).

Das dritte Keplersche Gesetz wurde 1619 veröffentlicht und behauptet, dass das Verhältnis T^2/R^3 aus dem Quadrat der Periode T und der dritten Potenz der mittleren Entfernung R von der Sonne für alle Planeten denselben Wert besitzt.

Die Keplerschen Gesetze reduzieren die Bewegung der Planeten auf ein geometrisches Problem und zeigen auf einem neuen Niveau die mathematische Harmonie der Natur. Vom praktischen Standpunkt aus war es wichtig, dass Kepler eine Antwort auf

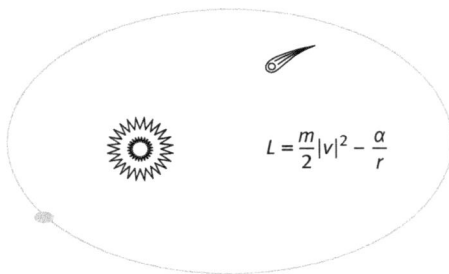

$$L = \frac{m}{2}|v|^2 - \frac{\alpha}{r}$$

Abb. 2.2.1: Das erste Keplersche Gesetz: Die Bahnen der Planeten sind Ellipsen mit der Sonne in einem der Brennpunkte.

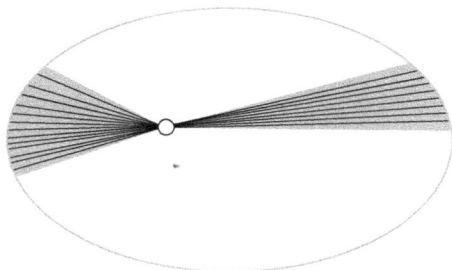

Abb. 2.2.2: Das zweite Keplersche Gesetz: In gleichen Zeiten werden von den Planeten gleiche Flächen überstrichen.

die Frage basierend auf empirischer Astronomie gab, wie sich die Planeten bewegen. Die Geometrie des Himmels lieferte durch Keplers Gesetze die Herausforderung für die Wissenschaftler, die Frage zu beantworten, warum die Planeten diesen Gesetzen gehorchen. Diese Frage erforderte die Untersuchung der Dynamik des Sonnensystems. Die notwendigen Betrachtungen wurden durch Galileo Galilei initiiert und zur modernen rationalen Mechanik in seinem Buch *Principia* von Newton weiterentwickelt.

Nach Newtons Gravitationsgesetz besitzt die Anziehungskraft zwischen der Sonne und einem Planeten die Form

$$\boldsymbol{F} = \frac{\alpha}{r^3}\boldsymbol{x}, \quad \alpha = -GmM. \tag{2.2.7}$$

Hierbei handelt es sich bei G um eine universelle Konstante, die Gravitationskonstante. m ist die Planetenmasse und M die Sonnenmasse. $\boldsymbol{x} = (x^1, x^2, x^3)$ kennzeichnet den Ortsvektor zu dem Planeten, der als Teilchen betrachtet wird. $r = |\boldsymbol{x}|$ stellt den Abstand des betrachteten Planeten von der Sonne dar. Vernachlässigt man nun die Bewegung der Sonne unter der Anziehungskraft des Planeten, so folgt aus dem zweiten Newtonschen Gesetz (2.1.2)

$$m\frac{\mathrm{d}^2\boldsymbol{x}}{\mathrm{d}t^2} = \frac{\alpha}{r^3}\boldsymbol{x}, \quad \alpha = \text{const.} \tag{2.2.8}$$

Die Aufgabe, eine Lösung für (2.2.8) zu finden, heißt Kepler-Problem. Newton erhielt die Keplerschen Gesetze aus dem Lösen der Differentialgleichung (2.2.8). Es lässt sich zeigen, dass diese Gesetze direkte Folgerungen aus speziellen Symmetrie-Eigenschaften des Newtonschen Gravitationsgesetzes sind. Speziell das erste und zweite Keplersche Gesetz lassen sich herleiten, ohne die Gleichung (2.2.8) zu integrieren aus der Erhaltung zweier Vektorfelder: Zum einen aus der Erhaltung des Drehimpulses

$$\boldsymbol{M} = m(\boldsymbol{x} \times \boldsymbol{v}), \tag{2.2.9}$$

mit $\boldsymbol{v} = \dot{\boldsymbol{x}} \equiv \mathrm{d}\boldsymbol{x}/\mathrm{d}t$ als Geschwindigkeit. Zum anderen aus einem Vektorfeld, das bekannt ist als Laplace-Vektor

$$\boldsymbol{A} = [\boldsymbol{v} \times \boldsymbol{M}] + \frac{\alpha}{r}\boldsymbol{x}. \tag{2.2.10}$$

2.2.4 Der freie Fall eines Körpers in Erdnähe

Betrachtet wird der freie Fall eines Körpers auf die Erde unter der Voraussetzung, dass die Gravitationskonstante in Erdnähe konstant ist und dass die Graviationskraft die einzige Kraft ist, die auf den Körper wirkt. Sei ferner $m = $ const die Masse des Objektes, h seine Höhe über dem Grund und t die Zeit. Die Erdbeschleunigung in Bodennähe sei gegeben durch

$$g \approx 981 \, \mathrm{cm \, s^{-2}}.$$

Mit Hilfe dieser Beziehungen lautet die Gravitationskraft $F = -mg$ und die Newtonsche Gleichung (2.1.2) lässt sich schreiben als

$$\frac{\mathrm{d}^2 h}{\mathrm{d}t^2} = -g.$$

Dies ist eine Gleichung der Form (1.2.60) mit der Konstanten $f = -g$. Damit liefert die Integration von (1.2.61)

$$h = -\frac{g}{2}t^2 + C_1 t + C_2.$$

Setzt man nun $t = 0$ in dieser Lösung und in der Gleichung für die Geschwindigkeit $v \equiv h' = -gt + C_1$, so erhält man die physikalische Bedeutung der beiden Integrationskonstanten. Dabei ist $C_2 = h_0$ die Anfangsposition des Körpers und $C_1 = v_0$ die Anfangsgeschwindigkeit. Damit lässt sich die Bahn des fallenden Körpers durch

$$h = -\frac{g}{2}t^2 + v_0 t + h_0. \tag{2.2.11}$$

beschreiben.

Aufgabe 2.2.1. Ein ruhender Körper ($v_0 = 0$) fällt aus einer Höhe h_0. Man bestimme die Geschwindigkeit v_*, mit der der Körper auf den Boden trifft.

Lösung. Mit Hilfe von (2.2.11) folgt $h = h_0 - gt^2/2$, $v = -gt$. Sei t_* der Zeitpunkt, an dem der Körper auf den Boden trifft ($h = 0$) und sei v_* die Geschwindigkeit in diesem Punkt. Es folgt $v_* = -gt_*$, $h_0 = gt_*^2/2$, Die Elimination von t_* führt zu

$$v_* = -\sqrt{2gh_0}. \tag{2.2.12}$$

Das auftretende Minuszeichen rührt von der Tatsache her, dass die h-Achse des Koordinatensystems aufwärts gerichtet war, während der Körper abwärts fiel.

2.2.5 Meteoriten

Der Fall eines entfernten Körpers (Meteorit) bevor er in die Erdatmosphäre eindringt, wird durch Newtons zweites Axiom (2.1.1) zusammen mit seinem Gesetz der inversen

Quadrate (*inverse squares*) beschrieben. Danach ziehen sich Meteorit und Erde mit der Kraft $F = GmM/r^2$ an, wobei

$$G = 6{,}67 \cdot 10^{-8}\,\text{cm}^3\,\text{g}^{-1}\,\text{s}^{-2}$$

die universelle Gravitationskonstante ist. m stellt die Masse des Meteoriten dar, M die der Erde. r beschreibt den Abstand ihrer Massenpunkte. Sei nun R der Radius der Erde. Dann ist der Wert der Anziehungskraft an der Oberfläche $F = GmM/R^2$. Andererseits ist die Gravitationskraft in Erdnähe (= Gewicht eines Körpers mit der Masse m) mg. Damit folgt $G = 6{,}67 \cdot 10^{-8}\,\text{cm}^3\,\text{g}^{-1}\,\text{s}^{-2}$.

Folglich wird ein Objekt von der Erde mit der Kraft $F = mgR^2/r^2$ angezogen.

Die Masse m des Meteoriten ist konstant, bevor er in die Erdatmosphäre eintaucht. Vernachlässigt man den Luftwiderstand und setzt voraus, dass die Masse sich während des Falls nicht ändert, so lässt sich (2.1.2) schreiben als

$$\frac{\mathrm{d}^2 r}{\mathrm{d}t^2} = -\frac{gR^2}{r^2}. \qquad (2.2.13)$$

Das Minuszeichen tritt auf, da r von der Erdoberfläche zum Meteoriten zeigt, was die entgegengesetzte Richtung der anziehenden Gravitationskraft ist.

Aufgabe 2.2.2. Man reduziere die Ordnung von (2.2.13).

Lösung. Sei $\mathrm{d}r/\mathrm{d}t = v(r)$. Dann folgt

$$\frac{\mathrm{d}^2 r}{\mathrm{d}t^2} = \frac{\mathrm{d}v}{\mathrm{d}r}\frac{\mathrm{d}r}{\mathrm{d}t} = v\frac{\mathrm{d}v}{\mathrm{d}r} \equiv \frac{1}{2}\frac{\mathrm{d}(v^2)}{\mathrm{d}r}.$$

(2.2.13) lässt sich damit schreiben als

$$\frac{\mathrm{d}(v^2)}{\mathrm{d}r} = -\frac{2gR^2}{r^2}.$$

Eine Integration unter Berücksichtigung, dass die Geschwindigkeit nach der gewöhnlichen Notation negativ ist, liefert

$$v = -\sqrt{\frac{2gR^2}{r} + C}, \quad C = \text{const.} \qquad (2.2.14)$$

Aufgabe 2.2.3. Man bestimme die Endgeschwindigkeit v_* (d. h. die Geschwindigkeit, mit der der Körper die Oberfläche erreicht), wenn der Meteorit von einem unendlich fernen Punkt, wo er sich in Ruhe befindet, auf die Erde fällt.

Lösung. Als erstes bestimme man die physikalische Bedeutung der Integrationskonstanten in (2.2.14). Der Meteorit befinde sich zur Zeit $t = 0$ in Ruhe ($v_0 = 0$) an einer Stelle r_0 vom Mittelpunkt der Erde entfernt. Mit diesen Setzungen folgt $C = -2gR^2/r_0$. (2.2.14) wird damit zu

$$v = -R\sqrt{2g}\sqrt{\frac{1}{r} - \frac{1}{r_0}}.$$

Sei $r_0 = \infty$ und $r = R$, so erhält man

$$v_* = -\sqrt{2gR}. \tag{2.2.15}$$

Damit erreicht der Meteorit den Boden mit der gleichen Geschwindigkeit, mit der ein Körper aus endlicher Höhe h_0 auf den Boden auftrifft. h_0 übernimmt damit den Radius der Erde (vgl. (2.2.15) und (2.2.12)).

2.2.6 Ein Modell für fallenden Regen

Die Idee zu diesem einfachen Modell für das Phänomen kam während des Flugs in einem kleinen Flugzeug über die seltsam geformten Wolken über Afrika.

Zu Beginn der Untersuchungen sei etwas über die Wolken gesagt, das für den ersten Schritt zur Herleitung von Bedeutung ist. Die typische Dicke der Wolken, die Niederschlag bilden, liegt zwischen 100 m bis 4 km. Aber sehr dicke Wolken (Cumulo-Nimbus) können bis zu 20 km dick sein. Als Annäherung für ein mathematisches Modell sollen zwei aufeinander folgende Schritte des Phänomens dienen. Der erste Schritt beinhaltet die Bildung von Regentropfen in den Wolken. Der zweite beschreibt den Fall der Regentropfen durch die Luft.

(i) Bildung der Tropfen

Die Bildung der Regentropfen in den Wolken wird hier beschrieben durch den freien Fall einer sphärisch geformten Masse von Wasser in gesättigter Luft durch die Gravitationskraft auf die Erde.

Die Masse m des Tropfens nimmt durch Kondensation zu. Ihr Zuwachs sei proportional zur Zeit und zur Oberfläche des Tropfens. Das heißt, $dm = 4\pi k r^2\, dt$. Dabei ist r der Radius des Tropfens, k eine empirische Konstante. Andererseits ist die Masse des kugelförmigen Tropfens Wasser (mit der Dichte $\rho = 1$) gegeben durch $m = 4\pi r^3/3$, woraus $dm = 4\pi r^2\, dr$ folgt. Wegen $dr = k\, dt$ und dem zweiten Newtonschen Axiom (2.1.1) folgt mit $F = -mg$

$$k\frac{d(r^3 v)}{dr} = -gr^3. \tag{2.2.16}$$

Die Lösung dieser Differentialgleichung mit den Anfangsbedingungen $v = v_0$ für $r = r_0$ hat die Form

$$v = -\frac{gr}{4k}\left(1 - \frac{r_0^4}{r^4}\right) + \frac{r_0^3}{r^3}v_0. \tag{2.2.17}$$

Typische Tropfen einer Wolke besitzen einen Radius von $r_0 \approx 10\ \mu m$, während sie auf einen Radius von ungefähr 1 mm angewachsen sind, wenn sie die Erde erreicht haben. Man nehme nun an, dass der Anfangsradius r_0 des Tropfens unendlich klein ist. Damit strebe r_0 nun gegen $r_0 = 0$ in der Lösung (2.2.17). Es folgt $v = -gr/(4k)$.

Berücksichtigt man zusätzlich $r = kt$, so folgt

$$v = -\frac{1}{4}gt. \tag{2.2.18}$$

Damit wächst der Betrag der Geschwindigkeit $|v|$ des Regentropfens während seiner Bildung in der Wolke als lineare Funktion der Zeit.

(ii) Fallender Regen

In diesem Schritt wird der Fall des Regentropfens durch die Luft auf die Erde beschrieben. Es werde angenommen, dass Gravitation und Luftwiderstand die einzigen Kräfte auf das Objekt sind, d. h. die Verdunstung des fallenden Tropfens wird vernachlässigt.

Sei der Luftwiderstand gegeben als eine Funktion der Geschwindigkeit v: $f(v)$. Sei ferner m die augenblickliche Masse des Regentropfens, der die Wolke verlässt. Diese ändere sich während des Falls nicht, d. h. m = const. Dann lässt sich die Geschwindigkeit des Regentropfens nach dem zweiten Newtonschen Axiom durch eine Differentialgleichung erster Ordnung beschreiben:

$$m\frac{dv}{dt} = -mg + f(v). \tag{2.2.19}$$

Die Anfangsbedingung hierfür lautet

$$v|_{t=t_*} = v_*. \tag{2.2.20}$$

Die Notation $|_{t=t_*}$ bedeutet „an der Stelle $t = t_*$". Hierbei ist t_* der Zeitpunkt, an dem der Regentropfen die Wolke verlässt und v_* kennzeichnet die abschließende Geschwindigkeit zu diesem Zeitpunkt. Diese beiden Größen t_* und v_* sind Ergebnisse aus dem ersten Schritt. Man erhält die Geschwindigkeit des Regentropfens als Lösung des Anfangswertproblems (2.2.19), (2.2.20).

Im Allgemeinen wird angenommen, dass der Luftwiderstand proportional zum Quadrat der Geschwindigkeit des fallenden Tropfens ist, was dazu führt, dass das Objekt nicht „zu klein" ist und dass seine Geschwindigkeit kleiner ist als die Schallgeschwindigkeit aber nicht infinitesimal klein. Unter bestimmten Bedingungen lässt sich der Luftwiderstand durch eine lineare Funktion der Geschwindigkeit annähern. Damit kann für den Regenfall als sinnvolles Modell folgende einfache Differentialgleichung (2.2.19) angegeben werden:

$$m\frac{dv}{dt} = -mg - \alpha v + \beta v^2. \tag{2.2.21}$$

Hierbei sind $\alpha \geq 0$ und $\beta \geq 0$ empirische Konstanten. Die Wahl der Vorzeichen geschieht in Übereinstimmung mit der Tatsache, dass die Gegenüberstellung des Luftwiderstandes und der Gravitationskraft mit der Geschwindigkeit v berücksichtigt, dass v im gewählten aufwärts gerichteten Koordinatensystem negativ ist.

2.3 Beispiele aus Physik und Ingenieurswesen

2.3.1 Newtons Abkühlungsgesetz

Das Phänomen der Abkühlung (des Heizens) durch ein umgebendes Medium wird im Allgemeinen im alltäglichen Leben benutzt. Dazu werde der zu kühlende (zu erhitzende) Körper in ein Medium kälterer (wärmerer) Temperatur eingetaucht. Dieses Medium sei die umgebende Luft, ein großes Kältebad, ein vorgeheizter Ofen usw., während der betrachtete Körper ein Thermometer, eine heiße Metallplatte ist, die gekühlt werden soll, oder Blutplasma bei niedriger Temperatur, das vor Gebrauch aufgewärmt werden muss, Milch oder andere Flüssigkeiten. Es werde angenommen, dass die Temperatur des Umgebungsbades durch den eingetauchten Körper unverändert bleibt, d. h. T = const oder allgemein ist T eine gegebene Funktion $T(t)$.

Weiter werde vorausgesetzt, dass die Temperatur τ des eingetauchten Körpers an allen Stellen zu allen Momenten die gleiche ist: $\tau = \tau(t)$. Dann sagt das Newtonsche Abkühlungsgesetz aus, dass die Änderung von τ proportional zur Temperaturdifferenz $T - \tau$ ist. Dieses Gesetz kann als die folgende gewöhnliche Differentialgleichung erster Ordnung aufgefasst werden:

$$\frac{d\tau}{dt} = k(T - \tau). \tag{2.3.1}$$

Hierbei ist k eine positive Konstante, die vom Material des eingetauchten Körpers und des umgebenden Mediums abhängt.

Beispiel 2.3.1. Das Pasteurisieren liefert ein gutes Beispiel. Hierbei handelt es sich um das teilweise Sterilisieren von Milch ohne diese zu kochen. Es basiert auf der Entdeckung von Louis Pasteur, dass Krankheitskeime in Milch zeitweise das Arbeiten stoppen, wenn jedes Teilchen der Milch auf 64 °C erhitzt und dann schnell abgekühlt wird.

Man stelle sich nun einen gebildeten Farmer vor, der sich entschieden hat, die Milch zum ersten Mal zu pasteurisieren. Aber sein Thermometer war defekt. Da der Farmer gebildet ist, kann man erwarten, dass er das Problem, Milch auf exakt 64 °C lösen wird mit einem Ofen, seiner Uhr und der Gleichung (2.3.1) anstatt eines Thermometers.

Der Farmer hat zuerst den Koeffizienten k zu bestimmen. Dazu stellt er die Milch, die er bei Raumtemperatur τ_0 = 25 °C gelagert hatte, in den Ofen, der auf T = 250 °C aufgeheizt war und wartet, bis die Milch kocht. Dies geschehe z. B. nach 15 min. Die Siedetemperatur der Milch betrage 90 °C. Dann benutzt der Farmer die Lösung der Gleichung (2.3.1):

$$\tau = T - Be^{-kt}. \tag{2.3.2}$$

Zur Zeit $t = 0$ liefert diese Lösung 25 °C = 250 °C − B , woraus für B = 225 °C folgt. Damit ergibt die Lösung zum Zeitpunkt t = 15 min

$$90 = 250 - 225\,e^{-15k}.$$

Es treten nur noch numerische Werte auf. Da $15k = -\ln(160/225)$, folgt $k \approx 34/1500$. Damit liefert die Gleichung (2.3.1) die folgende Formel für den Temperaturverlauf der Milch, die in den Ofen bei 250 °C gestellt worden ist:

$$\tau = 250 - 225e^{-34t/1500}.$$

Für $\tau = 64$ folgt $-34t/1500 = \ln(186/225) \approx -0,19$, und damit $t \approx 8,4$ min. Der Farmer erwärmt also die Milch 8 min 24 s im Ofen bei 250 °C.

Das Newtonsche Abkühlungsgesetz liefert angepasst auf eine reale Situation eine gute Näherung, um z. B. die Temperaturdynamik in einem Haus zu modellieren (Abb. 2.3.1). Sei die Innentemperatur τ eine unbekannte Funktion der Zeit und $T = T(t)$ die Außentemperatur, die als gegeben angesehen wird. Man bemerke, dass das Newtonsche Abkühlungsgesetz mit positiver Konstante k die natürliche Erwartung wiederspiegelt, dass die Innentemperatur τ anwächst ($d\tau/dt > 0$), wenn $T > \tau$ und absinkt ($d\tau/dt < 0$), wenn $T < \tau$. Die Konstante k besitzt die Einheit t^{-1} und hängt von der Beschaffenheit des Gebäudes, im Speziellen von der thermischen Dämmung ab. Im Allgemeinen ist $0 < k < 1$, und k ist infinitesimal klein für ideal gedämmte Gebäude.

Man nehme nun an, ein Haus werde durch eine Heizung und eine Klimaanlage versorgt. Sei $H(t)$ die Rate mit der die Temperatur im Innern des Gebäudes durch die Heizung steigt und $A(t)$ diejenige, die die Temperatur durch die Klimaanlage beeinflusst (ansteigend oder fallend). Es werde ferner vorausgesetzt, dass die Temperaturen nur durch diese beiden Faktoren und keine weiteren beeinflusst wird. Dann lautet die Modifikation des Newtonschen Abkühlungsgesetzes

$$\frac{d\tau}{dt} = k[T(t) - \tau] + H(t) + A(t). \qquad (2.3.3)$$

Als Beispiel werde Gleichung (2.3.3) mit $A(t) \neq 0$ betrachtet. Dazu gehe man von einem Brennofen aus, der das Gebäude mit einer Heizrate $H(t) \geq 0$ versorgt. Außerdem werde die Innentemperatur mit Hilfe eines Thermostats um eine gewünschte Temperatur (= kritische Temperatur τ_c) geregelt. Liegt die augenblickliche Temperatur $\tau(t)$ über τ_c, so liefert die Klimaanlage Kühlung. Sonst ist sie außer Betrieb. Damit ist $A(t) = l[\tau_c - \tau]$, wobei l einen positiven empirischen Parameter darstellt. Die Gleichung (2.3.3) kann damit beschrieben werden als

$$\frac{d\tau}{dt} = k[T(t) - \tau] + H(t) + l[\tau_c - \tau]. \qquad (2.3.4)$$

Hierbei sind $T(t)$ und $H(t)$ gegebene Funktionen und k, τ_c, l Konstanten.

Man stelle sich nun folgende Situation vor. An einem kalten Winterabend mit einer konstanten Außentemperatur $T_0 = -10$ °C fällt der Strom im Hause aus. Es ist $t_0 = 18$ Uhr. Dies führt zum Ausfall der Heizung und der Klimaanlage. Ferner werde angenommen, dass die Temperatur im Innern um $t_0 = 18$ Uhr $\tau_0 = 25$ °C betrug. Außerdem seien Tür und Fenster nicht gut isoliert. Damit dauert es nur eine Stunde, bis die Innentemperatur auf $\tau = 19,5$ °C gesunken war (Abb. 2.3.2).

Abb. 2.3.1: Haus im Winter (www.xorio.de/
userdaten/000000/42/bilder/winterhaus.gif).

Aufgabe 2.3.1. Welche Temperatur ist um 6 Uhr morgens im Schlafzimmer zu erwarten, wenn die ganze Nacht über eine konstante Außentemperatur von $T_0 = -10\,°C$ vorlag?

Lösung. Nach den gegebenen Bedingungen benutze man das Newtonsche Abkühlungsgesetz (2.3.1).

Seine Lösung ist gegeben durch (2.3.2)

$$\tau(t) = T_0 - Be^{-kt}.$$

Sei $t = t_0$, so folgt $25 = -10 - Be^{-kt_0}$ bzw. $B = -35e^{kt_0}$. Damit ergibt sich

$$\tau(t) = -10 + 35e^{-k(t-t_0)}.$$

Die Bedingung $\tau|_{t=t_0+1} = 19,5\,°C$ führt auf $19,5 = -10 + 35e^{-k}$, bzw. $k = \ln(1,18) \approx 1/6$. Damit ist die Innentemperatur gegeben durch

$$\tau(t) = -10 + 35e^{-(t-t_0)/6}, \quad t_0 \le t \le t_1.$$

Für die Temperatur um $t = t_1 = 6$ Uhr morgens folgt somit $-5,25\,°C$ (vgl. Abbildung 2.3.2).

Aufgabe 2.3.2. Die Bedingungen aus Aufgabe 2.3.1 werden nun dahingehend geändert, dass die Außentemperatur gleichförmig von $-10\,°C$ um 6 Uhr morgens auf $+8\,°C$ um 12 Uhr ansteigt. Wie ändert sich die Temperatur im Innern?

Lösung. Es galt für den Koeffizienten k des Gebäudes $k = 1/6$. Die Änderung der Temperatur außerhalb ist gegeben durch

$$T(t) = -10 + 3(t - t_1),$$

wobei $t_1 \le t \le t_2$ mit $t_1 = 6$, $t_2 = 12$. Damit folgt mit (2.3.1)

$$\frac{d\tau}{dt} = \frac{1}{6}[-10 + 3(t - t_1) - \tau],$$

woraus sich der folgende Temperaturverlauf im Innern ergibt (vgl. Abbildung 2.3.2):

$$\tau = -28 + 3(t - t_1) + 22,75e^{-(t-t_1)/6}, \quad t_1 \le t \le t_2.$$

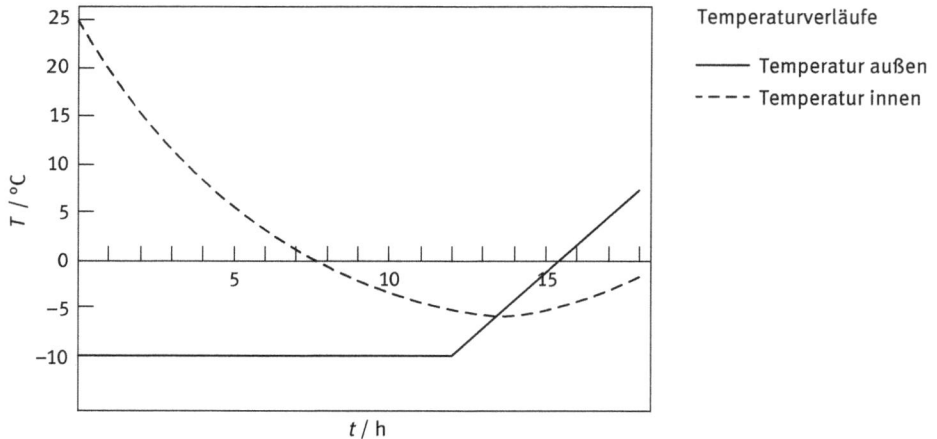

Abb. 2.3.2: Zu den Aufgaben 2.3.1 und 2.3.2.

Aufgabe 2.3.3. Nun gehe man davon aus, dass der Stromausfall bei einer Außentemperatur von +8 °C um $t_0 = 18$ Uhr passierte. Während der Nacht kühlte es sich auf -10 °C bis $t_1 = 6$ Uhr morgens ab (Abb. 2.3.3). Welchen Verlauf hat die Innentemperatur während der Nacht?

Lösung. Wie im vorigen Fall ist auch hier der Temperaturverlauf explizit zeitabhängig und durch $T(t) = 8 - \frac{3}{2}(t - t_0)$ im Intervall $t_0 \leq t \leq t_1$ beschreibbar. Damit folgt aus (2.3.1)

$$\frac{d\tau}{dt} = k[8 - \frac{3}{2}(t - t_0) - \tau]$$

mit der allgemeinen Lösung

$$\tau(t) = 8 + \frac{3}{2k} - \frac{3}{2}(t - t_0) - Be^{-kt},$$

mit B = const. Die Anfangsbedingung $\tau|_{t=t_0} = 25$ führt auf $B = (\frac{3}{2k} - 17)e^{kt_0}$. Für das Gebäude war nach Aufgabe 2.3.3 $k = 1/6$. Es folgt $B = -8e^{t_0/6}$. Für den Temperaturverlauf im Innern folgt somit während der Nacht (in °C)

$$\tau(t) = 17 - \frac{3}{2}(t - t_0) + 8e^{-(t-t_0)/6}, \qquad t_0 \leq t \leq t_1.$$

Damit ist die Temperatur um 6 Uhr morgens um die 0 °C. (vgl. Abbildung 2.3.3).

Aufgabe 2.3.4. Löse Aufgabe 2.3.2 unter den Bedingungen von Aufgabe 2.3.3.

Lösung. Die Lösung lautet

$$\tau = -28 + 3(t - t_1) + 28e^{-(t-t_1)/6}, \qquad t_1 \leq t \leq t_2.$$

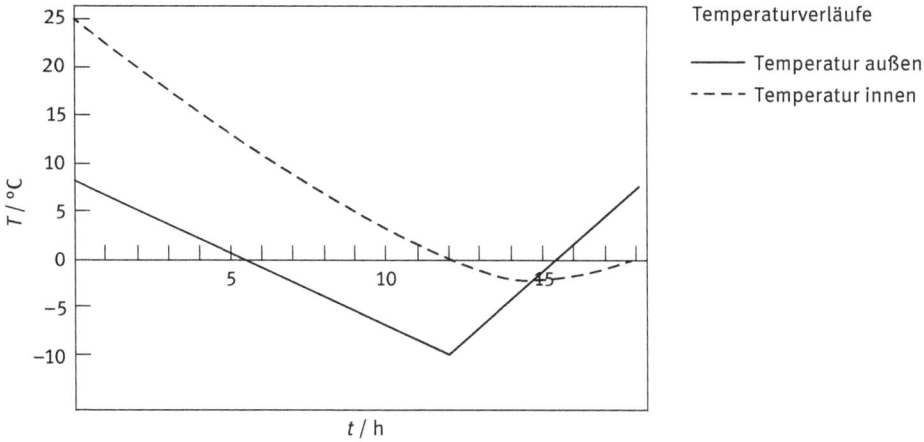

Abb. 2.3.3: Zu den Aufgaben 2.3.3 und 2.3.4.

Aufgabe 2.3.5. Im Folgenden werden Wetterkapriolen betrachtet, die 1970 während einer von Sergey Sobolev veranstalteten Konferenz am Baikal-See sich abspielten. Während des Hochsommers variiert die Temperatur während des Tages sehr stark von +25 °C bis +5 °C. Betrachtet werden soll hier an einem Ort in der Nähe dieses Sees ein Sommerhaus mit schlechter Dämmung und keiner Heizung. Ferner sei zu einer Zeit $t_0 = 0$ die Temperatur im Innern $\tau_0 = +16\,°C$. Das Wetter ändere sich plötzlich und die Außentemperatur schwanke zwischen +26 °C und +6 °C nach

$$T(t) = 16 + A\sin(\pi t), \quad A = 10. \tag{2.3.5}$$

Ist die Temperatur wegen der schlechten Isolation im Innern die gleiche wie draußen?

Lösung. Die Differentialgleichung (2.3.1) lautet mit $T(t)$ nach (2.3.5)

$$\frac{d\tau}{dt} = k[16 + A\sin(\pi t) - \tau]. \tag{2.3.6}$$

Man benutze nun die Methode „Variation der Konstanten" für die Lösung $\tau = Ce^{-kt}$, die aus der homogenen Gleichung $\tau' = -k\tau$ folgt. Dazu mache man den Ansatz

$$\tau = C(t)e^{-kt}$$

und erhält nach Einsetzen in (2.3.6)

$$C'(t) = k[16 + A\sin(\pi t)]e^{kt}.$$

Mit Hilfe des Integrals

$$\int e^{kx}\sin(lx)\,dx = \frac{1}{k^2 + l^2}[k\sin(lx) - l\cos(lx)]e^{kx} + B$$

folgt

$$C(t) = 16e^{kt} + B + \frac{Ak}{\pi^2 + k^2}[k\sin(\pi t) - \pi\cos(\pi t)]e^{kt}.$$

Damit folgt für die allgemeine Lösung

$$\tau(t) = 16 + Be^{-kt} + \frac{Ak}{\pi^2 + k^2}[k\sin(\pi t) - \pi\cos(\pi t)].$$

Die Anfangsbedingung $\tau|_{t=0} = 16$ führt zu $B = Ak\pi/(\pi^2 + k^2)$ und damit zu einer Gesamtlösung

$$\tau(t) = 16 + \frac{Ak}{\pi^2 + k^2}[\pi e^{-kt} + k\sin(\pi t) - \pi\cos(\pi t)]. \tag{2.3.7}$$

Die Lösung (2.3.7) zeigt, dass es besser ist, im Haus zu verweilen als außerhalb unabhängig von der Dämmung (vgl. Abbildung 2.3.4 und 2.3.5).

Dieses Problem lässt sich noch allgemeiner lösen für den Fall, dass die Außentemperatur $T(t)$ und die Anfangstemperatur $\tau|_{t=0}$ gegeben ist durch

$$T(t) = T_0 + A\sin(\omega t) \tag{2.3.8}$$

und

$$\tau|_{t=0} = \tau_0. \tag{2.3.9}$$

Damit ergibt sich für die Temperatur im Innern des Hauses

$$\tau(t) = T_0 + \left(\tau_0 - T_0 + \frac{Ak\omega}{\omega^2 + k^2}\right)e^{-kt} + \frac{Ak}{\omega^2 + k^2}[k\sin(\omega t) - \omega\cos(\omega t)]. \tag{2.3.10}$$

Beträgt die Periodizität der Außentemperatur 24 Stunden, d. h. $24\omega = 2\pi$, so folgt aus (2.3.10)

$$\tau(t) = T_0 + \left(\tau_0 - T_0 + \frac{12Ak\pi}{\pi^2 + 12^2k^2}\right)e^{-kt}$$
$$+ \frac{12Ak}{\pi^2 + 12^2k^2}\left[12k\sin\left(\frac{\pi t}{12}\right) - \pi\cos\left(\frac{\pi t}{12}\right)\right]. \tag{2.3.11}$$

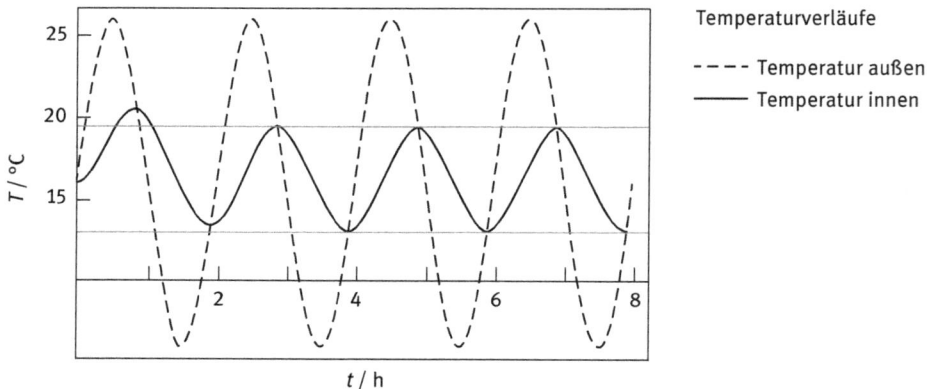

Abb. 2.3.4: Unbeständiges Wetter am Baikalsee: $k = 1$, $A = 10$.

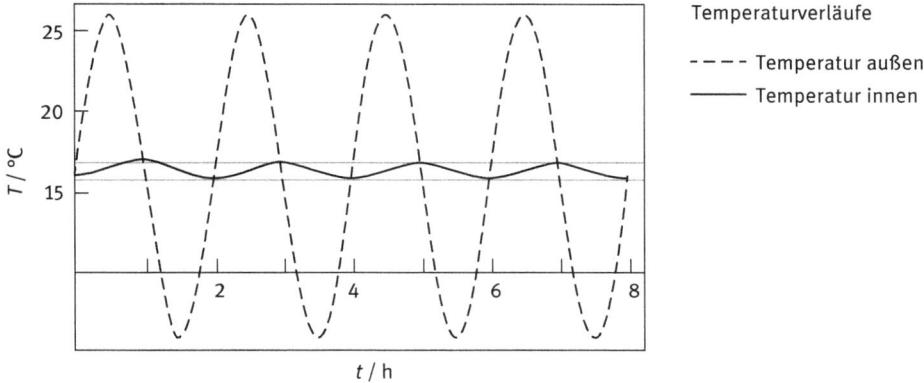

Abb. 2.3.5: Unbeständiges Wetter am Baikalsee: $k = 1/6$, $A = 10$.

2.3.2 Mechanische Schwingungen, das Pendel

Im täglichen Leben sind verschiedene Arten von Schwingungen zu finden. Zu ihnen gehören z. B. das Rascheln von Blättern und Zweigen der Bäume, das durch den Wind hervorgerufen wird; die kräftigen Bewegungen eines Autos, hervorgerufen durch Straßenschäden; Wasserwellen und das Schwanken eines Schiffs bei Wellengang usw.

Ein einfaches Beispiel für eine Differentialgleichung, die kleine mechanische Schwingungen beschreibt, lässt sich durch das Problem herleiten, dass ein schweres Teilchen an eine elastische Feder gehängt ist und sich in vertikaler Richtung um die Gleichgewichtsposition $y = 0$ bewegt. An diesem Teilchen wirkt die Rückstellkraft, die nach dem Hookeschen Gesetz proportional zum Abstand y von der Ruhelage $y = 0$ ist und der Rückstellkraft entgegenwirkt, d. h.

$$F_1 = -ky.$$

Hierbei ist k eine positive Konstante. In der Praxis bewegt sich der Körper jedoch in einem Medium, so dass noch eine Dämpfungskraft (oder Reibung) F_2 auftritt, die die Bewegung dämpft. Für gewöhnlich wird angenommen, dass die Reibungskraft proportional zur Größe der Geschwindigkeit des Teilchens ist, aber entgegengesetzt gerichtet ist. Damit folgt

$$F_2 = -l\frac{dy}{dt}.$$

Hierbei ist t die Zeit und die Proportionalitätskonstante l, die Dämpfungskonstante heißt, ist positiv. Sei $f(t)$ nun die Gesamtheit aller äußeren Kräfte (verursacht durch Wind, Straßenschäden usw.) als Funktion der Zeit.

Nach dem zweiten Newtonschen Axiom (2.1.2) folgt mit

$$F = F_1 + F_2 + f(t)$$

die Gleichung für kleine Schwingungen eines Teilchens mit der Masse m:

$$m\frac{\mathrm{d}^2 y}{\mathrm{d}t^2} + l\frac{\mathrm{d}y}{\mathrm{d}t} + ky = f(t) \tag{2.3.12}$$

bzw.

$$Ly = f(t), \quad \text{mit } L = m\frac{\mathrm{d}^2}{\mathrm{d}t^2} + l\frac{\mathrm{d}}{\mathrm{d}t} + k.$$

Die mechanische Schwingung heißt gedämpft, wenn $l \neq 0$ und ungedämpft sonst. Die Bewegung nennt man im Falle $f(t) \equiv 0$ frei. Andernfalls heißt sie erzwungen.

Gedämpfte Schwingungen eines mechanischen Systems mit n Freiheitsgraden lassen sich über ein System gewöhnlicher Differentialgleichungen beschreiben, das die Form

$$\sum_{j=1}^{n}\left(m_{ij}\frac{\mathrm{d}^2 y^j}{\mathrm{d}t^2} + l_{ij}\frac{\mathrm{d}y^j}{\mathrm{d}t} + k_{ij}y^j \right) = f^i(t), \quad i = 1, \ldots, n,$$

besitzt. Hierbei sind die Koeffizienten m_{ij}, l_{ij}, und k_{ij} Konstanten. Dieses System lässt sich nach Einführung von $\boldsymbol{y} = (y^1, \ldots, y^n)$, $\boldsymbol{f} = (f^1, \ldots, f^n)$ und des Matrix-Differentialoperators L in der Form (2.3.12) schreiben:

$$L\boldsymbol{y} = \boldsymbol{f}(t), \quad L = M\frac{\mathrm{d}^2}{\mathrm{d}t^2} + A\frac{\mathrm{d}}{\mathrm{d}t} + B,$$

Hierbei sind M, A, B Matrizen, die jeweils aus den Einträgen m_{ij}, l_{ij} und k_{ij} bestehen.

Bemerkung 2.3.1. Durch dieses Buch hindurch werden die Vektoren $\boldsymbol{y}$ als Spaltenvektoren bezeichnet, obwohl sie in Zeilen geschrieben werden. Dementsprechend kennzeichnet in der Matrix $M = \|m_{ij}\|$ der erste Index die Zeile, der zweite die Spalte.

Obige lineare Modelle sind berechtigt für infinitesimale Schwingungen (auch harmonische Schwingungen genannt), bei denen die Amplitude der Schwingung gegenüber klein ist. Endliche Schwingungen (oder ihre Approximation höherer Ordnung) werden für gewöhnlich durch nichtlineare Differentialgleichungen beschrieben und heißen anharmonische Schwingungen.

Beispiel: Das Pendel

Ein einfaches Pendel besteht aus einem Gewicht (Pendellinse) befestigt am unteren Ende einer vertikalen Stange. Das obere Ende der Stange ist an einer flexiblen Halterung aufgehängt, die reibungsfrei arbeitet. Bewegt man die Pendellinse zur Seite und überlässt sie sich selbst, so schwingt das Pendel unter dem Einfluss der Gravitationskraft vertikal hin und her. Der Gebrauch eines Pendels als Zeitmesser basiert auf der bemerkenswerten Beobachtung Galileis, dass innerhalb bestimmter Grenzen die Schwingungsperiode eine Konstante ist, sofern sich die Länge des Pendels nicht ändert.

Galilei entdeckte diese Eigenschaft des Pendels 1581. Sie zeigt, dass man eine schwingende Masse dazu verwenden kann, die Zeit zu messen. Die Einführung des Pendels stellt somit einen entscheidenden Meilenstein bei der Konstruktion mechanischer Uhren dar. Galileis Entdeckung lässt sich mit der Erfindung des Rades bezüglich der Genialität vergleichen.

Obige Eigenschaft eines Pendels lässt sich aus einem geeigneten mathematischen Modell herleiten. Sei m die Masse der Pendellinse und sei l die Länge der Pendelstange, die als relativ leicht angesehen wird. Somit ist ihre Masse vernachlässigbar im Vergleich zu m. Sei y die Entfernung des Pendels von der Ruhelage $y = 0$, angegeben im Bogenmaß des Auslenkungswinkels. Das mathematische Modell des Pendels erhält man aus dem zweiten Newtonschen Axiom (2.1.1), indem v die Winkelgeschwindigkeit ist mit $v = l\,\mathrm{d}y/\mathrm{d}t$ und F die rücktreibende Komponente der Gravitationskraft $F = -mg \sin y$. Damit erhält man die Schwingungsgleichung

$$\frac{\mathrm{d}^2 y}{\mathrm{d}t^2} + \omega^2 \sin y = 0, \quad \text{mit } \omega^2 = \frac{g}{l}. \tag{2.3.13}$$

Für kleine Auslenkungen folgt aus der nichtlinearen Gleichung (2.3.13) durch Annahme $y \to 0$ und Ersetzung von $\sin y$ durch seine erste Approximation $\sin y \approx y$ die lineare Gleichung einer freien harmonischen Schwingung

$$\frac{\mathrm{d}^2 y}{\mathrm{d}t^2} + \omega^2 y = 0. \tag{2.3.14}$$

Die allgemeine Lösung dieser Gleichung ist von der Form (vgl. Abschnitt 3.3.3, Beispiel 3.3.2)

$$y = C_1 \cos(\omega t) + C_2 \sin(\omega t), \quad C_1, C_2 = \text{const.}$$

Die Zeit für einen vollständigen Ablauf einer Schwingung des Pendels heißt Periode und wird mit τ bezeichnet. Sie lässt sich formal dadurch definieren, dass sich die Lösung nicht verändert, wenn man t durch $t + \tau$ ersetzt. Mit anderen Worten, wenn $\cos[\omega(t + \tau)] = \cos(\omega t)$ und $\sin[\omega(t + \tau)] = \sin(\omega t)$. Damit ist $\omega(t + \tau) = \omega t + 2\pi$ bzw. $\omega \tau = 2\pi$. Berücksichtigt man noch die Definition von ω, so erhält man den folgenden Ausdruck für die Periode einer freien harmonischen Schwingung in Übereinstimmung mit Galileis Beobachtung

$$\tau = \frac{2\pi}{\omega} = 2\pi \sqrt{\frac{l}{g}}, \tag{2.3.15}$$

Hierbei ist g die Erdbeschleunigung. Die Größe $\omega = 2\pi/\tau$ gibt die Anzahl der Schwingungen in Einheiten von 2π an und heißt deshalb Frequenz (*angular frequency*).

Abschließend betrachte man noch ein praktisches Beispiel. Man bestimme die Länge eines Pendels, das eine Schwingung in einer Sekunde vollführt (d. h. $\tau/2 = 1$ s). Aus Gleichung (2.3.15) folgt

$$l = \frac{g}{\pi^2} \left(\frac{\tau}{2}\right)^2.$$

Setzt man $g \approx 981$ cm s^{-2} und $\tau/2 = 1$ s, so ergibt sich die gewünschte Länge

$$l \approx 1\,\text{m}.$$

Bemerkung 2.3.2. Die Periode τ nach (2.3.15) für den harmonischen Oszillator hängt nicht von der Anfangsposition des Pendels ab. Trotz der Tatsache, dass dieses Ergebnis eine exakte mathematische Erklärung der Beobachtungen Galileis liefert, so liegt doch keine Übereinstimmung mit der Theorie des freien Falls vor, die auf dem zweiten Newtonschen Axiom basiert. Während beim freien Fall die Zeit $t_* = \sqrt{2h_0}$ von der Anfangshöhe abhängt (vgl. Aufgabe 2.2.1), ist die Situation bei der Periode (2.3.15) einer Schwingung anders. Es ist offensichtlich, dass dieser Effekt durch die lineare Approximation (2.3.14) des exakten Modells (2.3.13) hervorgerufen wird. Im folgenden soll deshalb eine anharmonische Schwingung nach (2.3.13) untersucht werden.

Aufgabe 2.3.6. Man löse Gleichung (2.3.13) unter Berücksichtigung der Bedingungen $y = 0$ für $t = 0$ und $y = \alpha$ für $t = T/4$. Hierbei ist T die Periodizität des anharmonischen Oszillators und α die maximale Amplitude, d. h. maximale Auslenkung $\alpha = y|_{\max}$. Man bestimme die Periodizität und vergleiche das Ergebnis mit der des harmonischen Oszillators τ.

Lösung. Man multipliziere (2.3.13) mit dy/dt und integriere das Ergebnis. Es folgt

$$\left(\frac{dy}{dt}\right)^2 - 2\omega^2 \cos y = C.$$

Da α die maximale Auslenkung ist, folgt $(dy/dt)|_{y=\alpha} = 0$. Damit ergibt sich $C = -2\omega^2 \cos \alpha$. Benutzt man

$$\cos y - \cos \alpha = 2[\sin^2(\alpha/2) - \sin^2(y/2)],$$

so folgt

$$\frac{dy}{dt} = 2\omega \sqrt{\sin^2(\alpha/2) - \sin^2(y/2)}.$$

Eine Integration liefert

$$\int_0^y [\sin^2(\alpha/2) - \sin^2(u/2)]^{-1/2}\, d(u/2) = \omega t. \tag{2.3.16}$$

Dieses Integral (2.3.16) heißt elliptisches Integral erster Art und kann nicht durch elementare Funktionen berechnet werden.

Man definiere eine neue Variable v über

$$\sin(u/2) = \sin(\alpha/2)\sin v$$

und führe $\kappa = \sin(\alpha/2)$ ein. Damit lässt sich das Integral in (2.3.16) wie folgt schreiben:

$$\int [\sin^2(\alpha/2) - \sin^2(u/2)]^{-1/2}\, d(u/2) = \int \frac{dv}{\sqrt{1 - \kappa^2 \sin^2 v}}.$$

Nach den Gleichungen zur Variablentransformation folgt für $u = \alpha$ dann $\sin v = 1$, bzw. $v = \pi/2$. Benutzt man noch die Bedingung, dass $y = \alpha$ für $t = T/4$, so folgt $v = \pi/2$ für $t = T/4$. Somit lässt sich leicht die Periode bestimmen, indem man in (2.3.16) $t = T/4$ einsetzt und das elliptische Integral in der Standardform angibt. Es ergibt sich

$$T = 4\sqrt{\frac{l}{g}} \int_0^{\pi/2} \frac{dv}{\sqrt{1 - \kappa^2 \sin^2 v}} \quad \text{mit } \kappa = \sin(\alpha/2).$$

Ist die Auslenkung α infinitesimal klein, also $\alpha \to 0$, dann folgt $\kappa \to 0$, und T stimmt mit τ in (2.3.15) überein. Die größte Abweichung von τ nach (2.3.15) und T ergibt sich für $\kappa \to 1$, d. h. $\alpha \to \pi$ (senkrechte Auslenkung). Ist $0 < \alpha < \pi$, dann folgt $|\kappa^2 \sin^2 v| < 1$ und damit

$$(1 - \kappa^2 \sin^2 v)^{-1/2} = 1 + (\kappa^2/2) \sin^2 v + (3\kappa^4/8) \sin^4 v + \cdots .$$

Integriert man nun diese Reihe gliedweise mit den bekannten Integralen, so folgt

$$\int \sin^2 v \, dv = (v/2) - (1/4) \sin(2v),$$

$$\int \sin^4 v \, dv = (3v/8) - (1/4) \sin(2v) + (1/32) \sin(4v), \quad \text{usw.}$$

Setzt man anschließend noch $\kappa = \sin(\alpha/2)$, so erhält man den folgenden Ausdruck für die Periodizität, der bequem für numerische Berechnungen ist und wie auch (2.3.15) theoretisch hergeleitet ist:

$$T = 2\pi \sqrt{\frac{l}{g}} \left(1 + \frac{1}{4} \sin^2 \frac{\alpha}{2} + \frac{9}{64} \sin^4 \frac{\alpha}{2} + \cdots \right). \tag{2.3.17}$$

Der erste Term stimmt mit (2.3.15) überein und definiert den Hauptanteil τ der Periode T, während alle anderen Terme von (2.3.17) klein sind. Zum Beispiel verwendet man für Hochleistungsuhren (*high-class clocks*), die in der Astronomie benutzt werden, wegen ihrer erstaunlichen Genauigkeit ein Pendel mit einer Amplitude $\alpha \approx 1{,}5°$. Für solche Uhren benutzt man zur Korrektur den zweiten Term in (2.3.17) und erhält

$$T \approx \tau + \frac{\tau}{20\,000}.$$

2.3.3 Der Bruch getriebener Achsen

Zu Beginn des 20. Jahrhunderts stießen die Konstrukteure von Motorschiffen auf ein lästiges Phänomen, nämlich das anscheinend unglückliche Schlagen und mögliche Brechen von Achsen in Energieüberträger-Systemen (vgl. Abbildung 2.3.6). Dieses merkwürdige Phänomen wurde mit Hilfe von Differentialgleichungen erklärt.

Abb. 2.3.6: Instabile Achse.

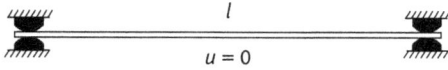

Abb. 2.3.7: Stabile Achse.

Nach dem Schwingungsmodell einer Stange (2.1.4) lässt sich die Gleichgewichtsposition einer gleichmäßig rotierenden zylindrischen Achse angeben durch die zeitunabhängige Lösung der Gleichung (2.1.4) ($\partial u/\partial t = 0$), d. h. sie ist bestimmt durch die gewöhnliche Differentialgleichung vierter Ordnung

$$\mu \frac{\mathrm{d}^4 u}{\mathrm{d}x^4} = f,$$

wobei u der Abstand der Achse vom Ort der Gleichgewichtslage $u = 0$ ist. Bei f handelt es sich um die Dichte der Zentrifugalkraft, die auf die Achse wirkt. Um f zu bestimmen, betrachte man ein kleines Element der Achse $\mathrm{d}x$ und kennzeichnet durch p das Gewicht der Achse pro Einheitslänge. Dann folgt für die Masse dieses Elements

$$\mathrm{d}m = \frac{p}{g}\,\mathrm{d}x,$$

wobei g die Erdbeschleunigung ist. Die Zentrifugalkraft $\mathrm{d}f$, die auf $\mathrm{d}x$ durch die Rotation mit konstanter Winkelgeschwindigkeit ω wirkt, ist gegeben durch

$$\mathrm{d}f = \omega^2 u\,\mathrm{d}m = \frac{p\omega^2}{g} u\,\mathrm{d}x.$$

Damit folgt

$$f = \frac{p\omega^2}{g} u,$$

und die Differentialgleichung lässt sich schreiben als

$$\mu \frac{\mathrm{d}^4 u}{\mathrm{d}x^4} = \frac{p\omega^2}{g} u, \tag{2.3.18}$$

wobei die positive Konstante μ vom Material der Achse abhängt.

Rotiert nun die Achse in zwei Lagern, die sich bei $x = 0$ und $x = l$ befinden (Abbildung 2.3.7), so folgt $u|_{x=0} = u|_{x=l} = 0$. Ferner lässt sich zeigen, dass die Lager Wendepunkte der Funktion $u = u(x)$ sind. Damit gelangt man zu dem Problem, die Lösungen der Differentialgleichungen (2.3.18) zu untersuchen, die den Randbedingungen

$$u|_{x=0} = 0, \quad u|_{x=l} = 0, \quad \frac{\mathrm{d}^2 u}{\mathrm{d}x^2}\bigg|_{x=0} = 0, \quad \frac{\mathrm{d}^2 u}{\mathrm{d}x^2}\bigg|_{x=l} = 0 \tag{2.3.19}$$

genügen.

Das Phänomen des Schlagens tritt auf, wenn das Randwertproblem (2.3.18), (2.3.19) eine nicht-triviale Lösung hat, d. h. $u(x)$ verschwindet nicht identisch auf dem ganzen Intervall $0 \le x \le l$.

Um nun (2.3.18) zu lösen, wird sie in der folgenden Form dargestellt:

$$\frac{\mathrm{d}^4 u}{\mathrm{d}x^4} = \alpha^4 u, \quad \text{wobei } \alpha^4 = \frac{p\omega^2}{g\mu} = \text{const.} \tag{2.3.20}$$

Die allgemeine Lösung hierfür lautet

$$u = C_1 e^{\alpha x} + C_2 e^{-\alpha x} + C_3 \cos(\alpha x) + C_4 \sin(\alpha x), \quad C_i = \text{const.} \tag{2.3.21}$$

Die Berücksichtigung der Randbedingung (2.3.19) führt auf

$$C_1 + C_2 + C_3 = 0, \qquad C_1 e^{\alpha l} + C_2 e^{-\alpha l} + C_3 \cos(\alpha l) + C_4 \sin(\alpha l) = 0,$$
$$C_1 + C_2 - C_3 = 0, \qquad C_1 e^{\alpha l} + C_2 e^{-\alpha l} - C_3 \cos(\alpha l) - C_4 \sin(\alpha l) = 0.$$

Die Lösung dieses Systems führt auf $C_1 = C_2 = C_3 = 0$ und $C_4 \sin(\alpha l) = 0$. Ist $C_4 = 0$, so erhält man die triviale Lösung $u = 0$. Das heißt, die Achse ist gerade und stabil. Ist hingegen $\sin(\alpha l) = 0$, also $\alpha = n\pi/l$, so tritt der Fall des Schlagens auf. Dann folgt aus (2.3.21)

$$u = C_4 \sin(n\pi x/l).$$

Nach der Definition von α, nach der die Gleichung $\alpha = n\pi/l$ gilt, ist der Bruch der Achse möglich, wenn die Winkelgeschwindigkeit einen der folgenden kritischen Werte annimmt:

$$\omega_n = \frac{n^2 \pi^2}{l^2} \sqrt{\frac{g\mu}{p}}, \quad n = 1, 2, \ldots \tag{2.3.22}$$

2.3.4 Die Van-der-Polsche Gleichung

Ein weiteres erläuterndes Beispiel ist die Entladung eines elektrischen Kondensators durch eine induktive Drahtspule. Unter Zuhilfenahme der elementaren Gesetze der Elektrizitätslehre (formuliert durch G. S. Ohm 1827 und durch Kirchhoff verallgemeinert) lässt sich dieses Phänomen durch die Gleichungen

$$C\frac{\mathrm{d}V}{\mathrm{d}t} = -I, \quad V - L\frac{\mathrm{d}I}{\mathrm{d}t} = RI \tag{2.3.23}$$

beschreiben. Hierbei ist I die Stromstärke während der Entladung, V die Spannung (= Potentialdifferenz zwischen den Polen des Kondensators), R der Widerstand, C die Kapazität des Kondensators und L die Induktivität der Spule. Ferner seien I und V Funktionen der Zeit t, während R, C und L als gegebene Konstanten betrachtet werden. Das System (2.3.23) ist ein System gewöhnlicher Differentialgleichungen erster Ordnung mit zwei abhängigen Variablen I und V betrachtet als unbekannte Funktion von t.

Im Folgenden werde die abhängige Variable V mit y bezeichnet und die erste und zweite Ableitung nach t mit y' und y''. Mit dieser Notation geht die Gleichung (2.3.23) nach der Substitution von I aus der ersten Gleichung in eine lineare gewöhnliche Differentialgleichung zweiter Ordnung über:

$$ay'' + by' + cy = 0.$$

Die Koeffizienten $a = LC$, $b = RC$ und $c = 1$ sind Konstanten.

Ersetzt man hingegen in (2.3.23) das klassische Ohmsche Gesetz durch das sogenannte verallgemeinerte Ohmsche Gesetz, so erhält man ein nichtlineares System

$$C\frac{dV}{dt} = -I, \quad L\frac{dI}{dt} = V - h(I).$$

Dieses System lässt sich äquivalent umschreiben in eine einzige nichtlineare Gleichung zweiter Ordnung

$$ay'' + y = -f(y'), \quad a = \text{const.}$$

Durch das Setzen von $f(y') = \varepsilon(y'^3 - y')$ erhält man die Van-der-Polsche Gleichung, die in der Theorie der Trioden benutzt wird:

$$ay'' + y = \varepsilon(y' - y'^3), \quad \varepsilon = \text{const.} \tag{2.3.24}$$

Diese Van-der-Polsche Gleichung war die erste nichtlineare Differentialgleichung, die ein reales physikalisch bedeutsames Phänomen beschreibt, das periodische Lösungen besitzt. Diese letzte Eigenschaft wurde ursprünglich von Balthasar van der Pol aus seinen Erfahrungen bei der Untersuchung von Schwingungen in elektrischen Stromkreisen in Zusammenhang mit einem elektrischen Modell eines schlagenden Herzens entdeckt (B. van der Pol, Philosophical Magazin, Vol. 2, 1926, S. 978–992; B. van der Pol und J. van der Mark, Philosophical Magazine, Vol. 6, 1928, S. 763–775 (vgl. [11], Abschnitt 7.5)).

2.3.5 Die Telegraphengleichung

Es ist bekannt, dass in der Elektrodynamik der Ladungsstrom entlang eines Kabels sich gut durch das folgende System von Gleichungen beschreiben lässt:

$$Cw_t + Gw + j_x = 0, \quad Lj_t + Rj + w_x = 0. \tag{2.3.25}$$

Dabei sind die abhängigen Variablen Spannung w und „Ladungsintensität" j, die als Funktionen der Zeit t und der Koordinate x entlang des Kabels angesehen werden. Die in der Gleichung auftretenden Koeffizienten charakterisieren die physikalischen Eigenschaften des Kabels, nämlich C die Kapazität, L die Selbstinduktion, R den

Widerstand und G den Verlust, definiert über die Abnahme des Flusses pro Volt. Eliminiert man eine der abhängigen Variablen w oder j aus Gleichung (2.3.25) durch Differentiation und Setzen der verbleibenden Variablen als v, so erhält man eine lineare Differentialgleichung zweiter Ordnung (für Intensität oder Spannung), die als Telegraphengleichung bekannt ist:

$$v_{tt} - c^2 v_{xx} + (a + b)v_t + abv = 0.$$

Die eingeführten konstanten Faktoren haben die folgende physikalische Bedeutung: c ist die Lichtgeschwindigkeit, a und b sind kapazitive und induktive Dämpfungsfaktoren. Sie lassen sich mit den Koeffizienten des Ausgangssystems durch folgende Beziehungen verknüpfen:

$$c^2 = \frac{1}{CL}, \quad a = \frac{G}{C}, \quad b = \frac{R}{L}.$$

Die erste Ableitung bezüglich der Zeit lässt sich durch Setzen von

$$u = e^{(a+b)/2t} v$$

wegtransformieren. Ersetzt man ferner noch die Konstante $(a - b)^2/4$ durch k^2, so erhält man die folgende Form der Telegraphengleichung:

$$u_{tt} - c^2 u_{xx} - k^2 u = 0, \quad c, k = \text{const.} \tag{2.3.26}$$

2.3.6 Elektrodynamik

Ein elektromagnetisches Feld besteht aus den zwei Komponenten elektrisches Feld mit dem Vektor E und magnetisches Feld mit dem Vektor H. Die Theorie der elektromagnetischen Wellen oder Elektrodynamik fußt auf den Maxwellschen Gleichungen

$$\frac{\partial E}{\partial t} = c(\nabla \times H) - 4\pi j, \quad \nabla \cdot E = 4\pi \rho,$$
$$\frac{\partial H}{\partial t} = -c(\nabla \times E), \quad \nabla \cdot H = 0. \tag{2.3.27}$$

Hierbei stellen j und ρ jeweils die elektrische Flussdichte und die elektrische Ladungsdichte dar. c ist die Lichtgeschwindigkeit mit einem Wert von $c \approx 3 \cdot 10^{10}\,\text{cm}\,\text{s}^{-1}$. Die Maxwellschen Gleichungen weisen vier unabhängige Variable auf, nämlich die Zeit t und den Ortsvektor $x = (x, y, z)$. Die abhängigen Variablen sind E und H. Der Fluss und die Dichte sind jeweils gegebene Funktionen $j = j(t, x)$, $\rho = \rho(t, x)$. Damit ist (2.3.27) ein überbestimmtes System von partiellen Differentialgleichungen erster Ordnung. Es enthält acht Gleichungen für sechs Komponenten von E und H.

Die Maxwellschen Gleichungen lassen sich auch in der Form

$$\frac{1}{c}\frac{\partial E}{\partial t} = \text{rot}\,H - \frac{4\pi}{c}j, \quad \text{div}\,E = 4\pi\rho,$$
$$\frac{1}{c}\frac{\partial H}{\partial t} = -\text{rot}\,E, \quad \text{div}\,H = 0 \tag{2.3.28}$$

schreiben. Im einfachsten Fall der Ausbreitung elektromagnetischer Wellen im Vakuum reduzieren sich die Gleichungen auf

$$\frac{1}{c}\frac{\partial \boldsymbol{E}}{\partial t} = \text{rot}\,\boldsymbol{H}, \qquad \text{div}\,\boldsymbol{E} = 0,$$
$$\frac{1}{c}\frac{\partial \boldsymbol{H}}{\partial t} = -\,\text{rot}\,\boldsymbol{E}, \qquad \text{div}\,\boldsymbol{H} = 0. \qquad (2.3.29)$$

In diesem Fall ist es ausreichend, nur das bestimmende System von Differetialgleichungen

$$\frac{1}{c}\frac{\partial \boldsymbol{E}}{\partial t} = \text{rot}\,\boldsymbol{H},$$
$$\frac{1}{c}\frac{\partial \boldsymbol{H}}{\partial t} = -\,\text{rot}\,\boldsymbol{E} \qquad (2.3.30)$$

zu betrachten. In einer Übungsaufgabe (vgl. Aufgabe 2.7) lässt sich zeigen, dass die Beziehungen

$$\text{div}\,\boldsymbol{E} = 0, \qquad \text{div}\,\boldsymbol{H} = 0 \qquad (2.3.31)$$

zu jeder Zeit gelten, wenn sie für eine Anfangszeit $t = t_0$ erfüllt sind. Damit können sie als Anfangsbedingungen aufgefasst werden. Diese Aussage lässt sich auch auf den allgemeinen Fall der Gleichungen (2.3.31) anwenden, wenn die Ersetzungen (vgl. [21], Abschnitt 10.5)

$$\text{div}\,\boldsymbol{E} = f(\boldsymbol{x}), \qquad \text{div}\,\boldsymbol{H} = g(\boldsymbol{x}),$$

für (2.3.28) durchgeführt worden sind. Hierbei werden $\boldsymbol{j}$ und ρ als zeitunabhängig vorausgesetzt.

2.3.7 Die Dirac-Gleichung

Eine der grundlegendsten Gleichungen der Quantenmechanik ist die Dirac-Gleichung

$$\gamma^k \frac{\partial \psi}{\partial x^k} + m\psi = 0, \qquad m = \text{const.} \qquad (2.3.32)$$

Diese Gleichung (2.3.32) wird für Untersuchungen von relativistischen Teilchen der Masse m und Spin $\frac{1}{2}$ benutzt. Zu diesen gehören Elektronen, Neutronen, Protonen und Neutrinos (mit $m = 0$). Die abhängige Veränderliche ψ ist ein vierdimensionaler Spaltenvektor mit komplexen Einträgen $\psi^1, \psi^2, \psi^3, \psi^4$. In der Quantenmechanik heißen die abhängigen Variablen für gewöhnlich auch Wellenfunktionen. Diejenigen ψ, die die Dirac-Gleichung erfüllen, heißen auch Spinoren wegen ihrer speziellen Transformationseigenschaften unter der Lorentz-Gruppe (s. Abschnitt 7.3.8). Die unabhängige Variable ist ein vierdimensionaler Vektor $x = (x^1, x^2, x^3, x^4)$, wobei x^1, x^2, x^3 reelle Ortsvariablen und x^4 eine komplexwertige Veränderliche ist, die durch $x^4 = \text{i}ct$ definiert ist. Dabei handelt es sich bei t um die Zeit und bei c um die Lichtgeschwindigkeit. Das γ^k kennzeichnet die vier komplexwertigen Matrizen, auch Dirac-Matrizen genannt:

$$y^1 = \begin{pmatrix} 0 & 0 & 0 & -i \\ 0 & 0 & -i & 0 \\ 0 & i & 0 & 0 \\ i & 0 & 0 & 0 \end{pmatrix}, \quad y^2 = \begin{pmatrix} 0 & 0 & 0 & -1 \\ 0 & 0 & 1 & 0 \\ 0 & 1 & 0 & 0 \\ -1 & 0 & 0 & 0 \end{pmatrix},$$

$$y^3 = \begin{pmatrix} 0 & 0 & -i & 0 \\ 0 & 0 & 0 & i \\ i & 0 & 0 & 0 \\ 0 & -i & 0 & 0 \end{pmatrix}, \quad y^4 = \begin{pmatrix} 1 & 0 & 0 & 0 \\ 0 & 1 & 0 & 0 \\ 0 & 0 & -1 & 0 \\ 0 & 0 & 0 & -1 \end{pmatrix}.$$

2.3.8 Strömungsmechanik

Die mathematischen Grundgleichungen der Strömungsmechanik bilden das folgende System nichtlinearer partieller Differentialgleichungen erster Ordnung, das die Bewegung einer kompressiblen Flüssigkeit (Gas) beschreibt:

$$\rho_t + \boldsymbol{v} \cdot \nabla \rho + \rho \operatorname{div} \boldsymbol{v} = 0,$$
$$\rho[\boldsymbol{v}_t + (\boldsymbol{v} \cdot \nabla)\boldsymbol{v}] + \nabla p = 0, \qquad (2.3.33)$$
$$p_t + \boldsymbol{v} \cdot \nabla p + A(p, \rho) \operatorname{div} \boldsymbol{v} = 0.$$

Hierbei stellt $A(p,\rho)$ eine beliebige Funktion dar, die in Beziehung zur Entropie $S(p,\rho)$ über die Gleichung

$$A = -\rho \frac{\partial S/\partial \rho}{\partial S/\partial p} \qquad (2.3.34)$$

steht. Die abhängigen Variablen sind die Geschwindigkeit $\boldsymbol{v}$, der Druck p, die Dichte ρ des Fluids. Unabhängige Veränderliche sind die Zeit t und der Ortsvektor $\boldsymbol{x} = (x, y, z)$.

Ist die Entropie des Fluids eine Konstante, d. h. $S = $ const, so heißt (2.3.33) isentrop.

Für den Fall eines polytropen Flusses besitzt die Funktion (2.3.34) die Form $A = yp$. Hierbei ist $y = $ const der sogenannte adiabatische oder polytrope Exponent. Im Falle $y = 5/3$ liegt der Fluss eines einatomigen Gases vor. Da die „Nachbarschaft der Sonne" hauptsächlich einatomige Gase enthält, ist dieser Fall sehr wichtig. Einatomige Gase lassen sich also durch die Gleichungen

$$\rho_t + \boldsymbol{v} \cdot \nabla \rho + \rho \operatorname{div} \boldsymbol{v} = 0,$$
$$\rho[\boldsymbol{v}_t + (\boldsymbol{v} \cdot \nabla)\boldsymbol{v}] + \nabla p = 0, \qquad (2.3.35)$$
$$p_t + \boldsymbol{v} \cdot \nabla p + \frac{5}{3} p \operatorname{div} \boldsymbol{v} = 0$$

beschreiben.

Ein weiteres phyikalisch bedeutsames Beispiel ist der ebene isentropische Fluss (d. h. $S = $ const) eines Gases mit dem adiabatischen Exponenten $y = 2$. Aus der

Isotropie-Bedingung des Flusses folgt, dass die letzte Gleichung des gasdynamischen Systems (2.3.33) weggelassen werden kann. Setzt man

$$p = \frac{1}{2}\rho^2, \quad \rho = gh,$$

mit der Fallbeschleunigung g, so erhält man für die ersten zwei Gleichungen in (2.3.33) das folgende System

$$h_t + \boldsymbol{v} \cdot \nabla h + h \operatorname{div} \boldsymbol{v} = 0,$$
$$\boldsymbol{v}_t + (\boldsymbol{v} \cdot \nabla)\boldsymbol{v} + g\nabla h = 0. \tag{2.3.36}$$

Hierbei ist $\boldsymbol{v}$ ein zweidimensionaler Vektor und ∇ der Nabla-Operator mit den zwei Komponenten ∇_x und ∇_y (vgl. (1.3.10)). Gleichung (2.3.36) beschreibt somit den Fluss eines flachen Gewässers über einen ebenen festen Grund in der (x, y)-Ebene, wobei h der Abstand der Wasseroberfläche über dem Grund ist.

Der ebene nicht-stationäre Potential-Gas-Fluss mit schallnaher Geschwindigkeit wird beschrieben durch die Gleichung

$$2u_{tx} + u_x u_{xx} - u_{yy} = 0. \tag{2.3.37}$$

2.3.9 Die Navier–Stokes-Gleichungen

Die inkompressible Strömung eines viskosen Fluids wird durch die Navier–Stokes-Gleichungen beschrieben:

$$\boldsymbol{v}_t + (\boldsymbol{v} \cdot \nabla)\boldsymbol{v} + \frac{1}{\rho}\nabla p = v\Delta\boldsymbol{v}, \quad \operatorname{div} \boldsymbol{v} = 0. \tag{2.3.38}$$

Bei den abhängigen Variablen handelt es sich um die Geschwindigkeit $\boldsymbol{v} = (v^1, v^2, v^3)$ und den Druck p. Die Dichte wird hier als gegebene Konstante angenommen. Der Parameter v kennzeichnet die Viskosität des Fluids.

2.3.10 Das Modell eines Bewässerungssystems

Ein mathematisches Modell, das bestimmte Bewässerungssysteme beschreibt, ist durch folgende nichtlineare partielle Differentialgleichung gegeben (vgl. [19], Abschnitt 9.8 und die dortigen Literaturangaben):

$$C(\psi)\psi_t = [K(\psi)\psi_x]_x + [K(\psi)(\psi_z - 1)]_z - S(\psi). \tag{2.3.39}$$

Hierbei ist ψ die Wärme der Bodenfeuchtigkeit (*soil moisture pressure heat*), $C(\psi)$ die spezifische Wasserkapazität, $K(\psi)$ die ungesättigte hydraulische Konduktivität und $S(\psi)$ ein Quellterm, t die Zeit, x die Horizontale und z die vertikale Achse, die nach unten gerichtet ist. Diese Gleichung wird benutzt zur Beschreibung des Einsickerns von Feuchtigkeit, der Umverteilung und Ausbeutung eines geschichteten nicht deformierbaren Feuchtigkeitsprofils, dem ein Flachwasserspiegel überlagert ist und beregnet wird durch eine Linienquellentropfenberegnungsanlage. Diese Anlage produziert einen stets feuchten Streifen entlang der Querachse (y-Achse). Somit beinhaltet dieses Phänomen drei Raumkoordinaten x, y und z.

2.3.11 Magnetohydrodynamik

Die Magnetohydrodynamik beschäftigt sich mit bedeutenden Problemen der Physik und Technik, die bei der Untersuchung der Bewegung einer ionisierten Strömung in Anwesenheit elektromagnetischer Kräfte entstehen. Hierzu soll ein Modell betrachtet werden, dass die Bewegung eines perfekt leitenden Fluids in einem Magnetfeld beschreibt. Es werde vorausgesetzt, dass die magnetische Permeabilität $\mu = 1$ ist. Sei $\boldsymbol{H}$ der magnetische Feldvektor, $\boldsymbol{v}$ die Fließgeschwindigkeit des Fluids. Berücksichtigt man noch die Voraussetzung einer unendlichen elektrischen Leitfähigkeit des Fluids, so erhält man

$$\boldsymbol{j} = \operatorname{rot} \boldsymbol{H}$$

und

$$\boldsymbol{E} = \boldsymbol{H} \times \boldsymbol{v}$$

für den Vektor der elektrischen Flussdichte $\boldsymbol{j}$ und den elektrischen Feldvektor $\boldsymbol{E}$.

Die Gleichungen der Magnetohydrodynamik erhält man aus der Kombination der Maxwellschen Gleichungen (2.3.28) mit den Gleichungen (2.3.33) der Hydrodynamik. Benutzt man obige Zusammenhänge für $\boldsymbol{j}$ und $\boldsymbol{E}$, so erhält man die folgenden Gleichungen (vgl. [4], Kap. VI, § 3a.6):

$$\frac{1}{c}\frac{\partial \boldsymbol{H}}{\partial t} + \operatorname{rot}(\boldsymbol{H} \times \boldsymbol{v}) = 0, \quad \operatorname{div} \boldsymbol{H} = 0,$$
$$\rho_t + \boldsymbol{v} \cdot \nabla\rho + \rho \operatorname{div} \boldsymbol{v} = 0, \tag{2.3.40}$$
$$\rho[\boldsymbol{v}_t + (\boldsymbol{v} \cdot \nabla)\boldsymbol{v}] + \nabla p - (\operatorname{rot} \boldsymbol{H}) \times \boldsymbol{H} = 0.$$

Hierbei tritt der Term $(\operatorname{rot} \boldsymbol{H}) \times \boldsymbol{H}$ wegen der Kraft auf, die durch das magnetische Feld auf ein Einheitsvolumen des Fluids ausgeübt wird. Da $\operatorname{div} \boldsymbol{H} = 0$ eine Anfangsbedingung ist, ist (2.3.40) ein unterbestimmtes System. Es enthält sieben Gleichungen für acht unbekannte Funktionen H^1, H^2, H^3; v^1, v^2, v^3, ρ und p. Somit muss eine weitere Gleichung hinzugefügt werden in Übereinstimmung mit den physikalischen Erfordernissen des Problems.

2.4 Diffusionsphänomene

2.4.1 Lineare Wärmeleitungsgleichung

Das Verhalten physikalischer Systeme bei Diffusionsprozessen wird näherungsweise durch das Vernachlässigen ihres molekularen Charakters beschrieben. Die Elemente dieses idealisierten Systems sollen unberührt von molekularen Fluktuationen sein und eine Unabhängigkeit von der Größe des Volumens aufweisen.

Im Folgenden werde eine Differentialgleichung hergeleitet, die die stetige Wärmeleitung in einem homogenen Material beschreibt. Homogen bedeutet hierbei, dass die Massendichte ρ des Materials, seine spezifische Wärmekapazität c_* positive Konstanten sind. In diesem Material betrachte man ein beliebiges Volumen Ω und bezeichne seinen Rand mit $\partial\Omega$. Sei $\boldsymbol{v}$ die nach außen gerichtete Einheitsnormale auf der Oberfläche $\partial\Omega$. Ferner sei $u = u(t, \boldsymbol{x})$ die absolute Temperatur, so dass $u = u(t, \boldsymbol{x})$ das Temperaturfeld ist, das es zu jeder Zeit an jedem Ort $\boldsymbol{x} \in \Omega$ zu bestimmen gilt.

Nach J. B. J. Fouriers 1811 geschriebenem Artikel über die Wärmeleitung und seinem berühmten Buch „Theorie analitique de la Chaleur" (1822) basiert das mathematische Modell der Wärmeleitung gewöhnlich auf den folgenden physikalischen Prinzipien der Wärmebilanz, benannt als das Fouriersche Gesetz der Wärmeleitung:

(i) Die Menge an Wärme Q in Ω ist proportional zur Masse von Ω und zu seiner Temperatur

$$Q(t) = \int_{\Omega} \rho c_* u \, dx \, dy \, dz. \tag{2.4.1}$$

(ii) Wärme strömt von Orten höherer Temperatur zu Orten niederer Temperatur. Der Wärmefluss ist proportional zum Temperaturgradienten, d. h. der Wärmefluss im Volumen Ω durch seine Oberfläche $\partial\Omega$ ist gegeben durch

$$\int_{\partial\Omega} (k\nabla u \cdot \boldsymbol{v}) \, dS. \tag{2.4.2}$$

(iii) Das Verhältnis der Änderung des Wärmeinhalts (2.4.1) in Ω, d. h. die Größe

$$\frac{dQ}{dt} = \int_{\Omega} \rho c_* \frac{\partial u}{\partial t} \, dx \, dy \, dz,$$

ist gleich dem Verhältnis der Wärme, die durch die Oberfläche $\partial\Omega$ nach (2.4.2) fließt.

Damit ergibt sich folgende Bilanzgleichung:

$$\int_{\Omega} \rho c_* \frac{\partial u}{\partial t} \, dx \, dy \, dz = \int_{\partial\Omega} (k\nabla u \cdot \boldsymbol{v}) \, dS. \tag{2.4.3}$$

Wendet man den Divergenz-Satz 1.3.3 an, so lässt sich das Oberflächenintegral auf der rechten Seite von (2.4.3) in ein Volumenintegral verwandeln:

$$\int_{\partial\Omega} (k\nabla u \cdot \boldsymbol{v})\, \mathrm{d}S = \int_{\Omega} \nabla \cdot (k\nabla u)\, \mathrm{d}x\, \mathrm{d}y\, \mathrm{d}z.$$

Damit folgt für die Gleichung (2.4.3)

$$\int_{\Omega} \rho c_* \frac{\partial u}{\partial t}\, \mathrm{d}x\, \mathrm{d}y\, \mathrm{d}z = \int_{\Omega} \nabla \cdot (k\nabla u)\, \mathrm{d}x\, \mathrm{d}y\, \mathrm{d}z. \tag{2.4.4}$$

Da Ω beliebig gewählt ist, ist (2.4.4) äquivalent zu folgender Differentialgleichung

$$\rho c_* \frac{\partial u}{\partial t} = \nabla \cdot (k\nabla u). \tag{2.4.5}$$

Da die Wärmeleitfähigkeit als konstant angenommen worden ist, folgt

$$\nabla \cdot (k\nabla u) = k\nabla \cdot (\nabla u) = k\Delta u,$$

Hierbei ist Δ der Laplace-Operator (1.3.19). Somit folgt als Ergebnis dieser Betrachtungen die lineare Wärmeleitungsgleichung

$$u_t = a^2 \Delta u \tag{2.4.6}$$

mit der positiven Konstanten $a^2 = k/(\rho c_*)$, der Wärmeleitfähigkeit.

Im eindimensionalen Fall, wenn die Temperatur nur von der Zeit t und der räumlichen Variablen x abhängt, lautet die Wärmeleitungsgleichung (2.4.6)

$$\frac{\partial u}{\partial t} - a^2 \frac{\partial^2 u}{\partial x^2} = 0. \tag{2.4.7}$$

Physikalische Anwendung der eindimensionalen Wärmeleitungsgleichung ist die Folgende: Man betrachte einen unendlichen gleichförmigen rechteckigen Quader mit der Querschnittsfläche S, der sich entlang der x-Achse ausdehnt. Die Seiten seien perfekt isoliert. Ferner sei angenommen, dass die Temperatur an jeder Querschnittsfläche des Quaders einheitlich ist. Sei $T = T(t, x)$ die Temperatur des Quaders zur Zeit t in der Fläche parallel zur (y, z)-Ebene an der Stelle x vom Ursprung entfernt. Das Koordinatensystem sei rechtwinklig mit den Achsen Ox, Oy, Oz. Sei das Gebiet Ω ein Stück des Quaders der Dicke Δx an einer Stelle x vom Ursprung (vgl. Abbildung 2.4.1). Die Bilanzgleichung (2.4.3) lässt sich schreiben als

$$\frac{\partial(S\Delta x T)}{\partial t} = S\left(\frac{\partial T}{\partial x}\Big|_{x+\Delta x} - \frac{\partial T}{\partial x}\Big|_{x} \right).$$

Teilt man diese Gleichung durch $S\Delta x$, bildet den Grenzübergang $\Delta x \to 0$ und ersetzt die Temperatur durch die Variable u, so ergibt sich die eindimensionale Wärmeleitungsgleichung (2.4.7). Sie ist linear und besitzt konstante Koeffizienten, d. h. sie ist invariant unter Translationen in t- und x-Richtung, da ein gleichförmiger Diffusionsprozess betrachtet wurde und ein einheitliches Material des Quaders vorausgesetzt worden ist.

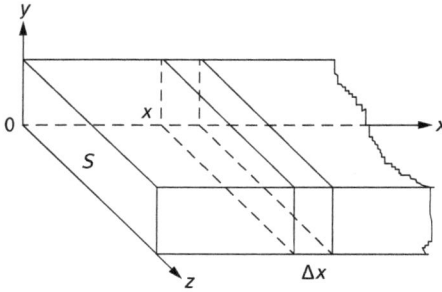

Abb. 2.4.1: Der eindimensionale Wärmefluss.

2.4.2 Die nichtlineare Wärmeleitungsgleichung

Die Betrachtungen des vorherigen Abschnittes basierten auf der Tatsache, dass die Temperatur keinen Einfluss besitzt auf die charakteristischen Größen ρ, c_* und k des Materials. Diese Annahme ist begründet, wenn die Temperaturänderungen nicht groß sind. Außerdem ist begründet, dass die Dichte und die spezifische Wärme ihre konstanten Anfangswerte beibehalten, sogar bei hohen Temperaturen. Jedoch zeigt die Temperaturleitfähigkeit einen Einfluss der Temperatur, wenn diese sich beachtlich ändert.

Somit werde nun die Bilanzgleichung (2.4.3) unter der Voraussetzung betrachtet, dass ρ und c_* wie oben positive Konstanten sind, k aber von der Temperatur abhänge: $k = k(u)$. Ferner kann $\rho c_* = 1$ nach einer geeigneten Skalierung der Zeit gesetzt werden. Gleichung (2.4.5) besitzt damit die Form

$$\frac{\partial u}{\partial t} = \nabla \cdot [k(u)\nabla u] \tag{2.4.8}$$

und heißt nichtlineare Wärmeleitungsgleichung. Sie wird oft auch in der Form

$$\frac{\partial u}{\partial t} = \mathrm{div}[k(u)\,\mathrm{grad}\,u] \tag{2.4.9}$$

geschrieben.

Im eindimensionalen Fall hat sie das Aussehen

$$\frac{\partial u}{\partial t} = \frac{\partial}{\partial x}\left[k(u)\frac{\partial u}{\partial x}\right] \tag{2.4.10}$$

bzw.

$$u_t = [k(u)u_x]_x = k(u)u_{xx} + k'(u)(u_x)^2. \tag{2.4.11}$$

2.4.3 Die Burgers- und Korteweg–de-Vries-Gleichung

Die Burgers-Gleichung

$$u_t = uu_x + \nu u_{xx} \tag{2.4.12}$$

kommt u. a. in den Gebieten der Strömungsmechanik, der nichtlinearen Akustik usw. zur Anwendung. Sie wird benutzt, um z. B. die Bildung und den Zerfall von nichtebenen Schockwellen zu beschreiben, wobei die Koordinate x diejenige ist, entlang der sich die Welle mit Schallgeschwindigkeit bewegt. Die abhängige Veränderliche u beschreibt die Geschwindigkeit von Fluktuationen.

Der Koeffizient ν in der Burgers-Gleichung (2.4.12) wird für gewöhnlich als Konstante behandelt. Sie kann aber auch eine Funktion der Zeit darstellen und bildet damit einen Hauptpunkt bei Untersuchungen der verallgemeinerten Burgers-Gleichung

$$u_t = uu_x + \nu(t)u_{xx}. \tag{2.4.13}$$

Die Korteweg–de-Vries-Gleichung (KdV-Gleichung)

$$u_t = uu_x + \mu u_{xxx}, \quad \mu = \text{const} \tag{2.4.14}$$

wird benutzt, um z. B. die Ausbreitung von langen Wasserwellen in Kanälen mathematisch zu beschreiben.

Die Burgers- und KdV-Gleichungen stechen unter allen nichtlinearen partiellen Differentialgleichungen durch ihre bemerkenswerten mathematischen Eigenschaften heraus.

2.4.4 Mathematisches Modellieren in der Finanzwirtschaft

Die Mathematik der Finanzwelt zielt auf die Untersuchungen der Fluktuationen von Aktienkursen als Diffusionsprozess in einer zufälligen Umgebung. Somit bilden Zeit und Unsicherheit zentrale Elemente bei der Modellierung des finanziellen Benehmens der Börsenhändler (*economic agents*). Das grundlegende mathematische Modell der Finanzbranche bildet ein stochastischer Prozess und führt damit auf stochastische Differentialgleichungen. Diese können unter bestimmten vereinfachenden Annahmen durch gewöhnliche partielle Differentialgleichungen angenähert werden.

Eine bekannte Gleichung dieses Typs ist das Black–Scholes-Modell (1973), das zur Beschreibung von der preislichen Entwicklung von Aktionoptionen verwendet wird. Das Modell wird durch die folgende lineare Gleichung mit variablen Koeffizienten angenähert:

$$u_t + \frac{1}{2}A^2x^2u_{xx} + Bxu_x - Cu = 0. \tag{2.4.15}$$

Hierbei sind A, B und C konstante Koeffizienten, die mit den Charakteristiken des Modells verbunden sind. Man beachte, dass die Black–Scholes-Gleichung (2.4.15) auf die Wärmeleitungsgleichung durch eine relativ komplizierte Transformation abgebildet werden kann.

2.5 Biomathematik

2.5.1 Flinke Champignons (*smart mushrooms*)

Es ist eine natürliche Annahme, dass wachsende Champignons bestrebt sind, den Flüssigkeitsverlust zu minimieren. Somit sollten sie in der Art wachsen, dass die Oberfläche minimal ist, um den Flüssigkeitsverlust durch Verdunstung zu minimieren.

Ausgehend von dieser Annahme soll eine optimale Form für einen Champignon (Abb. 2.5.1) dadurch gefunden werden, dass das folgende einfache mathematische Problem gelöst wird. Anschließend werden dann die Ergebnisse mit realen Champignons verglichen.

Betrachtet werden die Kurven $y = y(x)$ in der (x, y)-Ebene, die zwei Punkte $P_1 = (x_1, y_1)$ und $P_2 = (x_2, y_2)$ miteinander verbinden. Man drehe diese Kurven um die y-Achse, um die Oberfläche zu erhalten.

Die Aufgabe besteht nun darin, die Kurven zu finden, so dass die Oberfläche, die durch ihre Drehung entsteht, minimalen Flächeninhalt besitzt. Dieses Problem soll gelöst werden. Betrachtet werde ein enger Streifen der Oberfläche, die man erhält, wenn die Variable x zwischen den Werten x_0 und $x_0 + dx$ liegt. Der Inhalt dieses Streifens beträgt

$$2\pi x \, ds = 2\pi x \sqrt{1 + y'^2} \, dx,$$

da

$$(ds)^2 = (dx)^2 + (dy)^2.$$

Schafeuter, Polyporus ovinus. Eßbar.

Abb. 2.5.1: Form einer Pilzsorte (www.pictokon. net/bilder/2005-10-2/pilze-pilzb).

Damit folgt

$$ds = \sqrt{1 + y'^2}\,dx.$$

Den gesamten Flächeninhalt der Rotationsfläche erhält man über das Integral als

$$S = 2\pi \int_{x_1}^{x_2} x\sqrt{1 + y'^2}\,dx.$$

Damit gelangt man zu der Formulierung eines Variationsproblems: Bestimme Kurven derart, dass das Variationsintegral

$$\int L(x, y, y')\,dx$$

mit der Lagrange-Funktion

$$L = x\sqrt{1 + y'^2}$$

einen stationären Wert annimmt. Die Bedingung für einen solchen stationären Punkt ist äquivalent mit der Euler–Lagrange-Gleichung (1.5.2):

$$\frac{\partial L}{\partial y} - D_x\left(\frac{\partial L}{\partial y'}\right) = 0. \tag{2.5.1}$$

Aus dem Beispiel folgt

$$\frac{\partial L}{\partial y} = 0, \qquad \frac{\partial L}{\partial y'} = \frac{xy'}{\sqrt{1 + y'^2}}.$$

Gleichung (2.5.1) ist in der Form eines Erhaltungssatzes geschrieben (vgl. Abschn. 7.3):

$$D_x\left(\frac{xy'}{\sqrt{1 + y'^2}}\right) = 0. \tag{2.5.2}$$

Durch Ausführung der Differentiation erhält man eine nichtlineare Differentialgleichung zweiter Ordnung der Form

$$y'' + \frac{1}{x}(y' + y'^3) = 0. \tag{2.5.3}$$

Der Erhaltungssatz (2.5.2) liefert ein erstes Integral der Gleichung (2.5.3):

$$\frac{xy'}{\sqrt{1 + y'^2}} = A = \text{const.}$$

Diese Gleichung löse man nun nach y' auf, integriere das Ergebnis und erhält die allgemeine Lösung

$$y = B + k\,\text{arccosh}\left(\frac{x}{k}\right)$$

mit den zwei Integrationskonstanten B und k. Diese Lösung lässt sich durch Anwendung von (1.1.8) auch als

$$y = B + k \ln \left| \frac{x + \sqrt{x^2 - k^2}}{k} \right| = C + k \ln|x + \sqrt{x^2 - k^2}|$$

schreiben. Hierbei ist $C = B - k \ln|k|$.

Damit ist die gewünschte Kurve gegeben durch die Lösung

$$y = C + k \ln|x + \sqrt{x^2 - k^2}|$$

von (2.5.3), die den Randbedingungen $y(x_1) = y_1$, $y(x_2) = y_2$ genügt.

Der Vergleich der beiden Abbildungen 2.5.2 und 2.5.3 zeigt qualitativ eine gute Übereinstimmung.

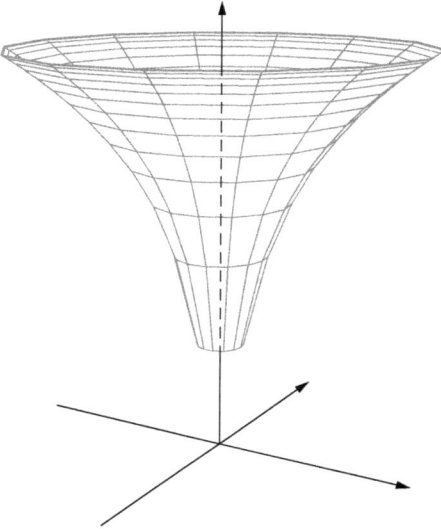

Abb. 2.5.2: Wachstumsgesetz $y = C + k \ln|x + \sqrt{x^2 - k^2}|$.

Abb. 2.5.3: Realer Champignon.

2.5.2 Ein Wachstumsmodell für Tumore

In der letzten Zeit traten in der Literatur einige mathematische Modelle auf, die die Ausbreitung von bösartigen Tumoren beschreiben. Diese sind als nichtlineare partielle Differentialgleichungen formuliert, von denen eines hier beschrieben wird.

Im gesunden Gewebe herrscht ein Gleichgewicht zwischen Zellbildung und deren Absterben. Änderungen der DNA werden durch genetische, chemische oder andere Einflüsse der Umgebung hervorgerufen. Diese verursachen bösartige Tumorzellen, die dieses Gleichgewicht stören und eine unkontrollierte Vermehrung der Zellen herbeiführen, gefolgt vom Eindringen in die benachbarte Umgebung oder zum abgestorbenen Gewebe (Metastasen).

Einige Autoren (A. J. Perumpanani, J. A. Sherrat, J. Norbury, H. M. Byrne, Physica D, 126, 1999) untersuchten das Problem des Eindringens von bösartigen Zellen in umgebendes Gewebe unter Vernachlässigung zellulärer Diffusion. Motiviert durch zahlreiche wichtige Beobachtungen aus der Tumorbiologie schlugen sie ein mathematisches Modell vor, das geeignet ist für die Untersuchung einer gemittelten räumlichen eindimensionalen Dynamik von bösartigen Zellen unter Vernachlässigung der Änderungen in der Ebene senkrecht zur Ausbreitungsrichtung. Das Modell wird mit Hilfe von nichtlinearen partiellen Differentialgleichungen formuliert, die folgende Gestalt besitzen:

$$u_t = f(u) - (uc_x)_x,$$
$$c_t = -g(c, p),$$
$$p_t = h(u, c) - Kp.$$

Hierbei hängen u, c und p von der Zeit t und der räumlichen Koordinate x ab und stellen die Konzentration der eindringenden Zellen, der extrazellulären Matrix (z. B. Typ IV Kollagen) und Protease dar. Um die Dynamik eines speziellen biologischen Systems zu beschreiben, wurden von den Autoren beliebige Elemente $f(u)$, $g(c, p)$ sowie $h(u, c)$ eingeführt, die allesamt als monoton wachsende Funktionen in den abhängigen Variablen u, c, p angenommen werden. So zeigt zum Beispiel die Funktion $h(u, c)$ in der letzten Gleichung des obigen Systems die Abhängigkeit der Protease-Produktion von der lokalen Konzentration der bösartigen Zellen und des Kollagens, während der Term $-Kp$ auf der Annahme basiert, dass die Protease linear abfällt. Hierbei ist K eine positive Konstante, die sich experimentell mit Hilfe von Halbwertszeiten bestimmen lässt.

Unter Beachtung, dass die Zeitskalen, die in Verbindung mit der Protease-Produktion stehen und deren Abklingen kürzer ist als die für die eindringenden Zellen, lässt sich das obige Modell auf folgendes System zweier Gleichungen reduzieren:

$$u_t = f(u) - (uc_x)_x,$$
$$c_t = -g(c, u). \tag{2.5.4}$$

Hierbei sind $f(u)$ und $g(c, u)$ beliebige Funktionen, die den Bedingungen

$$f(u) > 0, \quad g_c(c, u) > 0, \quad g_u(c, u) > 0$$

genügen.

2.6 Wellenphänomene

Mathematische Modelle für Schwingungen werden meistens mit Hilfe des Hamiltonschen Variationsprinzips oder dem Prinzip vom kleinsten Zwang (vgl. Abschn. 1.5) hergeleitet. In der klassischen Mechanik wird jedes mechanische System durch eine endliche Zahl von Variablen (Koordinaten des Systems) beschrieben, die als unbekannte Funktionen der Zeit betrachtet werden. Damit wird die Bewegung des Systems durch gewöhnliche Differentialgleichungen (1.5.2) beschrieben, wie in Abschnitt 1.5.1 betrachtet wurde.

In der Kontinuumsmechanik kann die Position eines kontinuierlichen Systems nicht mehr durch eine endliche Zahl an Variablen der Zeit betrachtet werden. In diesem Fall werden kinematische und potentielle Energie durch Integrale von Funktionen mehrerer Veränderlicher dargestellt. Dies führt auf partielle Differentialgleichungen, die sich aus dem Hamiltonschen Prinzip, wie es im Abschnitt 1.5.2 betrachtet worden ist, herleiten lassen. Mathematische Modelle besitzen eine besonders einfache (lineare) Form, wenn die Bewegungen sich abgrenzen gegenüber der Nachbarschaft zu einem Gleichgewichtspunkt des kontinuierlichen Systems.

2.6.1 Kleine Schwingungen einer Stange (*string*)

Betrachtet man einen dünnen elastischen Strang, der entlang der x-Achse gespannt ist als Stange, so liefert dies ein einfaches Beispiel für ein eindimensionales System. Man untersuche das folgende physikalische Problem. Eine Stange werde aus ihrer Gleichgewichtslage gebracht und dann sich selbst überlassen. Offensichtlich strebt sie in die Ausgangsposition zurück. Ursache hierfür ist die Kraft, die die Stange nach der Störung dehnt. Ist die Gleichgewichtslage erreicht, so kommt die Stange jedoch nicht zum Stillstand. Die Masse lenkt sie entlang der x-Achse in die entgegengesetzte Richtung aus. Setzt man voraus, dass die Dehnung die einzige Kraft ist, die auf die Stange wirkt, so erhält man freie Schwingungen der Stange um die Gleichgewichtslage.

Nun soll eine Differentialgleichung bestimmt werden, die die senkrechte Auslenkung $u = u(x, t)$ eines Punktes x der Stange von der Gleichgewichtslage zur Zeit t beschreibt. Es sollen kleine Schwingungen der Stange betrachtet werden, indem vorausgesetzt wird, dass höhere Potenzen der Funktion $u(t, x)$ und höhere Ableitungen gegenüber den niedrigen vernachlässigt werden können.

Im Folgenden werden untere Indizes benutzt, um partielle Ableitungen zu kennzeichnen. Zum Beispiel lauten dann die Ableitungen der Funktion $u(t, x)$ nach x sowie nach t dann u_x bzw. u_t.

Sei nun $\rho(x)$ die Liniendichte der Stange. Dann ergibt sich die Masse eines kleinen Teils der Stange der Länge dx im Intervall $(x, x + dx)$ zu $\rho(x)\,dx$. Demnach ist die Dichte der kinetischen Energie T der Stange an der Stelle x zur Zeit t gegeben durch

$$T = \frac{1}{2}\rho(x)u_t^2. \tag{2.6.1}$$

Die potentielle Energie ist proportional zum Anwachsen der Länge der Stange im Vergleich zur Länge des Restes. Der Proportionalitätsfaktor ist eine positive Zahl $\mu > 0$, Zugspannung genannt. Da die Länge des Stangenelements dx demnach die Auslenkung

$$ds = \sqrt{(dx)^2 + (u_x\,dx)^2} = \sqrt{1 + u_x^2}\,dx \approx \left[1 + \frac{1}{2}u_x^2\right]dx$$

ist, besitzt der Zuwachs der Länge des Elementes der Stange das Aussehen

$$\sqrt{1 + u_x^2}\,dx - dx \approx \frac{1}{2}u_x^2\,dx.$$

Damit lautet die potentielle Energiedichte

$$U = \frac{1}{2}\mu u_x^2. \tag{2.6.2}$$

Nun lässt sich auf dieses System das Konzept der Wirkung S anwenden, dass im Abschnitt 1.5.1 eingeführt wurde. Demnach ist das Wirkungsintegral für die Stange

$$S = \int L\,dx\,dt.$$

Nach (2.6.1) und (2.6.2) besitzt dann die Lagrange-Funktion

$$L = T - U$$

die Gestalt

$$L = \frac{1}{2}\left[\rho(x)u_t^2 - \mu u_x^2\right]. \tag{2.6.3}$$

Für die Euler–Lagrange-Gleichungen folgt

$$\frac{\delta L}{\delta u} \equiv \frac{\partial L}{\partial u} - D_t\left(\frac{\partial L}{\partial u_t}\right) - D_x\left(\frac{\partial L}{\partial u_x}\right) = 0. \tag{2.6.4}$$

Hierbei sind D_t und D_x die totalen Differentialoperatoren (vgl. (1.4.9))

$$D_t = \frac{\partial}{\partial t} + u_t\frac{\partial}{\partial u} + u_{tt}\frac{\partial}{\partial u_t} + u_{tx}\frac{\partial}{\partial u_x}$$

und

$$D_x = \frac{\partial}{\partial x} + u_x\frac{\partial}{\partial u} + u_{tx}\frac{\partial}{\partial u_t} + u_{xx}\frac{\partial}{\partial u_x}.$$

Mit der Lagrange-Funktion (2.6.3) ergibt sich damit

$$\frac{\partial L}{\partial u} = 0, \quad \frac{\partial L}{\partial u_t} = \rho(x)u_t, \quad \frac{\partial L}{\partial u_x} = -\mu u_x,$$

und

$$D_t\left(\frac{\partial L}{\partial u_t}\right) = \rho(x)u_{tt}, \quad D_x\left(\frac{\partial L}{\partial u_x}\right) = -\mu u_{xx}.$$

Setzt man diese Ausdrücke nun in Gleichung (2.6.4) ein, so erhält man die folgende lineare partielle Differentialgleichung zweiter Ordnung

$$-\rho(x)u_{tt} + \mu u_{xx} = 0.$$

Nach Division durch $-\rho(x)$ folgt die Wellengleichung für eine kleine transversale Schwingung der Stange:

$$u_{tt} - k^2(x)u_{xx} = 0, \quad \text{mit } k^2(x) = \frac{\mu}{\rho(x)},$$

bzw.

$$\frac{\partial^2 u}{\partial t^2} - k^2\frac{\partial^2 u}{\partial x^2} = 0. \tag{2.6.5}$$

Wird die Stange durch eine äußere Kraft $f(x, t)$ in senkrechter Richtung angeregt, so bleibt die kinetische Energie (2.6.1) dieselbe, aber die potentielle Energie (2.6.2) besitzt die Form

$$U = \frac{1}{2}\mu u_x^2 - f(x, t)u. \tag{2.6.6}$$

Die Lagrange-Funktion lautet damit an Stelle von (2.6.3)

$$L = \frac{1}{2}\left[\rho(x)u_t^2 - \mu u_x^2\right] + f(x, t)u. \tag{2.6.7}$$

Es folgt

$$\frac{\partial L}{\partial u} = f(x, t), \quad \frac{\partial L}{\partial u_t} = \rho(x)u_t, \quad \frac{\partial L}{\partial u_x} = -\mu u_x.$$

Die Gleichung (2.6.5) wird dann ersetzt durch die Gleichung für eine angeregte Schwingung der Stange

$$\rho(x)u_{tt} - \mu u_{xx} = f(x, t). \tag{2.6.8}$$

Auf ähnliche Weise lässt sich auch eine Gleichung für kleine longitudinale Schwingungen eines elastischen Stabes herleiten,

$$\rho(x)u_{tt} - [E(x)u_x]_x = f(x, t), \tag{2.6.9}$$

Dabei ist $E(x)$ der Young-Modul, d. h. der Elongationsmodul für den Stab.

2.6.2 Die schwingende Membran

Eine Membran ist ein Teil einer zweidimensionalen Oberfläche, die aus elastischem Material hergestellt wurde. Ihre potentielle Energie ist proportional zur Änderung des Flächeninhalts. Die positive Konstante $\mu > 0$ (Proportionalitätskonstante) heißt Spannung. Die Dichte der Membran sei mit $\rho(x, y)$ gekennzeichnet.

Es werde angenommen, dass die ruhende Membran ein Gebiet in der (x, y)-Ebene einnehme. Ferner sei $u(x, y, t)$ die Auslenkung in Normalenrichtung zur Gleichgewichtslage. Außerdem werden wieder kleine Auslenkungen angenommen, so dass höhere Potenzen von u, u_x, u_y gegenüber kleineren Potenzen vernachlässigt werden können. Damit ergibt sich für die Fläche eines Elements einer deformierten Membran

$$\sqrt{1 + u_x^2 + u_y^2}\, dx\, dy \approx \left[1 + \frac{1}{2}(u_x^2 + u_y^2)\right] dx\, dy. \tag{2.6.10}$$

Subtrahiert man nun den Flächeninhalt $dx\, dy$ des Elementes vor der Deformation, so erhält man den folgenden Ausdruck für die Änderung

$$\frac{1}{2}(u_x^2 + u_y^2)\, dx\, dy.$$

Damit ergibt sich für die Dichte der potentiellen Energie

$$U = \frac{\mu}{2}(u_x^2 + u_y^2).$$

Die kinetische Energie besitzt den gleichen Ausdruck (2.6.1) wie die bei der Stange:

$$T = \frac{1}{2}\rho(x, y)u_t^2.$$

Damit folgt für die Lagrange-Funktion für eine Membran

$$L = \frac{1}{2}\left[\rho(x, y)u_t^2 - \mu(u_x^2 + u_y^2)\right], \tag{2.6.11}$$

und die zugehörigen Euler–Lagrange-Gleichungen lauten

$$\frac{\delta L}{\delta u} \equiv \frac{\partial L}{\partial u} - D_t\left(\frac{\partial L}{\partial u_t}\right) - D_x\left(\frac{\partial L}{\partial u_x}\right) - D_y\left(\frac{\partial L}{\partial u_y}\right) = 0, \tag{2.6.12}$$

Hierbei sind D_t, D_x und D_y die totalen Ableitungsoperatoren bezüglich der Variablen t, x und y:

$$D_t = \frac{\partial}{\partial t} + u_t\frac{\partial}{\partial u} + u_{tt}\frac{\partial}{\partial u_t} + u_{tx}\frac{\partial}{\partial u_x} + u_{ty}\frac{\partial}{\partial u_y},$$

$$D_x = \frac{\partial}{\partial x} + u_x\frac{\partial}{\partial u} + u_{tx}\frac{\partial}{\partial u_t} + u_{xx}\frac{\partial}{\partial u_x} + u_{xy}\frac{\partial}{\partial u_y},$$

$$D_y = \frac{\partial}{\partial y} + u_y\frac{\partial}{\partial u} + u_{ty}\frac{\partial}{\partial u_t} + u_{xy}\frac{\partial}{\partial u_x} + u_{yy}\frac{\partial}{\partial u_y}.$$

Setzt man nun die Lagrange-Funktion (2.6.11) in Gleichung (2.6.12) ein, fährt wie im Falle des Stabes mit den Umformungen fort und benutzt weiterhin die Setzung

$$k^2(x, y) = \frac{\mu}{\rho(x, y)},$$

so erhält man die zweidimensionale Wellengleichung für eine schwingende Membran:

$$\frac{\partial^2 u}{\partial t^2} - k^2 \left(\frac{\partial^2 u}{\partial x^2} + \frac{\partial^2 u}{\partial y^2} \right) = 0. \tag{2.6.13}$$

Der Ausdruck in den Klammern stellt die zweidimensionale Version des Laplace-Operators (1.3.19) dar und Gleichung (2.6.13) lässt sich dann auch in der Form

$$u_{tt} - k^2(x, y)\Delta u = 0. \tag{2.6.14}$$

schreiben.

Im Falle einer senkrecht zur (x, y)-Ebene wirkenden externen Kraft folgt für die Gleichung einer erzwungenen Schwingung für die Membran

$$u_{tt} - k^2(x, y)\Delta u = F(x, y, t). \tag{2.6.15}$$

Hierbei ist $F(x, y, t) = f(x, y, t)/\rho(x, y)$.

Am häufigsten wird die Wellengleichung für den Fall betrachtet, in dem die Dichte eine Konstante ist. Dann ist der Koeffizient k^2 ebenfalls konstant. Diese Annahme wird auch für die dreidimensionale Wellengleichung benutzt:

$$u_{tt} - k^2\Delta u = F(x, y, z, t), \quad k^2 = \text{const}, \tag{2.6.16}$$

wobei Δ der Laplace-Operator (1.3.19) ist:

$$\Delta = \frac{\partial^2}{\partial x^2} + \frac{\partial^2}{\partial y^2} + \frac{\partial^2}{\partial z^2}.$$

Die Wellengleichung (2.6.16) heißt homogen, wenn $F = 0$. Andernfalls spricht man von einer inhomogenen Gleichung (vgl. Abschnitt 5.1).

Zusammen mit der eindimensionalen (2.6.5) und der zweidimensionalen (2.6.13) Wellengleichung betrachtet man ebenso die dreidimensionale Wellengleichung

$$\frac{\partial^2 u}{\partial t^2} - k^2 \left(\frac{\partial^2 u}{\partial x^2} + \frac{\partial^2 u}{\partial y^2} + \frac{\partial^2 u}{\partial z^2} \right) = 0. \tag{2.6.17}$$

Diese gehört mit zu den grundlegenden Gleichungen der mathematischen Physik. Zum Beispiel beschreibt sie die Ausbreitung von Lichtwellen; dann ist der Koeffizient k^2 in (2.6.17) identisch mit c^2, wobei c die Lichtgeschwindigkeit im Vakuum beschreibt.

Man beachte ferner, dass sich jede Wellengleichung mit konstantem Koeffizient k^2 auf den Fall $k^2 = 1$ durch Anwendung einer geeigneten Dehnungstransformation überführen lässt. Es entsteht dann eine Gleichung der Form

$$u_{tt} - \Delta u = 0. \tag{2.6.18}$$

2.6.3 Minimalflächen

Im vorigen Abschnitt wurde eine Wellengleichung für kleine Schwingungen einer Membran unter Benutzung der Näherung (2.6.10) hergeleitet, die die Schwankung des Flächeninhalts der Membran beschreibt. Das Problem der Minimalflächen erfordert die Bestimmung aller möglichen Zustände der Membran, wenn die Fläche

$$\int_V \sqrt{1 + u_x^2 + u_y^2}\, \mathrm{d}x\, \mathrm{d}y$$

ein Minimum annehmen soll. Die zugehörige Differentialgleichung für diese Minimalflächen ist die Euler–Lagrange-Gleichung mit der Lagrange-Funktion

$$L = \sqrt{1 + u_x^2 + u_y^2}.\tag{2.6.19}$$

Dieses Problem wurde zu allererst von L. Euler formuliert. Einige hundert Jahre später schlug der belgische Physiker J. Plateau Experimente zur Bestimmung dieser Minimalflächen vor und beschrieb diese 1873. Seither trägt die Aufgabe zur Bestimmung dieser Arten von Flächen auch den Namen Plateaus Problem (vgl. [35], S. 534). Eine tiefergehende mathematische Untersuchung dieser Aufgabe ist R. Courant zu verdanken.

> Ich erinnere mich an seine Vorlesung auf einer russisch-amerikanischen Konferenz im Jahre 1963 an der Universität zu Novosibirsk, wo ich studierte. Sein Vortrag wurde dadurch belebt, dass er die Plateauschen Experimente wiederholte und die Minimalflächen durch Eintauchen eines Stückes Drahtes, das in verschiedenen geschlossenen Kurven gebogen war, in eine Seifenlauge erhielt.

Da die Lagrange-Funktion (2.6.19) die Größen u und u_t nicht enthält, und

$$\frac{\partial L}{\partial u_x} = \frac{u_x}{\sqrt{1 + u_x^2 + u_y^2}}, \qquad \frac{\partial L}{\partial u_y} = \frac{u_y}{\sqrt{1 + u_x^2 + u_y^2}},$$

folgt für die Euler–Lagrange-Gleichungen (2.6.12)

$$D_x\left(\frac{u_x}{\sqrt{1 + u_x^2 + u_y^2}}\right) + D_y\left(\frac{u_y}{\sqrt{1 + u_x^2 + u_y^2}}\right) = 0.\tag{2.6.20}$$

Dies führt auf die nichtlineare Gleichung

$$(1 + u_y^2)u_{xx} - 2u_x u_y u_{xy} + (1 + u_x^2)u_{yy} = 0.\tag{2.6.21}$$

Die Linearisierung dieser Gleichung (2.6.21) ergibt die sogenannte Laplace-Gleichung

$$\Delta u \equiv u_{xx} + u_{yy} = 0\tag{2.6.22}$$

für das Gleichgewichtsproblem einer Membran.

2.6.4 Schwingungen, schwache Stäbe und Blechplatten

Ein physikalisch schwacher Stab ist ein dünner Draht, der dem Abknicken widersteht, genau so wie eine Stange, die der Elongation bzw. Ausdehnung widersteht. Ein mathematischer Stab ist ein eindimensionales Kontinuum, das geradlinig ist und dessen Abwinkeln potentielle Energie liefert, dessen Dichte proportional zum Quadrat des Kurvenverlaufes ist. $u(t, x)$ kennzeichne die Auslenkung des Stabes aus seiner Gleichgewichtsposition. Es werden wieder kleine Schwingungen betrachtet, wie sie auch im Falle des Drahtes verwandt wurden. Der deformierte Stab stellt eine Kurve $u(t, x)$ in der (x, u)-Ebene dar, während die Zeit t die Rolle eines Parameters übernimmt.

Man erinnere sich, dass die Krümmung einer Kurve ein Maß für die Änderung ihrer Richtung ist (d. h. der Tangente an die Kurve) und die Flachheit oder Steilheit der Kurve beschreibt. Für eine ebene Kurve $u = u(t, x)$ ist das Quadrat der Krümmung K in einem Punkt x gegeben durch

$$K^2 = \frac{u_{xx}^2}{(1 + u_x^2)^3}.$$

Näherungsweise gilt

$$K^2 \approx u_{xx}^2.$$

Damit folgt für die Dichte der potentiellen Energie

$$U = \frac{\mu}{2} u_{xx}^2,$$

während für die Dichte der kinetischen Energie nach wie vor die Form (2.6.1) gilt:

$$T = \frac{1}{2} \rho u_t^2$$

mit $\rho = \rho(x)$, $\mu = $ const. Die zugehörige Lagrange-Funktion lautet somit

$$L = \frac{1}{2} \left(\rho u_t^2 - \mu u_{xx}^2 \right) \tag{2.6.23}$$

und hängt nun auch noch von zweiten Ableitungen ab:

$$L = L(t, x, u, u_x, u_t, u_{xx}, u_{xt}, u_{tt}).$$

Aus dem Hamiltonschen Variationsprinzip ergeben sich die folgenden Euler–Lagrange-Gleichungen (vgl. (1.5.4)):

$$\frac{\delta L}{\delta u} \equiv \frac{\partial L}{\partial u} - D_t \left(\frac{\partial L}{\partial u_t} \right) - D_x \left(\frac{\partial L}{\partial u_x} \right)$$
$$+ D_t^2 \left(\frac{\partial L}{\partial u_{tt}} \right) + D_t D_x \left(\frac{\partial L}{\partial u_{tx}} \right) + D_x^2 \left(\frac{\partial L}{\partial u_{xx}} \right) = 0. \tag{2.6.24}$$

Berücksichtigt man die Lagrange-Funktion (2.6.23), so folgt aus Gleichung (2.6.24)

$$-D_t(\rho u_t) - D_x^2(\mu u_{xx}) = -\rho u_{tt} - \mu u_{xxxx} = 0.$$

Auch hier lassen sich äußere Kräfte wieder berücksichtigen, wie im Fall des Drahtes geschehen. Damit lassen sich kleine transversale Schwingungen eines dünnen Stabes durch eine Differentialgleichung vierter Ordnung beschreiben:

$$\rho(x)\frac{\partial^2 u}{\partial t^2} + \mu\frac{\partial^4 u}{\partial x^4} = f, \tag{2.6.25}$$

wobei f die Gesamtkraft ist, die an dem Stab angreift. Bei μ handelt es sich um eine positive Konstante.

Die Ableitung der Differentialgleichung für eine schwingende Blechplatte verläuft ähnlich wie bei der Stange. Eine Blechplatte ist eine elastische zweidimensionale Fläche, die in Ruhe eben ist. Die Dichte der potentiellen Energie u ist nach Deformation proportional zur quadratischen Form in den Hauptkrümmungen K und H der Platte:

$$U = \alpha H^2 + \beta K, \quad \alpha, \beta = \text{const.}$$

Die Ausdrücke für K und H lassen sich in jedem Lehrbuch über Differentialgeometrie finden. Im Falle einer zweidimensionalen Fläche, gegeben durch die Gleichung $u = u(x, y, t)$, wobei t als Parameter betrachtet wird, ist

$$K = \frac{u_{xx}u_{yy} - u_{xy}^2}{(1 + u_x^2 + u_y^2)^2}, \quad H = \text{div}\left(\frac{\nabla u}{\sqrt{1 + u_x^2 + u_y^2}}\right).$$

Dabei gilt $\nabla u = (u_x, u_y)$. Für kleine Schwingungen gilt näherungsweise

$$K \approx u_{xx}u_{yy} - u_{xy}^2, \quad H \approx \text{div}(\nabla u) = \Delta u \equiv u_{xx} + u_{yy}.$$

Setzt man ferner noch $\alpha = \mu/2$, so folgt

$$U \approx \frac{\mu}{2}(\Delta u)^2 + \beta(u_{xx}u_{yy} - u_{xy}^2).$$

Aufgabe 2.6.1. Zeige, dass

$$\frac{\delta}{\delta u}(u_{xx}u_{yy} - u_{xy}^2) = 0. \tag{2.6.26}$$

Unter Berücksichtigung von (2.6.26) ergibt sich für die Lagrange-Funktion

$$L = \frac{1}{2}[\rho u_t^2 - \mu(\Delta u)^2]. \tag{2.6.27}$$

Mit Hilfe dieser Funktion folgt für die zweidimensionale Version der Euler–Lagrange-Gleichung (2.6.24) eine partielle Differentialgleichung 4. Ordnung für eine schwingende Platte:

$$\rho u_{tt} + \mu(u_{xxxx} + 2u_{xxyy} + u_{yyyy}) = 0. \tag{2.6.28}$$

2.6.5 Nichtlineare Wellen

Im Folgenden werde eine gleichförmige Membran betrachtet, deren Spannung während der Deformation sich ändert, d. h. $\mu = \phi(u) > 0$ und $\rho = $ const. Man setze der Einfachheit halber $\rho = 1$. Damit muss die Lagrange-Funktion (2.6.11) durch den Ausdruck

$$L = \frac{1}{2}\left[u_t^2 - \phi(u)(u_x^2 + u_y^2)\right] \tag{2.6.29}$$

ersetzt werden. Für die Euler–Lagrange-Gleichung

$$\frac{\partial L}{\partial u} - D_t\left(\frac{\partial L}{\partial u_t}\right) - D_x\left(\frac{\partial L}{\partial u_x}\right) - D_y\left(\frac{\partial L}{\partial u_y}\right) = 0$$

folgt

$$-\frac{1}{2}\phi'(u)u_x^2 - \frac{1}{2}\phi'(u)u_y^2 - D_t[u_t] + D_x[\phi(u)u_x] + D_y[\phi(u)u_y] = 0$$

bzw.

$$-\frac{1}{2}\phi'(u)u_x^2 - \frac{1}{2}\phi'(u)u_y^2 - u_{tt} + \phi(u)[u_{xx} + u_{yy}] + \phi'(u)[u_x^2 + u_y^2] = 0.$$

Ordnet man die Terme, so ergibt sich

$$-u_{tt} + \phi(u)[u_{xx} + u_{yy}] + \frac{1}{2}\phi'(u)[u_x^2 + u_y^2] = 0,$$

was auf die nichtlineare Wellengleichung

$$u_{tt} = \phi(u)\Delta u + \frac{1}{2}\phi'(u)|\nabla u|^2 \tag{2.6.30}$$

führt. Diese Gleichung lässt sich mit jeder Anzahl an Variablen $x^1, \ldots, x^n$ darstellen. Für den eindimensionalen Fall ergibt sich

$$u_{tt} = \phi(u)u_{xx} + \frac{1}{2}\phi'(u)u_x^2. \tag{2.6.31}$$

Die folgenden nichtlinearen Differentialgleichungen, die sich von (2.6.31) unterscheiden, werden ebenfalls zur Untersuchung nichtlinearer Wellenphänomene benutzt:

$$\begin{aligned} u_{tt} &= [f(u)u_x]_x, \\ u_{tt} &= [f(x,u)u_x]_x, \\ u_{tt} &= [f(u)u_x + g(x,u)]_x. \end{aligned} \tag{2.6.32}$$

Führt man nun ein Potential V durch die Gleichung $u = v_x$ ein, so lassen sich die Gleichungen in (2.6.32) in folgender Weise darstellen:

$$\begin{aligned} v_{tt} &= f(v_x)v_{xx}, \\ v_{tt} &= f(x,v_x)v_{xx}, \\ v_{tt} &= f(v_x)v_{xx} + g(x,v_x). \end{aligned} \tag{2.6.33}$$

Die letzten Gleichungen können in einer Klasse eindimensionaler nichtlinearer Wellengleichungen zusammengefasst werden:

$$v_{tt} = f(x, v_x)v_{xx} + g(x, v_x).$$

(2.6.34)

Ein weiterer Typ von nichtlinearen Wellenphänomenen von praktischem Interesse stammt aus der Gasdynamik und wird mit „Kurzen Wellen" (= *short waves*) bezeichnet. Diese werden durch das System

$$u_y - 2v_t - 2(v - x)v_x - 2kv = 0,$$
$$v_y + u_x = 0, \quad k = \text{const}$$

beschrieben. Dieses System von zwei Gleichungen erster Ordnung lässt sich über die Substitution $u = w_y$, $v = -w_x$ auf eine Gleichung zweiter Ordnung reduzieren:

$$2w_{tx} + 2(x + w_x)w_{xx} + w_{yy} + 2kw_x = 0.$$

(2.6.35)

2.6.6 Die Gleichungen von Chaplygin und Tricomi

Die Gleichung von Chaplygin besitzt die Form

$$\varphi(x)u_{yy} + u_{xx} = 0.$$

(2.6.36)

Sie spielt eine bedeutende Rolle bei Aufgaben der Hochgeschwindigkeits-Aerodynamik und wurde von S. A. Chaplygin 1902 in seiner Dissertation „On gas Jets" vorgeschlagen. Sie wird für die Untersuchung von stationären zweidimensionalen schallnahen Strömungen benutzt und findet z. B. Anwendung im Flugzeugbau bei der Modellierung einer Gasströmung, die über eine Tragfläche strömt, wenn die Fluggeschwindigkeit nahe der Schallgeschwindigkeit liegt.

Eine gute Näherung für die Chaplygin-Gleichung stellt die Tricomi-Gleichung dar:

$$xu_{yy} + u_{xx} = 0.$$

(2.6.37)

Beide Gleichungen (2.6.36) und (2.6.37) sind Beispiele für Gleichungen eines gemischt-elliptisch-hyperbolischen Typs. Das heißt, (2.6.37) ist elliptisch im Falle $x > 0$ und hyperbolisch im Falle $x < 0$ (vgl. Abschnitt 5.2.5). Gleichung (2.6.37) wurde von F. G. Tricomi 1923 in seiner Studie über lineare partielle Differentialgleichungen zweiter Ordnung gemischten Typs vorgeschlagen.

Aufgaben zu Kapitel 2

2.1. Man leite die Euler–Lagrange-Gleichungen für die folgenden Lagrange-Funktionen her:

(i) $L = \frac{1}{2}[u_x^2 + u_y^2 + u_z^2 - u_t^2] - f(t, x, y, z)u$,

(ii) $L = \frac{1}{2}u_y^2 - u_t u_x - \frac{1}{6}u_x^3$,

(iii) $L = \frac{1}{2}(-u_t^2 + \mu u_{xx}^2) - f(t, x)u, \mu = \text{const}$,

(iv) $L = \frac{1}{2}[-u_t^2 + (u_{xx} + u_{yy})^2] - f(t, x, y)u$.

2.2. Man leite Gleichung (2.6.21) mit Zwischenschritten her.

2.3. Die Gravitationskraft der Sonne ist kugelsymmetrisch. Daher könnte man schließen, dass die Bewegung der Planeten ebenfalls kugelsymmetrisch sein sollte. Dies wäre nur dann der Fall, wenn sich die Planeten auf Kreisbahnen bewegen würden. J. Kepler entdeckte 1609, dass die Planeten sich auf Ellipsen und nicht auf Kreisen in festen Ebenen und nicht auf Oberflächen bewegen, wobei sich die Sonne im Brennpunkt und nicht im Mittelpunkt befindet. Erkläre was die Symmetrie bei der Bewegung der Planeten stört.

2.4. Im Folgenden werde das Kepler-Problem verallgemeinert. Man betrachte die Bewegung eines Teilchens der Masse m in einem beliebigen zentralen Potentialfeld

$$U = U(r), \quad r = |\mathbf{x}| \equiv \sqrt{(x^1)^2 + (x^2)^2 + (x^3)^2}.$$

Nach dem Prinzip vom kleinsten Zwang (vgl. Abschnitt 1.5.1) wird die Bewegung des Teilchens durch die Lagrange-Funktion

$$L = \frac{m}{2}\sum_{i=1}^{3}(v^i)^2 - U(r).$$

beschrieben. Man bestimme die Euler–Lagrange-Gleichungen (1.5.2).

2.5. Die Dirac-Gleichung (2.3.32) ist eine Vektorgleichung. Ihre Komponenten bestehen aus vier Gleichungen. Man schreibe diese vier Komponenten explizit auf.

2.6. Löse die Gleichung (2.2.3): $dP/dt = \alpha P - \beta P^2$ $(\alpha, \beta = \text{const} \neq 0)$.

2.7. Man leite aus Gleichung (2.3.30) her, dass $D_t(\text{div } \mathbf{E}) = 0$, $D_t(\text{div } \mathbf{H}) = 0$, und zeige damit, dass die Gleichungen (2.3.31) div $\mathbf{E} = 0$, div $\mathbf{H} = 0$ zu jeder Zeit ihre Gültigkeit besitzen, wenn sie zur Zeit $t = t_0$ gelten.

3 Gewöhnliche Differentialgleichungen, traditionelle Lösungsmethoden

Dieses Kapitel ist als kurze Darstellung der grundlegenden traditionellen Methoden entworfen, die hauptsächlich im 17. und 18. Jahrhundert entwickelt worden sind. Diese klassischen Verfahren sind einfach und damit üblicherweise benutzbar, um spezielle Typen von gewöhnlichen Differentialgleichungen in der Praxis mittels sogenannter Ad-hoc-Methoden zu lösen.

Zusätzliche Literatur: E. Goursat [9], G. F. Simmons [35].

3.1 Einführung und elementare Methoden

3.1.1 Differentialgleichungen, Anfangswertprobleme

Eine gewöhnliche Differentialgleichung n-ter Ordnung ist eine Beziehung

$$F(x, y, y', \ldots, y^{(n)}) = 0, \tag{3.1.1}$$

die eine einzige unabhängige Veränderliche x zu einer abhängigen y und ihren Ableitungen $y', \ldots, y^{(n)}$ in Beziehung setzt.

Die klassische Definition der Lösung einer Differentialgleichung ist die Folgende:

Definition 3.1.1. Eine Funktion $y = \phi(x)$, die in einer Umgebung x_0 definiert und dort n mal stetig differenzierbar ist, heißt Lösung der Differentialgleichung (3.1.1), wenn

$$F\left(x, \phi(x), \phi'(x), \ldots, \phi^{(n)}(x)\right) = 0$$

identisch in x auf einem bestimmten Intervall

$$(x_0 - \varepsilon; x_0 + \varepsilon), \quad \varepsilon > 0$$

erfüllt ist.

Da jede Funktion $y = y(x)$ eine Kurve in der (x, y)-Ebene darstellt, heißen die Lösungen der gewöhnlichen Differentialgleichungen auch Integralkurven.

Existenzsätze liefern das Herzstück einer allgemeinen Theorie der Differentialgleichungen, im Speziellen in der Analysis durch Lie-Gruppen.

Die ersten systematischen Untersuchungen bezüglich der Existenz von Lösungen gehen auf Cauchy (1845) zurück. Es sei anzumerken, dass man z. B. im Falle der Gleichung (1.2.58)

$$\frac{dy}{dx} = f(x)$$

DOI 10.1515/9783110495522-007

mit stetigem $f(x)$ leicht eine Lösung erhalten kann, die einen gegebenen Wert y_0 an der Stelle $x = x_0$ durch Anwendung der Gleichung (1.2.59) annimmt. Die Lösung dieses Anfangswertproblems ist eindeutig in einer Umgebung der Stelle $x = 0$ definiert. Sie besitzt das Aussehen

$$y(x) = y_0 + \int_{x_0}^{x} f(t)\,dt.$$

Cauchy erweiterte dieses Ergebnis, indem er die Existenz von Lösungen eines solchen Anfangswertproblems für eine allgemeine gewöhnliche Differentialgleichung erster Ordnung der Form

$$\frac{dy}{dx} = f(x,y), \quad y|_{x=x_0} = y_0, \tag{3.1.2}$$

zeigte. $f(x,y)$ ist hierbei eine stetige Funktion in der Umgebung des Punktes (x_0, y_0) in der (x,y)-Ebene. Die Notation $|_{x=x_0}$ bedeutet „berechnet an der Stelle $x = x_0$". Damit werden Anfangswertprobleme oft auch als Cauchy-Probleme bezeichnet.

Damit liefern Cauchys Ergebnisse die Existenz von Integralkurven, die durch einen beliebigen Punkt (x_0, y_0) gehen. Dennoch muss die Lösung nicht unbedingt eindeutig sein, wenn nur die Stetigkeit der Funktion $f(x,y)$ vorausgesetzt wird. Betrachtet man z. B. das Anfangswertproblem

$$\frac{dy}{dx} = 2\sqrt{|y|}, \quad y|_{x=x_0} = 0,$$

so findet man zwei Lösungen, und zwar

$$y = 0 \quad \text{sowie} \quad y = |x - x_0|(x - x_0).$$

Damit wurden Cauchys Untersuchungen fortgesetzt, die auf einen allgemeinen Existenz- und Eindeutigkeitssatz für Lösungen von Cauchy-Problemen führten. Für die Zwecke hier ist es ausreichend, folgende einfache Version des Existenz- und Eindeutigkeitssatzes zu verwenden:

Satz 3.1.1. *Sei $f(x,y)$ eine stetig differenzierbare Funktion in einer Umgebung des Punktes (x_0, y_0). Dann besitzt das Anfangswertproblem (3.1.2) eine und nur eine Lösung $y = \phi(x)$, die in der Umgebung von x_0 definiert ist.*

Bemerkung 3.1.1. Eine allgemeinere (aber nicht die allgemeinste) Form dieses Satzes verwendet eine schwächere Bedingung als die stetige Differenzierbarkeit, nämlich die sogenannte Lipschitz-Bedingung.

Der Existenz- und Eindeutigkeitssatz für Differentialgleichungen höherer Ordnung besitzt folgende Form:

Satz 3.1.2. *Gegeben sei eine Differentialgleichung n-ter Ordnung der Form*

$$y^{(n)} = f(x, y, y', \dots, y^{(n-1)}). \tag{3.1.3}$$

Das Cauchy-Problem besteht nun darin, eine Lösung für (3.1.3) zu finden, die die folgenden Anfangsbedingungen erfüllt:

$$y|_{x=x_0} = y_0, \quad \left.\frac{dy}{dx}\right|_{x=x_0} = y_0', \quad \dots, \quad \left.\frac{d^{n-1}y}{dx^{n-1}}\right|_{x=x_0} = y_0^{(n-1)}. \tag{3.1.4}$$

Sei eine Funktion f in Gleichung (3.1.3) stetig differenzierbar in einer Umgebung von $x_0, y_0, y_0', \dots, y_0^{(n-1)}$. *Dann besitzt das Cauchy-Problem (3.1.3), (3.1.4) eine eindeutige Lösung, die in der Umgebung von* x_0 *definiert ist.*

Bemerkung 3.1.2. Es folgt, dass die allgemeine Lösung der Gleichung n-ter Ordnung (3.1.3) von genau n beliebigen Konstanten $C_1, \dots, C_n$ abhängt.

3.1.2 Die Integration der Gleichung $y^{(n)} = f(x)$

Die Lösung der Gleichung
$$y^{(n)} = f(x)$$

ist ähnlich gestaltet wie die Lösung (1.2.61) von Gleichung (1.2.60). Die fortlaufende Integration liefert

$$y^{(n-1)} = \int f(x)\,dx + C_1, \quad y^{(n-2)} = \int dx \int f(x)\,dx + C_1 x + C_2, \quad \dots.$$

Damit ergibt sich eine zu (1.2.61) ähnliche Gleichung:

$$y = \int dx \int dx \cdots \int f(x)\,dx + C_1 \frac{x^{n-1}}{(n-1)!} + C_2 \frac{x^{n-2}}{(n-2)!} + \cdots + C_{n-1} x + C_n.$$

Hierbei sind $C_1, \dots, C_n$ beliebige Integrationskonstanten.

3.1.3 Homogene Differentialgleichungen

Jede homogene Differentialgleichung n-ter Ordnung lässt sich durch Quadratur integrieren, wenn $n = 1$ ist und in der Ordnung auf $n - 1$ reduzieren, wenn $n > 1$ (vgl. Kapitel 6). Die allgemeine homogene Differentialgleichung ist wie folgt definiert:

Definition 3.1.2. Eine gewöhnliche Differentialgleichung beliebiger Ordnung

$$F(x, y, y', \dots, y^{(n)}) = 0 \tag{3.1.5}$$

heißt homogen, wenn sie invariant unter einer Skalentransformation (Dilatation) der unabhängigen und abhängigen Variablen (vgl. z. B. (1.1.35)) ist:

$$\bar{x} = a^k x, \quad \bar{y} = a^l y. \tag{3.1.6}$$

Hierbei ist $a > 0$ ein Parameter mit $a \neq 1$. Weiter sind k und l feste relle Zahlen. Die Invarianz bedeutet

$$F(\bar{x}, \bar{y}, \bar{y}', \ldots, \bar{y}^{(n)}) = 0, \tag{3.1.7}$$

wobei $\bar{y}' = \mathrm{d}\bar{y}/\mathrm{d}\bar{x}$ usw. Im Besonderen meint dies im Falle einer Differentialgleichung erster Ordnung

$$y' = f(x, y) \tag{3.1.8}$$

eine Transformation durch Dilatation auf

$$\frac{\mathrm{d}\bar{y}}{\mathrm{d}\bar{x}} = f(\bar{x}, \bar{y}). \tag{3.1.9}$$

Beispiel 3.1.1. Man betrachte die Gleichung erster Ordnung (vgl. Beispiel 3.2.2)

$$y' - \frac{2xy}{3x^2 - y^2} = 0.$$

Diese Gleichung ist homogen, da sie unter der Transformation $\bar{x} = ax$, $\bar{y} = ay$ invariant ist. Es gilt

$$\frac{\mathrm{d}\bar{y}}{\mathrm{d}\bar{x}} = \frac{a\,\mathrm{d}y}{a\,\mathrm{d}x} = \frac{\mathrm{d}y}{\mathrm{d}x} \equiv y', \qquad \frac{2\bar{x}\bar{y}}{3\bar{x}^2 - \bar{y}^2} = \frac{2a^2 xy}{a^2(3x^2 - y^2)} = \frac{2xy}{3x^2 - y^2}.$$

Damit ist die Bedingung (3.1.9) erfüllt:

$$\frac{\mathrm{d}\bar{y}}{\mathrm{d}\bar{x}} - \frac{2\bar{x}\bar{y}}{3\bar{x}^2 - \bar{y}^2} = y' - \frac{2xy}{3x^2 - y^2} = 0.$$

Beispiel 3.1.2. Die Gleichung zweiter Ordnung

$$y'' - \frac{2xy}{3x^2 - y^2} = 0 \tag{3.1.10}$$

ist nicht homogen.

Betrachtet man hierzu eine allgemeine Dilatation (3.1.6) und ersetzt $\bar{x} = ax$, $\bar{y} = by$ mit den positiven Parametern a und b, so folgt

$$\frac{\mathrm{d}^2\bar{y}}{\mathrm{d}\bar{x}^2} = \frac{b}{a^2}\frac{\mathrm{d}^2 y}{\mathrm{d}x^2}, \qquad \frac{2\bar{x}\bar{y}}{3\bar{x}^2 - \bar{y}^2} = \frac{ab(2xy)}{3a^2 x^2 - b^2 y^2}.$$

Damit lässt sich die Gleichung

$$\frac{\mathrm{d}^2\bar{y}}{\mathrm{d}\bar{x}^2} = \frac{2\bar{x}\bar{y}}{3\bar{x}^2 - \bar{y}^2}$$

darstellen als

$$\frac{b}{a^2}\frac{\mathrm{d}^2 y}{\mathrm{d}x^2} = \frac{ab(2xy)}{3a^2 x^2 - b^2 y^2}.$$

Mit Hilfe der Invarianzbedingung folgt

$$\text{(i)} \quad 3a^2 x^2 - b^2 y^2 = c(3x^2 - y^2), \quad \text{(ii)} \quad \frac{b}{a^2} = \frac{ab}{c}. \tag{3.1.11}$$

Da Gleichung (3.1.11) (i) für alle x und y identisch gelten soll, folgt, dass $a^2 = b^2 = c$. Damit lässt sich dann (3.1.11) (ii) schreiben als

$$\frac{b}{a^2} = \frac{ab}{a^2},$$

was auf $a = 1$ führt. Da jedoch a und b positiv sind, folgt mit Hilfe von $b^2 = a^2 = 1$ auch $b = 1$. Damit reduziert sich die Dilatation $\bar{x} = ax$, $\bar{y} = by$ auf die identische Transformation $\bar{x} = x$, $\bar{y} = y$. Somit folgt nach Definition 3.1.2, dass die Gleichung (3.1.10) nicht homogen ist.

Beispiel 3.1.3. Man betrachte die Gleichung

$$y' + y^2 = \frac{C}{x^2}, \quad C = \text{const.} \tag{3.1.12}$$

Diese Gleichung ist homogen, da sie invariant unter der Transformation $\bar{x} = ax$, $\bar{y} = a^{-1}y$ ist (vgl. Problem 3.4 und Beispiel 6.3.3).

Definition 3.1.3. Eine Gleichung der Form (3.1.5) heißt doppelt homogen, wenn sie invariant ist gegenüber unabhängigen Dilatationen der abhängigen und unabhängigen Variablen, d. h. wenn sie sich nicht unter den Transformationen

$$\bar{x} = ax, \quad \bar{y} = y \tag{3.1.13}$$

und

$$\bar{x} = x, \quad \bar{y} = by \tag{3.1.14}$$

mit den beiden positiven unabhängigen Parametern a und b ändert.

Beispiel 3.1.4. Die linearen Gleichungen

$$xy' + Cy = 0, \quad C = \text{const} \tag{3.1.15}$$

und

$$x^2 y'' + C_1 xy' + C_2 y = 0, \quad C_1, C_2 = \text{const} \tag{3.1.16}$$

sind Beispiele für doppelt homogene Gleichungen erster und zweiter Ordnung. Sie sind bekannt als Euler-Gleichungen erster und zweiter Art (vgl. Abschnitt 3.4.4). Gleichung (3.1.15) stellt die allgemeinste doppelt homogene Gleichung erster Ordnung dar (vgl. Aufgabe 6.11). Auf der anderen Seite lautet die allgemeinste doppelt homogene Gleichung zweiter Ordnung (vgl. Aufgabe 6.12)

$$y'' = \frac{y}{x^2} H\left(\frac{xy'}{y}\right), \tag{3.1.17}$$

wobei H eine beliebige Funktion darstellt. Gleichung (3.1.16) ist ein spezieller Fall von (3.1.17), den man durch Setzen von

$$H\left(\frac{xy'}{y}\right) = -C_1\left(\frac{xy'}{y}\right) + C_2$$

erhält.

Bemerkung 3.1.3. Die einfache Homogenität, wie sie in Definition 3.1.2 betrachtet worden ist, wie auch die zweifache Homogenität basiert auf der Invarianz unter Dilatationen, die von einem Parameter abhängen. Sie können durch das Berechnen von Skalentransformationen $\bar{x} = ax$, $\bar{y} = by$ (vgl. (1.1.35)) mit den beiden Parametern a und b bestimmt werden. In den meisten Anwendungen hören die Rechnungen entweder mit der identischen Transformation $a = b = 1$ oder mit einer einparametrigen Dilatation (3.1.6) auf. Vergleiche z. B. Beispiel 3.1.2 und Aufgabe 3.4.

3.1.4 Verschiedene Arten der Homogenität

Die folgenden zwei Arten der Homogenität gehören zu bestimmten Typen von Dilatationen (3.1.6) und sind von besonderem Interesse. Sie treten meist in Standard-Lehrbüchern auf. Eine Ausnahme bilden die linearen partiellen Differentialgleichungen erster Ordnung (vgl. Abschnitt 4.1).

Typ 1: Gleichförmige Homogenität

Bei der gleichförmigen Homogenität liegt die Invarianz unter der Skalentransformation

$$\bar{x} = ax, \quad \bar{y} = ay \tag{3.1.18}$$

vor, die man aus (3.1.6) durch Setzen von $k = l = 1$ erhält. Da die gleichförmige Skalierung (3.1.18) die ersten Ableitungen unverändert lässt, d. h. $\bar{y}' = y'$, führen die Gleichungen (3.1.8) und (3.1.9) auf $f(ax, ay) = f(x, y)$.

Beispiel 3.1.5. Die folgenden Gleichungen erster und zweiter Ordnung mit den beliebigen Konstaten A, B und C sind gleichförmig homogen:

$$y' + \frac{y}{x} = C, \quad y'' + \frac{A}{x}y' + \frac{B}{x^2}y = \frac{C}{x},$$

$$y' + \frac{x}{y} = C, \quad y'' + \frac{A}{xy'} + \frac{B}{y} = \frac{C}{x}.$$

Die Standardform einer gleichförmigen homogenen Gleichung erster Ordnung lautet (vgl. Aufgabe 6.2 (i))

$$y' = \varphi\left(\frac{y}{x}\right). \tag{3.1.19}$$

Diese Gleichung lässt sich lösen durch das Betrachten der Invarianten $\frac{y}{x}$ unter der Dilatation (3.1.18) als neuer „Variablen", d. h. durch die Substitution

$$\frac{y}{x} = u, \quad \text{oder} \quad y = xu(x).$$

Damit geht Gleichung (3.1.19) über in

$$xu' + u = \varphi(u).$$

Diese Gleichung lässt sich durch Trennung der Veränderlichen lösen:

$$\int \frac{du}{\varphi(u) - u} = \int \frac{dx}{x} \equiv \ln x + C.$$

Typ 2: Homogenität von Funktionen

Diese Art der Homogenität bestimmt die Invarianz in Bezug auf die Transformationen (3.1.6) mit $k = 0$, $l = 1$, d. h. in Bezug auf die Dilatation nur in y:

$$\bar{x} = x, \quad \bar{y} = ay. \tag{3.1.20}$$

Die Homogenität von Funktionen wird im Allgemeinen im Falle von linearen gewöhnlichen Differentialgleichungen (Abschnitte 3.2.6, 3.3, 3.4) eingesetzt, sowie auch bei linearen partiellen Differentialgleichungen (vgl. Abschnitte 4.1 und 5.1).

Die lineare gewöhnliche Differentialgleichung der Form

$$y' + P(x)y = 0$$

ist homogen mittels Funktionen und stellt die allgemeine Form einer gewöhnlichen Differentialgleichung erster Ordnung dar, die diese Art der Homogenität aufweist (vgl. Aufgabe 6.2 (ii)). Gleichungen höherer Ordnung der Form

$$y^{(n)} + a_1(x)y^{(n-1)} + \cdots + a_{n-1}(x)y' + a_n(x)y = 0, \quad n \geq 2,$$

sind ebenfalls auf diese Art homogen. Außerdem ist darauf zu achten, dass im Gegensatz zu Gleichungen erster Ordnung die höherer Ordnung, welche homogen durch Funktionen sind, nicht unbedingt linear sein müssen. So ist z. B. die allgemeine Form einer Gleichung zweiter Ordnung, die diese Art der Homogenität aufweist (vgl. Aufgabe 6.2 (ii)), gegeben durch

$$y'' = yF\left(x, \frac{y'}{y}\right).$$

Man betrachte nun ein Beispiel allgemeiner Homogenität, die sich von beiden obigen Fällen unterscheidet. Dazu nehme man die Dilatation (3.1.6) mit $k = \sqrt{2}$, $l = 1$, d. h.

$$\bar{x} = a^{\sqrt{2}}x, \quad \bar{y} = ay.$$

Die zugehörige allgemeine homogene Gleichung erster Ordnung besitzt die Form

$$\frac{dy}{dx} = \frac{y}{x}F\left(\frac{y^{\sqrt{2}}}{x}\right). \tag{3.1.21}$$

Die Integration dieser Gleichung wird in Aufgabe 6.10 behandelt.

3.1.5 Reduktion der Ordnung

Jede Gleichung zweiter Ordnung der Form

$$y'' = f(y, y')$$ (3.1.22)

lässt sich auf eine Gleichung erster Ordnung durch die Substitution

$$y' = p(y)$$ (3.1.23)

reduzieren. Durch Anwendung der Kettenregel folgt hieraus

$$y'' = y'p'(y) \equiv pp'.$$

Damit wird aus (3.1.22) eine Gleichung erster Ordnung

$$pp' = f(y, p)$$ (3.1.24)

für die unbekannte Funktion $p(y)$ mit der neuen unabhängigen Variablen y.

Nimmt man an, die allgemeine Lösung von (3.1.24) laute $p = \phi(y, C_1)$, so folgt für die Lösung der Ausgangsgleichung (3.1.22) mit Hilfe von (3.1.23)

$$\frac{\mathrm{d}y}{\mathrm{d}x} = \phi(y, C_1)$$

und nach Integration

$$\int \frac{\mathrm{d}y}{\phi(y, C_1)} = x + C_2.$$

Auf ähnliche Weise reduziert die Substitution (3.1.23) die Ordnung von jeder Gleichung höherer Ordnung, die nicht explizit von der unabhängigen Variablen x abhängt, um Eins. Solche Gleichungen sind von der Form

$$y^{(n)} = f(y, y', \ldots, y^{(n-1)}).$$

In diesem Falle ist

$$y'' = y'p' = pp', \quad y''' = y'(pp')' = p(pp')' = p(p')^2 + p^2 p'', \quad \ldots$$

und die Gleichung geht über in eine der Ordnung $n - 1$ in $p(y)$:

$$p^{(n-1)} = F(y, p, p', \ldots, p^{(n-2)}).$$

3.1.6 Linearisierung durch Differentiation

Manchmal lassen sich nichtlineare Gleichungen durch Differenzieren linearisieren. Folgendes Beispiel erklärt die Idee.

Beispiel 3.1.6. Man betrachte folgende nichtlineare Gleichung zweiter Ordnung

$$2yy'' - y'^2 = 0. \tag{3.1.25}$$

Die Ableitung führt auf $2yy''' = 0$, mit $y = 0$ (triviale Löung der Gleichung (3.1.25)).
Die Gleichung $y''' = 0$ liefert $y = ax^2 + bx + c$ mit den beliebigen Konstanten a, b, c.
Um diese Konstanten zu bestimmen, setze man diesen Ausdruck für y in Gleichung
(3.1.25) ein und erhält $4ac - b^2 = 0$. Es folgt, entweder $a \neq 0$ mit $c = b^2/(4a)$, oder
$a = b = 0$. Damit lautet die allgemeine Lösung von (3.1.25)

$$y = ax^2 + bx + \frac{b^2}{4a} = \frac{1}{4a}(2ax + b)^2 \quad (a \neq 0), \quad \text{und} \quad y = c.$$

3.2 Gleichungen erster Ordnung

3.2.1 Separable Gleichungen

Die Methode der Separation von Variablen oder Trennung der Veränderlichen ist anwendbar für gewöhnliche Differentialgleichungen vom Typ

$$y' = p(x)q(y). \tag{3.2.1}$$

Schreibt man diese Gleichung (3.2.1) in Differentialform

$$\frac{1}{q(y)}\frac{dy}{dx}\,dx = p(x)\,dx,$$

und integriert beide Seiten nach x, so erhält man

$$\int \frac{1}{q(y)}\frac{dy}{dx}\,dx = \int p(x)\,dx + C.$$

In dieser Gleichung kann die Integrationsvariable x auf der linken Seite auf die Variable y transformiert werden, indem man die Variablensubstitution der Integralrechnung (vgl. Abschnitt 1.2.4) und die Invarianz des Differentials (1.2.7) anwendet. Das
Integral obiger Gleichung lässt sich damit überführen in

$$\int \frac{dy}{q(y)} = \int p(x)\,dx + C. \tag{3.2.2}$$

Berechnet man nun beide Integrale und löst das Ergebnis nach y auf, so erhält man
die allgemeine Lösung mit der Integrationskonstanten C.

3.2.2 Exakte Differentialgleichungen

Definition 3.2.1. Eine allgemeine Differentialgleichung erster Ordnung der Form

$$M(x, y)\,dx + N(x, y)\,dy = 0 \tag{3.2.3}$$

heißt exakt, wenn sich die linke Seite als Differential schreiben lässt, d. h. wenn gilt

$$M\,dx + N\,dy = d\Phi \equiv \frac{\partial\Phi}{\partial x}\,dx + \frac{\partial\Phi}{\partial y}\,dy \tag{3.2.4}$$

mit einer Funktion $\Phi(x, y)$.

Für eine exakte Gleichung (3.2.3) kann die Funktion Φ aus (3.2.4) bestimmt werden durch Umschreiben der Gleichung auf ein System von Differentialgleichungen für die unbekannte Funktion Φ:

$$\frac{\partial\Phi}{\partial x} = M(x, y), \quad \frac{\partial\Phi}{\partial y} = N(x, y). \tag{3.2.5}$$

Dieses überbestimmte System (zwei Gleichungen für eine unbekannte Funktion Φ) ist integrabel, d. h. es besitzt genau dann eine Lösung, wenn gilt

$$\frac{\partial N}{\partial x} = \frac{\partial M}{\partial y}. \tag{3.2.6}$$

Um nun die Gleichung (3.2.5) zu lösen, integriere man die erste Gleichung von (3.2.5) nach x:

$$\Phi(x, y) = \int M(x, y)\,dx + g(y), \tag{3.2.7}$$

und setze dies in die zweite Gleichung von (3.2.5) ein:

$$\frac{\partial}{\partial y} \int M(x, y)\,dx + g'(y) = N(x, y). \tag{3.2.8}$$

Löst man diese Gleichung (3.2.8) nach $g'(y)$ auf und integriert abermals, so lässt sich $g(y)$ bestimmen. Setzt man dies in den Ausdruck (3.2.7) ein, so erhält man die Darstellung von $\Phi(x, y)$. Somit lautet die Lösung $y = f(x, C)$ einer exakten Differentialgleichung (3.2.3) in impliziter Form

$$\Phi(x, y) = C, \tag{3.2.9}$$

wobei C eine beliebige Konstante ist.

Alternativ lässt sich auch mit der Integration der zweiten Gleichung von (3.2.5) nach y beginnen. Dann sind die Ausdrücke (3.2.7) und (3.2.8) durch Folgendes zu ersetzen:

$$\Phi(x, y) = \int N(x, y)\,dy + h(x) \tag{3.2.10}$$

und

$$\frac{\partial}{\partial x} \int N(x, y)\,dy + h'(x) = M(x, y). \tag{3.2.11}$$

Bemerkung 3.2.1. Vergleiche die Methode aus Abschnitt 6.6.2.

Beispiel 3.2.1. Betrachte die Gleichung $(ye^{xy} + \cos x)\,dx + xe^{xy}\,dy = 0$. Die Funktionen M und N lauten $M = ye^{xy} + \cos x$ bzw. $N = xe^{xy}$. Für die Bedingung (3.2.6) folgt somit

$$\frac{\partial N}{\partial x} = \frac{\partial M}{\partial y} = (1 + xy)e^{xy}.$$

Die Anwendung von Gleichung (3.2.10) führt auf $\Phi(x, y) = \int x e^{xy} \, dy + h(x) = e^{xy} + h(x)$ und (3.2.11) lässt sich als $y e^{xy} + h'(x) = y e^{xy} + \cos x$ schreiben. Hieraus folgt $h'(x) = \cos x$. Damit ergibt sich

$$\Phi(x, y) = e^{xy} + \sin x.$$

Aus Gleichung (3.2.9) folgt $e^{xy} + \sin x = C$, und für die allgemeine Lösung ergibt sich der Ausdruck

$$y = \frac{1}{x} \ln|C - \sin x|.$$

3.2.3 Der integrierende Faktor (A. Clairaut, 1739)

Ist die Gleichung (3.2.3) nicht exakt, so kann sie in eine exakte Gleichung überführt werden, indem man die Gleichung mit einer geeigneten Funktion multipliziert. Es wurde zuerst von Clairaut 1739 gezeigt, dass für jede Gleichung (3.2.3) eine Funktion $\mu(x, y)$ existiert, so dass die äquivalente Gleichung

$$\mu(M \, dx + N \, dy) = 0$$

exakt ist. Diese Funktion heißt integrierender Faktor. Nach der Definition einer exakten Gleichung genügt der integrierende Faktor der Gleichung (vgl. Gleichung (3.2.6)):

$$\frac{\partial(\mu N)}{\partial x} = \frac{\partial(\mu M)}{\partial y}. \tag{3.2.12}$$

Die Lösung dieser Gleichung für die Funktion $\mu(x, y)$ ist im Allgemeinen nicht einfacher als die Integration der Ausgangsgleichung (3.2.3). Allerdings lassen sich integrierende Faktoren in vielen Fällen erahnen und zum Lösen benutzen. (Lie-Gruppen-Analysis liefert eine allgemeine Formel zur Bestimmung eines integrierenden Faktors für Gleichungen erster Ordnung mit bekannten infinitesimalen Symmetrien (vgl. Abschnitt 6.4.1).) Diese Methode findet man in vielen Lehrbüchern an Stelle der einfacheren und wesentlich allgemeineren Methode „Variation der Konstanten" (vgl. Abschnitt 3.2.7). Der folgende Satz ist ganz hilfreich:

Satz 3.2.1. *Seien $\mu_1(x, y)$ und $\mu_2(x, y)$ zwei linear unabhängige integrierende Faktoren der Gleichung (3.2.3). Dann lässt sich die allgemeine Lösung ohne Integration durch die Gleichung*

$$\frac{\mu_1(x, y)}{\mu_2(x, y)} = C \tag{3.2.13}$$

angeben.

Beispiel 3.2.2. Die Gleichung

$$2xy \, dx + (y^2 - 3x^2) \, dy = 0 \tag{3.2.14}$$

ist nicht exakt, da die Koeffizienten $M = 2xy$ und $N = y^2 - 3x^2$ nicht die Bedingung (3.2.6) erfüllen. Man nehme an, dass $\mu = 1/y^4$ ein integrierender Faktor ist. Damit wird

$$\frac{\partial(\mu N)}{\partial x} = \frac{\partial}{\partial x}\left(\frac{1}{y^2} - \frac{3x^2}{y^4}\right) = -6\frac{x}{y^4}, \quad \frac{\partial(\mu M)}{\partial y} = \frac{\partial}{\partial y}\left(\frac{2x}{y^3}\right) = -6\frac{x}{y^4}.$$

Nun integriere man die zugehörige exakte Gleichung

$$\frac{2x}{y^3}\,dx + \left(\frac{1}{y^2} - \frac{3x^2}{y^4}\right)dy = 0. \tag{3.2.15}$$

Mit (3.2.7) erhält man

$$\Phi(x, y) = \int \frac{2x}{y^3}\,dx + g(y) = \frac{x^2}{y^3} + g(y).$$

Gleichung (3.2.8) lässt sich damit umschreiben:

$$-\frac{3x^2}{y^4} + g'(y) = \frac{1}{y^2} - \frac{3x^2}{y^4},$$

woraus $g'(y) = y^{-2}$ folgt. Damit ist $g(y) = -1/y$ und man erhält die allgemeine Funktion $\Phi(x, y)$ (vgl. Beispiel 6.6.3 in Abschnitt 6.6.2):

$$\Phi(x, y) = \frac{x^2}{y^3} - \frac{1}{y}.$$

Die Lösung der Ausgangsdifferentialgleichung lässt sich in impliziter Form angeben:

$$\frac{x^2}{y^3} - \frac{1}{y} = C, \quad \text{oder} \quad x^2 - y^2 = Cy^3.$$

Die gleiche Lösung erhält man auch ohne Integration, indem man als ersten integrierenden Faktor $\mu_1 = 1/y^4$ benutzt. μ_2 folgt nach Abschnitt 6.4.1, Beispiel 6.4.1. Mit Hilfe von (3.2.13) ergibt sich

$$\frac{\mu_1}{\mu_2} = \frac{y^3 - x^2 y}{y^4} = \frac{y^2 - x^2}{y^3} = C.$$

3.2.4 Die Riccati-Gleichung

Die allgemeine Riccati-Gleichung ist eine Gleichung erster Ordnung mit quadratischer Nichtlinearität:

$$y' = P(x) + Q(x)y + R(x)y^2. \tag{3.2.16}$$

Eine bemerkenswerte Eigenschaft dieser Gleichung ist, dass sie ein nichtlineares Superpositionsprinzip zulässt, nämlich das Doppelverhältnis von vier Lösungen

$$y_1(x), \quad y_2(x), \quad y_3(x), \quad y_4(x)$$

der Gleichung (3.2.16), welches nicht von x abhängt. Das heißt, es ist

$$\frac{y_4(x) - y_2(x)}{y_4(x) - y_1(x)} : \frac{y_3(x) - y_2(x)}{y_3(x) - y_1(x)} = C, \quad C = \text{const.} \tag{3.2.17}$$

Hieraus folgt, dass man die allgemeine Lösung für Gleichung (3.2.16) erhalten kann, wenn drei Lösungen bekannt sind. Hält man nun in (3.2.17) drei verschiedene Lösungen $y_1(x)$, $y_2(x)$, $y_3(x)$ fest und variiert die vierte y_4 um die allgemeine Lösung von (3.2.16) zu bestimmen, dann besitzt (3.2.17) die Form

$$\frac{y - y_2(x)}{y - y_1(x)} : \frac{y_3(x) - y_2(x)}{y_3(x) - y_1(x)} = C.$$

Hierbei ist C eine beliebige Konstante. Löst man diese Gleichung nach y auf, so erhält man die allgemeine Lösung von Gleichung (3.2.16):

$$y = \frac{C\psi_1(x) + \psi_2(x)}{C\varphi_1(x) + \varphi_2(x)} \tag{3.2.18}$$

unter Berücksichtigung von

$$\varphi_1(x) = y_2(x) - y_3(x), \quad \varphi_2(x) = y_3(x) - y_1(x),$$
$$\psi_1(x) = y_1(x)\varphi_1(x), \quad \psi_2(x) = y_2(x)\varphi_2(x).$$

Damit ist die allgemeine Lösung der Riccati-Gleichung eine lineare rationale Funktion (3.2.18), abhängig von der beliebigen Konstanten C. Ist umgekehrt die allgemeine Lösung einer Differentialgleichung erster Ordnung eine lineare rationale Funktion mit einer beliebigen Konstanten, so ist die Differentialgleichung eine Riccati-Gleichung.

Eine beliebige Riccati-Gleichung (3.2.16) kann durch die Substitution $y \mapsto \alpha(x)y$ auf die Form

$$y' + y^2 = Q(x)y + P(x) \tag{3.2.19}$$

reduziert werden. Sei dazu $\bar{y} = \alpha(x)y$. Dann folgt

$$y = \frac{1}{\alpha}\bar{y}, \quad y' = \frac{1}{\alpha}\bar{y}' - \frac{\alpha'}{\alpha^2}\bar{y}$$

und

$$y' - Ry^2 - Qy - P = \frac{1}{\alpha}\left[\bar{y}' - \frac{R}{\alpha}\bar{y}^2 - \left(Q + \frac{\alpha'}{\alpha}\right)\bar{y} - \alpha P\right].$$

Setzt man nun $\alpha(x) = -R(x)$, so lässt sich Gleichung (3.2.16) abbilden auf

$$\bar{y}' + \bar{y}^2 = \overline{Q}(x)\bar{y} + \overline{P}(x),$$

mit $\overline{Q} = Q + (\alpha'/\alpha)$, $\overline{P} = \alpha P$. Ersetzt man $\bar{y}$, $\overline{Q}$ und $\overline{P}$ durch y, Q und P, so folgt (3.2.19). Desweiteren lässt sich diese Gleichung (3.2.19) durch die Transformation $y \mapsto y + \beta(x)$ auf die Gleichung

$$y' + y^2 = P(x) \tag{3.2.20}$$

abbilden, die kanonische Form der Riccati-Gleichung heißt. Genauer folgt aus $\bar{y} = y + \beta(x)$:

$$y = \bar{y} - \beta(x), \quad y' = \bar{y}' - \beta'(x),$$
$$y' + y^2 - Qy - P = \bar{y}' + \bar{y}^2 - (Q + 2\beta)\bar{y} - (P + \beta' - \beta^2 - Q\beta).$$

Setzt man $\beta(x) = -\frac{1}{2}Q(x)$, so wird (3.2.19) abgebildet auf

$$\bar{y}' + \bar{y}^2 = \bar{P}(x)$$

mit $\bar{P}(x) = P(x) - \frac{1}{2}Q'(x) + \frac{1}{4}Q^2(x)$. Ersetzt man wieder $\bar{y}$ und $\bar{P}$ durch y und P, so folgt (3.2.20).

Im Allgemeinen heißt die Variablensubstitution $(x, y) \mapsto (\bar{x}, \bar{y})$ Äquivalenztransformation der Riccati-Gleichung, wenn jede Gleichung der Form (3.2.16) auf eine Gleichung gleichen Typs mit möglicherweise unterschiedlichen Koeffizienten abgebildet wird. Gleichungen, die durch Äquivalenztransformationen aufeinander abgebildet werden, heißen äquivalent. Die Menge aller Äquivalenztransformationen einer Riccati-Gleichung (3.2.16) besteht aus

(i) einer beliebigen Transformation der unabhängigen Variablen

$$\bar{x} = \phi(x), \quad \phi'(x) \neq 0, \tag{3.2.21}$$

(ii) einer linearen rationalen Transformation der abhängigen Variablen

$$\bar{y} = \frac{\alpha(x)y + \beta(x)}{\gamma(x)y + \delta(x)}, \quad \alpha\delta - \beta\gamma \neq 0. \tag{3.2.22}$$

Die Riccati-Gleichung ist eine nichtlineare Gleichung erster Ordnung. Sie lässt sich jedoch auch in eine lineare Gleichung zweiter Ordnung überführen. Dies geschieht durch Reduktion von (3.2.16) auf die Form (3.2.19) und anschließender Transformation

$$y = \frac{u'}{u}.$$

Damit folgt die lineare Gleichung zweiter Ordnung der Form

$$u'' = Q(x)u' + P(x)u. \tag{3.2.23}$$

Eine Linearisierung durch Erhöhung der Ordnung ist unter Umständen für die Bestimmung der Lösung von Nutzen.

Beispiel 3.2.3. Man betrachte die Riccati-Gleichung (3.2.19) mit $P(x) = 0$:

$$y' + y^2 = Q(x)y.$$

Die zugehörige lineare Gleichung (3.2.19) lautet

$$u'' = Q(x)u'.$$

Diese lässt sich einfach durch Quadratur integrieren. Setzt man dazu $u' = z$, so erhält man eine Gleichung erster Ordnung $z' = Q(x)z$. Damit folgt

$$z = A\mathrm{e}^{\int Q(x)\,\mathrm{d}x}.$$

Führt man die Rücksubstitution $z = u'$ aus, so folgt

$$u' = A\mathrm{e}^{\int Q(x)\,\mathrm{d}x}$$

und nach einer weiteren Integration

$$u = A \int \left(\mathrm{e}^{\int Q(x)\,\mathrm{d}x}\right) \mathrm{d}x + B.$$

Benutzt man nun noch die erste Transformation $y = u'/u$, so ist

$$y = \frac{\mathrm{e}^{\int Q(x)\,\mathrm{d}x}}{C + \int \left(\mathrm{e}^{\int Q(x)\,\mathrm{d}x}\right)\mathrm{d}x}, \quad C = \text{const.}$$

Beispiel 3.2.4. Riccati selbst entdeckte und untersuchte 1724 einen Spezialfall der Gleichung (3.2.16). Dabei handelte es sich um die Gleichung

$$y' = ay^2 + bx^{\alpha}, \quad a, b, \alpha = \text{const}, \tag{3.2.24}$$

heute bekannt als Riccati-Gleichung. Die allgemeine Riccati-Gleichung (3.2.16) wurde eingeführt und zum ersten Mal untersucht von d'Alembert im Jahre 1763. Francesco Riccati und Daniel Bernoulli fanden unabhängig voneinander heraus, dass Gleichung (3.2.24) integrabel ist mit elementaren Funktionen als Lösungen, wenn gilt

$$\alpha = -\frac{4k}{2k \pm 1} \quad \text{mit } k = 0, \pm 1, \pm 2, \dots \tag{3.2.25}$$

Josef Liouville zeigte 1841, dass die Lösung der speziellen Riccati-Gleichung (3.2.24) sich nicht mit Hilfe elementarer Funktionen ausdrücken lässt, wenn α eine von (3.2.25) verschiedene Form besitzt. 1989 wurden alle linearisierbaren Riccati-Gleichungen durch Ibragimov bestimmt. Folgender Satz, aus [15], Kapitel 4.2 (vgl. [21], Abschnitt 11.2.5) entnommen, beinhaltet einen einfachen leicht durchzuführenden Test auf Linearisierbarkeit:

Satz 3.2.2. *Die Riccati-Gleichung* (3.2.16)

$$y' = P(x) + Q(x)y + R(x)y^2 \tag{3.2.16}$$

ist linearisierbar durch eine Transformation der abhängigen Variablen y, genau dann, wenn eine der folgenden zwei äquivalenten Bedingungen erfüllt ist:
(A) *Gleichung* (3.2.16) *hat entweder die Form*

$$y' = Q(x)y + R(x)y^2 \tag{3.2.26}$$

mit zwei beliebigen Funktionen Q(x) und R(x) oder die Form

$$y' = P(x) + Q(x)y + k[Q(x) - kP(x)]y^2 \tag{3.2.27}$$

mit zwei Funktionen P(x), Q(x) und einer Konstanten k (im allgemeinen Fall komplex).

(B) *Gleichung (3.2.16) besitzt eine konstante Lösung (im allgemeinen Fall komplexwertig).*

Bemerkung 3.2.2. Auf der anderen Seite besitzt Gleichung (3.2.27) die konstante Lösung $y = -1/k$. Damit kann die lineare Gleichung $y' = P(x) + Q(x)y$, die ein Spezialfall von (3.2.27) für $k = 0$ darstellt, als Riccati-Gleichung betrachtet werden, die $y = \infty$ als spezielle konstante Lösung besitzt.

3.2.5 Die Bernoulli-Gleichung

Die nichtlineare Gleichung

$$y' + P(x)y = Q(x)y^n, \quad (n \neq 0 \text{ und } n \neq 1),$$

heißt Bernoulli-Gleichung. (Sie wurde entdeckt durch Jacques Bernoulli im Jahre 1695 und durch Leibnitz 1696 gelöst). Sie lässt sich auf eine lineare Gleichung reduzieren und durch Quadratur lösen. Teilt man beide Seiten der Bernoulli-Gleichung durch y^n, so folgt $y^{-n}y' + P(x)y^{1-n} = Q(x)$ bzw.

$$\frac{1}{1-n}\frac{dy^{1-n}}{dx} + P(x)y^{1-n} = Q(x).$$

Durch die Substitution $z = y^{1-n}$ lässt sich die Bernoulli-Gleichung auf eine lineare Gleichung reduzieren:

$$z' + (1-n)P(x)z = (1-n)Q(x).$$

3.2.6 Homogene lineare Gleichungen

Die allgemeine lineare Gleichung erster Ordnung besitzt die Form

$$y' + P(x)y = Q(x). \tag{3.2.28}$$

Die Gleichung (3.2.28) ist homogen in Funktionen genau dann, wenn $Q(x) = 0$ (vgl. Abschnitt 3.1.4). Folglich wird die folgende Nomenklatur in den Lehrbüchern benutzt: Die Gleichung (3.2.28) heißt homogen, wenn $Q(x) = 0$. Andernfalls wird sie als inhomogen bezeichnet.

Bemerkung 3.2.3. Der Kürze wegen wird die allgemeine Homogenität in dieser Terminologie mit der Homogenität von Funktionen identifiziert. Diese Konvention führte in der Vergangenheit nicht zu Verwechselungen. Aber heutzutage, wo die Tendenz zu verzeichnen ist, mathematisches Wissen durch Computer-Berechnungen zu ersetzen, verstehen immer mehr Studenten und Lehrer Homogenität formal als bloße Angabe, dass die rechte Seite einer Differentialgleichung gleich Null ist. Dieser Sachverhalt wird auch irrtümlich auf nichtlineare Gleichungen übertragen. Das heißt, von diesem Standpunkt aus wäre Gleichung (3.1.10)

$$y'' - \frac{2xy}{3x^2 - y^2} = 0$$

eine homogene Gleichung, während die Gleichung aus Beispiel 3.1.5 inhomogen wäre:

$$y'' + \frac{A}{x}y' + \frac{B}{x^2}y = \frac{C}{x}, \quad C \neq 0.$$

Man betrachte nun die homogene Gleichung

$$y' + P(x)y = 0. \tag{3.2.29}$$

Durch Trennung der Veränderlichen gelangt man zu

$$\frac{dy}{y} + P(x)\,dx = 0.$$

Nach einer Integration erhält man

$$\ln y + \int P(x)\,dx = \text{const.}$$

Damit lautet die Lösung

$$y = Ce^{-\int P\,dx}, \quad C = \text{const.} \tag{3.2.30}$$

3.2.7 Inhomogene lineare Gleichungen, Variation der Konstanten

Die einfachste Methode, eine inhomogene lineare Gleichung (3.2.28) zu lösen, bietet die Methode „Variation der Konstanten", die von Jean Bernoulli 1697 vorgeschlagen worden ist. Dazu betrachte man folgendes Beispiel:

Beispiel 3.2.5. Man löse die inhomogene Gleichung

$$y' - y = x. \tag{3.2.31}$$

Dazu betrachte man zunächst den homogenen Fall von (3.2.31):

$$y' - y = 0.$$

Die allgemeine Lösung dieser Gleichung lautet

$$y = Ce^x, \quad C = \text{const.}$$

Nun ersetze man die Integrationskonstante C durch eine unbekannte Funktion $u(x)$ und suche eine Lösung der Form

$$y = u(x)e^x \tag{3.2.32}$$

für die inhomogene Gleichung. Ersetzt man $y' = u'e^x + ue^x$ in (3.2.31), so erhält man die Gleichung

$$u' = xe^{-x},$$

die sich durch Trennung der Veränderlichen lösen lässt. Integriert man und setzt die Integrationskonstante C, so folgt

$$u = \int xe^{-x}\,dx + C = -(x+1)e^{-x} + C, \quad C = \text{const.}$$

Schließlich setze man den Ausdruck für $u(x)$ in (3.2.32) ein und erhält die folgende allgemeine Lösung für Gleichung (3.2.31):

$$y = Ce^x - x - 1. \tag{3.2.33}$$

Im allgemeinen Fall einer inhomogenen Gleichung (3.2.28),

$$y' + P(x)y = Q(x),$$

verfährt man in gleicher Weise. Man löse zuerst die homogene Gleichung (3.2.28),

$$y' + P(x)y = 0.$$

Diese besitzt die Lösung

$$y = Ce^{-\int P\,dx}, \quad C = \text{const.}$$

Dann ersetze man die Integrationskonstante C durch eine unbekannte Funktion $u(x)$, d. h. man suche eine Lösung der Form

$$y = u(x)e^{-\int P\,dx}. \tag{3.2.34}$$

Es folgt

$$y' = u'(x)e^{-\int P\,dx} - u(x)P(x)e^{-\int P\,dx}.$$

Setzt man dies in Gleichung (3.2.28) ein, so erhält man

$$u'(x)e^{-\int P\,dx} = Q(x), \quad \text{bzw.} \quad u'(x) = Q(x)e^{\int P\,dx}.$$

Nach Durchführung der Integration findet man

$$u(x) = \int Qe^{\int P\,dx}\,dx + C, \quad C = \text{const.}$$

Setzt man diesen Ausdruck für $u(x)$ nun in (3.2.34) ein, so erhält man die Lösung der inhomogenen linearen Gleichung (3.2.28), die zwei Quadraturen enthält:

$$y = \left(C + \int Qe^{\int P\,dx}\,dx\right)e^{-\int P\,dx}. \tag{3.2.35}$$

3.3 Lineare Differentialgleichungen zweiter Ordnung

Die allgemeine Form einer linearen Gleichung zweiter Ordnung besitzt das Aussehen

$$y'' + a(x)y' + b(x)y = f(x). \tag{3.3.1}$$

Sie heißt homogen, wenn $f(x) = 0$. In allen anderen Fällen nennt man sie inhomogen (vgl. Abschnitt 3.2.6). Die Gleichung (3.3.1) wird auch oft als

$$L_2[y] = f(x) \tag{3.3.2}$$

geschrieben. Hierbei ist L_2 ein linearer Differentialoperator zweiter Ordnung der Form

$$L_2 = D^2 + a(x)D + b \tag{3.3.3}$$

mit

$$D = \frac{\mathrm{d}}{\mathrm{d}x}, \quad D^2 = \frac{\mathrm{d}^2}{\mathrm{d}x^2}.$$

Damit ist

$$L_2[y] = D^2y + a(x)Dy + by \equiv y'' + a(x)y' + b(x)y. \tag{3.3.4}$$

Der Begriff linear weist auf die folgende grundlegende Eigenschaft des Operators L_2 hin:

$$L_2[C_1y_1 + C_2y_2] = C_1L_2[y_1] + C_2L_2[y_2], \quad C_1, C_2 = \text{const.} \tag{3.3.5}$$

3.3.1 Homogene Gleichung: Superposition

Die homogene lineare Gleichung

$$y'' + a(x)y' + b(x)y = 0 \tag{3.3.6}$$

oder

$$L_2[y] = 0$$

besitzt eine bemerkenswerte Eigenschaft, Superpositionsprinzip oder spezielle lineare Superposition genannt. Dieses Prinzip folgt aus der Eigenschaft (3.3.5) des linearen Differentialoperators L_2 und beinhaltet, dass, wenn $y_1(x)$ und $y_2(x)$ Lösungen der homogenen Gleichung (3.3.6) sind, ihre Linearkombination mit beliebigen Konstanten

$$y = C_1y_1(x) + C_2y_2(x),$$

ebenfalls eine Lösung ist. Sei also $L_2[y_1(x)] = 0$, $L_2[y_2(x)] = 0$, so folgt mit (3.3.5)

$$L_2[y] = C_1L_2[y_1(x)] + C_2L_2[y_2(x)].$$

Da die allgemeine Lösung einer Differentialgleichung zweiter Ordnung zwei beliebige Konstanten besitzt, folgt aus dem Superpositionsprinzip, dass die allgemeine Lösung von Gleichung (3.3.6) gegeben ist durch

$$y = C_1 y_1(x) + C_2 y_2(x), \tag{3.3.7}$$

wobei $y_1(x)$ und $y_2(x)$ zwei linear unabhängige Lösungen der Gleichung (3.3.6) sind. Um damit die allgemeine Lösung einer homogenen Gleichung zu bestimmen, ist es ausreichend, zwei voneinander unabhängige Lösungen zu finden. Ein solches Paar linear unabhängiger Lösungen $y_1(x)$ und $y_2(x)$ liefert ein Fundamentalsystem von Lösungen zu Gleichungen (3.3.6).

3.3.2 Homogene Gleichungen: Äquivalenzeigenschaften

Äquivalenzeigenschaften sind für die praktische Integration von Differentialgleichungen nützlich. Eine Äquivalenztransformation der homogenen linearen Gleichung beschreibt den Wechsel von Variablen in der Art, dass Linearität und Homogenität der Gleichung (3.3.6) erhalten bleibt. Die Menge aller Äquivalenztransformationen besteht aus dem beliebigen Wechsel der unabhängigen Variablen (siehe (3.2.21)):

$$\bar{x} = \phi(x), \quad \phi'(x) \neq 0, \tag{3.3.8}$$

und der linearen Substitution der abhängigen Veränderlichen

$$y = \sigma(x)\bar{y}, \quad \sigma \neq 0. \tag{3.3.9}$$

Definition 3.3.1. Zwei Gleichungen der Form (3.3.6) heißen äquivalent, wenn sie sich durch eine Verknüpfung der Transformationen (3.3.8), (3.3.9) ineinander überführen lassen. Außerdem heißen zwei Gleichungen äquivalent durch Funktionen, wenn sie sich durch die lineare Substitution (3.3.9) aufeinander abbilden lassen.

Satz 3.3.1. *Jede lineare homogene Gleichung (3.3.6) mit*

$$y'' + a(x)y' + b(x)y = 0$$

ist äquivalent zur einfachsten linearen Gleichung zweiter Ordnung

$$\bar{y}'' = 0 \tag{3.3.10}$$

mit $\bar{y}'' = \mathrm{d}^2\bar{y}/\mathrm{d}\bar{x}^2$.

Beweis. Gleichung (3.3.6) lässt sich auf (3.3.10) durch die Transformation

$$\bar{x} = \int \frac{\mathrm{e}^{-\int a(x)\,\mathrm{d}x}}{z^2(x)}\,\mathrm{d}x, \quad \bar{y} = \frac{y}{z(x)} \tag{3.3.11}$$

abbilden. Hierbei ist $z(x)$ irgendeine Lösung der Gleichung (3.3.6), d. h. von $z'' + a(x)z' + b(x)z = 0$. Um zu überprüfen, dass die Transformation (3.3.11) die allgemeine lineare Gleichung (3.3.10) abbildet, betrachte man Aufgabe 6.9. □

Nach Satz 3.3.1 lassen sich zwei beliebige Gleichungen der Form (3.3.6) durch Anwendung der Transformationen (3.3.8) und (3.3.9) ineinander überführen. Mit anderen Worten sind alle Gleichungen (3.3.6) äquivalent. Gleichung (3.3.11) zeigt jedoch, dass die Berechnung der eigentlichen Äquivalenz die Kenntnis einer partikulären Lösung der Gleichungen voraussetzt, die ineinander überführt werden sollen.

Somit soll hier nur die Äquivalenz durch Funktionen betrachtet werden, die nur die Anwendung der linearen Substitution (3.3.9) beinhaltet und einen einfachen und konstruktiven Weg für die Integration einer großen Klasse von Gleichungen bereitstellt.

Lemma 3.3.1. *Die allgemeine lineare homogene Gleichung* (3.3.6)

$$y'' + a(x)y' + b(x)y = 0$$

ist äquivalent durch Funktionen zur Gleichung

$$y'' + \alpha(x)y = 0. \tag{3.3.12}$$

Durch die lineare Substitution

$$y = \bar{y}\, e^{-\frac{1}{2} \int a(x)\,dx} \tag{3.3.13}$$

geht sie über in

$$\bar{y}'' + J(x)\bar{y} = 0, \tag{3.3.14}$$

mit

$$J(x) = b(x) - \frac{1}{4}a^2(x) - \frac{1}{2}a'(x). \tag{3.3.15}$$

Beweis. Man benutze die beliebige lineare Substitution (3.3.9). Es folgt

$$y = \sigma(x)\bar{y}, \quad y' = \sigma(x)\bar{y}' + \sigma'(x)\bar{y},$$
$$y'' = \sigma(x)\bar{y}'' + 2\sigma'(x)\bar{y}' + \sigma''(x)\bar{y}.$$

Damit ergibt sich aus (3.3.6)

$$\sigma\bar{y}'' + [2\sigma' + a\sigma]\bar{y}' + [\sigma'' + a\sigma' + b\sigma]\bar{y} = 0. \tag{3.3.16}$$

Annulliert man den Term mit $\bar{y}'$, so folgt

$$2\sigma' + a\sigma = 0$$

mit

$$\sigma = e^{-\frac{1}{2} \int a(x)\,dx}. \tag{3.3.17}$$

Setzt man diese Funktion (3.3.17) und ihre Ableitungen

$$\sigma' = -\frac{1}{2}a\, e^{-\frac{1}{2} \int a\,dx}, \quad \sigma'' = \left(\frac{1}{4}a^2 - \frac{1}{2}a'\right)e^{-\frac{1}{2} \int a\,dx}$$

in (3.3.16) ein, multipliziert das Ergebnis mit $e^{\frac{1}{2}\int a(x)\,dx}$, so folgt Gleichung (3.3.14):

$$\bar{y}'' + \left(b - \frac{1}{4}a^2 - \frac{1}{2}a'\right)\bar{y} = 0. \tag{3.3.18}$$

$\square$

Aus dem Beweis folgt offensichtlich, dass die durch (3.3.15) gegebene Funktion $J(x)$ unter den Transformationen der Gleichung (3.3.6) mit Hilfe von der Substitution (3.3.9) unverändert bleibt. Diese Invarianz von $J(x)$ und Lemma 3.3.1 führen zu folgendem Ergebnis:

Satz 3.3.2. *Zwei homogene lineare Gleichungen*

$$y'' + a(x)y' + b(x)y = 0 \tag{3.3.19}$$

und

$$\bar{y}'' + a_1(x)\bar{y}' + b_1(x)\bar{y} = 0 \tag{3.3.20}$$

heißen äquivalent durch Funktionen, d. h. sie können ineinander durch eine geeignete lineare Substitution (3.3.9) überführt werden genau dann, wenn ihre Invarianten

$$J(x) = b(x) - \frac{1}{4}a^2(x) - \frac{1}{2}a'(x)$$

und

$$J_1(x) = b_1(x) - \frac{1}{4}a_1^2(x) - \frac{1}{2}a_1'(x)$$

identisch sind, d. h. $J(x) = J_1(x)$. Im Besonderen ist Gleichung (3.3.6) mit Gleichung (3.3.10), $\bar{y}'' = 0$, äquivalent durch Funktionen, genau dann, wenn ihre Invariante $J(x)$ verschwindet. Dies bedeutet, dass Gleichung (3.3.6) von der Form

$$y'' + a(x)y' + \left[\frac{1}{4}a^2(x) + \frac{1}{2}a'(x)\right]y = 0. \tag{3.3.21}$$

ist.

Beispiel 3.3.1. Die Gleichung

$$x^2y'' + xy' + \left(x^2 - \frac{1}{4}\right)y = 0 \tag{3.3.22}$$

besitzt nicht die Form (3.3.21) und ist damit nicht äquivalent durch Funktionen zur Gleichung $\bar{y}'' = 0$. Die Invariante von (3.3.22) ist $J = 1$. Auf der anderen Seite besitzt die Invariante J_1 von der Gleichung

$$\bar{y}'' + \bar{y} = 0 \tag{3.3.23}$$

den gleichen Wert $J_1 = J = 1$. Damit ist die Gleichung (3.3.22) mit Gleichung (3.3.23) durch die lineare Substitution

$$\bar{y} = \sqrt{x}\,y$$

verwandt. Diese erhält man, indem man Gleichung (3.3.13) mit $a(x) = 1/x$ benutzt. Da die allgemeine Lösung von Gleichung (3.3.23) die Form

$$\bar{y} = C_1 \sin x + C_2 \cos x$$

(vgl. Beispiel 3.3.2 im nächsten Abschnitt) besitzt, lautet die allgemeine Lösung von (3.3.22)

$$y = \frac{1}{\sqrt{x}}(C_1 \sin x + C_2 \cos x).$$

3.3.3 Homogene Gleichungen: Konstante Koeffizienten

Man betrachte nun die homogene lineare Gleichung (3.3.6) mit konstanten Koeffizienten:

$$y'' + Ay' + By = 0, \quad A, B = \text{const.} \tag{3.3.24}$$

Die Lösung dieser Differentialgleichung wurde 1743 von Leonard Euler angegeben. Er suchte nach einer speziellen Lösung der Form (Euler-Ansatz)

$$y = e^{\lambda x}, \quad \lambda = \text{const.} \tag{3.3.25}$$

Damit reduzierte sich die Differentialgleichung (3.3.24) auf eine algebraische Gleichung der Form

$$\lambda^2 + A\lambda + B = 0, \tag{3.3.26}$$

die charakteristische Gleichung heißt. Folglich nennt man dann

$$P_2[\lambda] = \lambda^2 + A\lambda + B$$

charakteristisches Polynom der Gleichung (3.3.24). Für die Lösung von (3.3.26) werden die folgenden drei Möglichkeiten unterschieden:

(i) Die charakteristische Gleichung (3.3.26) besitzt zwei voneinander verschiedene reelle Lösungen λ_1 und λ_2. Dann existieren zwei linear unabhängige spezielle Lösungen:

$$y_1(x) = e^{\lambda_1 x}, \quad y_2(x) = e^{\lambda_2 x}.$$

Die allgemeine Lösung von (3.3.24) ist damit gegeben durch

$$y = C_1 e^{\lambda_1 x} + C_2 e^{\lambda_2 x}. \tag{3.3.27}$$

(ii) Die Lösungen der charakteristischen Gleichung (3.3.26) sind komplex, d. h. $\lambda_1 = \alpha + i\beta$ und konjugiert komplex $\lambda_2 = \alpha - i\beta$. Die zugehörigen komplexen Lösungen lauten unter Benutzung der Euler-Gleichung (1.2.41)

$$y = e^{\alpha x}(\cos \beta x + i \sin \beta x), \quad \bar{y} = e^{\alpha x}(\cos \beta x - i \sin \beta x).$$

Da die Linearkombinationen mit beliebigen komplexen Koeffizienten ebenfalls wieder Lösungen sind, ersetzt man die komplexen Lösungen durch reelle der Form

$$y_1 = \frac{1}{2}(y + \bar{y}), \quad y_2 = \frac{1}{2i}(y - \bar{y})$$

bzw.

$$y_1(x) = e^{\alpha x}\cos\beta x, \quad y_2(x) = e^{\alpha x}\sin\beta x. \qquad (3.3.28)$$

Damit führen die konjugiert-komplexen Wurzeln von Gleichung (3.3.26) in diesem Fall auf

$$y = C_1 e^{\alpha x}\cos(\beta x) + C_2 e^{\alpha x}\sin(\beta x). \qquad (3.3.29)$$

Beispiel 3.3.2. Man betrachte die Gleichung (2.3.14) für den freien harmonischen Oszillator

$$y'' + \omega^2 y = 0 \qquad (3.3.30)$$

mit $\omega \neq 0$ als reellem Parameter. Das charakteristische Polynom lautet $\lambda^2 + \omega^2 = 0$ und besitzt die komplexen Wurzeln $\lambda_1 = i\omega$, $\lambda_2 = -i\omega$. Die Lösung (3.3.29) hat damit das Aussehen

$$y = C_1\cos(\omega x) + C_2\sin(\omega x). \qquad (3.3.31)$$

(iii) Die charakteristische Gleichung (3.3.26) besitzt zwei gleiche Lösungen $\lambda_1 = \lambda_2$. Damit liefert Gleichung (3.3.25) nur eine Lösung

$$y = e^{\lambda_1 x}.$$

In diesem Fall lässt sich Satz 3.3.2 anwenden. Da das charakteristische Polynom doppelte Wurzeln hat, verschwindet die Diskriminante

$$A^2 - 4B = 0.$$

Die Invariante

$$J = B - \frac{1}{4}A^2$$

verschwindet ebenfalls. Somit ist (3.3.24) auf $\bar{y}'' = 0$ reduzierbar. Die Wurzel des charakteristischen Polynoms lautet $\lambda_1 = -A/2$, und für die Transformation (3.3.13) folgt

$$y = \bar{y}e^{-\frac{1}{2}\int A\,dx} = \bar{y}e^{\int \lambda_1\,dx} = \bar{y}e^{\lambda_1 x}.$$

Benutzt man nun die Lösung $\bar{y} = (C_1 + C_2 x)$ der Gleichung $\bar{y}'' = 0$, so erhält man die folgende Lösung von (3.3.24):

$$y = (C_1 + C_2 x)e^{\lambda_1 x}. \qquad (3.3.32)$$

Beispiel 3.3.3. Man betrachte die Gleichung

$$y'' + 2y' + y = 0.$$

Das charakteristische Polynom lautet hierfür

$$P_2[\lambda] = \lambda^2 + 2\lambda + 1 \equiv (\lambda + 1)^2,$$

das die doppelte Wurzel $\lambda = -1$ besitzt. Damit lautet die allgemeine Lösung

$$y = (C_1 + C_2 x)e^{-x}.$$

3.3.4 Inhomogene Gleichungen: Variation der Parameter

Man nehme an, dass das Fundamentalsystem der homogenen Gleichung (3.3.6) bekannt ist. Die inhomogene Gleichung

$$y'' + a(x)y' + b(x)y = f(x) \qquad (3.3.33)$$

lässt sich dann durch Quadratur mit Hilfe der „Variation der Konstanten" lösen.

Sei $y_1(x)$, $y_2(x)$ das Fundamentalsystem von Lösungen für die homogene Gleichung, d. h.

$$y_1'' + a(x)y_1' + b(x)y_1 = 0, \quad y_2'' + a(x)y_2' + b(x)y_2 = 0. \qquad (3.3.34)$$

Dann erhält man die allgemeine Lösung der inhomogenen Gleichung (3.3.33) durch Anwendung der Methode „Variation der Konstanten". Analog zum Fall der Gleichungen erster Ordnung ersetzt man die Konstanten C_1 und C_2 der Lösung (3.3.7)

$$y = C_1 y_1(x) + C_2 y_2(x)$$

der homogenen Gleichung durch die Funktionen $u_1(x)$ und $u_2(x)$. Damit erhält man

$$y = u_1(x)y_1(x) + u_2(x)y_2(x). \qquad (3.3.35)$$

Es folgt
$$y' = u_1(x)y_1'(x) + u_2(x)y_2'(x) + y_1(x)u_1'(x) + y_2(x)u_2'(x). \qquad (3.3.36)$$

Setzt man nun (3.3.35) in Gleichung (3.3.33) ein, so erhält man nur eine Gleichung für zwei unbekannte Funktionen $u_1(x)$ und $u_2(x)$. Somit werden diese Funktionen einer weiteren Bedingung unterworfen, die das Aussehen

$$y_1(x)u_1'(x) + y_2(x)u_2'(x) = 0. \qquad (3.3.37)$$

besitzt. Benutzt man nun (3.3.35) und (3.3.36), so folgt

$$y = u_1(x)y_1(x) + u_2(x)y_2(x),$$
$$y' = u_1(x)y_1'(x) + u_2(x)y_2'(x),$$
$$y'' = u_1(x)y_1''(x) + u_2(x)y_2''(x) + y_1'(x)u_1'(x) + y_2'(x)u_2'(x).$$

Damit ist

$$y'' + a(x)y' + b(x)y = u_1(x)[y_1'' + a(x)y_1' + b(x)y_1]$$
$$+ u_2(x)[y_2'' + a(x)y_2' + b(x)y_2]$$
$$+ y_1'(x)u_1'(x) + y_2'(x)u_2'(x).$$

Berücksichtigt man noch (3.3.34), so erhält man von (3.3.33):

$$y_1'(x)u_1'(x) + y_2'(x)u_2'(x) = f(x). \qquad (3.3.38)$$

Da $y_1(x)$, $y_2(x)$ bekannte Funktionen sind, so folgt zur Bestimmung von u_1, u_2 ein System von zwei Gleichungen (3.3.37) und (3.3.38):

$$y_1(x)u_1'(x) + y_2(x)u_2'(x) = 0,$$
$$y_1'(x)u_1'(x) + y_2'(x)u_2'(x) = f(x). \qquad (3.3.39)$$

Da $y_1(x)$, $y_2(x)$ linear unabhängig sind, lautet die Determinante der Gleichung (3.3.39)

$$W(x) = y_1(x)y_2'(x) - y_2(x)y_1'(x), \qquad (3.3.40)$$

bekannt als Wronski-Determinante, die hier nicht verschwindet. Damit lässt sich das System (3.3.39) nach den Ableitungen $u_1'(x)$, $u_2'(x)$ auflösen. Man bekommt

$$u_1' = -\frac{y_2(x)f(x)}{W(x)}, \quad u_2' = \frac{y_1(x)f(x)}{W(x)}.$$

Nach der Durchführung einer Integration folgt

$$u_1 = -\int \frac{y_2(x)f(x)}{W(x)} \, dx + C_1, \quad u_2 = \int \frac{y_1(x)f(x)}{W(x)} \, dx + C_2. \qquad (3.3.41)$$

Setzt man nun (3.3.41) in (3.3.35) ein, so gelangt man zu folgendem Ergebnis:

Satz 3.3.3. *Seien $y_1(x)$, $y_2(x)$ das Fundamentalsystem von Lösungen für die homogene Gleichung (3.3.6),*

$$y'' + a(x)y' + b(x)y = 0.$$

Dann ist die allgemeine Lösung der inhomogenen Gleichung (3.3.33),

$$y'' + a(x)y' + b(x)y = f(x),$$

durch Quadratur gegeben und besitzt die Form

$$y = C_1 y_1(x) + C_2 y_2(x) - y_1(x) \int \frac{y_2(x)f(x)}{W(x)} \, dx + y_2(x) \int \frac{y_1(x)f(x)}{W(x)} \, dx,$$

wobei $W(x)$ die Wronski-Determinante (3.3.40) ist.

Beispiel 3.3.4. Man bestimme nun die Lösung der inhomogenen Gleichung

$$y'' + y = \sin x.$$

Das Fundamentalsystem an Lösungen lautet

$$y_1(x) = \cos x, \quad y_2(x) = \sin x.$$

Hierfür ergibt sich die Wronski-Determinante $W[y_1(x), y_2(x)] = 1$. Nach Gleichung (3.3.41) folgt

$$u_1(x) = -\int \sin^2 x \, dx = -\frac{x}{2} + \frac{1}{4}\sin 2x + C_1,$$

$$u_2(x) = \int \cos x \sin x \, dx = -\frac{1}{2}\cos^2 x + C_2.$$

Nach einigen elementaren Vereinfachungen findet man dann die folgende Lösung:

$$y = -\frac{x}{2}\cos x + C_1 \cos x + C_2 \sin x.$$

In diesem Beispiel konnte die allgemeine Lösung der betrachteten Differentialgleichung durch elementare Funktionen ausgedrückt werden. Aber dies ist nicht weiter von Bedeutung und eine Darstellung der allgemeinen Lösung durch ein Integral ist ebenso nützlich, so z. B. zum Lösen von Anfangswertproblemen. Die folgenden Beispiele sollen dies verdeutlichen.

Beispiel 3.3.5. Betrachtet werde die Differentialgleichung

$$y'' + 2y' - 8y = x\mathrm{e}^{4x}. \tag{3.3.42}$$

Für diese Gleichung soll das Cauchy-Problem mit den Anfangsbedingungen

$$y|_{x=0} = 0, \quad y'|_{x=0} = 1. \tag{3.3.43}$$

gelöst werden. Die charakteristische Gleichung für (3.3.42) lautet $\lambda^2 + 2\lambda - 8 = 0$. Sie besitzt die Lösungen $\lambda_1 = 2$, und $\lambda_2 = -4$. Damit erhält man das Fundamentalsystem

$$y_1(x) = \mathrm{e}^{2x}, \quad y_2(x) = \mathrm{e}^{-4x}.$$

Die zugehörige Wronski-Determinante hat das Aussehen $W[y_1(x), y_2(x)] = -6\mathrm{e}^{-2x}$. Unter Anwendung des Satzes 3.3.3 lässt sich die allgemeine Lösung von (3.3.42) in der folgenden Form darstellen, da sich die Anfangsbedingungen leicht berechnen lassen:

$$y = C_1 \mathrm{e}^{2x} + C_2 \mathrm{e}^{-4x} + \frac{1}{6}\left[\mathrm{e}^{2x}\int_0^x \tau \mathrm{e}^{2\tau}\,d\tau - \mathrm{e}^{-4x}\int_0^x \tau \mathrm{e}^{8\tau}\,d\tau\right]. \tag{3.3.44}$$

Differenziert man diese Lösung, so erhält man

$$y' = 2C_1 \mathrm{e}^{2x} - 4C_2 \mathrm{e}^{-4x} + \frac{1}{3}\left[\mathrm{e}^{2x}\int_0^x \tau \mathrm{e}^{2\tau}\,d\tau + 2\mathrm{e}^{-4x}\int_0^x \tau \mathrm{e}^{8\tau}\,d\tau\right].$$

Berücksichtigt man nun die Anfangsbedingungen (3.3.43), so findet man folgendes Gleichungssystem: $C_1 + C_2 = 0$, $2C_1 - 4C_2 = 1$, was durch $C_1 = 1/6$, $C_2 = -1/6$ gelöst wird. Setzt man dieses Ergebnis in (3.3.44) ein, so bekommt man die folgende Lösung des Cauchy-Problems (3.3.42), (3.3.43):

$$y = \frac{1}{6}\left[e^{2x}\left(1 + \int_0^x \tau e^{2\tau}\, d\tau\right) - e^{-4x}\left(1 + \int_0^x \tau e^{8\tau}\, d\tau\right)\right]. \tag{3.3.45}$$

Bemerkung 3.3.1. Die Integrale in (3.3.44) lassen sich berechnen und damit die Lösung (3.3.44) bzw. (3.3.45) mit Hilfe elementarer Funktionen darstellen. Durch partielle Integration folgt

$$\int_0^x \tau e^{2\tau}\, d\tau = \frac{\tau}{2}e^{2\tau}\Big|_0^x - \frac{1}{2}\int_0^x e^{2\tau}\, d\tau = \frac{x}{2}e^{2x} - \frac{1}{4}e^{2x} + \frac{1}{4},$$

$$\int_0^x \tau e^{8\tau}\, d\tau = \frac{\tau}{8}e^{8\tau}\Big|_0^x - \frac{1}{64}\int_0^x e^{8\tau}\, d\tau = \frac{x}{8}e^{8x} - \frac{1}{64}e^{8x} + \frac{1}{64}.$$

Setzt man dies in (3.3.44) ein, so ergibt sich

$$y = C_1 e^{2x} + C_2 e^{-4x} + \frac{1}{6}\left[\frac{1}{4}e^{2x} - \frac{1}{64}e^{-4x} - \frac{15}{64}e^{4x} + \frac{3}{8}xe^{4x}\right] \tag{3.3.46}$$

und die Lösung des Cauchy-Problems (3.3.42), (3.3.43) kann geschrieben werden als

$$y = \frac{5}{24}e^{2x} - \frac{65}{384}e^{-4x} - \frac{5}{128}e^{4x} + \frac{1}{16}xe^{4x}. \tag{3.3.47}$$

Beispiel 3.3.6. Betrachtet werden soll die Differentialgleichung

$$y'' + 2y' - 8y = \frac{1}{x+1}e^{3x+1} \tag{3.3.48}$$

mit den Anfangsbedingungen

$$y|_{x=0} = 0, \quad y'|_{x=0} = 1. \tag{3.3.49}$$

Zur Lösung verfährt man wie in Beispiel 3.3.5 und findet, dass Gleichung (3.3.48) durch

$$y = C_1 e^{2x} + C_2 e^{-4x} + \frac{1}{6}\left[e^{2x}\int_0^x \frac{e^{\tau+1}}{\tau+1}\, d\tau - e^{-4x}\int_0^x \frac{e^{7\tau+1}}{\tau+1}\, d\tau\right] \tag{3.3.50}$$

erfüllt wird. Die Differentiation dieses Ausdrucks liefert

$$y' = 2C_1 e^{2x} - 4C_2 e^{-4x} + \frac{1}{3}\left[e^{2x}\int_0^x \frac{e^{\tau+1}}{\tau+1}\, d\tau + 2e^{-4x}\int_0^x \frac{e^{7\tau+1}}{\tau+1}\, d\tau\right].$$

Die Berücksichtigung der Anfangsbedingungen führt auf $C_1 = 1/6$, $C_2 = -1/6$. Damit lautet die Lösung des Cauchy-Problems (3.3.48), (3.3.49)

$$y = \frac{1}{6}\left[e^{2x}\left(1 + \int_0^x \frac{e^{\tau+1}}{\tau+1}\,d\tau\right) - e^{-4x}\left(1 + \int_0^x \frac{e^{7\tau+1}}{\tau+1}\,d\tau\right)\right]. \qquad (3.3.51)$$

Beide Integrale lassen sich nicht mit Hilfe von elementaren Funktionen darstellen.

3.3.5 Besselsche Differentialgleichung und Bessel-Funktionen

Die Besselsche Differentialgleichung ist eine homogene lineare Gleichung zweiter Ordnung mit variablen Koeffizienten der Form

$$x^2 y'' + xy' + (x^2 - n^2)y = 0. \qquad (3.3.52)$$

Die Lösungen dieser Gleichung heißen Bessel-Funktionen und spielen eine wichtige Rolle in der mathematischen Physik. Eine Lösung wird mit $J_n(x)$ bezeichnet und heißt Bessel-Funktion n-ter Ordnung. Die Potenzreihenentwicklung z. B. für $n = 0$ und $n = 1$ lauten

$$J_0(x) = 1 - \left(\frac{x}{2}\right)^2 + \frac{1}{(2!)^2}\left(\frac{x}{2}\right)^4 - \frac{1}{(3!)^2}\left(\frac{x}{2}\right)^6 + \cdots$$
$$J_1(x) = \frac{x}{2} - \frac{1}{2!}\left(\frac{x}{2}\right)^3 + \frac{1}{2!\,3!}\left(\frac{x}{2}\right)^5 - \cdots \qquad (3.3.53)$$

3.3.6 Hypergeometrische Differentialgleichung

Die lineare Differentialgleichung zweiter Ordnung

$$x(1 - x)y'' + [\gamma - (\alpha + \beta + 1)x]y' - \alpha\beta y = 0 \qquad (3.3.54)$$

mit den beliebigen Parametern α, β und γ heißt hypergeometrische Gleichung. Sie besitzt die Singularitäten $x = 0$, $x = 1$ und $x = \infty$.

Weiterhin lässt sich jede homogene lineare Differentialgleichung der Form

$$(x^2 + Ax + B)y'' + (Cx + D)y' + Ey = 0 \qquad (3.3.55)$$

auf eine hypergeometrische Gleichung (3.3.54) transformieren, vorausgesetzt, dass die Gleichung $x^2 + Ax + B = 0$ zwei verschiedene Wurzeln x_1 und x_2 besitzt. Schreibt man dann (3.3.54) mit der neuen unabhängigen Variablen t, die gegeben ist durch

$$x = x_1 + (x_2 - x_1)t, \qquad (3.3.56)$$

so erhält man

$$t(1 - t)\frac{d^2y}{dt^2} + \left[\frac{Cx_1 + D}{x_1 - x_2} - Ct\right]\frac{dy}{dt} - Ey = 0.$$

Setzt man dann

$$\frac{Cx_1 + D}{x_1 - x_2} = \gamma, \quad C = \alpha + \beta + 1, \quad E = \alpha\beta$$

und führt anstatt der unabhängigen Variablen t wieder x ein, so folgt (3.3.54).

Im Falle $\alpha\beta = 0$ lässt sich die hypergeometrische Differentialgleichung (3.3.54) mit Hilfe von zwei Quadraturen lösen. Sei z. B. $\beta = 0$, so folgt

$$\frac{dy'}{y'} = \frac{(\alpha + 1)x - \gamma}{x(1 - x)} \, dx.$$

Man erhält $y' = C_1 e^{q(x)}$ mit

$$q(x) = \int \frac{(\alpha + 1)x - \gamma}{x(1 - x)} \, dx.$$

Die zweite Integration führt auf

$$y = C_1 \int e^{q(x)} \, dx + C_2, \quad C_1, C_2 = \text{const.}$$

In der Theorie der hypergeometrischen Funktionen liegt das Hauptaugenmerk auf Asymptoten der hypergeometrischen Gleichung und ihrer Reihenentwicklungen in der Nähe der Singularitäten (siehe klassische Literatur [40]). In der Praxis benötigt man auch oft analytische Ausdrücke für die allgemeine Lösung verschiedener Arten hypergeometrischer Gleichungen. Der folgende Satz (vgl. Ibragimov, „Invariant Lagrangians and a new method of integration of nonlinear equations" J. Mathematical Analysis and Appl. Vol. 304, No. 1, 2005, S. 212–235) bestimmt eine ganze Klasse hypergeometrischer Gleichungen, die durch elementare Funktionen oder durch Quadratur lösbar sind. Zahlreiche Spezialfälle dieser Klasse können in einer Vielzahl an Büchern über spezielle Funktionen gefunden werden.

Satz 3.3.4. *Die allgemeine Lösung der hypergeometrischen Gleichung* (3.3.54) *mit* $\beta = -1$ *und zwei beliebigen Parametern* α *und* γ*, die die Form*

$$x(1 - x)y'' + (\gamma - \alpha x)y' + \alpha y = 0 \tag{3.3.57}$$

besitzt, lässt sich durch Quadratur angeben. Sie lautet

$$y = C_1 \left(x - \frac{\gamma}{\alpha} \right) \int \left(|x|^{-\gamma} |x - 1|^{\gamma - \alpha} [x - (\gamma/\alpha)]^{-2} \right) dx + C_2 \left(x - \frac{\gamma}{\alpha} \right), \tag{3.3.58}$$

wobei C_1 *und* C_2 *beliebige Konstanten sind.*

Bemerkung 3.3.2. Sind γ und $\gamma - \alpha$ rationale Zahlen, so lässt sich das Integral (3.3.58) auf die Integration einer rationalen Funktion überführen, die mit Hilfe einer Standardsubstitution gelöst werden kann. Damit lässt sich dann die Lösung (3.3.58) mit Hilfe elementarer Funktionen darstellen.

3.4 Lineare Gleichungen höherer Ordnung

Die allgemeine lineare Differentialgleichung n-ter Ordnung mit variablen Koeffizienten besitzt die Form

$$L_n[y] \equiv y^{(n)} + a_1(x)y^{(n-1)} + \cdots + a_{n-1}(x)y' + a_n(x)y = f(x). \tag{3.4.1}$$

Der Begriff linear bezieht sich auf die fundamentale Eigenschaft

$$L_n[C_1y_1 + C_2y_2] = C_1L_n[y_1] + C_2L_n[y_2] \tag{3.4.2}$$

des Differentialoperators n-ter Ordnung

$$L_n = D^n + a_1D^{n-1} + \cdots + a_{n-1}D + a_n.$$

Hierbei ist $D = \mathrm{d}/\mathrm{d}x$. Demnach heißt L_n auch linearer Differentialoperator. Gleichung (3.4.1) nennt man homogen, wenn $f(x) = 0$, sonst inhomogen (vgl. Abschnitt 3.2.6 und 3.3).

3.4.1 Homogene Gleichungen, Fundamentalsystem

Das lineare Superpositionsprinzip folgt mit der Eigenschaft (3.4.2) und beinhaltet, dass sich die allgemeine Lösung der linearen homogenen Gleichung

$$y^{(n)} + a_1(x)y^{(n-1)} + \cdots + a_{n-1}(x)y' + a_n(x)y = 0 \tag{3.4.3}$$

aus der Überlagerung von n linear unabhängigen partikulären Lösungen ergibt:

$$y = C_1y_1(x) + \cdots + C_ny_n(x). \tag{3.4.4}$$

Hierbei sind $C_1, \ldots, C_n$ beliebige Konstanten. Jede Menge $y_1(x), \ldots, y_n(x)$ von n linear unabhängigen Lösungen heißt Fundamentalsystem für Gleichung (3.4.3).

3.4.2 Inhomogene Gleichungen, Variation der Konstanten

Satz 3.4.1. *Gegeben sei ein zur homogenen Gleichung (3.4.3) gehöriges Fundamentalsystem von Lösungen. Die allgemeine Lösung der inhomogenen Gleichung (3.4.1) erhält man durch Quadratur.*

Beweis. Die Lösung lässt sich mit Hilfe der allgemeinen Methode „Variation der Konstanten" berechnen, die auf Lagrange (1774) zurückgeht. Man ersetze die Konstanten C_i in (3.4.4) durch Funktionen $u_i(x)$ (vgl. Abschnitt 3.3):

$$y = u_1(x)y_1(x) + \cdots + u_n(x)y_n(x).$$

Die Lagrange-Methode führt auf die folgenden Relationen zur Bestimmung der unbekannten Funktionen $u_i(x)$:

$$
\begin{aligned}
y_1 \frac{du_1}{dx} + \cdots + y_n \frac{du_n}{dx} &= 0, \\
y_1' \frac{du_1}{dx} + \cdots + y_n' \frac{du_n}{dx} &= 0, \\
&\vdots \\
y_1^{(n-2)} \frac{du_1}{dx} + \cdots + y_n^{(n-2)} \frac{du_n}{dx} &= 0, \\
y_1^{(n-1)} \frac{du_1}{dx} + \cdots + y_n^{(n-1)} \frac{du_n}{dx} &= f(x).
\end{aligned}
\tag{3.4.5}
$$

Da $y_1, \ldots, y_n$ linear unabhängig sind, lassen sich die Gleichungen (3.4.5) nach den Ableitungen der unbekannten Funktionen auflösen und in der Form

$$
\frac{du_k}{dx} = \psi_k(x), \quad k = 1, \ldots, n
$$

darstellen, wobei ψ ein Integralausdruck ist. □

3.4.3 Gleichungen mit konstanten Koeffizienten

Der Eulersche Ansatz, der im Falle der Gleichungen zweiter Ordnung diskutiert worden ist, lässt sich auch auf Gleichungen höherer Ordnung mit konstanten Koeffizienten anwenden: Man betrachte also

$$
y^{(n)} + a_1 y^{(n-1)} + \cdots + a_{n-1} y' + a_n y = 0, \quad a_1, \ldots, a_n = \text{const.}
\tag{3.4.6}
$$

Eine gesuchte Teillösung sei von der Form

$$
y = e^{\lambda x}, \quad \lambda = \text{const.}
$$

Dieser Ansatz überführt die Differentialgleichung n-ter Ordnung (3.4.6) in eine algebraische Gleichung vom Grade n:

$$
P_n[\lambda] \equiv \lambda^n + a_1 \lambda^{n-1} + \cdots + a_{n-1} \lambda + a_n = 0,
\tag{3.4.7}
$$

die charakteristische Gleichung heißt.

Das Polynom $P_n(\lambda)$ nennt man charakteristisches Polynom der Gleichung (3.4.6). Seien nun $\lambda_1, \ldots, \lambda_n$ verschiedene reelle Lösungen der charakteristischen Gleichung (3.4.7). Dann bilden die partikulären Lösungen $e^{\lambda_1 x}, \ldots, e^{\lambda_n x}$ ein Fundamentalsystem. Nach dem Superpositionsprinzip (3.4.4) folgt für die allgemeine Lösung der Gleichung (3.4.6) mit konstanten Koeffizienten

$$
y = C_1 e^{\lambda_1 x} + \cdots + C_n e^{\lambda_n x}.
\tag{3.4.8}
$$

Sie ist also eine Linearkombination der partikulären Lösungen. Der Fall komplexer oder gleicher Lösungen wird genau wie bei den Gleichungen zweiter Ordnung behandelt, wie es im Abschnitt 3.3 dargestellt worden ist. Sei z. B. λ_1 eine s-fache Wurzel. Dann lautet die zugehörige Lösung

$$y_1 = (C_1 + C_2 x + \cdots + C_s x^{s-1}) e^{\lambda_1 x} \tag{3.4.9}$$

mit beliebigen Konstanten C_i. Berücksichtigt man nun alle vielfachen Wurzeln, so erhält man folgende Modifikation von Gleichung (3.4.8) als allgemeine Lösung:

$$y = q_1(x) e^{\lambda_1 x} + \cdots + q_r(x) e^{\lambda_r x}. \tag{3.4.10}$$

Hierbei sind $q_s(x)$ Polynome mit beliebigen Koeffizienten vom Grade $s - 1$, wobei s die Vielfachheit der zugehörigen Wurzel λ_s, $1 \le s \le r$, ist. Im Falle einer komplexen Wurzel $\lambda_1 = \alpha_1 + \beta_1 i$ wird die rechte Seite von Gleichung (3.4.9) und damit der erste Term von (3.4.10) ersetzt durch

$$(C_1 + \cdots + C_s x^{s-1}) e^{\alpha_1 x} \cos(\beta_1 x) + (C_{s+1} + \cdots + C_{2s} x^{s-1}) e^{\alpha_1 x} \sin(\beta_1 x).$$

Beispiel 3.4.1. Man betrachte die Gleichung (2.3.20),

$$\frac{d^4 u}{dx^4} = \alpha^4 u, \quad \alpha = \text{const.}$$

Die charakteristische Gleichung lautet $\lambda^4 - \alpha^4 = 0$. Sie besitzt die vier verschiedenen Lösungen

$$\lambda_1 = \alpha, \quad \lambda_2 = -\alpha, \quad \lambda_3 = \alpha i, \quad \lambda_4 = -\alpha i.$$

Man erhält damit Gleichung (2.3.21) als allgemeine Lösung

$$u = C_1 e^{\alpha x} + C_2 e^{-\alpha x} + C_3 \cos(\alpha x) + C_4 \sin(\alpha x).$$

Beispiel 3.4.2. Gegeben sei die Gleichung

$$\frac{d^4 y}{dx^4} + 2 \frac{d^2 y}{dx^2} + y = 0.$$

Die charakteristische Gleichung

$$\lambda^4 + 2\lambda^2 + 1 = 0$$

besitzt die komplexen Wurzeln

$$\lambda_{1,2} = i, \quad \lambda_{3,4} = \bar{\lambda}_{1,2} = -i.$$

Damit lautet die allgemeine Lösung

$$y = (C_1 + C_2 x) \cos x + (C_3 + C_4 x) \sin x.$$

3.4.4 Die Eulersche Gleichung

Die Gleichung

$$x^n \frac{d^n y}{dx^n} + a_1 x^{n-1} \frac{d^{n-1} y}{dx^{n-1}} + \cdots + a_{n-1} x \frac{dy}{dx} + a_n y = 0 \qquad (3.4.11)$$

mit den Konstanten $a_1, \ldots, a_n$ = const heißt Eulersche Gleichung. Diese Gleichung mit variablen Koeffizienten ist invariant unter einer Dilatation, d. h. sie ändert ihre Form nicht, wenn x durch kx, $k \neq 0$, ersetzt wird. Die Transformation

$$t = \ln|x| \qquad (3.4.12)$$

überführt die Dilatation kx in eine Translation $t + \ln|k|$ und bildet somit Gleichung (3.4.11) ab auf eine Gleichung mit konstanten Koeffizienten für die Funktion $y(t)$.

Beispiel 3.4.3. Man betrachte die Eulersche Gleichung zweiter Ordnung

$$x^2 \frac{d^2 y}{dx^2} + 3x \frac{dy}{dx} + y = 0.$$

Führt man die neue Variable $t = \ln|x|$ ein, so folgt

$$\frac{d^2 y}{dt^2} + 2 \frac{dy}{dt} + y = 0.$$

Die zugehörige charakteristische Gleichung lautet

$$\lambda^2 + 2\lambda + 1 = 0$$

mit den Lösungen $\lambda_1 = \lambda_2 = -1$ (Lösung der Vielfachheit 2). Damit ist

$$y = (C_1 + C_2 t) e^{-t}.$$

Führt man nun die Rücksubstitution auf die Originalvariable x durch, so erhält man die allgemeine Lösung der Ausgangsgleichung

$$y = \frac{1}{x}(C_1 + C_2 \ln|x|).$$

3.5 Systeme von Gleichungen erster Ordnung

3.5.1 Allgemeine Eigenschaften von Systemen

Man betrachte ein allgemeines System von gewöhnlichen Differentialgleichungen erster Ordnung

$$\frac{dy^i}{dx} = f^i(x, y^1, y^2, \ldots, y^n), \quad i = 1, 2, \ldots, n. \qquad (3.5.1)$$

Die Funktion f^i sei stetig in einer Umgebung von $x_0, y_0^1, \ldots, y_0^n$.

Im Folgenden werde die Vektornotation

$$\boldsymbol{y} = (y^1, \ldots, y^n), \quad \boldsymbol{f} = (f^1, \ldots, f^n)$$

benutzt und das Anfangswertproblem für die Gleichung (3.5.1) in folgender Form formuliert

$$\frac{\mathrm{d}\boldsymbol{y}}{\mathrm{d}x} = \boldsymbol{f}(x, \boldsymbol{y}), \quad \boldsymbol{y}|_{x=x_0} = \boldsymbol{y}_0, \tag{3.5.2}$$

mit

$$\boldsymbol{y}_0 = (y_0^1, \ldots, y_0^n).$$

$\boldsymbol{y}$ ist ein n-Tupel der unabhängigen Variablen. Die i-te Position wird mit y^i gekennzeichnet und als i-te Koordinate des Vektors $\boldsymbol{y}$ bezeichnet. Die Definition der klassischen Lösung wird angewendet auf Systeme von Differentialgleichungen, indem man die einzelne Variable y durch den Vektor $\boldsymbol{y}$ ersetzt. Es werde folgende einfache Version des Existenz- und Eindeutigkeitssatzes benutzt:

Satz 3.5.1. *Sei $\boldsymbol{f}(x, \boldsymbol{y})$ eine in einer Umgebung des Punktes $(x_0, \boldsymbol{y}_0)$ stetig differenzierbare Funktion. Dann besitzt die Aufgabe (3.5.2) genau eine Lösung, die in einer Umgebung von x_0 definiert ist. Es folgt, dass die allgemeine Lösung eines Systems von n gewöhnlichen Differentialgleichungen erster Ordnung (3.5.1) von genau n beliebigen Konstanten $C_1, \ldots, C_n$ abhängt. Das bedeutet die Abhängigkeit von beliebig gewählten Anfangswerten $y_0^1, \ldots, y_0^n$, die von der Variablen $x = x_0$ abhängen. Damit lautet die allgemeine Lösung von (3.5.1)*

$$y^i = \phi^i(x, C_1, \ldots, C_n), \quad i = 1, 2, \ldots, n. \tag{3.5.3}$$

3.5.2 Erste Integrale

Betrachtet wird ein System gewöhnlicher Differentialgleichungen erster Ordnung mit $n - 1$ abhängigen Variablen

$$\frac{\mathrm{d}y^i}{\mathrm{d}x} = f^i(x, y^1, y^2, \ldots, y^{n-1}), \quad i = 1, \ldots, n - 1. \tag{3.5.4}$$

Nach Satz 3.5.1 besitzt die allgemeine Lösung das Aussehen

$$y^i(x) = \phi^i(x, C_1, \ldots, C_{n-1}), \quad i = 1, \ldots, n - 1.$$

Löst man diesen Ausdruck nach den Integrationskonstanten C_i auf, so folgt

$$\psi_i(x, y^1, y^2, \ldots, y^{n-1}) = C_i, \quad i = 1, \ldots, n - 1. \tag{3.5.5}$$

Das System (3.5.5) heißt allgemeines Integral von Gleichung (3.5.4). Die linke Seite in (3.5.5) ist eine Konstante, während $y^1, y^2, \ldots, y^{n-1}$ durch die Koordinaten $y^1(x)$, $y^2(x), \ldots, y^{n-1}(x)$ einer Lösung von (3.5.4) ersetzt werden. Aus diesem Grunde nennt man jede einzelne Beziehung in (3.5.5) erstes Integral des Gleichungssystems (3.5.4).

Beispiel 3.5.1. Man betrachte das System

$$\frac{\mathrm{d}x}{\mathrm{d}t} = y, \quad \frac{\mathrm{d}y}{\mathrm{d}t} = -x. \tag{3.5.6}$$

Dieses System lässt sich wie folgt integrieren:

Differenziert man die erste Gleichung von (3.5.6) und ersetzt $\mathrm{d}y/\mathrm{d}t$ aus der zweiten Gleichung, so lässt sich die Ausgangsgleichung auf die Integration einer einzlenen Gleichung zweiter Ordnung überführen:

$$\frac{\mathrm{d}^2 x}{\mathrm{d}t^2} + x = 0.$$

Das Fundamentalsystem hierfür lautet

$$x_{(1)} = \cos t, \quad x_{(2)} = \sin t,$$

woraus

$$x = C_1 \cos t + C_2 \sin t$$

folgt. Die erste Gleichung von (3.5.6) liefert $y = \mathrm{d}x/\mathrm{d}t$ und somit

$$y = C_2 \cos t - C_1 \sin t.$$

Die allgemeine Lösung des Systems (3.5.6) lautet damit

$$x = C_1 \cos t + C_2 \sin t, \quad y = C_2 \cos t - C_1 \sin t. \tag{3.5.7}$$

Löst man nun das Gleichungssystem (3.5.7) nach C_1 und C_2 auf, so erhält man die folgenden ersten Integrale

$$x \cos t - y \sin t = C_1, \quad x \sin t + y \cos t = C_2. \tag{3.5.8}$$

Die Funktionen ψ aus (3.5.5) besitzen damit die Darstellung

$$\psi_1(t, x, y) = x \cos t - y \sin t, \quad \psi_2(t, x, y) = x \sin t + y \cos t. \tag{3.5.9}$$

Die ersten Integrale können aber auch erhalten werden, indem man das System (3.5.6) in der folgenden Form darstellt (siehe Gleichung (3.5.13)):

$$\frac{\mathrm{d}x}{y} = -\frac{\mathrm{d}y}{x} = \mathrm{d}t.$$

Die Integration der ersten Gleichung, geschrieben in der Form $x\,\mathrm{d}x + y\,\mathrm{d}y = 0$, liefert

$$x^2 + y^2 = a^2, \quad a = \text{const.} \tag{3.5.10}$$

Schreibt man dann die zweite Gleichung in der Form

$$\mathrm{d}t + \frac{\mathrm{d}y}{\sqrt{a^2 - y^2}} = 0,$$

so folgt

$$t + \arcsin(y/a) = C.$$

Berücksichtigt man (3.5.10) und die elementare Gleichung (1.1.7), dann ergibt sich

$$\arcsin(y/a) = \arctan \frac{y}{\sqrt{a^2 - y^2}} = \arctan \frac{y}{x}, \qquad (3.5.11)$$

und damit

$$t + \arctan(y/x) = C.$$

Man bekommt als erstes Integral (3.5.5)

$$\bar{\psi}_1(t, x, y) = x^2 + y^2, \quad \bar{\psi}_2(t, x, y) = t + \arctan(y/x). \qquad (3.5.12)$$

an Stelle von (3.5.9).

Die Menge erster Integrale (3.5.5) ist nicht die einzig mögliche Darstellung der allgemeinen Lösung. Jede Beziehung $\bar{\psi}(\psi_1, \ldots, \psi_{n-1}) = C$ ist ein erstes Integral, und damit lässt sich jede Funktion ψ durch jede $n-1$-fache linear unabhängige Funktion $\bar{\psi}_i(\psi_1, \ldots, \psi_{n-1})$, $i = 1, \ldots, n-1$ ersetzen. Somit ist es nützlich, eine Definition eines ersten Integrals zu besitzen, die unabhängig vom allgemeinen Integral (3.5.5) ist.

Definition 3.5.1. Gegeben sei das System (3.5.4). Ein erstes Integral dieses Systems ist eine Beziehung

$$\psi(x, y^1, y^2, \ldots, y^{n-1}) = C,$$

die von jeder Lösung $y^i = y^i(x)$, $i = 1, \ldots, n-1$, erfüllt wird. Die Funktion ψ ist keine reine Konstante, sondern eine Konstante entlang jeder Lösung mit konstantem C, das von der Lösung abhängt.

Diese Funktion ψ selbst wird der Einfachheit halber ebenfalls erstes Integral genannt.

Das System (3.5.4) lässt sich auch in der Form

$$\frac{dx}{1} = \frac{dy^1}{f^1} = \frac{dy^2}{f^2} = \cdots = \frac{dy^{n-1}}{f^{n-1}}$$

darstellen. Da die Nenner mit jeder beliebigen von Null verschiedenen Funktion multipliziert werden können, lässt sich diese Gleichung unter Benutzung der Notation $\boldsymbol{x} = (x^1, x^2, \ldots, x^n)$ für die Variablen $x, y^1, \ldots, y^{n-1}$ in symmetrischer Form

$$\frac{dx^1}{\xi^1(\boldsymbol{x})} = \frac{dx^2}{\xi^2(\boldsymbol{x})} = \cdots = \frac{dx^n}{\xi^n(\boldsymbol{x})} \qquad (3.5.13)$$

schreiben.

Der Ausdruck symmetrisch berücksichtigt die Tatsache, dass die Gleichung (3.5.13) von $n-1$ Differentialgleichungen erster Ordnung nicht die unabhängigen

Variablen spezifiziert, die irgendeine der n Variablen $x^1, x^2, \ldots, x^n$ sein können. Ein erstes Integral des Systems (3.5.13) ist nach Definition 3.5.1 gegeben als

$$\psi(\boldsymbol{x}) = C. \tag{3.5.14}$$

Das erste Integral (3.5.14) wird auch oft mit der Funktion $\psi(\boldsymbol{x})$ identifiziert.

Lemma 3.5.1. *Eine Funktion* $\psi(\boldsymbol{x}) = \psi(x^1, \ldots, x^n)$ *ist ein erstes Integral des Systems* (3.5.13), *genau dann, wenn* $u = \psi(\boldsymbol{x})$ *die partielle Differentialgleichung*

$$\xi^1(\boldsymbol{x})\frac{\partial u}{\partial x^1} + \cdots + \xi^n(\boldsymbol{x})\frac{\partial u}{\partial x^n} = 0. \tag{3.5.15}$$

erfüllt.

Beweis. Sei die Funktion $\psi(\boldsymbol{x})$ ein erstes Integral. Da $\psi(\boldsymbol{x}) = $ const für jede Lösung $\boldsymbol{x} = (x^1, \ldots, x^n)$ von (3.5.13) gilt, verschwindet das Differential $\mathrm{d}\psi$ entlang der Integralkurve (3.5.13):

$$\mathrm{d}\psi \equiv \frac{\partial \psi}{\partial x^1}\,\mathrm{d}x^1 + \cdots + \frac{\partial \psi}{\partial x^n}\,\mathrm{d}x^n = 0. \tag{3.5.16}$$

Mit anderen Worten gilt (3.5.16), wenn $\mathrm{d}\boldsymbol{x} = (\mathrm{d}x^1, \ldots, \mathrm{d}x^n)$ proportional zum Vektor $\boldsymbol{\xi} = (\xi^1, \ldots, \xi^n)$ ist. Das heißt, $\mathrm{d}\boldsymbol{x} = \lambda\boldsymbol{\xi}$, $\lambda \neq 0$. Substituiert man $\mathrm{d}x^i = \lambda\xi^i$ in (3.5.16), so erhält man (3.5.15). Damit ist gezeigt worden, dass Gleichung (3.5.15) für jeden Punkt erfüllt ist, der zur Integralkurve des Systems (3.5.13) gehört. Nach Satz 3.5.1 gehen aber die Integralkurven durch jeden Punkt. Damit ist (3.5.15) identisch erfüllt in einer Umgebung von einem beliebigen Punkt $\boldsymbol{x}$. Die obigen Rechenschritte sind auch invertierbar. Dies vervollständigt den Beweis. □

Definition 3.5.2. Eine Menge von $n - 1$ ersten Integralen

$$\psi_k(\boldsymbol{x}) = C_k, \quad k = 1, \ldots, n - 1, \tag{3.5.17}$$

heißt unabhängig, wenn die Funktionen $\psi_k(\boldsymbol{x})$ funktional unabhängig sind, d. h. wenn es keine Relation der Form $F(\psi_1, \ldots, \psi_{n-1}) = 0$ gibt.

Beispiel 3.5.2. Man betrachte das System

$$\frac{\mathrm{d}x}{x} = \frac{\mathrm{d}y}{y} = \frac{\mathrm{d}z}{z}.$$

Die zu integrierenden Gleichungen lauten damit

$$\frac{\mathrm{d}x}{x} = \frac{\mathrm{d}y}{y} \quad \text{und} \quad \frac{\mathrm{d}x}{x} = \frac{\mathrm{d}z}{z}$$

mit den Lösungen $y/x = C_1$ and $z/x = C_2$. Damit ergeben sich die folgenden zwei unabhängigen ersten Integrale:

$$\psi_1(x, y, z) = \frac{y}{x}, \quad \psi_2(x, y, z) = \frac{z}{x}.$$

Gleichung (3.5.15) besitzt folglich die Form

$$x\frac{\partial u}{\partial x} + y\frac{\partial u}{\partial y} + z\frac{\partial u}{\partial z} = 0.$$

Es ist leicht einzusehen, dass diese Gleichung durch $u = \psi_1(x, y, z) = y/x$ und $u = \psi_2(x, y, z) = z/x$ erfüllt wird.

Jede Menge von $n - 1$ unabhängigen ersten Integralen bildet die allgemeine Lösung von dem Gleichungssystem (3.5.13). Da diese allgemeine Lösung von $n - 1$ ersten Integralen von genau $n - 1$ beliebigen Konstanten abhängt (vgl. Satz 3.5.1), gelangt man zu folgendem Satz:

Satz 3.5.2. *Ein System von $n - 1$ gewöhnlichen Differentialgleichungen erster Ordnung (3.5.13) besitzt $n - 1$ unabhängige erste Integrale (3.5.17). Jedes andere erste Integral (3.5.14) des Systems (3.5.13) lässt sich mit Ausdrücken der Form (3.5.17) darstellen durch*

$$\psi = F(\psi_1, \ldots, \psi_{n-1}). \tag{3.5.18}$$

Beispiel 3.5.3. Man betrachte das System

$$\frac{\mathrm{d}x}{yz} = \frac{\mathrm{d}y}{xz} = \frac{\mathrm{d}z}{xy}.$$

Äquivalent dazu ergibt sich

$$\frac{\mathrm{d}x}{yz} = \frac{\mathrm{d}y}{xz}, \quad \frac{\mathrm{d}y}{xz} = \frac{\mathrm{d}z}{xy},$$

oder nach Multiplikation der ersten Gleichung mit z und der zweiten mit x

$$\frac{\mathrm{d}x}{y} = \frac{\mathrm{d}y}{x}, \quad \frac{\mathrm{d}y}{z} = \frac{\mathrm{d}z}{y}.$$

Nach einer Umschreibung auf $y\,\mathrm{d}y - x\,\mathrm{d}x = 0$ und $y\,\mathrm{d}y - z\,\mathrm{d}z = 0$ und anschließender Integration findet man zwei unabhängige erste Integrale

$$\psi_1 \equiv x^2 - y^2 = C_1, \quad \psi_2 \equiv z^2 - y^2 = C_2.$$

Alternativ lässt sich das betrachtete System auch in der Form

$$\frac{\mathrm{d}x}{y} = \frac{\mathrm{d}y}{x}, \quad \frac{\mathrm{d}x}{z} = \frac{\mathrm{d}z}{x}$$

darstellen. Man erhält hieraus die ersten Integrale

$$\psi_1 \equiv x^2 - y^2 = C_1, \quad \psi_3 \equiv x^2 - z^2 = C_3.$$

Folglich ergeben sich drei erste Integrale $\psi_1 = C_1$, $\psi_2 = C_2$ und $\psi_3 = C_3$. Diese sind aber nicht unabhängig, da z. B. $\psi_3 = \psi_1 - \psi_2$ gilt. Somit lautet die Darstellung (3.5.18) eines allgemeinen ersten Integrals $\psi = F(x^2 - y^2, z^2 - y^2)$.

3.5.3 Lineare Systeme mit konstanten Koeffizienten

Die oben diskutierte Eulersche Methode lässt sich auch auf ein allgemeines System linearer homogener Gleichungen erster Ordnung mit konstanten Koeffizienten anwenden. Ein solches System besitzt die Form

$$\frac{\mathrm{d}y^i}{\mathrm{d}x} + \sum_{j=1}^{n} a_{ij}y^j = 0, \quad i = 1, \ldots, n, \quad \text{bzw.} \quad \mathbf{y}' + A\mathbf{y} = 0. \tag{3.5.19}$$

Hierbei kennzeichnet $\mathbf{y} = (y^1, \ldots, y^n)$ die abhängige Variable, $\mathbf{y}' = \mathrm{d}\mathbf{y}/\mathrm{d}x$ und $A = \|a_{ij}\|$ eine konstante $n \times n$-Matrix mit $(A\mathbf{y})^i = \sum_{j=1}^{n} a_{ij}y^j$.

Eulers Ansatz für eine partikuläre Lösung lautet damit

$$\mathbf{y} = \mathrm{e}^{\lambda x}\mathbf{l}, \quad \lambda = \text{const.} \tag{3.5.20}$$

Hierbei ist $\mathbf{l} = (l^1, \ldots, l^n)$ ein Vektor bestehend aus unbekannten Konstanten, der aus (3.5.19) bestimmt werden muss. Setzt man (3.5.20) in (3.5.19) ein, so folgt

$$(A + \lambda E)\mathbf{l} = 0, \tag{3.5.21}$$

wobei E die $n \times n$-Einheitsmatrix ist. Das System linearer Gleichungen (3.5.21) hat nicht-triviale Lösungen $\mathbf{l} \neq 0$, genau dann, wenn die Determinante $|A + \lambda E| = \det(A + \lambda E)$ verschwindet. Folglich sind das charakteristische Polynom P_n und die charakteristische Gleichung des Systems (3.5.19) definiert durch

$$P_n(\lambda) \equiv |A + \lambda E| = 0. \tag{3.5.22}$$

Seien nun $\lambda_1, \ldots, \lambda_n$ verschiedene Wurzeln der charakteristischen Gleichung (3.5.22). Dann erhält man genau n linear unabhängige Lösungen $\mathbf{l}_{(1)}, \ldots, \mathbf{l}_{(n)}$ von (3.5.21) und damit das folgende Fundamentalsystem:

$$\mathbf{y}_{(1)} = \mathrm{e}^{\lambda_1 x}\mathbf{l}_{(1)}, \ldots, \mathbf{y}_{(n)} = \mathrm{e}^{\lambda_n x}\mathbf{l}_{(n)}. \tag{3.5.23}$$

Die allgemeine Lösung von (3.5.19) ist damit gegeben durch

$$\mathbf{y} = C_1\mathrm{e}^{\lambda_1 x}\mathbf{l}_{(1)} + \cdots + C_n\mathrm{e}^{\lambda_n x}\mathbf{l}_{(n)}. \tag{3.5.24}$$

Besitzt Gleichung (3.5.22) komplexe Wurzeln $\lambda = \alpha + \mathrm{i}\beta$ (und damit auch konjugiert komplexe), so besitzt (3.5.21) eine komplexe Lösung $\mathbf{l} = \mathbf{p} + \mathrm{i}\mathbf{q}$. Die zugehörige Lösung (3.5.20) teilt sich dann in zwei reelle Lösungen

$$\begin{aligned}
\mathbf{y}_{(1)} &= \mathrm{e}^{\alpha x}(\mathbf{p}\cos\beta x - \mathbf{q}\sin\beta x), \\
\mathbf{y}_{(2)} &= \mathrm{e}^{\alpha x}(\mathbf{p}\sin\beta x + \mathbf{q}\cos\beta x).
\end{aligned} \tag{3.5.25}$$

Beispiel 3.5.4. Man betrachte das System (vgl. Beispiel 3.5.1)

$$\frac{\mathrm{d}x}{\mathrm{d}t} = y, \quad \frac{\mathrm{d}y}{\mathrm{d}t} = -x.$$

Hier ist nun $\boldsymbol{y} = (x, y)$, $a_{11} = a_{22} = 0$, $a_{12} = -1$, $a_{21} = 1$. Die charakteristische Gleichung besitzt die komplexen Wurzeln $\lambda = i$, $\bar{\lambda} = -i$ und (3.5.21) ergibt $\boldsymbol{l} = \boldsymbol{p} + i\boldsymbol{q}$ mit $\boldsymbol{p} = (1, 0)$, $\boldsymbol{q} = (0, 1)$. Die Gleichungen (3.5.25) liefern das Fundamentalsystem von Lösungen

$$\boldsymbol{y}_{(1)} = (\cos t, -\sin t), \quad \boldsymbol{y}_{(2)} = (\sin t, \cos t). \tag{3.5.26}$$

Für die allgemeine Lösung $\boldsymbol{y} = C_1 \boldsymbol{y}_{(1)} + C_2 \boldsymbol{y}_{(2)}$ erhält man dann die Darstellung (3.5.7) mit

$$x = C_1 \cos t + C_2 \sin t, \quad y = C_2 \cos t - C_1 \sin t.$$

3.5.4 Variation der Konstanten für Systeme

Man betrachte das System von inhomogenen linearen Gleichungen der Form

$$\frac{dy^i}{dx} + \sum_{j=1}^{n} a_{ij}(x)y^j = f_i(x), \quad i = 1, \ldots, n. \tag{3.5.27}$$

Dieses System heißt homogen, wenn $f_i = 0$, $i = 1, \ldots, n$, und inhomogen sonst (vgl. Abschnitt 3.2.6).

Man betrachte die Lösung des homogenen Systems

$$\frac{dy^i}{dx} + \sum_{j=1}^{n} a_{ij}(x)y^j = 0, \quad i = 1, \ldots, n.$$

Das inhomogene System (3.5.27) kann mit Hilfe der Variation der Konstanten gelöst werden, wie es im Falle einer einzigen Gleichung besprochen worden ist. Dazu betrachte man das folgende Beispiel:

Beispiel 3.5.5. Gegeben sei das System

$$\frac{dx}{dt} - y = \cos t, \quad \frac{dy}{dt} + x = 1. \tag{3.5.28}$$

Die Lösung des homogenen Systems

$$\frac{dx}{dt} - y = 0, \quad \frac{dy}{dt} + x = 0,$$

ist gegeben durch

$$x = C_1 \cos t + C_2 \sin t, \quad y = C_2 \cos t - C_1 \sin t.$$

Man ersetze nun analog zum Fall einer Gleichung die Konstanten C_1 und C_2 durch unbekannte Funktionen $u(t)$, $v(t)$ und erhält

$$x = u(t) \cos t + v(t) \sin t, \quad y = v(t) \cos t - u(t) \sin t. \tag{3.5.29}$$

Dies setze man in (3.5.28) ein. Es folgt

$$\frac{du}{dt}\cos t + \frac{dv}{dt}\sin t = \cos t, \quad \frac{dv}{dt}\cos t - \frac{du}{dt}\sin t = 1,$$

bzw.

$$\frac{du}{dt} = \cos^2 t - \sin t, \quad \frac{dv}{dt} = \cos t \sin t + \cos t. \tag{3.5.30}$$

Die Integration dieser Gleichungen führt auf

$$u = \frac{t}{2} + \frac{1}{2}\sin t \cos t + \cos t + K_1, \quad v = -\frac{1}{2}\cos^2 t + \sin t + K_2. \tag{3.5.31}$$

Setzt man (3.5.31) in (3.5.29) ein und bezeichnet die beliebigen Konstanten K_1 und K_2 mit C_1 sowie C_2, so erhält man die folgende Lösung für das System (3.5.28):

$$x = 1 + \frac{t}{2}\cos t + C_1 \cos t + C_2 \sin t,$$

$$y = -\frac{t}{2}\sin t - \frac{1}{2}\cos t + C_2 \cos t - C_1 \sin t.$$

Es ist bequem, die Methode der Variation der Konstanten auch in vektorieller Form darzustellen. Dazu betrachte man das System (3.5.27) in der Form

$$\mathbf{y}' + A(x)\mathbf{y} = \mathbf{f}(x). \tag{3.5.32}$$

Schreibt man die Lösung für eine inhomogene einzelne Gleichung $y' + P(x)y = Q(x)$ in der Form

$$y = Cy_1(x) + y_1(x)\int y_1^{-1}(x)Q(x)\,dx, \tag{3.2.35}$$

mit

$$y_1(x) = e^{-\int P(x)\,dx}$$

als partikuläre Lösung der zugehörigen homogenen Gleichung $y' + P(x)y = 0$, so erhält man wie in Abschnitt 3.2.7 das folgende Ergebnis:

Satz 3.5.3. *Sei $\mathbf{y}_1, \ldots, \mathbf{y}_n$ ein Fundamentalsystem von Lösungen für das homogene System*

$$\mathbf{y}' + A(x)\mathbf{y} = 0.$$

Die allgemeine Lösung für das inhomogene System (3.5.32) ist gegeben durch die Quadratur in folgendem Ausdruck

$$\mathbf{y} = C_1\mathbf{y}_1(x) + \cdots + C_n\mathbf{y}_n(x) + Y(x)\int Y^{-1}(x)\mathbf{f}(x)\,dx, \tag{3.5.33}$$

wobei $Y(x)$ eine $n \times n$ Matrix ist, die definiert ist durch

$$Y(x) = \|\mathbf{y}_1(x) \cdots \mathbf{y}_n(x)\|. \tag{3.5.34}$$

Diese Matrix heißt auch Fundamentalmatrix. $Y^{-1}(x)$ stellt die inverse Matrix hierzu dar.

Beispiel 3.5.6. Man betrachte das System (3.5.28) aus Beispiel 3.5.5. Es lässt sich vektoriell in der Form (3.5.32) schreiben:

$$\begin{pmatrix} x' \\ y' \end{pmatrix} + \begin{pmatrix} 0 & -1 \\ 1 & 0 \end{pmatrix} \begin{pmatrix} x \\ y \end{pmatrix} = \begin{pmatrix} \cos t \\ 1 \end{pmatrix}.$$

Dies ist eine zweidimensionale inhomogene vektorielle Gleichung der Form (3.5.32) mit der unabhängigen Variablen t und

$$\boldsymbol{y} = \begin{pmatrix} x \\ y \end{pmatrix}, \quad A = \begin{pmatrix} 0 & -1 \\ 1 & 0 \end{pmatrix}, \quad \boldsymbol{f}(t) = \begin{pmatrix} \cos t \\ 1 \end{pmatrix}.$$

Das Fundamentalsystem von Lösungen für das homogene System ist durch (3.5.26) gegeben. Vektoriell lautet es

$$\boldsymbol{y}_{(1)} = \begin{pmatrix} \cos t \\ -\sin t \end{pmatrix}, \quad \boldsymbol{y}_{(2)} = \begin{pmatrix} \sin t \\ \cos t \end{pmatrix}.$$

Man erhält damit die Fundamentalmatrix (3.5.34) und ihre Inverse:

$$Y = \begin{pmatrix} \cos t & \sin t \\ -\sin t & \cos t \end{pmatrix}, \quad Y^{-1} = \begin{pmatrix} \cos t & -\sin t \\ \sin t & \cos t \end{pmatrix}.$$

Für Gleichung (3.5.33) ergibt sich somit

$$\boldsymbol{y} = C_1 \begin{pmatrix} \cos t \\ -\sin t \end{pmatrix} + C_2 \begin{pmatrix} \sin t \\ \cos t \end{pmatrix}$$
$$+ \begin{pmatrix} \cos t & \sin t \\ -\sin t & \cos t \end{pmatrix} \int \begin{pmatrix} \cos t & -\sin t \\ \sin t & \cos t \end{pmatrix} \begin{pmatrix} \cos t \\ 1 \end{pmatrix} \mathrm{d}t.$$

Folglich ist

$$\int \begin{pmatrix} \cos t & -\sin t \\ \sin t & \cos t \end{pmatrix} \begin{pmatrix} \cos t \\ 1 \end{pmatrix} \mathrm{d}t = \int \begin{pmatrix} \cos^2 t - \sin t \\ \sin t \cos t + \cos t \end{pmatrix} \mathrm{d}t.$$

Das Integral auf der rechten Seite lässt sich weiter umformen (vgl. Gleichung (3.5.30)):

$$\begin{pmatrix} \int (\cos^2 t - \sin t)\,\mathrm{d}t \\ \int (\sin t \cos t + \cos t)\,\mathrm{d}t \end{pmatrix} = \begin{pmatrix} \frac{t}{2} + \frac{1}{2} \sin t \cos t + \cos t \\ -\frac{1}{2} \cos^2 t + \sin t \end{pmatrix}.$$

Setzt man dies in die obige Gleichung für $\boldsymbol{y}$ ein und ändert die beliebigen Konstanten in C_1, C_2, so erhält man die in Beispiel 3.5.5 gegebene Lösung

$$\boldsymbol{y} = C_1 \begin{pmatrix} \cos t \\ -\sin t \end{pmatrix} + C_2 \begin{pmatrix} \sin t \\ \cos t \end{pmatrix} + \frac{1}{2} \begin{pmatrix} 2 + t \cos t \\ -t \sin t - \cos t \end{pmatrix}.$$

Aufgaben zu Kapitel 3

3.1. Integriere die folgenden Gleichungen erster Ordnung:

(i) $y' = 0$,

(ii) $y' = 2xy$,

(iii) $y' = \dfrac{y}{1 + x^2}$,

(iv) $y' = y + x^2$,

(v) $y' + C_1 y + x + x^2 = 0$.

3.2. Integriere folgende Gleichungen zweiter Ordnung:

(i) $y'' = 0$,

(ii) $y'' = 2y$,

(iii) $y'' = -2y$,

(iv) $y'' = 2y'$,

(v) $y'' = y + x^2$,

(vi) $y'' = [(x + x^2)\,e^y]'$.

3.3. Integriere folgende Gleichungen dritter Ordnung:

(i) $y''' = 0$,

(ii) $y''' = y$,

(iii) $y''' + y = 0$,

(iv) $y''' = y + x^2$.

3.4. Löse die homogene Gleichung der Form $y' + y^2 = Cx^s$, wobei C und s Konstanten sind.

3.5. Beweise die gleichförmige Homogenität der Gleichung aus Beispiel 3.1.5.

3.6. Führe den Beweis von Satz 3.3.1 im Detail aus. Im Speziellen ist zu zeigen, dass die Transformation (3.3.11) die allgemeine lineare homogene Gleichung zweiter Ordnung (3.3.6) auf die einfachere Form (3.3.10) abbildet.

3.7. Prüfe, ob die folgenden Riccati-Gleichungen linearisierbar sind:

(i) $y' = 1 + y^2$,

(ii) $y' = 1 - y^2$,

(iii) $y' = x + 2xy + xy^2$,

(iv) $y' = x + y^2$,

(v) $y' = P(x) + Q(x)y + [Q(x) - P(x)]y^2$,

(vi) $y' = x + xy^2$,

(vii) $y' = P(x) + Q(x)y + [Q(x) - 2P(x)]y^2$,

(viii) $y' = x - xy^2$,

(ix) $y' = P(x) + Q(x)y + 2[Q(x) - 2P(x)]y^2$,

(x) $y' = P(x) + [1 + P(x)]y + y^2$,

(xi) $y' = P(x) + [1 + 2P(x)]y + y^2$,

(xii) $y' = \dfrac{2}{x^2} - y^2$,

(xiii) $y' = \dfrac{2}{x^2} + \dfrac{2 - x^2}{x^2}y - y^2$,

(xiv) $y' = x + (1 + x)^2 y + (1 + x + x^2)y^2$.

Dabei sind beide Eigenschaften (A) und (B) aus Satz 3.2.2 zu überprüfen.

3.8. Löse folgendes System mit den Anfangsbedingungen

$$\frac{dy^1}{dt} = y^2, \quad \frac{dy^2}{dt} = y^1, \qquad y^1|_{t=0} = x^1, \quad y^2|_{t=0} = x^2.$$

3.9. Beweise die Exaktheit des folgenden Ausdrucks und integriere ihn:

$$\left(\frac{1}{x} - \frac{y^2}{x^2}\right) dx + \frac{2y}{x} dy = 0.$$

3.10. Löse folgende Gleichung, die freie Oszillatoren für ein gedämpftes mechanisches System mit kleiner Dämpfungskraft beschreibt:

$$\frac{d^2 y}{dt^2} + 2b\frac{dy}{dt} + cy = 0,$$

b, c sind positive Konstanten mit $b^2 < c$.

3.11. Löse folgende Gleichungen

(i) $y'' + y = \tan x$,

(ii) $y'' + y = \dfrac{1}{\cos x}$,

(iii) $y'' + y = \dfrac{1}{\sin x}$.

3.12. Löse die exakte Gleichung $(ye^{xy} + \cos x) dx + xe^{xy} dy = 0$ aus Beispiel 3.2.1 unter Benutzung von (3.2.7) und (3.2.8).

3.13. Man bestimme alle Gleichungen zweiter Ordnung $f(x, y, y', y'') = 0$, die durch Differentiation auf die Form $g(x, y, y')y''' = 0$ reduziert werden können.

3.14. Löse die Euler-Gleichung $x^2 y'' + 2xy' + 4y = 0$, $x > 0$.

3.15. Löse die Gleichung

$$y'' - 3\frac{y'}{x} + 3\frac{y}{x^2} = 0.$$

4 Partielle Differentialgleichungen erster Ordnung

Partielle Differentialgleichungen erster Ordnung mit einer abhängigen Veränderlichen gehören zur Theorie der gewöhnlichen Differentialgleichungen. Den Zusammenhang zwischen diesen beiden anscheinend merklich verschiedenen Klassen von Gleichungen bilden die Charakteristiken. Außerdem ist die Kenntnis der Theorie von partiellen Differentialgleichungen erster Ordnung Voraussetzung für die Liesche Theorie.

Weiterführende Literatur: E. Goursat [9], V. I. Smirnov [36], N. H. Ibragimov [21].

4.1 Einführung

Seien $x = (x^1, \ldots, x^n)$ mit $n \geq 2$ unabhängige Variable und u die abhängige Variable. $\boldsymbol{p} = (p_1, \ldots, p_n)$ kennzeichne die partiellen Ableitungen $p_i = \partial u / \partial x^i$.

Man erinnere sich, dass Gleichungen, bei denen die Zahl der unabhängigen Variablen größer ist als die der abhängigen, partielle Differentialgleichungen heißen. Diese Gleichung nennt man von erster Ordnung, wenn die höchste Ordnung der partiellen Ableitungen, die auftritt, eins ist. Eine einzelne Differentialgleichung erster Ordnung mit einer abhängigen Veränderlichen lässt sich darstellen als

$$F(x^1, \ldots, x^n, u, p_1, \ldots, p_n) = 0. \tag{4.1.1}$$

Im Falle $n = 2$ kennzeichnen x und y die unabhängigen Veränderlichen und $p = \partial u / \partial x$, $q = \partial u / \partial y$ die partiellen Ableitungen der Funktion u nach x bzw. y. Damit kann die Gleichung (4.1.1) in der Form $F(x, y, u, p, q) = 0$ geschrieben werden. Die Lösung dieser Gleichung $u = \phi(x, y)$ definiert eine Fläche im dreidimensionalen Raum x, y, u und heißt oft auch Integralfläche. Die allgemeine lineare partielle Differentialgleichung erster Ordnung lässt sich darstellen als

$$\xi^1(x)p_1 + \cdots + \xi^n(x)p_n + c(x)u = f(x), \tag{4.1.2}$$

bzw.

$$\xi^1(x)\frac{\partial u}{\partial x^1} + \cdots + \xi^n(x)\frac{\partial u}{\partial x^n} + c(x)u = f(x). \tag{4.1.3}$$

Ist $f(x) = 0$, so nennt man (4.1.2) homogen durch Funktionen (vgl. Abschnitt 3.1.4 und 3.2.6). In der Literatur wird der Begriff homogen auf eine Gleichung der Form (4.1.2) mit $c(x) = 0$ und $f(x) = 0$ angewendet, d. h. auf Gleichungen der Form

$$\xi^1(x)p_1 + \cdots + \xi^n(x)p_n = 0. \tag{4.1.4}$$

Die allgemeine quasi-lineare Gleichung erster Ordnung besitzt die Form

$$\xi^1(x, u)p_1 + \cdots + \xi^n(x, u)p_n = g(x, u). \tag{4.1.5}$$

DOI 10.1515/9783110495522-008

4.2 Lineare homogene Gleichungen

Gegeben sei ein linearer partieller Differentialoperator erster Ordnung

$$X = \xi^1(x)\frac{\partial}{\partial x^1} + \cdots + \xi^n(x)\frac{\partial}{\partial x^n}. \qquad (4.2.1)$$

Lemma 4.2.1. *Sei $\bar{x}^i$ eine neue unabhängige Variable, die durch*

$$\bar{x}^i = \varphi^i(x), \quad i = 1, \ldots, n \qquad (4.2.2)$$

definiert ist. Dann lässt sich der Differentialoperator (4.2.1) auf die neuen Variablen transformieren. Es ergibt sich

$$\bar{X} = X(\varphi^1)\frac{\partial}{\partial \bar{x}^1} + \cdots + X(\varphi^n)\frac{\partial}{\partial \bar{x}^n}, \qquad (4.2.3)$$

mit $X(\varphi^i) = \xi^1(x)\partial\varphi^i/\partial x^1 + \cdots + \xi^n(x)\partial\varphi^i/\partial x^n$.

Beweis. Die Kettenregel für partielle Ableitungen lautet

$$\frac{\partial}{\partial x^i} = \sum_{k=1}^{n} \frac{\partial\varphi^k}{\partial x^i}\frac{\partial}{\partial \bar{x}^k}.$$

Es lässt sich leicht zeigen, dass die Substitution des obigen Ausdrucks in den Operator (4.2.1) die Form (4.2.3) erzeugt. □

Mit Hilfe dieses Operators kann die homogene lineare partielle Differentialgleichung (4.1.4) wie folgt definiert werden:

$$X(u) \equiv \xi^1(x)\frac{\partial u}{\partial x^1} + \cdots + \xi^n(x)\frac{\partial u}{\partial x^n} = 0. \qquad (4.2.4)$$

Satz 4.2.1. *Die allgemeine Lösung der Gleichung (4.2.4) besitzt die Form*

$$u = F(\psi_1(x), \ldots, \psi_{n-1}(x)), \qquad (4.2.5)$$

wobei F eine Funktion von $n-1$ Variablen und

$$\psi_1(x) = C_1, \ldots, \psi_{n-1}(x) = C_{n-1}$$

unabhängige erste Integrale des folgenden Systems von $n-1$ gewöhnlichen Differentialgleichungen sind, das charakteristische System von Gleichung (4.2.4):

$$\frac{dx^1}{\xi^1(x)} = \frac{dx^2}{\xi^2(x)} = \cdots = \frac{dx^n}{\xi^n(x)}. \qquad (4.2.6)$$

Beweis. Die durch (4.2.5) definierte Funktion u löst Gleichung (4.2.4). Mit Lemma 3.5.1 folgt $X(\psi_1) = 0, \ldots, X(\psi_{n-1}) = 0$. Gleichung (4.2.4) erhält man durch Anwendung der Kettenregel:

$$X(F(\psi_1, \ldots, \psi_{n-1})) = \frac{\partial F}{\partial \psi_1}X(\psi_1) + \cdots + \frac{\partial F}{\partial \psi_{n-1}}X(\psi_{n-1}) = 0.$$

Es muss jetzt gezeigt werden, dass jede Lösung von Gleichung (4.2.4) die Form (4.2.5) besitzt. Dazu werden neue unabhängige Variablen

$$x'^1 = \psi_1(x), \quad \ldots, \quad x'^{n-1} = \psi_{n-1}(x), \quad x'^n = \phi(x) \tag{4.2.7}$$

eingeführt, wobei $\psi_1(x), \ldots, \psi_{n-1}(x)$ die linken Seiten der $n-1$ unabhängigen ersten Integrale des charakteristischen Systems (4.2.6) sind. $\phi(x)$ ist eine beliebige Funktion, die funktional unabhängig ist von $\psi_1(x), \ldots, \psi_{n-1}(x)$. Mit Lemma 3.5.1 folgt $X(\psi_1) = \cdots = X(\psi_{n-1}) = 0$ und $X(\phi) \neq 0$. Durch Anwendung von Lemma 4.2.1 besitzt die Gleichung (4.2.4) die Form

$$X(u) = X(\phi)\frac{\partial u}{\partial x'^n} = 0,$$

woraus $\partial u/\partial x'^n = 0$ folgt. Damit ist die allgemeine Lösung eine beliebige Funktion von $x'^1, \ldots, x'^{n-1}$, d. h. $u = F(x'^1, \ldots, x'^{n-1})$. Benutzt man Gleichung (4.2.7), so erhält man die Darstellung (4.2.5) der allgemeinen Lösung. $\qquad \square$

Beispiel 4.2.1. Man löse die folgende Gleichung

$$x\frac{\partial u}{\partial x} + y\frac{\partial u}{\partial y} = 0.$$

Das charakteristische System (4.2.6) besitzt die Form $dx/x = dy/y$. Ein erstes Integral lautet $y/x = C$. Damit ist die allgemeine Lösung (4.2.5) gegeben durch $u = F(y/x)$.

Beispiel 4.2.2. Man betrachte die Gleichung

$$y\frac{\partial u}{\partial x} - x\frac{\partial u}{\partial y} = 0.$$

Die charakteristische Gleichung (4.2.6) besitzt die Form $dx/y = -dy/x$, bzw. $x\,dx + y\,dy = 0$. Die Integration liefert das erste Integral $x^2 + y^2 = C$. Damit lautet die allgemeine Lösung von (4.2.5) $u = F(x^2 + y^2)$.

4.3 Teilweise inhomogene Gleichungen

Im Folgenden betrachte man eine inhomogene Gleichung (4.1.3) der Form

$$\xi^1(x)\frac{\partial u}{\partial x^1} + \cdots + \xi^n(x)\frac{\partial u}{\partial x^n} = f(x). \tag{4.3.1}$$

Benutzt man den Operator (4.2.1), folgt für (4.3.1)

$$X(u) = f(x). \tag{4.3.2}$$

Es sei angemerkt, dass die Kenntnis einer einzelnen Lösung $u = \varphi(x)$ der inhomogenen Gleichung $X(u) = f(x)$ auf die allgemeine Lösung führt. Sei nämlich die allgemeine Lösung u von (4.3.1) durch

$$u = \varphi(x) + v \qquad (4.3.3)$$

gegeben, bei der v die allgemeine Lösung der homogenen Gleichung ist ($X(v) = 0$).

Sei also $X(\varphi(x)) = f(x)$. Dann erhält man durch Setzen von $u = v + \varphi(x)$,

$$X(u) = X(v) + X(\varphi(x)) = X(v) + f(x).$$

Es folgt $X(u) = f(x)$, genau dann, wenn $X(v) = 0$.

Die Kenntnis einer partikulären Lösung $\varphi(x)$ von Gleichung (4.3.1) erlaubt es, die Integration einer inhomogenen linearen partiellen Differentialgleichung (4.3.1) auf die Integration der homogenen Gleichung zu reduzieren bzw. äquivalent dazu auf die Bestimmung von $n - 1$ unabhängigen ersten Integralen des charakteristischen Systems (4.2.6). Im Allgemeinen ist es keine einfache Angelegenheit, eine Lösung $\varphi(x)$ zu bestimmen. Aber trotzdem lässt sich in speziellen Fällen die gewünschte partikuläre Lösung erzeugen, wie das folgende Beispiel zeigt:

Beispiel 4.3.1. Man löse die Gleichung (4.3.1), wenn eine der Funktionen ξ^i und die Funktion f nur von einer einzelnen Variablen x^i abhängen, d. h.

$$\xi^1(x^1)\frac{\partial u}{\partial x^1} + \xi^2(x^1, \dots, x^n)\frac{\partial u}{\partial x^2} + \cdots + \xi^n(x^1, \dots, x^n)\frac{\partial u}{\partial x^n} = f(x^1). \qquad (4.3.4)$$

Man erhält leicht eine partikuläre Lösung von Gleichung (4.3.4) durch $u = \varphi(x^1)$. Setzt man dies in (4.3.4) ein, so erhält man die gewöhnliche Differentialgleichung

$$\xi^1(x^1)\frac{d\varphi}{dx^1} = f(x^1).$$

Eine anschließend durchgeführte Quadratur liefert

$$\varphi(x^1) = \int \frac{f(x^1)}{\xi^1(x^1)}\, dx^1.$$

Die allgemeine Lösung ist damit durch (4.3.3) gegeben.

Beispiel 4.3.2. Betrachtet wird die Gleichung mit den unabhängigen Variablen x und y der Form

$$x^2\frac{\partial u}{\partial x} + xy\frac{\partial u}{\partial y} = 1.$$

Sie besitzt das Aussehen (4.3.4) mit $\xi^1 = x^2$ und $f = 1$. Folglich kann man eine Lösung der Form $u = \varphi(x)$ suchen. Die betrachtete Gleichung reduziert sich damit auf die gewöhnliche Differentialgleichung $x^2\, d\varphi/dx = 1$, woraus man durch Ignorieren der Integrationskonstanten die partikuläre Lösung $\varphi = -1/x$ erhält. Das zugehörige System (4.2.6) lautet damit

$$\frac{dx}{x^2} = \frac{dy}{xy}.$$

und besitzt das erste Integral

$$\frac{y}{x} = C.$$

Damit ergibt sich für die allgemeine Lösung (4.3.3)

$$u = -\frac{1}{x} + F\left(\frac{y}{x}\right).$$

Beispiel 4.3.3. Man betrachte die Gleichung

$$y\frac{\partial u}{\partial x} - x\frac{\partial u}{\partial y} = y.$$

Nach der Division durch y folgt die Form (4.3.4) mit $\xi^1 = 1$ und $f = 1$. Sei $u = \varphi(x)$, so folgt $d\varphi/dx = 1$ mit der partikulären Lösung $\varphi = x$. Die allgemeine Lösung der zugehörigen homogenen Gleichung (vgl. Beispiel 4.2.2) ist gegeben durch $v = F(x^2 + y^2)$ und damit lautet die allgemeine Lösung für die inhomogene Gleichung

$$u = x + F(x^2 + y^2).$$

Beispiel 4.3.4. Die allgemeine Lösung der inhomogenen Gleichung

$$x^1\frac{\partial u}{\partial x^1} + \cdots + x^n\frac{\partial u}{\partial x^n} = 1$$

hat die Form

$$u = \ln|x^n| + F(x^1/x^n, x^2/x^n, \ldots, x^{n-1}/x^n).$$

4.4 Quasi-lineare Gleichungen

Beliebige inhomogene Gleichungen der Form (4.1.3) lassen sich durch Anwendung der allgemeinen Methode zur Lösung quasi-linearer Gleichungen bearbeiten, wie sie hier besprochen wird. Es wird gezeigt, dass sich die allgemeine quasi-lineare Gleichung (4.1.5) mit n unabhängigen Variablen

$$\xi^1(x, u)\frac{\partial u}{\partial x^1} + \cdots + \xi^n(x, u)\frac{\partial u}{\partial x^n} = g(x, u), \tag{4.4.1}$$

bzw. eine beliebige inhomogene Gleichung (4.1.3) auf eine lineare homogene Gleichung mit $n + 1$ Variablen reduzieren lässt.

Sei u eine implizite Funktion von $x = (x^1, \ldots, x^n)$ und u, definiert durch

$$V(x^1, \ldots, x^n, u) = 0. \tag{4.4.2}$$

V sei eine unbekannte Funktion mit den $n + 1$ Variablen $x^1, \ldots, x^n$ und u. Differenziert man (4.4.2) mit Hilfe des totalen Differentials

$$D_i = \frac{\partial}{\partial x^i} + p_i\frac{\partial}{\partial u}, \tag{4.4.3}$$

so erhält man

$$D_i V \equiv \frac{\partial V}{\partial x^i} + p_i \frac{\partial V}{\partial u} = 0, \quad i = 1, \dots, n,$$

woraus sich

$$p_i = -\frac{\partial V / \partial x^i}{\partial V / \partial u}, \quad i = 1, \dots, n \tag{4.4.4}$$

ergibt. Setzt man diesen Ausdruck (4.4.4) für p_i in Gleichung (4.4.1) ein, so erhält man die homogene lineare Gleichung

$$\xi^1(x, u) \frac{\partial V}{\partial x^1} + \cdots + \xi^n(x, u) \frac{\partial V}{\partial x^n} + g(x, u) \frac{\partial V}{\partial u} = 0 \tag{4.4.5}$$

für die unbekannte Funktion V in $n + 1$ Variablen $x^1, \dots, x^n$ und u. Man wende nun Satz 4.2.1 auf diese lineare Gleichung (4.4.5) an und erhält:

Satz 4.4.1. *Die allgemeine Lösung der quasi-linearen Gleichung (4.4.1) ist in impliziter Form definiert durch*

$$V(x, u) = \Phi\left(\psi_1(x, u), \dots, \psi_n(x, u)\right) \tag{4.4.6}$$

mit der beliebigen Funktion Φ von n Variablen, so dass $\partial V / \partial u \neq 0$. Ferner ist

$$\psi_1(x, u) = C_1, \dots, \psi_n(x, u) = C_n$$

eine linear unabhängige Menge von ersten Integralen des Systems

$$\frac{dx^1}{\xi^1(x, u)} = \frac{dx^2}{\xi^2(x, u)} = \cdots = \frac{dx^n}{\xi^n(x, u)} = \frac{du}{g(x, u)}. \tag{4.4.7}$$

Dieses System heißt charakteristisches System der quasi-linearen Gleichung (4.4.1).

Beispiel 4.4.1. Diese Methode soll auf die Gleichung

$$y \frac{\partial u}{\partial x} - x \frac{\partial u}{\partial y} = 1. \tag{4.4.8}$$

angewendet werden. Es ist $g(x, y, u) = 1$. Damit lautet das charakteristische System (4.4.7)

$$\frac{dx}{y} = -\frac{dy}{x} = \frac{du}{1}.$$

Für dieses System heißt es nun zwei unabhängige erste Integrale zu finden. Die erste Gleichung $x\,dx + y\,dy = 0$ ergibt $x^2 + y^2 = a^2 = $ const. Auf Grund dieses Ergebnisses lässt sich die zweite Gleichung schreiben als

$$du + \frac{dy}{\sqrt{a^2 - y^2}} = 0,$$

woraus sich nach Integration $u + \arcsin(y/a) = C$ ergibt. Benutzt man Gleichung (3.5.11), so folgt $u + \arctan(y/x) = C$. Die zwei ersten Integrale besitzen demnach die Form

$$\psi_1 \equiv x^2 + y^2 = C_1, \quad \psi_2 \equiv u + \arctan(y/x) = C_2.$$

Die allgemeine Lösung der zugehörigen Gleichung (4.4.5)

$$y\frac{\partial V}{\partial x} - x\frac{\partial V}{\partial y} + \frac{\partial V}{\partial u} = 0$$

lautet damit unter Berücksichtigung von (4.4.6):

$$V = \Phi(\psi_1, \psi_2) \equiv \Phi(x^2 + y^2, u + \arctan(y/x)).$$

Die Gleichung (4.4.2) liefert hier

$$\Phi(x^2 + y^2, u + \arctan(y/x)) = 0.$$

Ist $\partial\Phi/\partial\psi_2 \neq 0$, lässt sich die letzte Gleichung nach u auflösen und man erhält die Lösung in expliziter Form

$$u = -\arctan(y/x) + F(x^2 + y^2). \tag{4.4.9}$$

Bemerkung 4.4.1. In Polarkoordinaten, die durch

$$x = r\cos\theta, \quad y = r\sin\theta, \tag{4.4.10}$$

bzw.

$$r = \sqrt{x^2 + y^2}, \quad \theta = \arctan(y/x),$$

definiert sind, ergibt sich für die Lösung (4.4.9) $u = -\theta + f(r)$. Dies motiviert, diese Koordinaten zu benutzen. Man hat damit

$$\frac{\partial u}{\partial x} = \frac{\partial r}{\partial x}\frac{\partial u}{\partial r} + \frac{\partial \theta}{\partial x}\frac{\partial u}{\partial \theta}, \quad \frac{\partial u}{\partial y} = \frac{\partial r}{\partial y}\frac{\partial u}{\partial r} + \frac{\partial \theta}{\partial y}\frac{\partial u}{\partial \theta}.$$

Setzt man

$$\frac{\partial r}{\partial x} = \frac{x}{r}, \quad \frac{\partial r}{\partial y} = \frac{y}{r}, \quad \frac{\partial \theta}{\partial x} = -\frac{y}{r^2}, \quad \frac{\partial \theta}{\partial y} = \frac{x}{r^2},$$

so folgt

$$\frac{\partial u}{\partial x} = \frac{x}{r}\frac{\partial u}{\partial r} - \frac{y}{r^2}\frac{\partial u}{\partial \theta}, \quad \frac{\partial u}{\partial y} = \frac{y}{r}\frac{\partial u}{\partial r} + \frac{x}{r^2}\frac{\partial u}{\partial \theta}.$$

Gleichung (4.4.8) reduziert sich damit auf $\partial u/\partial\theta = -1$ und $u = -\theta + f(r)$.

Beispiel 4.4.2. Man betrachte die Transportgleichung der Form $u_t + uu_x = 0$, bekannt auch als Hopf-Gleichung. Das charakteristische System (4.4.7) lautet damit

$$\frac{dt}{1} = \frac{dx}{u} = \frac{du}{0}.$$

Aus dem letzten Term folgt als erstes Integral $u = C_1$. Auf Grund dieses ersten Integrals reduziert sich das charakteristische System auf $dx - C_1\,dt = 0$, und damit folgt $x - C_1 t = C_2$. Es ergeben sich somit folgende zwei erste Integrale:

$$u = C_1 \quad \text{und} \quad x - tu = C_2.$$

Damit ist $V = \Phi(u, x - tu)$, und die Lösung für die Hopf-Gleichung lautet implizit mit Gleichung (4.4.2):

$$\Phi(u, x - tu) = 0 \quad \text{oder} \quad u = F(x - tu).$$

4.5 Systeme homogener Gleichungen

Werden einige Gleichungen der Form (4.1.2) für einige abhängige Variablen u gemeinsam betrachtet, so bilden sie ein System (oder auch simultanes System) von linearen partiellen Differentialgleichungen erster Ordnung. Da mehrere Gleichungen für nur eine abhängige Variable vorliegen, spricht man auch von einem überbestimmten System.

Im Folgenden wird ein System von homogenen Gleichungen betrachtet, dass ein simultanes System der Form (4.1.4) bildet. Nach Einführung von r Differentialoperatoren der Form (4.2.1),

$$X_\alpha = \xi_\alpha^1(x)\frac{\partial}{\partial x^1} + \cdots + \xi_\alpha^n(x)\frac{\partial}{\partial x^n}, \quad \alpha = 1,\ldots,r, \tag{4.5.1}$$

lässt sich das System linearer homogener Gleichungen in der kompakten Form

$$X_1(u) = 0,\ldots,X_r(u) = 0 \tag{4.5.2}$$

schreiben. Dieses System (4.5.2) besitzt die triviale Lösung $u = \text{const}$, die nicht weiter von Interesse ist. Des weiteren ist offensichtlich, dass jede Gleichung mit einer Funktion von x multipliziert werden kann. Löst damit eine Funktion $u = u(x)$ s Gleichungen

$$X_\alpha(u) = 0, \quad \alpha = 1,\ldots,s \le r,$$

so erfüllt auch jede Linearkombination mit jedem variablen Koeffizienten $\lambda^\alpha(x)$ die Gleichungen

$$\sum_{\alpha=1}^s \lambda^\alpha(x)X_\alpha(u) = 0.$$

Dies führt auf folgende Definition:

Definition 4.5.1. Die Differentialoperatoren $X_1,\ldots,X_s$ heißen gekoppelt, wenn Funktionen $\lambda^\alpha(x)$ existieren, die von Null verschieden sind, so dass gilt

$$\lambda^1(x)X_1 + \cdots + \lambda^s(x)X_s = 0. \tag{4.5.3}$$

Diese Gleichung ist als Operatoridentität in einer Umgebung eines gewöhnlichen x zu verstehen.

Folgt aus (4.5.3) $\lambda^1 = \cdots = \lambda^s = 0$, so heißen die zugehörigen Operatoren nicht zusammenhängend. Im letzteren Fall nennt man die zugehörigen Differentialgleichungen $X_1(u) = 0,\ldots,X_s(u) = 0$ unabhängig.

Sei nun Z_α eine Linearkombination von Operatoren (4.5.1):

$$Z_\alpha = \sum_{\beta=1}^r h_\alpha^\beta(x)X_\beta, \quad \alpha = 1,\ldots,r,$$

mit variablen Koeffizienten $h_\alpha^\beta(x)$, deren Determinante $|h_\alpha^\beta(x)|$ ungleich Null ist. Das zugehörige System linearer Gleichungen

$$Z_1(u) = 0, \ldots, Z_r(u) = 0 \tag{4.5.4}$$

besitzt die gleiche Lösungsmenge wie das ursprüngliche System (4.5.2).

Definition 4.5.2. Die Systeme (4.5.2) und (4.5.4) wie auch die zugehörigen Operatoren X_α und Z_α heissen äquivalent.

Lemma 4.5.1. *Die Zahl r_* nicht zusammenhängender Operatoren unter allen Operatoren (4.5.1) ist gleich dem Rang der $r \times n$-Matrix ihrer Koeffizienten:*

$$r_* = \mathrm{rank}\|\xi_\alpha^i(x)\|, \tag{4.5.5}$$

wobei α und i Zeilen und Spalten kennzeichnen. Die Zahl r_* ist auch die gleiche für äquivalente Operatoren Z_α.

Nach Lemma 4.5.1 lässt sich jedes System von r linearen homogenen Gleichungen durch ein System von r_* unabhängigen Gleichungen ersetzen. Damit ist einleuchtend, dass nicht mehr als n Gleichungen unabhängig sein können. Ist außerdem $r = n$ und die Operatoren (4.5.1) sind nicht zusammenhängend (d. h. $r_* = r = n$), dann besitzt die Koeffizientendeterminante $\xi_\alpha^i(x)$ einen Wert ungleich Null. In diesem Fall besitzt das System (4.5.2) eine triviale Lösung $u = const$. Damit ist die notwendige Bedingung für die Existenz einer nicht-trivialen Lösung $r_* < n$. Aber diese Bedingung ist nicht hinreichend für die Existenz nicht-trivialer Lösungen.

Beispiel 4.5.1. Das System

$$X_1(u) \equiv z\frac{\partial u}{\partial y} - y\frac{\partial u}{\partial z} = 0, \quad X_2(u) \equiv y\frac{\partial u}{\partial x} + z\frac{\partial u}{\partial y} = 0$$

wird aus zwei unabhängigen Gleichungen gebildet, da die Operatoren X_1 und X_2 Ableitungen nach verschiedenen Variablen beinhalten. Die Integration der ersten Gleichungen des Systems ergibt $u = v(x, \rho)$ mit $\rho = \sqrt{y^2 + z^2}$. Substituiert man dieses Ergebnis in die zweite Gleichung, so folgt

$$\rho\frac{\partial v}{\partial x} + z\frac{\partial v}{\partial \rho} = 0.$$

Da v die Variable z nicht explizit enthält, folgt

$$\frac{\partial v}{\partial \rho} = 0 \quad \text{und} \quad \frac{\partial v}{\partial x} = 0.$$

Damit ist $u = v = const$. Das untersuchte System besitzt also keine nicht-trivialen Lösungen, obwohl $r_* = r = 2$ kleiner ist als die Zahl $n = 3$ unabhängiger Variablen x, y, z.

Um nun den wahren Sachverhalt hier zu erkennen, benötigt man die Eigenschaft eines vollständigen Systems. Ist $u = u(x)$ eine Lösung von (4.5.2), dann löst es auch die Gleichungen $X_\alpha(X_\beta(u)) = 0$ für jeden Wert der Indizes α und β. Damit ist u auch Lösung des folgenden Systems erster Ordnung

$$X_\alpha(X_\beta(u)) - X_\beta(X_\alpha(u)) \equiv \sum_{i=1}^{n}(X_\alpha(\xi_\beta^i) - X_\beta(\xi_\alpha^i))\frac{\partial u}{\partial x^i} = 0.$$

Mit anderen Worten annulliert u mit den Operatoren (4.5.1) auch alle Kommutatoren, die wie folgt definiert sind:

Definition 4.5.3. Der Kommutator zweier Operatoren X_α und X_β der Form (4.5.1) ist ein Differentialoperator erster Ordnung $[X_\alpha, X_\beta]$, der definiert ist durch

$$[X_\alpha, X_\beta] = X_\alpha X_\beta - X_\beta X_\alpha.$$

Äquivalent hierzu lautet er unter Einbeziehung seiner Koeffizienten

$$[X_\alpha, X_\beta] = \sum_{i=1}^{n}(X_\alpha(\xi_\beta^i) - X_\beta(\xi_\alpha^i))\frac{\partial}{\partial x^i}. \tag{4.5.6}$$

Damit löst jede Lösung der Gleichung (4.5.2) auch die Gleichung

$$[X_\alpha, X_\beta](u) = 0.$$

Folglich besitzt man die Alternativen:

Entweder sind einige Kommutatoren (4.5.6) unabhängig von den ursprünglichen Operatoren (4.5.1) oder die Kommutatoren (4.5.6) sind Linearkombinationen mit variablen Koeffizienten von Operatoren (4.5.1). Der letzte Fall bedeutet, dass die kombinierte Menge von Operatoren (4.5.1) und (4.5.6) zusammenhängend ist.

Im ersten Fall sollte man das erweitere System von Differentialgleichungen erster Ordnung betrachten, das die Operatoren (4.5.1) mit allen unabhängigen Kommutatoren kombiniert. Dann lassen sich obige Rechenmethoden auf dieses neue System anwenden. Fährt man auf diese Weise fort, so gelangt man schließlich zum zweiten Fall und erreicht die Situation eines vollständigen Systems.

Definition 4.5.4. Sei (4.5.2) ein System unabhängiger Gleichungen. Dieses heißt ein vollständiges System, wenn alle Kommutatoren (4.5.6) von den Operatoren (4.5.1) abhängen:

$$[X_\alpha, X_\beta] = \sum_{\gamma=1}^{r} h_{\alpha\beta}^{\gamma}(x)X_\gamma. \tag{4.5.7}$$

Ist $h_{\alpha\beta}^{\gamma}(x) = 0$, d. h. verschwinden alle Kommutatoren des Operators (4.5.1), so liegt ein spezieller Fall vor, der Jacobi-System genannt wird.

Das Gleichungssystem $X_1(u) = 0$, $X_2(u) = 0$ aus Beispiel 4.5.1 ist nicht vollständig. Die Lösungsstrategie hat damit eine neue Gleichung zur Folge und das zugehörige vollständige System ist selbsterzeugend.

Ist das System (4.5.2) vollständig, so ist jedes äquivalente System (4.5.4) ebenfalls vollständig. Außerdem ist jedes vollständige System äquivalent zu einem Jacobi-System. Um die Integration eines vollständigen Systems zu zeigen, betrachte man ein weiteres Beispiel:

Beispiel 4.5.2. Man untersuche die Gleichungen $X_1(u) = 0$, $X_2(u) = 0$ mit den Operatoren

$$X_1 = z\frac{\partial}{\partial y} - y\frac{\partial}{\partial z}, \quad X_2 = \frac{\partial}{\partial x} + t\frac{\partial}{\partial y} + y\frac{\partial}{\partial t}.$$

Der Kommutator dieser beiden Operatoren liefert $[X_1, X_2] = X_3$ mit

$$X_3 = t\frac{\partial}{\partial z} + z\frac{\partial}{\partial t}.$$

Diese drei Gleichungen $X_1(u) = 0$, $X_2(u) = 0$ und $X_3(u) = 0$ bilden ein vollständiges System, da

$$[X_1, X_2] = X_3, \quad [X_1, X_3] = -\left(\frac{t}{z}X_1 + \frac{y}{z}X_3\right), \quad [X_2, X_3] = -X_1.$$

Die Gleichung $X_1(u) = 0$ liefert $u = v(x, t, \rho)$ mit $\rho = \sqrt{y^2 + z^2}$. Damit reduziert sich $X_3(u) = 0$ auf

$$t\frac{\partial v}{\partial \rho} + \rho\frac{\partial v}{\partial t} = 0,$$

wobei $v = w(x, \lambda)$ mit $\lambda = \rho^2 - t^2 = y^2 + z^2 - t^2$. Die letzte Gleichung $X_2(u) = 0$ reduziert sich auf $\partial w/\partial x = 0$. Damit ist

$$u = \phi(y^2 + z^2 - t^2).$$

Aufgaben zu Kapitel 4

4.1. Man bestimme erste Integrale und die allgemeine Lösung des Systems

$$\frac{dx}{dt} = x^2, \quad \frac{dy}{dt} = xy.$$

4.2. Man bestimme ein erstes Integral $\psi(x, y) = C$

(i) für die Gleichung $\frac{dx}{2y} = \frac{dy}{3x^2}$,

(ii) für die Lotka–Volterra-Gleichung (2.2.4).

4.3. Man löse die homogenen linearen Gleichungen

(i) $x^1\frac{\partial u}{\partial x^1} + \cdots + x^n\frac{\partial u}{\partial x^n} = 0$,

(ii) $y\frac{\partial u}{\partial x} - x\frac{\partial u}{\partial y} = 0$,

(iii) $y\dfrac{\partial u}{\partial x} + x\dfrac{\partial u}{\partial y} = 0,$

(iv) $2y\dfrac{\partial u}{\partial x} + 3x^2\dfrac{\partial u}{\partial y} = 0.$

4.4. Man löse die inhomogene lineare Gleichung

$$x\frac{\partial u}{\partial x} + 2y\frac{\partial u}{\partial y} - 2z\frac{\partial u}{\partial z} = 1.$$

4.5. Man löse die Gleichungen

(i) $y\dfrac{\partial u}{\partial x} - x\dfrac{\partial u}{\partial y} = x,$

(ii) $y\dfrac{\partial u}{\partial x} - x\dfrac{\partial u}{\partial y} = yg(x),$

(iii) $y\dfrac{\partial u}{\partial x} - x\dfrac{\partial u}{\partial y} = xh(y),$

wobei $g(x)$ und $h(y)$ beliebige Funktionen sind.

4.6. Zeige, dass $u + \arctan(y/x) = C$ ein erstes Integral für das System

$$\frac{dx}{y} = -\frac{dy}{x} = du$$

ist.

4.7. Man löse die Gleichung

$$y\frac{\partial u}{\partial x} - x\frac{\partial u}{\partial y} = x^2.$$

4.8. Man löse die folgende lineare Gleichung

$$x^1\frac{\partial u}{\partial x^1} + \cdots + x^n\frac{\partial u}{\partial x^n} = \sigma u, \quad \sigma = \text{const} \neq 0.$$

4.9. Man untersuche das System

$$X_1(u) \equiv z\frac{\partial u}{\partial y} - y\frac{\partial u}{\partial z} = 0, \quad X_2(u) \equiv y\frac{\partial u}{\partial x} + z\frac{\partial u}{\partial y} = 0.$$

4.10. Man löse das System bestehend aus den drei Gleichungen

$$X_1(u) \equiv z\frac{\partial u}{\partial y} - y\frac{\partial u}{\partial z} = 0,$$

$$X_2(u) \equiv x\frac{\partial u}{\partial z} - z\frac{\partial u}{\partial x} = 0,$$

$$X_3(u) \equiv y\frac{\partial u}{\partial x} - x\frac{\partial u}{\partial y} = 0$$

für die unabhängigen Variablen x, y, z.

4.11. Man betrachte das folgende System bestehend aus zwei linearen Gleichungen für die vier unabhängigen Variablen t, x, y, z:

$$t\frac{\partial u}{\partial t} - \frac{\partial u}{\partial z} = 0, \quad \sin x\frac{\partial u}{\partial x} - \cos x\frac{\partial u}{\partial y} + 2\cos x\frac{\partial u}{\partial z} = 0.$$

Ist dieses System vollständig? Man löse dieses Gleichungssystem.

4.12. Man zeige, dass $F(u, x - tu) = 0$ eine implizite Lösung der Gleichung $u_t + uu_x = 0$ ist.

4.13. Man löse

$$\frac{\partial u}{\partial x} + y\frac{\partial u}{\partial z} = 0, \quad \frac{\partial u}{\partial y} + x\frac{\partial u}{\partial z} = 0.$$

5 Lineare partielle Differentialgleichungen zweiter Ordnung

Dieses Kapitel beinhaltet hauptsächlich partielle Differentialgleichungen zweiter Ordnung mit zwei unabhängigen Veränderlichen. Der Schwerpunkt liegt hierbei auf ihrer Klassifikation und den Lösungsmethoden. Es soll ferner darauf hingewiesen werden, dass zur Vorbereitung der Abschnitt 1.1.4 gelesen werden sollte.

Weiterführende Literatur: R. Courant und D. Hilbert [4], A. Sommerfeld [38], G. F. D. Duff [6], S. L. Sobolev [37], J. Hadamard [12], A. N. Tikhonov und A. A. Samarskii [39], I. G. Petrovsky [33].

5.1 Gleichungen mit mehreren Variablen

5.1.1 Klassifikation an einem festen Punkt

Eine allgemeine partielle Differentialgleichung zweiter Ordnung mit einer abhängigen Variablen u und n unabhängigen Variablen $x = (x^1, \ldots, x^n)$ ist von der Form

$$a^{ij}(x)u_{ij} + b^i(x)u_i + c(x)u = f(x), \tag{5.1.1}$$

wobei die herkömmliche Notation $u_i = \partial u / \partial x^i$, $u_{ij} = \partial^2 u / \partial x^i \partial x^j$ für partielle Ableitungen verwendet wird. Gemäß der Summenkonvention (Abschnitt 1.2.3) ist die Summation über $i, j = 1, \ldots, n$ zu betrachten. Die Koeffizienten $a^{ij}(x)$ werden als symmetrisch vorausgesetzt, d. h. $a^{ij}(x) = a^{ji}(x)$.

Gleichung (5.1.1) heißt homogen durch Funktionen genau dann, wenn $f(x) = 0$ (vgl. Abschnitt 3.1.4). Folglich nennt man Gleichung (5.1.1) homogen, wenn $f(x) = 0$ und inhomogen sonst (Abschnitt 3.2.6). Damit besitzt eine homogene lineare partielle Differentialgleichung zweiter Ordnung die Form

$$a^{ij}(x)u_{ij} + b^i(x)u_i + c(x)u = 0. \tag{5.1.2}$$

Die linke Seite der Gleichung (5.1.1) lässt sich auch in der Form

$$L[u] = a^{ij}(x)u_{ij} + b^i(x)u_i + cu \tag{5.1.3}$$

darstellen, wobei L einen linearen Differentialoperator zweiter Ordnung darstellt, der durch

$$L = a^{ij}(x)D_iD_j + b^i(x)D_i + c(x) \tag{5.1.4}$$

gegeben ist.

DOI 10.1515/9783110495522-009

Der sogenannte Hauptteil von L, also der Teil, der die zweiten Ableitungen enthält, lässt sich durch eine Variablentransformation $\bar{x}^i = \bar{x}^i(x)$ vereinfachen. Die Differentiationen D_i und $\bar{D}_k$ bezüglich x und $\bar{x}$ sind miteinander über

$$D_i = \frac{\partial \bar{x}^k}{\partial x^i} \bar{D}_k$$

verknüpft. Damit wird

$$L = \bar{a}^{kl} \bar{D}_k \bar{D}_l + \cdots$$

mit

$$\bar{a}^{kl} = \frac{\partial \bar{x}^k}{\partial x^i} \frac{\partial \bar{x}^l}{\partial x^j} a^{ij}. \tag{5.1.5}$$

Man betrachte nun einen festen Punkt $x_0 = (x_0^1, \ldots, x_0^n)$ und führe ferner noch eine quadratische Form in den Variablen $\mu = (\mu_1, \ldots, \mu_n)$ ein:

$$K(\mu) = a_0^{ij} \mu_i \mu_j. \tag{5.1.6}$$

a_0^{ij} sind in diesem Fall die konstanten Koeffizienten $a_0^{ij} = a^{ij}(x_0)$. Man betrachte eine lineare Transformation

$$\mu_i = \alpha_i^k \bar{\mu}_k, \quad i = 1, \ldots, n \tag{5.1.7}$$

unter der Voraussetzung, dass sie invertierbar ist. Das heißt, ihre Determinante $|\alpha_i^k|$ besitzt einen Wert ungleich Null. Diese Transformation (5.1.7) überführt die quadratische Form (5.1.6) auf

$$K(\bar{\mu}) = a_0^{ij} \alpha_i^k \alpha_j^l \bar{\mu}_k \bar{\mu}_l. \tag{5.1.8}$$

Aus der linearen Algebra ist bekannt, dass Transformationen (5.1.7) existieren, die die quadratische Form (5.1.6) in eine Summe von Quadraten abbilden, d. h.

$$K(\bar{\mu}) = \sum_{i=1}^{n} \varepsilon_i \bar{\mu}_i^2. \tag{5.1.9}$$

Hierbei ist ε_i entweder ± 1 oder 0. Man vergleiche nun die Ausdrücke (5.1.5) und (5.1.8) miteinander und setze

$$\frac{\partial \bar{x}^k}{\partial x^i} = \alpha_i^k$$

mit

$$\bar{x}^k = \alpha_i^k x^i, \quad k = 1, \ldots, n. \tag{5.1.10}$$

Die Integration dieser Gleichung liefert einen linearen Ausdruck zur Transformation. Es ergibt sich damit folgender

Satz 5.1.1. *In einem festen Punkt x_0 lässt sich Gleichung (5.1.2) durch eine lineare Transformation (5.1.10) auf die Form*

$$\sum_{i=1}^{n} \varepsilon_i \frac{\partial^2 u}{\partial (\bar{x}^i)^2} + \cdots = 0 \tag{5.1.11}$$

abbilden. Diese Gleichung nennt man kanonische Form oder Standardform der Gleichung (5.1.2).

Besitzen nun alle ε_i dasselbe Zeichen, z. B. +1, so wird die Gleichung (5.1.2) als elliptisch bezeichnet. Sind alle Zeichen −1, so lässt sich (5.1.2) mit −1 durchmultiplizieren.

Ist keiner der ε_i Null und einige von ihnen +1, andere wiederum −1, so heißt (5.1.2) vom hyperbolischen Typ. Von diesen Gleichungen findet man in den meisten Anwendungen den normalen hyperbolischen Typ. Dieser ist dadurch gekennzeichnet, dass nur eines der ε_i positiv bzw. negativ ist.

Sind einige der ε_i in (5.1.2) Null, so spricht man vom parabolischen Typ.

Diese Nomenklatur lässt sich auch auf inhomogene Gleichungen (5.1.1) anwenden.

Gleichungen mit variablen Koeffezienten a^{ij} können auch von unterschiedlichem Typ an unterschiedlichen Stellen x sein. Es ist somit unmöglich, eine Transformation zu finden, die nicht nur in einem festen Punkt definiert ist, sondern in einem gewissen Bereich, der die Gleichung (5.1.2) auf die kanonische Form in ganzen Gebieten transformiert. Dies ist nur möglich, wenn (5.1.2) in mehreren Veränderlichen konstante Koeffizienten besitzt, oder wenn ein Koordinatensystem existiert, in dem alle a^{ij} konstant sind. Die einzige Ausnahme wird durch Gleichung (5.1.2) mit zwei unabhängigen Variablen gebildet (vgl. Abschnitt 5.2).

5.1.2 Adjungierte lineare Differentialoperatoren

Das Konzept der adjungierten Operatoren, wie es weiter unten definiert ist, spielt eine wichtige Rolle in Theorie und Anwendung linearer Differentialgleichungen.

Definition 5.1.1. Sei L ein linearer Differentialoperator beliebiger Ordnung. Ein linearer Differentialoperator L^* heißt der zu L adjungierte Operator, wenn

$$v L[u] - u L^*[v] = D_i(p^i) \equiv \operatorname{div} P \qquad (5.1.12)$$

gilt für alle u und v. Hierbei ist $P = (p^1, \dots, p^n)$ ein Vektorfeld mit den Komponenten $p^i(x)$. Die Gleichung $L^*[v] = 0$ nennt man die zur Gleichung $L[u] = 0$ adjungierte Gleichung.

Es lässt sich zeigen, dass der adjungierte Operator L^* eindeutig durch Gleichung (5.1.12) bestimmt ist. Diese Aussage soll im Falle eines Operators zweiter Ordnung (5.1.4)

$$L = a^{ij}(x)D_iD_j + b^i(x)D_i + c(x)$$

bestätigt werden.

Satz 5.1.2. *Der zu L adjungierte Operator L^* ist eindeutig bestimmt und besitzt die Form*

$$L^*[v] = D_iD_j(a^{ij}v) - D_i(b^iv) + cv. \qquad (5.1.13)$$

Beweis. Grundlegende Idee für den Beweis ist die Betrachtung des Ausdruckes $vL[u]$ und die Ableitung von u nach v zu überführen. Es ist

$$vL[u] = va^{ij}D_iD_ju + vb^iD_iu + cuv$$
$$= D_i(va^{ij}D_ju) - D_i(va^{ij})D_ju + D_i(vb^iu) - uD_i(vb^i) + ucv.$$

Der Term $-D_i(va^{ij})D_ju$ lässt sich in der Form

$$-D_i(va^{ij})D_ju = -D_j(uD_i(va^{ij})) + uD_iD_j(a^{ij}v)$$

schreiben. Man vertausche bei dem ersten Ausdruck auf der rechten Seite i und j und berücksichtige, dass $a^{ij} = a^{ji}$ ist. Es folgt

$$-D_i(va^{ij})D_ju = -D_i(uD_j(va^{ij})) + uD_iD_j(a^{ij}v).$$

Benutzt man außerdem noch $D_ju = u_j$, so folgt

$$vL[u] = u\{D_iD_j(a^{ij}v) - D_i(b^iv) + cv\} + D_i\{a^{ij}vu_j + b^iuv - uD_j(a^{ij}v)\}.$$

Es ergibt sich, dass der adjungierte Operator durch (5.1.13) definiert ist und der Gleichung (5.1.12) mit

$$p^i = a^{ij}vu_j + b^iuv - uD_j(a^{ij}v) \tag{5.1.14}$$

genügt. □

Bemerkung 5.1.1. Die Definition des adjungierten Operators lässt sich auf Systeme von Differentialgleichungen übertragen; d. h. im Falle eines Gleichungssystems zweiter Ordnung, in dem u in (5.1.3) ein m-dimensionaler Vektor und die Koeffizienten $a^{ij}(x)$, $b^i(x)$ sowie $c(x)$ des Operators (5.1.4) $m \times m$-Matrizen sind.

Definition 5.1.2. Ein Operator L nennt man selbstadjungiert, wenn

$$L[u] = L^*[u] \tag{5.1.15}$$

für jede Funktion $u(x)$ gilt. Dann heißt die Gleichung $L[u] = 0$ selbstadjungiert.

Satz 5.1.3. *Der Operator (5.1.4) mit* $L = a^{ij}(x)D_iD_j + b^i(x)D_i + c(x)$ *ist selbstadjungiert genau dann, wenn*

$$b^i(x) = D_j(a^{ij}(x)), \quad i = 1, \ldots, n. \tag{5.1.16}$$

Beweis. Der Ausdruck (5.1.13) für den selbstadjungierten Operator L^* lässt sich in der Form

$$L^*[v] = a^{ij}v_{ij} + (2D_j(a^{ij}) - b^i)v_i + (c - D_i(b^i) + D_iD_j(a^{ij}))v \tag{5.1.17}$$

darstellen.

Setzt man (5.1.17) in (5.1.15) ein und benutzt die Symmetrie-Eigenschaft $a^{ji} = a^{ij}$ so erhält man

$$2D_j(a^{ij}) - b^i = b^i, \quad c - D_i(b^i) + D_iD_j(a^{ij}) = c. \tag{5.1.18}$$

Die erste Gleichung von (5.1.18) liefert (5.1.16), während die zweite Gleichung von (5.1.18) aus (5.1.16) folgt. Man beachte, dass der Beweis der gleiche ist, wenn es sich bei (5.1.3) um ein System aus linearen Gleichungen zweiter Ordnung handelt. □

Bemerkung 5.1.2. In [4] (Anhang 1 des Kapitels III, § 2.2) wird behauptet, dass ein selbstadjungierter Operator unter Berücksichtigung von (5.1.16) einer weiteren Bedingung genügen muss:

$$D_i(b^i) = 0. \tag{5.1.19}$$

Diese Bedingung ist überflüssig. Man betrachte z. B. folgende skalare Gleichung mit den beiden unabhängigen Variablen x und y:

$$L[u] \equiv x^2 u_{xx} + y^2 u_{yy} + 2x u_x + 2y u_y = 0.$$

Der Operator L ist selbstadjungiert (vgl. Aufgabe 5.7), genügt aber nicht der Bedingung (5.1.19), da $D_i(b^i) = D_x(b^1) + D_y(b^2) = 4$ ist.

Ein einfaches Beispiel für ein selbstadjungiertes System, das ebenfalls nicht der Bedingung (5.1.19) genügt, ist

$$x^2 u_{xx} + u_{yy} + 2x u_x + w = 0, \quad w_{xx} + y^2 w_{yy} + 2y w_y + u = 0.$$

Die Koeffizienten dieses Systems mit den zwei unabhängigen Variablen x, y und den zwei abhängigen Variablen u, v genügen der Gleichung (5.1.16), erfüllen aber nicht die Bedingung (5.1.19). Es ist

$$a^{11} = \begin{Vmatrix} x^2 & 0 \\ 0 & 1 \end{Vmatrix}, \quad a^{22} = \begin{Vmatrix} 1 & 0 \\ 0 & y^2 \end{Vmatrix}, \quad a^{12} = a^{21} = 0, \quad c = \begin{Vmatrix} 0 & 1 \\ 1 & 0 \end{Vmatrix},$$

$$b^1 = \begin{Vmatrix} 2x & 0 \\ 0 & 0 \end{Vmatrix}, \quad b^2 = \begin{Vmatrix} 0 & 0 \\ 0 & 2y \end{Vmatrix}, \quad D_x(b^1) + D_y(b^2) = \begin{Vmatrix} 2 & 0 \\ 0 & 2 \end{Vmatrix} \neq 0.$$

5.2 Die Klassifikation von Gleichungen mit zwei unabhängigen Variablen

5.2.1 Charakteristiken. Drei Typen von Gleichungen

Die allgemeine Form einer homogenen linearen partiellen Differentialgleichung zweiter Ordnung mit den zwei unabhängigen Variablen x und y lautet

$$A u_{xx} + 2B u_{xy} + C u_{yy} + a u_x + b u_y + c u = 0, \tag{5.2.1}$$

wobei $A = A(x, y), \ldots, c = c(x, y)$ festgeschriebene Funktionen sind. Die Terme mit den zweiten Ableitungen

$$A u_{xx} + 2B u_{xy} + C u_{yy} \tag{5.2.2}$$

bilden den Hauptteil der Gleichung (5.2.1).

Der entscheidende Schritt bei der Untersuchung von Gleichung (5.2.1) ist die Reduktion des Hauptteils (5.2.2) auf die sogenannte Standardform durch die Variablentransformation

$$\xi = \varphi(x, y), \quad \eta = \psi(x, y).$$ (5.2.3)

Um diese Standardform des Hauptteils für alle Gleichungen der Form (5.2.1) herzuleiten, benutze man (5.2.3), um die Transformation der Ableitungen zu bestimmen (vgl. Abschnitt 1.4.5):

$$u_x = \varphi_x u_\xi + \psi_x u_\eta, \quad u_y = \varphi_y u_\xi + \psi_y u_\eta,$$
$$u_{xx} = \varphi_x^2 u_{\xi\xi} + 2\varphi_x\psi_x u_{\xi\eta} + \psi_x^2 u_{\eta\eta} + \varphi_{xx} u_\xi + \psi_{xx} u_\eta,$$
$$u_{yy} = \varphi_y^2 u_{\xi\xi} + 2\varphi_y\psi_y u_{\xi\eta} + \psi_y^2 u_{\eta\eta} + \varphi_{yy} u_\xi + \psi_{yy} u_\eta,$$ (5.2.4)
$$u_{xy} = \varphi_x\varphi_y u_{\xi\xi} + (\varphi_x\psi_y + \varphi_y\psi_x) u_{\xi\eta} + \psi_x\psi_y u_{\eta\eta} + \varphi_{xy} u_\xi + \psi_{xy} u_\eta.$$

Setzt man diese Ausdrücke (5.2.4) in (5.2.2) ein und sortiert nach zweiten Ableitungen $u_{\xi\xi}, u_{\xi\eta}, u_{\eta\eta}$, so erhält man den folgenden Hauptteil von (5.2.1) in den neuen Variablen

$$\tilde{A} u_{\xi\xi} + 2\tilde{B} u_{\xi\eta} + \tilde{C} u_{\eta\eta}$$ (5.2.5)

mit

$$\tilde{A} = A\varphi_x^2 + 2B\varphi_x\varphi_y + C\varphi_y^2,$$
$$\tilde{B} = A\varphi_x\psi_x + B(\varphi_x\psi_y + \varphi_y\psi_x) + C\varphi_y\psi_y,$$ (5.2.6)
$$\tilde{C} = A\psi_x^2 + 2B\psi_x\psi_y + C\psi_y^2.$$

Es folgt offensichtlich aus (5.2.6), dass der Hauptteil von (5.2.5) nur aus einem Term besteht, wenn man für $\varphi(x, y)$ und $\psi(x, y)$ zwei Lösungen der Gleichung

$$A\omega_x^2 + 2B\omega_x\omega_y + C\omega_y^2 = 0$$

wählt, vorausgesetzt, dass der letzte Ausdruck zwei funktional unabhängige Lösungen $\omega_1 = \varphi(x, y)$ und $\omega_2 = \psi(x, y)$ besitzt. Allerdings kann die betrachtete Gleichung auch nur eine Lösung oder sogar keine Lösung besitzen oder ist überhaupt nichtlinear. Dies soll etwas näher betrachtet werden.

Definition 5.2.1. Die nichtlineare partielle Differentialgleichung erster Ordnung

$$A\omega_x^2 + 2B\omega_x\omega_y + C\omega_y^2 = 0$$ (5.2.7)

heißt charakteristische Gleichung von (5.2.1). Ist $\omega(x, y)$ eine Lösung von (5.2.1), so bilden die Kurven

$$\omega(x, y) = \text{const}$$ (5.2.8)

die Charakteristiken der Gleichung (5.2.1).

Diese Charakteristiken sind für die Integration und/oder das Verständnis des Verhaltens der Lösungen von (5.2.1) von besonderem Interesse. Um diese zu bestimmen, setze man

$$\frac{\omega_x}{\omega_y} = \lambda$$ (5.2.9)

und überführe die charakteristische Gleichung (5.2.7) in die Form

$$A(x,y)\lambda^2 + 2B(x,y)\lambda + C(x,y) = 0. \tag{5.2.10}$$

Die Gleichung (5.2.1) lässt sich nun in drei Typen einteilen, übereinstimmend mit der Anzahl ihrer Charakteristiken, d. h. mit der Anzahl der reellen Wurzeln der quadratischen Gleichung (5.2.10).

Definition 5.2.2. Gleichung (5.2.1) heißt
- hyperbolisch, wenn die quadratische Gleichung (5.2.10) zwei verschiedene reelle Wurzeln $\lambda_1(x,y)$ und $\lambda_2(x,y)$ besitzt, d. h. wenn

$$B^2 - AC > 0, \tag{5.2.11}$$

- parabolisch, wenn (5.2.10) eine Wurzel der Vielfachheit zwei besitzt: $\lambda_1(x,y) = \lambda_2(x,y)$, d. h. wenn

$$B^2 - AC = 0, \tag{5.2.12}$$

und
- elliptisch, wenn die Wurzeln $\lambda_1(x,y)$, $\lambda_2(x,y)$ komplex sind, d. h.

$$B^2 - AC < 0. \tag{5.2.13}$$

5.2.2 Die Standardform hyperbolischer Gleichungen

Betrachtet werden Gleichungen (5.2.10) hyperbolischen Typs mit zwei verschiedenen reellen Wurzeln

$$\lambda_1(x,y) = \frac{-B + \sqrt{B^2 - AC}}{A}, \quad \lambda_2(x,y) = \frac{-B - \sqrt{B^2 - AC}}{A}. \tag{5.2.14}$$

Setzt man diese Ausdrücke in (5.2.9) ein, so folgt, dass die charakteristische Gleichung (5.2.7) in zwei verschiedene partielle Differentialgleichungen erster Ordnung zerfällt:

$$\frac{\partial \omega}{\partial x} - \lambda_1 \frac{\partial \omega}{\partial y} = 0, \quad \frac{\partial \omega}{\partial x} - \lambda_2 \frac{\partial \omega}{\partial y} = 0. \tag{5.2.15}$$

Das charakteristische System (4.2.6) dieser Gleichungen (5.2.15) lautet

$$\frac{dx}{1} + \frac{dy}{\lambda_1(x,y)} = 0, \quad \frac{dx}{1} + \frac{dy}{\lambda_2(x,y)} = 0. \tag{5.2.16}$$

Jede Gleichung (5.2.16) besitzt ein unabhängiges erstes Integral $\varphi(x,y) = \text{const}$ und $\psi(x,y) = \text{const}$, jeweils für die erste und zweite Gleichung. Demnach genügen die Funktionen $\varphi(x,y)$ und $\psi(x,y)$ der ersten bzw. zweiten Gleichung von (5.2.15):

$$\frac{\partial \varphi}{\partial x} - \lambda_1 \frac{\partial \varphi}{\partial y} = 0, \quad \frac{\partial \psi}{\partial x} - \lambda_2 \frac{\partial \psi}{\partial y} = 0. \tag{5.2.17}$$

Damit sind sie funktional unabhängig und liefern zwei Lösungen der charakteristischen Gleichung (5.2.10). Sie können somit als rechte Seiten in der Variablentransformation (5.2.3) verwendet werden, die den Hauptteil (5.2.5) auf einen Term $2\bar{B}u_{\xi\eta}$ reduziert. Die neuen Variablen ξ und η heißen charakteristische Variablen. Schließlich dividiere man noch durch $2\bar{B}$ und erhält aus (5.2.1) nach Variablenwechsel die Standardform der hyperbolischen Gleichung. Zusammenfassend ergibt sich (vgl. Gleichung (1.1.56) in Satz 1.1.3):

Satz 5.2.1. *Die hyperbolischen Gleichungen (5.2.1) lassen sich mit den charakteristischen Variablen in der Standardform*

$$u_{\xi\eta} + \tilde{a}(\xi, \eta)u_\xi + \tilde{b}(\xi, \eta)u_\eta + \tilde{c}(\xi, \eta)u = 0 \tag{5.2.18}$$

darstellen.

Aufgabe 5.2.1. Man zeige, dass nicht-triviale Lösungen $\varphi(x, y)$ und $\psi(x, y)$ (d. h. Lösungen, die nicht identisch einer Konstanten sind) der ersten und zweiten Gleichung aus (5.2.17) funktional unabhängig sind.

Beispiel 5.2.1. Ein typischer Vertreter aus der Familie der hyperbolischen Gleichungen ist die Wellengleichung

$$u_{tt} - k^2 u_{xx} = 0.$$

Setzt man $t = y$, so folgt $A = -k^2$, $B = 0$, $C = 1$, und damit $B^2 - AC = k^2 > 0$. Dieses Beispiel wird später in Abschnitt 5.3.1 weiter diskutiert.

5.2.3 Die Standardform der parabolischen Gleichung

Die Gleichungen parabolischen Typs (5.2.10) besitzen eine reelle Wurzel der Vielfachheit zwei:

$$\lambda = -\frac{B}{A},$$

und die zwei Gleichungen (5.2.17) fallen zu einer zusammen:

$$A\frac{\partial\varphi}{\partial x} + B\frac{\partial\varphi}{\partial y} = 0. \tag{5.2.19}$$

Man führe die Transformation (5.2.3) in der Form

$$\xi = \varphi(x, y), \quad \eta = x \tag{5.2.20}$$

durch, wobei $\varphi(x, y)$ eine Lösung von (5.2.19) ist. Es kann leicht gezeigt werden, dass (5.2.6) $\tilde{A} = 0$, $\tilde{B} = 0$ liefert. Teilt man nun durch $\tilde{C} \neq 0$, so erhält man die folgende Standardform für parabolische Gleichungen (vgl. Gleichung (1.1.57) in Satz 1.1.3).

Satz 5.2.2. *Die parabolische Gleichung (5.2.1) lässt sich mit den Variablen (5.2.20) in der folgenden Standardform*

$$u_{\eta\eta} + \tilde{a}(\xi, \eta)u_\xi + \tilde{b}(\xi, \eta)u_\eta + \tilde{c}(\xi, \eta)u = 0 \qquad (5.2.21)$$

schreiben.

Es wurde oben vorausgesetzt, dass $A \neq 0$ ist. Ist aber $A = 0$, so liefert die Bedingung $B^2 - AC = 0$ sofort $B = 0$ und damit liegt (5.2.1) bereits in der Standardform vor.

Beispiel 5.2.2. Ein typischer Vertreter der parabolischen Gleichung ist die Wärmeleitungsgleichung (2.4.7):

$$u_t - a^2 u_{xx} = 0.$$

Hierbei ist $A = -a^2$, $B = 0$, $C = 0$ und damit $B^2 - AC = 0$.

5.2.4 Die Standardform elliptischer Gleichung

Für Gleichungen elliptischen Typs bedeutet die Bedingung $B^2 - AC < 0$, dass (5.2.10) keine reellen sondern komplexe Wurzeln besitzt:

$$\lambda_1 = \frac{-B + \sqrt{B^2 - AC}}{A}.$$

Für λ_2 ist $\lambda_2 = \bar{\lambda}_1$. Man benutzt nun die erste Gleichung aus (5.2.15) mit der komplexen Wurzel λ_1:

$$\frac{\partial \omega}{\partial x} - \lambda_1 \frac{\partial \omega}{\partial y} = 0. \qquad (5.2.22)$$

Die in diesem Falle komplexwertige Lösung lässt sich in der Form

$$\omega = \varphi(x, y) + i\psi(x, y) \qquad (5.2.23)$$

darstellen. Die zweite Gleichung (5.2.15) ist die konjugiert komplexe Gleichung von (5.2.22):

$$\frac{\partial \bar{\omega}}{\partial x} - \bar{\lambda}_1 \frac{\partial \bar{\omega}}{\partial y} = 0$$

mit $\bar{\omega} = \varphi(x, y) - i\psi(x, y)$. Damit wird nur die Funktion ω aus (5.2.23) betrachtet, die die charakteristische Gleichung (5.2.7) löst:

$$A(\varphi_x + i\psi_x)^2 + 2B(\varphi_x + i\psi_x)(\varphi_y + i\psi_y) + C(\varphi_y + i\psi_y)^2 = 0.$$

Ersetzt man $(\varphi_x + i\psi_x)^2 = \varphi_x^2 - \psi_x^2 + 2i\varphi_x\psi_x$ auf der linken Seite dieser Gleichung und annulliert Real- und Imaginärteil, so folgt

$$\begin{aligned} A\varphi_x^2 + 2B\varphi_x\varphi_y + C\varphi_y^2 = A\psi_x^2 + 2B\psi_x\psi_y + C\psi_y^2, \\ A\varphi_x\psi_x + B(\varphi_y\psi_x + \varphi_x\psi_y) + C\varphi_y\psi_y = 0. \end{aligned} \qquad (5.2.24)$$

Benutzt man nun die Variablentransformation (5.2.3)

$$\xi = \varphi(x, y), \quad \eta = \psi(x, y),$$

wobei $\varphi(x, y)$ und $\psi(x, y)$ aus (5.2.23) stammen und berücksichtigt (5.2.6), so folgt $\tilde{A} = \tilde{C} \neq 0$ und $\tilde{B} = 0$. Teilt man nun noch Gleichung (5.2.1) durch $\tilde{A}$ und führt die neuen Variablen ein, so folgt die in nachstehendem Satz angegebene Standardform für elliptische Gleichungen (vgl. Gleichung (1.1.58) in Satz 1.1.3).

Satz 5.2.3. *Sei* (5.2.1) *eine elliptische Gleichung. Man führe die neuen Variablen*

$$\xi = \varphi(x, y), \quad \eta = \psi(x, y),$$

ein, wobei $\varphi(x, y)$ und $\psi(x, y)$ Real- und Imaginärteil der Lösung (5.2.23) der komplexen charakteristischen Gleichung (5.2.22) sind. Diese Transformation bildet den Audsruck (5.2.1) auf die folgende Standardform

$$u_{\xi\xi} + u_{\eta\eta} + \tilde{a}(\xi, \eta)u_\xi + \tilde{b}(\xi, \eta)u_\eta + \tilde{c}(\xi, \eta)u = 0 \tag{5.2.25}$$

ab.

Beispiel 5.2.3. Ein typischer Vertreter der elliptischen Gleichungen ist die Laplace-Gleichung mit zwei Veränderlichen

$$u_{xx} + u_{yy} = 0. \tag{5.2.26}$$

Es ist offensichtlich, dass die charakteristische Gleichung (5.2.7) $\omega_x^2 + \omega_y^2 = 0$ keine reellwertigen Lösungen $\omega(x, y)$ besitzt.

Bemerkung 5.2.1. Aus den Gleichungen (5.2.18) und (5.2.25) folgt, dass hyperbolische und elliptische Gleichungen über komplexwertige Transformationen zusammenhängen (vgl. Bemerkung 1.1.7).

5.2.5 Gleichungen gemischten Typs

Als Beispiel für eine Gleichung zweiter Ordnung gemischten Typs dient die Tricomi-Gleichung (2.6.37)

$$xu_{yy} + u_{xx} = 0. \tag{5.2.27}$$

Sie ist im Falle $x < 0$ hyperbolisch und für $x > 0$ elliptisch. Diese Tricomi-Gleichung wird in der Gasdynamik als genähertes Modell bei den Untersuchungen schallnaher Gasströmungen verwendet im elliptischen Gebiet und für Überschallströmungen im hyperbolischen Bereich.

5.2.6 Der Typ von nichtlinearen Gleichungen

Der Typ nichtlinearer Gleichungen

$$A(x, y, u, u_x, u_y)u_{xx} + 2B(x, y, u, u_x, u_y)u_{xy}$$
$$+ C(x, y, u, u_x, u_y)u_{yy} + \Phi(x, y, u, u_x, u_y) = 0 \qquad (5.2.28)$$

hängt von den Lösungen ab und ist wie folgt definiert:

Definition 5.2.3. Sei

$$u^* = h(x, y)$$

eine Teillösung der Gleichung (5.2.28). Der Typ einer nichtlinearen Gleichung (5.2.28) an Hand der Lösung u^* ist definiert über den Typ der linearen Gleichung

$$A^*(x, y)u_{xx} + 2B^*(x, y)u_{xy} + C^*(x, y)u_{yy} = 0, \qquad (5.2.29)$$

wobei die Koeffizienten A^*, B^*, C^* bestimmt werden durch Ersetzen der abhängigen Variablen u und ihrer ersten Ableitung durch die Funktion $h(x, y)$ und ihrer Ableitungen. So ist zum Beispiel

$$A^*(x, y) = A(x, y, h(x, y), h_x(x, y), h_y(x, y)).$$

Die Ausdrücke, die Ableitungen niedriger Ordnung enthalten, sind in der linearisierten Gleichung (5.2.29) weggelassen, da sie keinen Einfluss auf den Typ der Gleichungen besitzen.

Beispiel 5.2.4. Man betrachte die nichtlineare Wellengleichung (2.6.31):

$$u_{tt} = \phi(u)u_{xx} + \frac{1}{2}\phi'(u)u_x^2. \qquad (5.2.30)$$

Sei z. B. $\phi(u) = u^2$, so wird aus (5.2.30)

$$u_{tt} = u^2 u_{xx} + u u_x^2.$$

Diese Gleichung ist hyperbolisch für jede Lösung $u^* = h(x, y)$. Sei z. B. $\phi(u) = -u^2$, so folgt aus (5.2.30)

$$u_{tt} = -u^2 u_{xx} - u u_x^2.$$

Diese Gleichung ist für alle $u^* = h(x, y)$ elliptisch. Ist hingegen z. B. $\phi(u) = u$, so folgt eine nichtlineare Gleichung gemischten Typs:

$$u_{tt} = u u_{xx} + \frac{1}{2}u_x^2.$$

Sie ist hyperbolisch für jede positive Lösung $u^* = h(x, y)$, $h(x, y) > 0$, und elliptisch für jede neagitve Lösung $u^* = h(x, y)$, $h(x, y) < 0$.

5.3 Integration hyperbolischer Gleichungen mit zwei Variablen

Im Folgenden werden einfache und effiziente Integrationsmethoden vorgestellt, die auf d'Alembert (1747), Euler (1770) und Laplace (1773) zurückgehen. Dabei sind die Laplace-Invarianten entscheidend für diesen Abschnitt.

5.3.1 Die d'Alembertsche Lösungsmethode

Die erste partielle Differentialgleichung, die Wellengleichung für eine schwingende Saite, die das Aussehen

$$u_{tt} = k^2 u_{xx}, \quad k = \text{const} \tag{5.3.1}$$

besitzt, wurde 1747 von d'Alembert formuliert und gelöst.

Diese Gleichung (5.3.1) soll gelöst werden durch Transformation auf Standardform. Die charakteristische Gleichung (5.2.7) lautet in diesem Fall

$$\omega_t^2 - k^2 \omega_x^2 = (\omega_t - k\omega_x)(\omega_t + k\omega_x) = 0.$$

Sie zerfällt in zwei Gleichungen erster Ordnung (vgl. (5.2.15)):

$$\frac{\partial \omega}{\partial t} + k\frac{\partial \omega}{\partial x} = 0$$

und

$$\frac{\partial \omega}{\partial t} - k\frac{\partial \omega}{\partial x} = 0.$$

Die zugehörigen Gleichungen (5.2.16) lauten

$$\mathrm{d}t = \frac{\mathrm{d}x}{k}$$

und

$$\mathrm{d}t = -\frac{\mathrm{d}x}{k}.$$

Ihre ersten Integrale lauten $x - kt = \text{const}$ und $x + kt = \text{const}$. Damit findet man die charakteristischen Variablen für die Wellengleichung

$$\xi = x - kt, \quad \eta = x + kt. \tag{5.3.2}$$

Mit ihrer Hilfe lässt sich Gleichung (5.3.2) in der Standardform

$$u_{\xi\eta} = 0 \tag{5.3.3}$$

schreiben. Integriert man diese Gleichung einmal nach η, so folgt

$$u_\xi = f(\xi).$$

Eine zweite Integration nach ξ liefert mit der Ersetzung $F(\xi) = \int f(\xi)\,d\xi$ die allgemeine Lösung von (5.3.3)

$$u = F(\xi) + H(\eta). \tag{5.3.4}$$

Kehrt man zu den Ausgangsvariablen unter Anwendung der Ausdrücke (5.3.2) auf Gleichung (5.3.4) zurück, so erhält man die folgende allgemeine Lösung der Wellengleichung (5.3.1):

$$u = F(x - kt) + H(x + kt), \tag{5.3.5}$$

die auch d'Alembert-Lösung heißt.

5.3.2 Gleichungen, reduzierbar auf die Wellengleichung

Man betrachte eine hyperbolische Gleichung in zwei unabhängigen Variablen in der Standardform (5.2.18)

$$u_{\xi\eta} + a(\xi,\eta)u_\xi + b(\xi,\eta)u_\eta + c(\xi,\eta)u = 0. \tag{5.3.6}$$

Einige dieser Gleichungen der Form (5.3.6) lassen sich auf die Wellengleichung transformieren durch Variablensubstitution und können damit mittels der d'Alembertschen Methode gelöst werden. Diese Gleichungen sollen nun bestimmt werden. Dazu wird zunächst die allgemeinste Form der Variablen bestimmt, die unter Erhalt der Linearität, Homogenität und auch der Standardform der Gleichung (5.3.6) benutzt werden kann. Diese Variablentransformation heißt Äquivalenztransformation und besitzt die folgende Form

$$\tilde{\xi} = f(\xi), \quad \tilde{\eta} = g(\eta), \quad \upsilon = \sigma(\xi,\eta)u, \tag{5.3.7}$$

wobei $f'(\xi) \neq 0$, $g'(\eta) \neq 0$ und $\sigma(\xi,\eta) \neq 0$. Außerdem werden u und υ jeweils als Funktionen von ξ, η bzw. $\tilde{\xi}$, $\tilde{\eta}$ betrachtet. Die Gleichungen der Art (5.3.6), die über eine Äquivalenztransformation (5.3.7) zusammenhängen, heißen äquivalent.

Zunächst soll mit einer eingeschränkten Äquivalenztransformation (5.3.7) begonnen werden, bei der $\tilde{\xi} = \xi$, $\tilde{\eta} = \eta$ ist. Gesucht sind Gleichungen der Art (5.3.6), die auf die Wellengleichung durch lineare Transformationen der abhängigen Variablen abbildbar sind. Diese habe das Aussehen

$$\upsilon = u e^{\varphi(\xi,\eta)}.$$

Diese Ausdrücke

$$u = \upsilon e^{-\varphi(\xi,\eta)},$$

$$u_\xi = (\upsilon_\xi - \upsilon\varphi_\xi)e^{-\varphi(\xi,\eta)}, \quad u_\eta = (\upsilon_\eta - \upsilon\varphi_\eta)e^{-\varphi(\xi,\eta)},$$

$$u_{\xi\eta} = (\upsilon_{\xi\eta} - \upsilon_\xi\varphi_\eta - \upsilon_\eta\varphi_\xi - \upsilon\varphi_{\xi\eta} + \upsilon\varphi_\xi\varphi_\eta)e^{-\varphi(\xi,\eta)}$$

werden auf der linken Seite der Gleichung (5.3.6) eingesetzt. Es folgt

$$
\begin{aligned}
u_{\xi\eta} + au_\xi + bu_\eta + cu = {}& [v_{\xi\eta} + (a - \varphi_\eta)v_\xi + (b - \varphi_\xi)v_\eta \\
& + (-\varphi_{\xi\eta} + \varphi_\xi\varphi_\eta - a\varphi_\xi - b\varphi_\eta + c)v]\, e^{-\varphi}.
\end{aligned} \tag{5.3.8}
$$

Damit lässt sich diese Gleichung auf die Wellengleichung $v_{\xi\eta} = 0$ überführen, wenn

$$
a - \varphi_\eta = 0, \quad b - \varphi_\xi = 0 \tag{5.3.9}
$$

und

$$
\varphi_{\xi\eta} - \varphi_\xi\varphi_\eta + a\varphi_\xi + b\varphi_\eta - c = 0. \tag{5.3.10}
$$

Die Gleichungen (5.3.9) bilden ein System von zwei Gleichungen für eine unbekannte Funktion $\varphi(\xi, \eta)$ mit zwei Variablen. Solche Systeme sind sogenannte überbestimmte Gleichungssysteme, wenn sie also mehr Gleichungen wie unbekannte Funktionen besitzen, die zu berechnen sind. Solche überbestimmten Systeme besitzen nur Lösungen, wenn bestimmte Kompatibilitätsbedingungen erfüllt sind.

Die Gleichungen (5.3.9) bilden ein solches System. Seine Kompatibilitätsbedingungen folgen aus der Beziehung $\varphi_{\xi\eta} = \varphi_{\eta\xi}$ (= Vertauschbarkeit der Reihenfolge der zweiten Ableitungen). Sie lautet

$$
a_\xi = b_\eta. \tag{5.3.11}
$$

Mit (5.3.10) folgt unter Ausnutzung von (5.3.9) und (5.3.11)

$$
a_\xi + ab - c = 0. \tag{5.3.12}
$$

Führt man daraufhin die Größen h und k ein, die durch

$$
h = a_\xi + ab - c, \quad k = b_\eta + ab - c \tag{5.3.13}
$$

definiert sind[1], so lassen sich die Bedingungen (5.3.11) and (5.3.12) in der folgenden Form darstellen:

$$
h = 0, \quad k = 0. \tag{5.3.14}
$$

Bemerkung 5.3.1. Die Gleichungen (5.3.14) sind invariant unter der allgemeinen Äquivalenztransformation (5.3.7). Hieraus folgt, dass eine Transformation der unabhängigen Variablen keine neuen Gleichungen liefert, die sich auf die Wellengleichung abbilden lassen.

Fasst man nun obige Berechnungen unter Berücksichtigung von Bemerkung 5.3.1 zusammen, so erhält man folgenden Satz:

---

1 Die Größen (5.3.13) wurden von Euler [7] eingeführt. Sie wurden wiederentdeckt durch Laplace [23] und bekamen in der Literatur den Namen „Laplace-Invariante". Vergleiche Abschnitt 5.3.3 und 5.3.4.

Satz 5.3.1. *Gleichung (5.3.6) ist äquivalent zur Wellengleichung genau dann, wenn ihre Laplace-Invarianten (5.3.13) verschwinden, also h = k = 0. Jede Gleichung der Art (5.3.6) mit h = k = 0 lässt sich dann auf die Gleichung $v_{\xi\eta} = 0$ durch die lineare Transformation in den abhängigen Veränderlichen abbilden*

$$u = v e^{-\varphi(\xi,\eta)}. \tag{5.3.15}$$

Dabei bleiben die unabhängigen Variablen ξ und η unverändert. Die Funktion φ in (5.3.15) lässt sich durch Lösen der folgenden Kompatibilitätsbedingungen bestimmen:

$$\frac{\partial\varphi}{\partial\xi} = b(\xi,\eta), \quad \frac{\partial\varphi}{\partial\eta} = a(\xi,\eta). \tag{5.3.16}$$

Satz 5.3.1 gestattet also eine praktische Methode, um eine große Klasse von Gleichungen zu lösen. Diese hat das Aussehen

$$Au_{xx} + 2Bu_{xy} + Cu_{yy} + au_x + bu_y + cu = 0, \tag{(5.2.1)}$$

ist von hyperbolischen Typ und lässt sich auf die Wellengleichung reduzieren. Diese Methode besteht aus den folgenden zwei Schritten:

(1) Man prüfe, ob die Gleichung (5.2.1) hyperbolisch ist, d. h. ob $B^2 - AC > 0$. Ist diese Bedingung erfüllt, so reduziere man die betrachtete Gleichung auf die zugehörige Standardform (5.3.6) durch Einführung der charakteristischen Variablen (vgl. Abschnitt 5.2.2)

$$\xi = \omega_1(x, y), \quad \eta = \omega_2(x, y). \tag{5.3.17}$$

(2) Man berechne die Laplace-Invarianten (5.3.13). Ist $h = k = 0$, so lässt sich $\varphi(\xi, \eta)$ als Lösung der Gleichung (5.3.16) bestimmen und damit die betrachtete Gleichung auf die Wellengleichung $v_{\xi\eta} = 0$ durch die Transformation (5.3.15) überführen. Schließlich setze man $v = f(\xi) + g(\eta)$ in (5.3.15) ein und erhält die Lösung in den charakteristischen Variablen

$$u = [f(\xi) + g(\eta)] e^{-\varphi(\xi,\eta)}. \tag{5.3.18}$$

Man ersetze hier noch ξ und η mit Hilfe der Ausdrücke (5.3.17) und erhält die Lösung in den ursprünglichen Veränderlichen.

Beispiel 5.3.1. Die eben diskutierte Methode soll nun an Hand eines Beispiels erläutert werden. Dazu betrachte man die Gleichung

$$\frac{u_{xx}}{x^2} - \frac{u_{yy}}{y^2} + 3\left(\frac{u_x}{x^3} - \frac{u_y}{y^3}\right) = 0. \tag{5.3.19}$$

(1) In dieser Gleichung ist $A = x^{-2}$, $B = 0$, $C = -y^{-2}$. Damit folgt $B^2 - AC = (xy)^{-2} > 0$. Die Charakteristiken (5.2.7) besitzen das Aussehen

$$\left(\frac{\omega_x}{x}\right)^2 - \left(\frac{\omega_y}{y}\right)^2 = \left(\frac{\omega_x}{x} - \frac{\omega_y}{y}\right)\left(\frac{\omega_x}{x} + \frac{\omega_y}{y}\right) = 0.$$

Die Gleichung zerfällt in zwei Gleichungen

$$\frac{\omega_x}{x} + \frac{\omega_y}{y} = 0, \quad \frac{\omega_x}{x} - \frac{\omega_y}{y} = 0,$$

die die folgenden ersten Integrale besitzen:

$$x^2 - y^2 = \text{const}, \quad x^2 + y^2 = \text{const}.$$

Die charakteristischen Variablen (5.3.17) lauten folglich:

$$\xi = x^2 - y^2, \quad \eta = x^2 + y^2.$$

Somit ergibt sich

$$u_x = u_\xi \cdot \xi_x + u_\eta \cdot \eta_x = 2x(u_\xi + u_\eta),$$
$$u_y = u_\xi \cdot \xi_y + u_\eta \cdot \eta_y = 2y(u_\eta - u_\xi),$$
$$u_{xx} = 2(u_\xi + u_\eta) + 4x^2[(u_\xi + u_\eta)_\xi + (u_\xi + u_\eta)_\eta]$$
$$= 2(u_\xi + u_\eta) + 4x^2(u_{\xi\xi} + 2u_{\xi\eta} + u_{\eta\eta}),$$
$$u_{yy} = 2(u_\eta - u_\xi) + 4y^2[(u_\eta - u_\xi)_\eta - (u_\eta - u_\xi)_\xi]$$
$$= 2(u_\eta - u_\xi) + 4y^2(u_{\xi\xi} - 2u_{\xi\eta} + u_{\eta\eta}).$$

Damit lässt sich Gleichung (5.3.19) in der Form

$$u_{\xi\eta} + \frac{x^2 + y^2}{2x^2y^2}u_\xi - \frac{x^2 - y^2}{2x^2y^2}u_\eta = 0$$

darstellen. Berücksichtigt man $x^2 - y^2 = \xi$, $x^2 + y^2 = \eta$ und

$$2x^2y^2 = \frac{\eta^2 - \xi^2}{2},$$

so folgt die folgende Standardform für Gleichung (5.3.19):

$$u_{\xi\eta} + \frac{2\eta}{\eta^2 - \xi^2}u_\xi - \frac{2\xi}{\eta^2 - \xi^2}u_\eta = 0. \tag{5.3.20}$$

(2) Die Koeffizienten von Gleichung (5.3.20) lauten

$$a = \frac{2\eta}{\eta^2 - \xi^2}, \quad b = -\frac{2\xi}{\eta^2 - \xi^2}, \quad c = 0.$$

Setzt man nun diese Ausdrücke für a, b, c und ihre Ableitungen in (5.3.13) ein, so findet man

$$a_\xi = b_\eta = \frac{4\xi\eta}{(\eta^2 - \xi^2)^2}.$$

Es folgt $h = k = 0$. Nun wird die Gleichung (5.3.16)

$$\frac{\partial\varphi}{\partial\eta} = \frac{2\eta}{\eta^2 - \xi^2}, \quad \frac{\partial\varphi}{\partial\xi} = -\frac{2\xi}{\eta^2 - \xi^2}$$

gelöst.

Es ergibt sich

$$\varphi = \ln(\eta^2 - \xi^2)$$

und mit (5.3.15):

$$\upsilon = u\mathrm{e}^{\ln(\eta^2 - \xi^2)} = (\eta^2 - \xi^2)u. \tag{5.3.21}$$

Diese Transformation bildet die Gleichung (5.3.20) auf die Wellengleichung

$$\upsilon_{\xi\eta} = 0$$

ab. Damit folgt als Lösung

$$\upsilon(\xi, \eta) = f(\xi) + g(\eta),$$

und mit (5.3.21):

$$u(\xi, \eta) = \frac{f(\xi) + g(\eta)}{\eta^2 - \xi^2}.$$

Kehrt man nun zu den urspünglichen Variablen zurück, indem man $\xi = x^2 - y^2$, $\eta = x^2 + y^2$ setzt und beachtet, dass $F = f/4$, $H = g/4$, so erhält man die folgende allgemeine Lösung von (5.3.19):

$$u(x, y) = \frac{F(x^2 - y^2) + H(x^2 + y^2)}{x^2 y^2}. \tag{5.3.22}$$

5.3.3 Die Eulersche Methode

Leonard Euler [7] sind die ersten bedeutsamen Ergebnisse auf dem Gebiet der Lösung hyperbolischer Gleichungen zu verdanken, die nicht zur Wellengleichung äquivalent sind. Er verallgemeinerte die d'Alembertsche Lösung für eine große Klasse von Gleichungen (5.3.6). Er führte die Größen (5.3.13) ein und zeigte, dass (5.3.6) faktorisierbar ist, genau dann, wenn die Größen h und k verschwinden. Das Lösen der faktorisierten Gleichung (5.3.6) reduziert sich auf die Hintereinanderausführung von Integrationen von zwei gewöhnlichen Differentialgleichungen erster Ordnung.

Diese Eulersche Methode wird im Folgenden besprochen. Man betrachte dazu die Gleichung (5.3.6)

$$u_{\xi\eta} + a(\xi, \eta)u_\xi + b(\xi, \eta)u_\eta + c(\xi, \eta)u = 0$$

mit $h = 0$. Diese Gleichung ist faktorisierbar in

$$\left(\frac{\partial}{\partial\xi} + b\right)\left(\frac{\partial u}{\partial\eta} + au\right) = 0. \tag{5.3.23}$$

Setzt man

$$\upsilon = u_\eta + au, \tag{5.3.24}$$

so folgt aus (5.3.23) die Gleichung erster Ordnung

$$\upsilon_\xi + b\upsilon = 0.$$

Eine Integration liefert

$$v = Q(\eta)\,e^{-\int b(\xi,\eta)\,d\xi}. \tag{5.3.25}$$

Setzt man diesen Ausdruck (5.3.25) in (5.3.24) ein und integriert die resultierende inhomogene lineare Gleichung

$$u_\eta + au = Q(\eta)\,e^{-\int b(\xi,\eta)\,d\xi} \tag{5.3.26}$$

nach η, so folgt:

Satz 5.3.2. *Die allgemeine Lösung der Gleichung* (5.3.6)

$$u_{\xi\eta} + a(\xi,\eta)u_\xi + b(\xi,\eta)u_\eta + c(\xi,\eta)u = 0$$

mit $h = 0$ ist gegeben durch

$$u = \left[P(\xi) + \int Q(\eta)\,e^{\int a\,d\eta - b\,d\xi}\,d\eta \right] e^{-\int a\,d\eta}. \tag{5.3.27}$$

Hierbei sind $P(\xi)$ und $Q(\eta)$ zwei beliebige Funktionen.

Ähnlich verhält es sich mit $k = 0$. Gleichung (5.3.6) ist dann faktorisierbar in

$$\left(\frac{\partial}{\partial \eta} + a \right)\left(\frac{\partial u}{\partial \xi} + bu \right) = 0. \tag{5.3.28}$$

In diesem Fall wird die Substitution (5.3.24) durch

$$w = u_\xi + bu \tag{5.3.29}$$

ersetzt. Die weitere Rechnung folgt analog dem oben betrachteten Fall $h = 0$. Man erhält als Ergebnis:

Satz 5.3.3. *Die allgemeine Lösung der Gleichung* (5.3.6),

$$u_{\xi\eta} + a(\xi,\eta)u_\xi + b(\xi,\eta)u_\eta + c(\xi,\eta)u = 0$$

für $k = 0$ ist gegeben durch

$$u = \left[Q(\eta) + \int P(\xi)\,e^{\int b\,d\xi - a\,d\eta}\,d\xi \right] e^{-\int b\,d\xi}. \tag{5.3.30}$$

Diese Methode lässt sich auch auf den inhomogenen Fall einer Gleichung (5.3.6)

$$u_{\xi\eta} + a(\xi,\eta)u_\xi + b(\xi,\eta)u_\eta + c(\xi,\eta)u = f(\xi,\eta) \tag{5.3.31}$$

anwenden. Ist dann z. B. $h = 0$, so folgt:

Satz 5.3.4. *Die Lösung der Gleichung* (5.3.31) *für $h = 0$ lautet*

$$u = \left[P(\xi) + \int \left(Q(\eta) + \int f(\xi,\eta)\,e^{\int b\,d\xi}\,d\xi \right) e^{\int a\,d\eta - b\,d\xi}\,d\eta \right] e^{-\int a\,d\eta}. \tag{5.3.32}$$

Beispiel 5.3.2. Im Folgenden werde die Darbouxsche Differentialgleichung

$$u_{xy} + \frac{\beta u_y}{x - y} = 0, \quad \beta = \text{const} \tag{5.3.33}$$

betrachtet. Hierbei ist

$$a = 0, \quad b = \frac{\beta}{x - y}, \quad c = 0.$$

Die zugehörigen Laplace-Invarianten lauten

$$h = a_x + ab - c = 0, \quad k = b_y = \frac{\beta}{(x - y)^2} \neq 0.$$

Gleichung (5.3.27) liefert die allgemeine Lösung

$$u(x, y) = P(x) + \int Q(y)(x - y)^{-\beta} \, dy.$$

Betrachtet man nun das Cauchy-Problem mit den Anfangsdaten, die auf nicht-charakteristischen Linien $x - y = 1$ gegeben sind:

$$u|_{x-y=1} = u_0(x), \quad u_y|_{x-y=1} = u_1(x),$$

dann lässt sich die Lösung in der Form

$$u = P(x) + \int_{-1}^{y} Q(\tau)(x - \tau)^{-\beta} \, d\tau$$

schreiben. Die Anfangsbedingungen liefern

$$u|_{x-y=1} = P(x) + \int_{-1}^{x-1} Q(\tau)(x - \tau)^{-\beta} \, d\tau = u_0(x),$$

$$u_y|_{x-y=1} = Q(x - 1) = u_1(x).$$

Damit folgt

$$Q(y) = u_1(y + 1), \quad P(x) = u_0(x) - \int_{-1}^{x-1} u_1(\tau + 1)(x - \tau)^{-\beta} \, d\tau.$$

Die Lösung des Gesamtproblems lautet damit

$$u(x, y) = u_0(x) - \int_{-1}^{x-1} u_1(\tau + 1)(x - \tau)^{-\beta} \, d\tau + \int_{-1}^{y} u_1(\tau + 1)(x - \tau)^{-\beta} \, d\tau.$$

5.3.4 Die Laplacesche Kaskadenmethode

Im Jahre 1773 leitete Laplace [23] eine allgemeinere Lösungsmethode als die von Euler her. Bei dieser Laplaceschen Methode, auch Kaskadenmethode genannt, spielen die Größen h und k eine zentrale Rolle. Laplace führte zwei Transformationen ein. Die erste ist von der Form (5.3.24):

$$v = u_\eta + au, \tag{5.3.34}$$

und die zweite besitzt das Aussehen von (5.3.29):

$$w = u_\xi + bu. \tag{5.3.35}$$

Diese Ersetzungen erlauben es, bestimmte Gleichungen zu lösen, bei denen beide Laplace-Invarianten von Null verschieden sind. Sei also $h \neq 0$, $k \neq 0$. Man betrachte die Transformation (5.3.34). Sie bildet (5.3.6) auf eine Gleichung derselben Form ab, nämlich auf

$$v_{\xi\eta} + a_1 v_\xi + b_1 v_\eta + c_1 v = 0 \tag{5.3.36}$$

mit den Koeffizienten

$$a_1 = a - \frac{\partial \ln|h|}{\partial \eta}, \quad b_1 = b, \quad c_1 = c + b_\eta - a_\xi - b\frac{\partial \ln|h|}{\partial \eta}. \tag{5.3.37}$$

Diese Gleichung (5.3.36) besitzt die Laplace-Invarianten

$$h_1 = 2h - k - \frac{\partial^2 \ln|h|}{\partial \xi \partial \eta}, \quad k_1 = h. \tag{5.3.38}$$

Ähnlich kann man auch die zweite Transformation (5.3.35) benutzen und erhält eine lineare Gleichung für w mit den Laplace-Invarianten

$$h_2 = k, \quad k_2 = 2k - h - \frac{\partial^2 \ln|k|}{\partial \xi \partial \eta}. \tag{5.3.39}$$

Ist nun $h_1 = 0$, so lässt sich (5.3.36) mit Hilfe der Eulermethode lösen, wie sie oben beschrieben wurde. Diese so gefundene Lösung für $v = v(x, y)$ setze man dann in (5.3.34) ein und integriere die inhomogene Gleichung erster Ordnung nach u. Ist hingegen $h_1 \neq 0$ aber $k_2 = 0$, so kann ein ähnlicher Weg für die Funktion $w = w(x, y)$ beschrieben werden. Es ist dann noch die inhomogene lineare Gleichung erster Ordnung (5.3.35) für die Funktion u zu lösen. Sind hingegen $h_1 = 0$ und $k_2 \neq 0$, so kann die Laplace-Transformation (5.3.34) und (5.3.35) erneut auf die Gleichungen für v und w angewandt werden usw. Dies ist das Wesentliche der Laplaceschen Kaskadenmethode.

Beispiel 5.3.3. Die Laplacesche Kaskadenmethode soll nun auf die folgende Darboux-Gleichung

$$u_{xy} - \alpha\frac{u_x}{x - y} + \beta\frac{u_y}{x - y} = 0, \quad \alpha, \beta = \text{const} \tag{5.3.40}$$

angewendet werden. Ein Spezialfall von (5.3.33) wurde in (5.3.40) schon betrachtet mit $\alpha = 0$. Die Koeffizienten von (5.3.40) lauten

$$a = -\frac{\alpha}{x-y}, \quad b = \frac{\beta}{x-y}.$$

Damit folgt

$$a_x + ab - c = \frac{\alpha}{(x-y)^2} - \frac{\alpha\beta}{(x-y)^2} = \frac{\alpha(1-\beta)}{(x-y)^2},$$

$$b_y + ab - c = \frac{\beta}{(x-y)^2} - \frac{\alpha\beta}{(x-y)^2} = \frac{\beta(1-\alpha)}{(x-y)^2}.$$

Die Laplace-Invarianten sind also von der Form

$$h = \frac{\alpha(1-\beta)}{(x-y)^2}, \quad k = \frac{\beta(1-\alpha)}{(x-y)^2}. \tag{5.3.41}$$

Es folgt, dass $h = 0$ für $\alpha = 0$ oder $\beta = 1$, und $k = 0$ für $\beta = 0$ oder $\alpha = 1$ ist. Dann lässt sich (5.3.40) mit Hilfe der Euler-Methode für die Fälle

$$\alpha = 0, \quad \beta = 1; \quad \beta = 0, \quad \alpha = 1. \tag{5.3.42}$$

lösen.

Nun betrachte man den allgemeinen Fall. Die Anwendung der ersten Laplace-Transformation (5.3.34) führt auf

$$\frac{\partial^2 \ln|h|}{\partial x \partial y} = -\frac{2}{(x-y)^2}.$$

Aus (5.3.38) folgt

$$h_1 = 2h - k - \frac{\partial^2 \ln|h|}{\partial x \partial y},$$

bzw.

$$h_1 = \frac{(\alpha+1)(2-\beta)}{(x-y)^2}.$$

Damit ist nun $h_1 = 0$ für $\alpha = -1$ oder $\beta = 2$. Berücksichtigt man noch (5.3.41), so lässt sich (5.3.40) in den Fällen

$$\alpha = 0, \quad \alpha = \pm 1; \quad \beta = 0, \quad \beta = 1, \quad \beta = 2 \tag{5.3.43}$$

lösen. Wendet man nun noch die zweite Transformation (5.3.35) an, so kann der Parameterbereich (5.3.41) noch erweitert werden. Man erhält dann die Fälle

$$\alpha = 0, \quad \alpha = \pm 1, \quad \alpha = 2; \quad \beta = 0, \quad \beta = \pm 1, \quad \beta = 2. \tag{5.3.44}$$

Durch fortgesetzte Anwendung der Laplaceschen Kaskadenmethode kann für die Darboux-Gleichung (5.3.43) für jedes $\alpha, \beta \in \mathbb{Z}$ eine Lösung gefunden werden.

Bemerkung 5.3.2. Man fasse zusammen: Gleichung (5.3.40),

$$u_{xy} - \alpha \frac{u_x}{x - y} + \beta \frac{u_y}{x - y} = 0$$

lässt sich in folgenden Fällen lösen:

(i) mit Hilfe der d'Alembertschen Methode für

$$\alpha = \beta = 0.$$

(ii) mit Hifle der Eulerschen Methode für

$$\alpha = 0, \quad \beta = 1 \quad \text{und} \quad \beta = 0, \quad \alpha = 1.$$

(iii) mit Hilfe der Laplaceschen Kaskadenmethode für $\alpha, \beta \in \mathbb{Z}$.

5.4 Anfangswertprobleme

5.4.1 Die Wellengleichung

Im Folgenden soll die d'Alembertsche Form der Lösung (5.3.5) benutzt werden, um das Cauchy-Problem für die Wellengleichung (5.3.1), $u_{tt} = k^2 u_{xx}$, mit den Anfangsdaten

$$u|_{t=0} = u_0(x), \quad u_t|_{t=0} = u_1(x) \tag{5.4.1}$$

zu lösen. Die Ausdrücke (5.3.5) ergeben mit (5.4.1)

$$F(x) + H(x) = u_0(x), \quad H'(x) - F'(x) = \frac{1}{k} u_1(x). \tag{5.4.2}$$

Differenziert man nun die erste Gleichung von (5.4.2) und addiert die zweite, so folgt

$$H'(x) = \frac{1}{2} \left[u_0'(x) + \frac{u_1(x)}{k} \right].$$

Damit ist

$$H(x) = \frac{u_0(x)}{2} + \frac{1}{2k} \int_{x_0}^{x} u_1(s)\,ds. \tag{5.4.3}$$

Ebenso folgt aus (5.4.2):

$$F(x) = \frac{u_0(x)}{2} - \frac{1}{2k} \int_{x_0}^{x} u_1(s)\,ds. \tag{5.4.4}$$

Das Einsetzen der Ausdrücke (5.4.3) und (5.4.4) in die d'Alembertsche Lösung (5.3.5) führt auf:

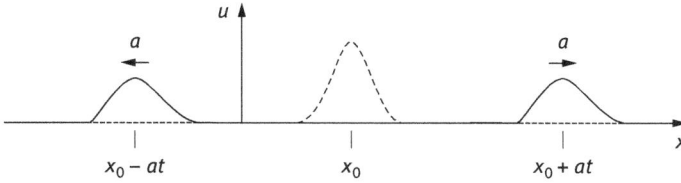

Abb. 5.4.1: Eine geschlagene Gitarrensaite, (x, u)-Darstellung.

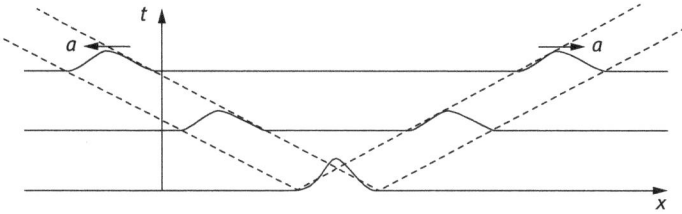

Abb. 5.4.2: Eine geschlagene Gitarrensaite, (t, x)-Darstellung.

Satz 5.4.1. *Die Lösung für das Cauchy-Problem der Wellengleichung mit den Anfangs-daten* (5.4.1) *ist gegeben durch*

$$u(x, t) = \frac{u_0(x - kt) + u_0(x + kt)}{2} + \frac{1}{2k} \int_{x-kt}^{x+kt} u_1(s)\,ds. \tag{5.4.5}$$

Diese Lösung (5.4.5) zeigt die physikalische Bedeutung der Charakteristiken auf. Diese besteht darin, dass Wellen sich entlang dieser Kurven ausbreiten. Dies wird durch die folgenden zwei Beispiele gut veranschaulicht. Für weitere Einzelheiten sei auf [11] verwiesen.

Beispiel 5.4.1. Eine gezupfte Gitarrensaite besitze den Anfangszustand $u_0(x)$ in Form eines Impulses an der Stelle x_0 wie in Abbildung 5.4.1 zu erkennen ist. Die Saite werde als vom Rest losgelöst betrachtet, d. h. es sei $u_1(x) = 0$. Dann besitzt die Lösung (5.4.5) die Form

$$u(x, t) = \frac{u_0(x - kt) + u_0(x + kt)}{2} \tag{5.4.6}$$

und beschreibt den Fortlauf des Anfangszustandes (vgl. Abbildung 5.4.2).

Beispiel 5.4.2. Man betrachte die Schwingungen einer Klaviersaite als Lösung der Cauchy-Aufgabe, wobei die Anfangsauslenkung der Saite Null ist: $u_0(x) = 0$, aber sie unterliegt einer örtlichen Anfangsgeschwindigkeit $u_1(x)$ wie Abbildung 5.4.3 zeigt.

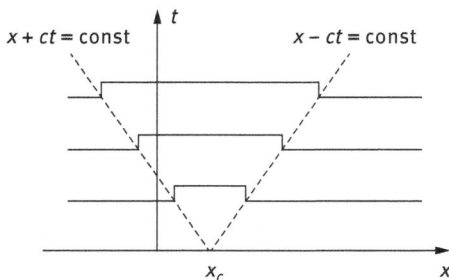

Abb. 5.4.3: Klaviersaite nach dem Anschlagen durch den Klavierhammer, (t, x)-Darstellung.

Dann ist die Lösung (5.4.5) von der Form

$$u(x, t) = \frac{1}{2k} \int\limits_{x-kt}^{x+kt} u_1(s) \, ds \qquad (5.4.7)$$

und beschreibt das Fortlaufen des Anfangszustandes.

5.4.2 Die Inhomogene Wellengleichung

Jetzt soll das Cauchy-Problem mit den Anfangsbedingungen (5.4.1) für die inhomogene eindimensionale Wellengleichung

$$u_{tt} - k^2 u_{xx} = f(x, t), \quad k = \text{const} \qquad (5.4.8)$$

betrachtet werden.

Lemma 5.4.1. *Die Funktion $v(x, t)$, definiert durch*

$$v(x, t) = \frac{1}{2k} \int\limits_0^t d\tau \int\limits_{x-k(t-\tau)}^{x+k(t-\tau)} f(s, \tau) \, ds, \qquad (5.4.9)$$

löst die inhomogene Wellengleichung (5.4.8)

$$v_{tt} - k^2 v_{xx} = f(x, t),$$

und genügt den Anfangsbedingungen

$$v|_{t=0} = 0, \quad v_t|_{t=0} = 0.$$

Beweis. Unter Ausnutzung der Ableitungsregeln (1.2.13) für bestimmte Integrale gelangt man zu (vgl. Aufgabe 5.11):

$$v_t = \frac{1}{2} \int_0^t [f(x + k(t-\tau), \tau) + f(x - k(t-\tau), \tau)]\, d\tau,$$

$$v_{tt} = \frac{k}{2} \int_0^t [f_x(x + k(t-\tau), \tau) - f_x(x - k(t-\tau), \tau)]\, d\tau + f(x, t),$$

$$v_x = \frac{1}{2k} \int_0^t [f(x + k(t-\tau), \tau) - f(x - k(t-\tau), \tau)]\, d\tau,$$ (5.4.10)

$$v_{xx} = \frac{1}{2k} \int_0^t [f_x(x + k(t-\tau), \tau) - f_x(x - k(t-\tau), \tau)]\, d\tau.$$

Die Aussage des Lemmas folgt aus den Gleichungen (5.4.9) und (5.4.10). □

Satz 5.4.2. *Die Lösung der inhomogenen Gleichung* (5.4.8),

$$u_{tt} - k^2 u_{xx} = f(x, t),$$

die den Anfangsbedingungen

$$u|_{t=0} = u_0(x), \quad u_t|_{t=0} = u_1(x)$$

genügt, ist eindeutig und gegeben durch

$$u(t, x) = \frac{u_0(x - kt) + u_0(x + kt)}{2} + \frac{1}{2k} \int_{x-kt}^{x+kt} u_1(\xi)\, d\xi$$

$$+ \frac{1}{2k} \int_0^t d\tau \int_{x-k(t-\tau)}^{x+k(t-\tau)} f(\xi, \tau)\, d\xi.$$ (5.4.11)

Beweis. Benutze Satz 5.4.1 und Lemma 5.4.1. □

5.5 Gemischte Probleme, Variablenseparation

Die Methode „Separation der Variablen" (Fourier-Methode) wird im Allgemeinen benutzt, um z. B. gemischte Probleme zu lösen, bei denen die Lösung von Differentialgleichungen unter Berücksichtigung von Anfangs- und Randbedingungen gefunden werden soll. Im Folgenden werden die nachstehenden Integrale benutzt (vgl. Aufgabe 1.5).

Lemma 5.5.1. *Seien k und m irgendwelche ganze Zahlen mit $k \neq 0$. Dann ist*

$$\int_0^\pi \sin(kx)\sin(mx)\,dx = 0 \quad (m \neq k), \qquad \int_0^\pi \sin^2(kx)\,dx = \frac{\pi}{2}.$$

Der Bequemlichkeit halber werde die kompakte Form

$$\int_0^\pi \sin(kx)\sin(mx)\,dx = \frac{\pi}{2}\delta_{km} \tag{5.5.1}$$

benutzt. Hierbei ist δ_{km} das Kronecker-Symbol. Es gilt $\delta_{km} = 0$, wenn $m \neq k$ und $\delta_{km} = 1$ für $m = k$ (vgl. Abschnitt 1.4.3).

Beweis. Unter Benutzung von

$$\sin\alpha\sin\beta = \frac{1}{2}\left[\cos(\alpha - \beta) - \cos(\alpha + \beta)\right], \quad \sin^2\alpha = \frac{1}{2}\left[1 - \cos(2\alpha)\right]$$

folgt

$$\int_0^\pi \sin(kx)\sin(mx)\,dx = \frac{1}{2}\int_0^\pi \left[\cos[(k - m)x] - \cos[(k + m)x]\right]dx$$

$$= \left[\frac{\sin[(k - m)x]}{2(k - m)} - \frac{\sin[(k + m)x]}{2(k + m)}\right]_0^\pi = 0$$

und

$$\int_0^\pi \sin^2(kx)\,dx = \frac{1}{2}\int_0^\pi [1 - \cos(2kx)]\,dx = \frac{\pi}{2} - \frac{1}{4k}\sin(2kx)\Big|_0^\pi = \frac{\pi}{2}. \qquad \square$$

5.5.1 Schwingung einer Saite mit festen Enden

Man betrachte ein gemischtes Problem, das die Schwingung einer Saite beschreibt, die an ihren Enden $x = 0$ und $x = l$ durch gegebene Anfangskonfiguration und Geschwindigkeiten festgehalten wird. Das heißt, es sind Lösungen der Wellengleichungen

$$u_{tt} = u_{xx} \tag{5.5.2}$$

gesucht, die den Anfangswerten

$$u|_{t=0} = u_0(x), \quad u_t|_{t=0} = u_1(x), \tag{5.5.3}$$

genügen. Ferner sind noch die Randbedingungen

$$u|_{x=0} = 0, \quad u|_{x=l} = 0 \tag{5.5.4}$$

zu erfüllen. Aus der Formulierung dieser Bedingungen folgt

$$u_0(0) = u_0(l) = 0, \quad u_1(0) = u_1(l) = 0. \tag{5.5.5}$$

Die Separationsmethode besteht nun darin, Lösungen in der Produktform

$$u(t, x) = T(t)X(x) \tag{5.5.6}$$

zu bestimmen, dass keiner der Faktoren identisch verschwindet. Setzt man (5.5.6) in Gleichung (5.5.2) ein, so folgt

$$T''X = TX''.$$

Separiert man nun die Funktionen, die von t und von x abhängen, so ist

$$\frac{T''}{T} = \frac{X''}{X} = -\lambda,$$

wobei λ eine positive Konstante ist. Diese Gleichung ist nun äquivalent zu folgenden zwei Gleichungen:

$$T'' + \lambda T = 0 \tag{5.5.7}$$

und

$$X'' + \lambda X = 0. \tag{5.5.8}$$

Aus den Randbedingungen (5.5.4) folgt

$$X(0) = 0, \quad X(l) = 0, \tag{5.5.9}$$

so dass die allgemeine Lösung von (5.5.8)

$$X = C_1 \sin \sqrt{\lambda} x + C_2 \cos \sqrt{\lambda} x \quad (\lambda > 0)$$

lautet. Die erste Bedingung (5.5.9), $X(0) = 0$, liefert $C_2 = 0$. Damit geht die Lösung über in

$$X = C_1 \sin \sqrt{\lambda}\, x. \tag{5.5.10}$$

Mit Hilfe der zweiten Bedingung (5.5.9), $X(l) = 0$, folgt

$$C_1 \sin \sqrt{\lambda}\, l = 0.$$

Da die Funktion $X(x)$ nicht identisch verschwinden soll, wird $C_1 \neq 0$ gefordert, so dass

$$\sin \sqrt{\lambda}\, l = 0.$$

Hieraus ergeben sich nun die folgenden Lösungen:

$$\lambda_k = \left(\frac{k\pi}{l} \right)^2, \quad k = \pm 1, \pm 2, \pm 3, \dots \tag{5.5.11}$$

Setzt man jetzt (5.5.11) in (5.5.10) ein, so erhält man eine unendliche Folge von Lösungen für die Randwertaufgabe (5.5.8), (5.5.9):

$$X_k(x) = C_1 \sin \frac{k\pi x}{l}.$$

Für die weiteren Betrachtungen ist es bequem, die Konstante C_1 aus der Normierungsbedingung heraus zu bestimmen:

$$\int_0^l [X_k(x)]^2 \, dx = 1.$$

Unter Anwendung von Lemma 5.5.1 ergibt sich

$$\int_0^l [X_k(x)]^2 \, dx = C_1^2 \int_0^l \sin^2 \frac{k\pi x}{l} \, dx = C_1^2 \frac{l}{\pi} \int_0^\pi \sin^2(ky) \, dy = \frac{l}{2} C_1^2.$$

Setzt man $C_1 = \sqrt{2/l}$, so erhält man die normierten Funktionen

$$X_k(x) = \sqrt{\frac{2}{l}} \sin \frac{k\pi x}{l}. \tag{5.5.12}$$

Die Konstanten λ_k aus (5.5.11) und die Funktionen $X_k(x)$ aus (5.5.12) heißen jeweils Eigenwerte und Eigenfunktionen für das Randwertproblem (5.5.8), (5.5.9). Man stellt ferner fest, dass es ausreichend ist, nur positive Werte für k zu betrachten, da die Eigenfunktionen die Eigenschaft $X_{-k} = -X_k$ besitzen.

Außerdem lautet die Lösung für die Gleichung (5.5.7) mit $\lambda = \lambda_k$

$$T_k(t) = a_k \cos(\sqrt{\lambda_k} t) + b_k \sin(\sqrt{\lambda_k} t), \quad a_k, b_k = \text{const.}$$

Die allgemeine Lösung $u(t, x)$ für die Wellengleichung ergibt sich durch die Reihe

$$u(t, x) = \sum_{k=1}^\infty T_k(t) X_k(x)$$

$$= \sqrt{\frac{2}{l}} \sum_{k=1}^\infty \left[a_k \cos(\sqrt{\lambda_k} t) + b_k \sin(\sqrt{\lambda_k} t) \right] \sin(\sqrt{\lambda_k} x),$$

oder unter Berücksichtigung der Eigenwerte (5.5.11)

$$u(t, x) = \sqrt{\frac{2}{l}} \sum_{k=1}^\infty \left(a_k \cos \frac{k\pi t}{l} + b_k \sin \frac{k\pi t}{l} \right) \sin \frac{k\pi x}{l}. \tag{5.5.13}$$

Unterwirft man nun Gleichung (5.5.13) der ersten Anfangsbedingung (5.5.3), $u(0, x) = u_0(x)$, so erhält man

$$u_0(x) = \sqrt{\frac{2}{l}} \sum_{k=1}^\infty a_k \sin \frac{k\pi x}{l}. \tag{5.5.14}$$

Diese Gleichung (5.5.14) erlaubt es, die Koeffizienten a_k zu bestimmen. Hierzu multipliziere man (5.5.14) mit $\sin(m\pi x/l)$ und integriert von 0 bis l. Es folgt

$$\int_0^l u_0(x) \sin\frac{m\pi x}{l}\,dx = \sqrt{\frac{2}{l}} \sum_{k=1}^{\infty} a_k \int_0^l \sin\frac{k\pi x}{l} \sin\frac{m\pi x}{l}\,dx. \qquad (5.5.15)$$

Schreibt man das Integral auf der rechten Seite von (5.5.15) mit Hilfe einer neuen Variablen $y = \pi x/l$ und berücksichtigt (5.5.1), so ergibt sich

$$\int_0^l \sin\frac{k\pi x}{l} \sin\frac{m\pi x}{l}\,dx = \frac{l}{\pi} \int_0^\pi \sin(ky)\sin(my)\,dy = \frac{l}{\pi}\frac{\pi}{2}\delta_{km} = \frac{l}{2}\delta_{km}.$$

Damit ist (5.5.15)

$$\int_0^l u_0(x) \sin\frac{m\pi x}{l}\,dx = \sqrt{\frac{l}{2}} \sum_{k=1}^{\infty} a_k \delta_{km} = \sqrt{\frac{l}{2}} a_m.$$

Für die Darstellung der Koeffizienten lässt sich dann der folgende Ausdruck bestimmen:

$$a_m = \sqrt{\frac{2}{l}} \int_0^l u_0(x) \sin\frac{m\pi x}{l}\,dx, \quad m = 1, 2, \dots. \qquad (5.5.16)$$

Die zweite Anfangsbedingung (5.5.3) war $u_t(0, x) = u_1(x)$. Diese lässt sich darstellen als

$$\sqrt{\frac{2}{l}} \sum_{k=1}^{\infty} \frac{k\pi}{l} b_k \sin\frac{k\pi x}{l} = u_1(x).$$

Multipliziert man diesen Ausdruck mit $\sin(m\pi x/l)$, integriert von 0 bis l und führt die gleichen Berechnungen wie oben durch, so ist

$$\frac{m\pi}{\sqrt{2l}} b_m = \int_0^l u_1(x) \sin\frac{m\pi x}{l}\,dx.$$

bzw.

$$b_m = \frac{\sqrt{2l}}{m\pi} \int_0^l u_1(x) \sin\frac{m\pi x}{l}\,dx, \quad m = 1, 2, \dots \qquad (5.5.17)$$

Man setze nun (5.5.16) und (5.5.17) in (5.5.13) für die Koeffizienten a_k und b_k ein. Es folgt die Lösung $u(t, x)$ für das gemischte Problem (5.5.2)–(5.5.4). Dies ist aber nur eine formale Lösung, da die Funktion $u(t, x)$ durch eine formale Reihe (5.5.13) dargestellt ist, die Fourier-Reihe heißt. Um die Lösung zu verifizieren, muss ferner noch die Konvergenz der Reihe (5.5.13) und die zweifache stetige Differenzierbarkeit nachgewiesen werden.

5.5.2 Das gemischte Problem für die Wärmeleitungsgleichung

Diese Separationsmethode soll nun auf die folgende gemischte Aufgabe angewendet werden:

$$u_t = u_{xx}, \tag{5.5.18}$$

$$u|_{t=0} = u_0(x), \tag{5.5.19}$$

$$u|_{x=0} = 0, \quad u|_{x=l} = 0. \tag{5.5.20}$$

Aus den beiden Bedingungen (5.5.19) und (5.5.20) folgt sofort, dass

$$u_0(0) = u_0(l) = 0. \tag{5.5.21}$$

Es werden jetzt Lösungen der Form

$$u(t, x) = T(t)X(x).$$

gesucht. Dieser Ansatz wird in (5.5.18) eingesetzt. Man findet

$$XT' = TX''$$

und

$$\frac{T'}{T} = \frac{X''}{X} = -\lambda.$$

Man zerlege diese Gleichung in zwei Teilprobleme:

$$T' + \lambda T = 0 \tag{5.5.22}$$

und

$$X'' + \lambda X = 0, \quad X(0) = X(l) = 0. \tag{5.5.23}$$

Das Randwertproblem (5.5.23) wurde im vorherigen Abschnitt bereits gelöst. Es ergeben sich die Eigenwerte bzw. Eigenfunktionen

$$\lambda_k = \left(\frac{k\pi}{l}\right)^2, \quad X_k(x) = \sqrt{\frac{2}{l}} \sin \frac{k\pi x}{l}. \tag{5.5.24}$$

Die Gleichung (5.5.22) besitzt die Lösung

$$T_k(t) = c_k e^{-(k\pi/l)^2 t},$$

so dass sich die Gesamtlösung

$$u(t, x) = \sqrt{\frac{2}{l}} \sum_{k=1}^{\infty} c_k e^{-(k\pi/l)^2 t} \sin \frac{k\pi x}{l} \tag{5.5.25}$$

ergibt, die formal die Wärmeleitungsgleichung (5.5.18) erfüllt und die Randbedingungen (5.5.20) befriedigt. Für die Anfangsbedingungen (5.5.19) folgt

$$\sqrt{\frac{2}{l}} \sum_{k=1}^{\infty} c_k \sin \frac{k\pi x}{l} = u_0(x)$$

mit

$$c_k = \sqrt{\frac{2}{l}} \int\limits_0^l u_0(x) \sin \frac{k\pi x}{l} \, dx. \tag{5.5.26}$$

Setzt man in (5.5.25) nun noch (5.5.26) ein, so folgt die Lösung für die gemischte Aufgabe (5.5.18)–(5.5.20).

Aufgaben zu Kapitel 5

5.1. Man gebe alle Punkte (t, x, y) an, in denen der Operator

$$L[u] = u_{xx} + u_{yy} + u_{zz} + (x^2 + y^2 + z^2 - t)u_{tt} - u_t$$

elliptisch, hyperbolisch und parabolisch ist.

5.2. Man bestimme den adjungierten Operator zu dem folgenden Operator nullter Ordnung: $L[u] = c(x, y)u$.

5.3. Man bestimme den adjungierten Operator für den folgenden Operator erster Ordnung: $L[u] = a(x, y)u_x + b(x, y)u_y + c(x, y)u$.

5.4. Man bestimme die adjungierte Gleichung für die allgemeine hyperbolische Gleichung mit zwei Variablen in der Standardform (5.2.18):

$$u_{xy} + a(x, y)u_x + b(x, y)u_y + c(x, y)u = 0. \tag{P5.1}$$

5.5. Man bestimme die adjungierte Gleichung zu jeder der folgenden Gleichungen:

(i)   Laplace Gleichung: $u_{xx} + u_{yy} + u_{zz} = 0$,

(ii) Wellengleichung: $u_{tt} - k^2(u_{xx} + u_{yy} + u_{zz}) = 0$,

(iii) Wärmeleitungsgleichung: $u_t - k^2(u_{xx} + u_{yy} + u_{zz}) = 0$,

(iv) $x^2 u_{xx} + y^2 u_{yy} + 2x u_x + 2y u_y = 0$,

(v)   Telegraphengleichung: $u_{tt} - c^2 u_{xx} - k^2 u = 0$ ($c, k = $ const),

(vi) Gleichung: $u_{tt} - \mu^2(x)u_{xx} - k^2 u = 0$ ($k = $ const),

(vii) Black–Scholes-Modell: $u_t + \frac{1}{2}A^2 x^2 u_{xx} + Bx u_x - Cu = 0$,

(viii) $u_{xy} + \dfrac{u_x + u_y}{x + y} = 0$.

Welche der gegebenen Gleichungen ist selbstadjungiert?

5.6. Man bestimme die adjungierte Gleichung und den adjungierten Operator für das System erster Ordnung

$$u_x^1 + a(x, y)u_x^2 + b(x, y)u_y^2 = 0, \quad u_y^1 + c(x, y)u_x^2 + d(x, y)u_y^2 = 0.$$

5.7. Man stelle die Telegraphengleichung (2.3.26), $u_{tt} - c^2 u_{xx} - k^2 u = 0$, mit Hilfe der charakteristischen Variablen, d. h. in Standardform (5.2.18), dar.

5.8. Man betrachte die folgende Wellengleichung mit einem variablen Koeffizienten:

$$u_{tt} - \mu^2(x) u_{xx} = 0. \tag{P5.2}$$

Gesucht sind alle Gleichungen der Form (P5.2), die sich auf die Wellengleichung $v_{\xi\eta} = 0$ transformieren lassen.

5.9. Es gilt der folgende Satz:

Satz 5.5.1. *Gleichung (P5.1) ist äquivalent zur Telegraphengleichung. D. h. sie kann auf die Telegraphengleichung $v_{\xi\eta} + kv = 0$ (k = const) durch eine geeignete Äquivalenztransformation (5.3.7) mit*

$$\xi = f(x), \quad \eta = g(y), \quad v = \sigma(x, y)u$$

überführt werden, genau dann, wenn die Laplace-Invarianten von (P5.1) den Bedingungen

$$h = k \neq 0, \quad (\ln|h|)_{xy} = 0.$$

genügen.

Man benutze diesen Satz um zu zeigen, dass die Gleichung

$$u_{tt} - x^2 u_{xx} = 0$$

zur Telegraphengleichung $v_{\xi\eta} + v = 0$ äquivalent ist. Man bestimme diese Transformation.

5.10. Man bestimme von den Gleichungen (P5.2) diejenigen, die der Telegraphengleichung $v_{\xi\eta} + kv = 0$ (k = const) äquivalent sind.

5.11. Man bestimme die Ableitungen der Funktion $v(x, t)$ aus (5.4.9)

$$v(x, t) = \frac{1}{2k} \int_0^t d\tau \int_{x-k(t-\tau)}^{x+k(t-\tau)} f(s, \tau) \, ds$$

und zeige, dass ihre ersten und zweiten Ableitungen v_t, v_{tt} und v_x, v_{xx} durch Gleichung (5.4.10) gegeben sind.

5.12. Sei L ein linearer Differentialoperator und L^* der zugehörige adjungierte Operator. Man zeige, dass $(L^*)^* = L$, d. h. der adjungierte Operator von L^* stimmt mit dem Ausgangsoperator überein.

5.13. Man löse das gemischte Problem

$$u_{tt} = u_{xx}, \quad u|_{x=0} = u|_{x=2\pi} = 0, \quad u|_{t=0} = \sin x, \quad u_t|_{t=0} = 0.$$

5.14. Man löse das gemischte Problem

$$u_{tt} = u_{xx}, \quad u|_{x=0} = u|_{x=2\pi} = 0, \quad u|_{t=0} = 0, \ u_t|_{t=0} = \sin x.$$

5.15. Man löse das gemischte Problem

$$u_t = u_{xx}, \quad u|_{x=0} = u|_{x=2\pi} = 0, \quad u|_{t=0} = \sin x.$$

5.16. Man diskutiere das gemischte Problem

$$u_t = u_{xx}, \quad u|_{x=0} = u|_{x=2\pi} = 0, \quad u|_{t=0} = \cos x.$$

6 Nichtlineare gewöhnliche Differentialgleichungen

Mathematische Modelle fundamentaler Naturgesetze oder technologischer Probleme werden häufig mit Hilfe von nichtlinearen Differentialgleichungen formuliert. Viele von ihnen basieren auf dem zweiten Newtonschen Axiom und führen damit auf Differentialgleichungen zweiter Ordnung.

Somit liefern viele mathematische Modelle realer Probleme viele nichtlineare Differentialgleichungen zweiter Ordnung. Die einzige allgemein gültige Methode, um diese Gleichungen analytisch zu lösen, ist durch die Lie-Gruppen-Analysis gegeben, die besonders einfach und effizient im Falle von Gleichungen dieses Typs arbeitet.

Daher wirft dieses Kapitel seinen Blick auf die Gruppen-Analysis von nichtlinearen gewöhnlichen Differentialgleichungen mit dem Schwerpunkt, Gleichungen erster und zweiter Ordnung zu integrieren. Die Anwendung der Lie-Gruppen-Methode auf lineare und nichtlineare partielle Differentialgleichungen wird in den letzten zwei Kapiteln diskutiert.

Weiterführende Literatur: S. Lie [26], L. V. Ovsyannikov [32], N. H. Ibragimov [21], P. J. Olver [31], G. W. Bluman und S. Kumei [2].

6.1 Einführung

Die Idee der Symmetrien durchdringt alle mathematischen Modelle, die als Differentialgleichung formuliert sind. Die mathematischen Werkzeuge, um Symmetrien von solchen Gleichungen aufzudecken und anzuwenden, wurden durch die Theorie kontinuierlicher Gruppen bereitgestellt. Sie haben ihren Ursprung in den Arbeiten des auffallensten Mathematikers des neunzehnten Jahrhunderts: Sophus Lie. Die Lie-Gruppen-Analysis liefert allgemeine Methoden zur analytischen Integration von linearen und nichtlinearen Differentialgleichungen unter Benutzung ihrer Symmetrien. Diese Lie-Gruppen-Methoden sind aber genau so effizient, um exakte Lösungen für nichtlineare partielle Differentialgleichungen zu bestimmen.

Der Professor Brian Cantwell von der Universität Stanford führte u. a. in seinem kürzlich erschienenen Buch [3] aus:

> Dennoch genoss die Gruppen-Analysis keine weitverbreitete Anerkennung in der Vergangenheit und wird immer noch in den Universitätsprogrammen vernachlässigt. Außerdem gibt es eine wachsende Tendenz in der modernen Literatur, der alten Tradition, Lie-Gruppen Methoden zu vernachlässigen, verstärkt zu folgen und Universitätslehrbücher über Differentialgleichungen als „Kochbuch" zu schreiben, dass verschiedene Ad-hoc-Rezepte für die Integration einer Vielzahl verschiedener spezieller Typen von Gleichungen beinhaltet. Diese bestehen aus künstlichen Substitutionen an Stelle der Benutzung von Symmetrien und der Beschäftigung der wenigen Lieschen Standardgleichungen. Allerdings ist es oft ,weniger schwierig, um den traditionellen Gebrauch zu rechtfertigen. Aber es ist um so schwerer, diesen wieder los zu werden' (M. Twain).

DOI 10.1515/9783110495522-010

In diesem Kapitel befindet sich eine Einführung in die grundlegenden Konzepte und Anwendungen der Lie-Gruppen auf gewöhnliche Differentialgleichungen. Für eine weiterführende und intensivere Betrachtungsweise werde auf [17] verwiesen.

6.2 Transformationsgruppen

6.2.1 Einparametrige Gruppen in der Ebene

Man betrachte eine Substitution der Veränderlichen x und y, die von einem Parameter a abhängt:

$$T_a: \bar{x} = \varphi(x, y, a), \quad \bar{y} = \psi(x, y, a). \tag{6.2.1}$$

Für die Funktionen φ und ψ gelte

$$T_0: \varphi(x, y, 0) = x, \quad \psi(x, y, 0) = y. \tag{6.2.2}$$

Es werde vorausgesetzt, dass $\varphi(x, y, a)$ und $\psi(x, y, a)$ funktional voneinander unabhängig sind, d. h. dass ihre Jacobi-Determinante nicht verschwindet (vgl. Abschnitt 1.2.8, Satz 1.2.4):

$$\begin{vmatrix} \varphi_x & \varphi_y \\ \psi_x & \psi_y \end{vmatrix} \neq 0.$$

Die Gleichungen T_a (6.2.1) können aber ebenso als Transformationen betrachtet werden, die einen Punkt $P = (x, y)$ der (x, y)-Ebene auf einen neuen Punkt $\bar{P} = (\bar{x}, \bar{y})$ abbilden, der dann als $\bar{P} = T_a(P)$ geschrieben wird. Demnach lässt sich die inverse Transformation T_a^{-1} darstellen über

$$T_a^{-1}: x = \varphi^{-1}(\bar{x}, \bar{y}, a), \quad y = \psi^{-1}(\bar{x}, \bar{y}, a). \tag{6.2.3}$$

Diese führt den Punkt $\bar{P}$ zurück an den Ausgangsplatz P, d. h.

$$T_a^{-1}(\bar{P}) = P.$$

Außerdem bedeutet T_0 in Gleichung (6.2.2) dann die identische Transformation

$$T_0(P) = P.$$

Seien nun T_a und T_b zwei Transformationen (6.2.1) mit verschiedenen Werten von a und b als Parametern. Die Verknüpfung (oder Produkt) $T_b T_a$ dieser beiden Ausdrücke ist definiert als Hintereinanderausführung dieser Transformationen und wird gegeben durch

$$\begin{aligned} \bar{\bar{x}} &= \varphi(\bar{x}, \bar{y}, b) = \varphi(\varphi(x, y, a), \psi(x, y, a), b), \\ \bar{\bar{y}} &= \psi(\bar{x}, \bar{y}, b) = \psi(\varphi(x, y, a), \psi(x, y, a), b). \end{aligned} \tag{6.2.4}$$

Geometrisch lässt sich dies wie folgt deuten: Da T_a den Punkt von P nach $\overline{P} = T_a(P)$ abbildet, der anschließend mit T_b auf die neue Position $\overline{\overline{P}} = T_b(\overline{P})$ geschoben wird, liefert $T_b T_a$ eine direkte Abbildung von P auf den Endpunkt $\overline{\overline{P}}$ ohne bei $\overline{P}$ zu unterbrechen. Damit bedeutet (6.2.4)

$$\overline{\overline{P}} \stackrel{\text{def}}{=} T_b(\overline{P}) = T_b T_a(P).$$

Definition 6.2.1. Eine einparametrige Familie G von Transformationen (6.2.1), die den Anfangsbedingungen (6.2.2) genügt, heißt einparametrige Gruppe, wenn G die Inverse (6.2.3) beinhaltet und bezüglich der Verknüpfung abgeschlossen ist, also neben T_a und T_b auch

$$T_b T_a = T_{a+b}$$

enthält. Die letzte Bedingung lässt sich unter Berücksichtigung von (6.2.4) auch schreiben als

$$\varphi(\varphi(x, y, a), \psi(x, y, a), b) = \varphi(x, y, a + b),$$
$$\psi(\varphi(x, y, a), \psi(x, y, a), b) = \psi(x, y, a + b). \tag{6.2.5}$$

6.2.2 Der Gruppen-Generator und Lie-Gleichung

Entwickelt man nun die Funktionen $\varphi(x, y, a)$ und $\psi(x, y, a)$ in Taylor-Reihen bei $a = 0$ und berücksichtigt die Anfangsbedingungen (6.2.2), so erhält man die infinitesimale Transformation

$$\bar{x} \approx x + \xi(x, y)a, \quad \bar{y} \approx y + \eta(x, y)a, \tag{6.2.6}$$

mit

$$\xi(x, y) = \left.\frac{\partial \varphi(x, y, a)}{\partial a}\right|_{a=0}, \quad \eta(x, y) = \left.\frac{\partial \psi(x, y, a)}{\partial a}\right|_{a=0}. \tag{6.2.7}$$

Der Vektor (ξ, η) mit den Komponenten (6.2.7) bildet den Tangentenvektor an der Stelle (x, y) der Kurve, die durch die transformierten Punkte $(\bar{x}, \bar{y})$ gebildet wird. Daher bilden alle Tangentenvektoren das sogenannte Tangentenvektorfeld der Gruppe G.

Dieses Tangentenvektorfeld (6.2.7) steht in Verbindung mit dem Differentialoperator erster Ordnung

$$X = \xi(x, y)\frac{\partial}{\partial x} + \eta(x, y)\frac{\partial}{\partial y} \tag{6.2.8}$$

und heißt Generator der Gruppe G.

Sind nun die infinitesimalen Transformationen (6.2.6) bzw. die Generatoren (6.2.8) gegeben, so lassen sich die Transformationen (6.2.1) aus der Integration des folgenden Systems gewöhnlicher Differentialgleichungen gewinnen, das auch Lie-Gleichungen genannt wird:

$$\frac{d\varphi}{da} = \xi(\varphi, \psi), \quad \varphi|_{a=0} = x,$$
$$\frac{d\psi}{da} = \eta(\varphi, \psi), \quad \psi|_{a=0} = y. \tag{6.2.9}$$

Diese Gleichungen können auch in der Form

$$\frac{d\bar{x}}{da} = \xi(\bar{x}, \bar{y}), \quad \bar{x}|_{a=0} = x,$$
$$\frac{d\bar{y}}{da} = \eta(\bar{x}, \bar{y}), \quad \bar{y}|_{a=0} = y$$

(6.2.10)

geschrieben werden.

So ist z. B. die Rotationsgruppe definiert durch

$$\bar{x} = x \cos a + y \sin a, \quad \bar{y} = y \cos a - x \sin a. \tag{6.2.11}$$

Sie besitzt die infinitesimale Transformation

$$\bar{x} \approx x + ya, \quad \bar{y} \approx y - xa$$

und den Generator

$$X = y\frac{\partial}{\partial x} - x\frac{\partial}{\partial y}. \tag{6.2.12}$$

Dies lässt sich sehr leicht mit Hilfe der Lie-Gleichungen verifizieren:

$$\frac{d\bar{x}}{da} = \bar{y}, \quad \bar{x}|_{a=0} = x,$$
$$\frac{d\bar{y}}{da} = -\bar{x}, \quad \bar{y}|_{a=0} = y.$$

Beispiel 6.2.1. Man betrachte die einparametrige Gruppe, die durch die infinitesimale Transformation

$$\bar{x} \approx x + ax^2, \quad \bar{y} \approx y + axy$$

bzw. durch den Generator

$$X = x^2\frac{\partial}{\partial x} + xy\frac{\partial}{\partial y} \tag{6.2.13}$$

gegeben ist. Die Lie-Gleichungen (6.2.10) liefern

$$\frac{d\bar{x}}{da} = \bar{x}^2, \quad \bar{x}|_{a=0} = x,$$
$$\frac{d\bar{y}}{da} = \bar{x}\bar{y}, \quad \bar{y}|_{a=0} = y.$$

Die Gleichungen dieses Systems lassen sich einfach lösen und es folgt

$$\bar{x} = -\frac{1}{a + C_1}, \quad \bar{y} = \frac{C_2}{a + C_1}.$$

Die Anfangsbedingungen liefern $C_1 = -1/x$, $C_2 = -y/x$. Folglich ergibt sich folgende einparametrige Gruppe, die auch als projektive Transformationsgruppe bekannt ist:

$$\bar{x} = \frac{x}{1 - ax}, \quad \bar{y} = \frac{y}{1 - ax}. \tag{6.2.14}$$

6.2.3 Die Exponentialabbildung

Die Lie-Gleichungen (6.2.10) lassen sich ebenso durch einen Potenzreihenansatz lösen. Damit werden dann die Gruppentransformationen (6.2.1) für den Generator X (6.2.8) durch die folgende Exponentialabbildung gegeben:

$$\bar{x} = e^{aX}(x), \quad \bar{y} = e^{aX}(y) \tag{6.2.15}$$

mit

$$e^{aX} = 1 + \frac{a}{1!}X + \frac{a^2}{2!}X^2 + \cdots + \frac{a^s}{s!}X^s + \cdots . \tag{6.2.16}$$

Beispiel 6.2.2. Man betrachte noch einmal den Generator (6.2.13):

$$X = x^2 \frac{\partial}{\partial x} + xy \frac{\partial}{\partial y}.$$

Nach (6.2.15), (6.2.16) ist $X^s(x)$ und $X^s(y)$ für alle $s = 1, 2, \ldots$ zu bestimmen. Die Berechnung einiger repräsentativer Terme liefert

$$X(x) = x^2, \quad X^2(x) = X(X(x)) = X(x^2) = 2!x^3, \quad X^3(x) = X(2!x^3) = 3!x^4.$$

Somit ist allgemein

$$X^s(x) = s!x^{s+1}.$$

Eine vollständige Induktion liefert dann die Gültigkeit der letzten Gleichung:

$$X^{s+1}(x) = X(s!x^{s+1}) = (s+1)!x^2x^s = (s+1)!x^{s+2}.$$

Ähnlich berechnet man

$$X(y) = xy, \quad X^2(y) = X(xy) = yX(x) + xX(y) = yx^2 + xxy = 2!yx^2,$$
$$X^3(y) = 2![yX(x^2) + x^2X(y)] = 2![y(2x^3) + x^2xy] = 3!yx^3.$$

Dies führt auf

$$X^s(y) = s!yx^s.$$

Eine vollständige Induktion zeigt abermals die Gültigkeit dieser Gleichung:

$$X^{s+1}(y) = s!X(yx^s) = s![syx^{s+1} + x^s(xy)] = (s+1)!yx^{s+1}.$$

Das Einsetzen all dieser Ausdrücke in die Exponentialabbildung führt auf

$$e^{aX}(x) = x + ax^2 + \cdots + a^sx^{s+1} + \cdots .$$

Die rechte Seite dieser Gleichung lässt sich aber schreiben als $x(1 + ax + \cdots + a^sx^s + \cdots)$. Man stellt fest, dass der Ausdruck in Klammern aber gerade die Taylor-Reihe der Funktion $1/(1 - ax)$ ist für $|ax| < 1$. Folglich gilt:

$$\bar{x} = e^{aX}(x) = \frac{x}{1 - ax}.$$

Auf ähnliche Weise folgt

$$e^{aX}(y) = y + ayx + a^2yx^2 + \cdots + a^syx^s + \cdots$$
$$= y(1 + ax + \cdots + a^sx^s + \cdots).$$

Somit ist

$$\bar{y} = e^{aX}(y) = \frac{y}{1 - ax}.$$

Als Ergebnis ist die projektive Transformation (6.2.14) mit

$$\bar{x} = \frac{x}{1 - ax}, \quad \bar{y} = \frac{y}{1 - ax}$$

zu finden.

6.2.4 Die Invarianten und invariante Gleichungen

Definition 6.2.2. Eine Funktion $F(x, y)$ heißt eine Invariante der Gruppe G von Transformationen (6.2.1), wenn $F(\bar{x}, \bar{y}) = F(x, y)$ ist. Das bedeutet,

$$F(\varphi(x, y, a), \psi(x, y, a)) = F(x, y) \tag{6.2.17}$$

ist identisch erfüllt für alle Variablen x, y und Gruppenparameter a.

Satz 6.2.1. *Eine Funktion $F(x, y)$ ist eine Gruppeninvariante der Gruppe G genau dann, wenn sie die folgende lineare partielle Differentialgleichung erster Ordnung löst:*

$$XF \equiv \xi(x, y)\frac{\partial F}{\partial x} + \eta(x, y)\frac{\partial F}{\partial y} = 0. \tag{6.2.18}$$

Beweis. Sei $F(x, y)$ eine Invariante. Man entwickele die Funktion

$$F(\varphi(x, y, a), \psi(x, y, a))$$

in eine Taylor-Reihe bezüglich des Parameters a:

$$F(\varphi(x, y, a), \psi(x, y, a)) \approx F(x + a\xi, y + a\eta) \approx F(x, y) + a\left(\xi\frac{\partial F}{\partial x} + \eta\frac{\partial F}{\partial y}\right)$$

bzw.

$$F(\bar{x}, \bar{y}) = F(x, y) + aX(F) + o(a).$$

Setzt man dies in (6.2.17) ein, so ist

$$F(x, y) + aX(F) + o(a) = F(x, y).$$

Es folgt $aX(F) + o(a) = 0$, woraus sich $X(F) = 0$ ergibt. Dies ist aber gerade (6.2.18).

Sei umgekehrt $F(x, y)$ eine Lösung von (6.2.18). Man setze ferner voraus, dass die Funktion $F(x, y)$ analytisch ist und benutze die Taylor-Reihendarstellung von F. Dann wende man die Exponentialabbildung (6.2.15) hierauf an. Es folgt

$$F(\bar{x}, \bar{y}) = e^{aX} F(x, y) \stackrel{\text{def}}{=} \left(1 + \frac{a}{1!} X + \frac{a^2}{2!} X^2 + \cdots + \frac{a^s}{s!} X^s + \cdots \right) F(x, y).$$

Da $XF(x, y) = 0$ ist, ergibt sich $X^2 F = X(XF) = 0, \ldots, X^s F = 0$. Dies liefert $F(\bar{x}, \bar{y}) = F(x, y)$, d. h. Gleichung (6.2.17). Damit ist der Satz bewiesen. $\square$

Aus diesem Satz 6.2.1 folgt, dass jede einparametrige Transformationsgruppe in der Ebene eine unabhängige Invariante besitzt, die sich mit Hilfe der linken Seite eines jeden ersten Integrals $h(x, y) = C$ der charakteristischen Gleichung (6.2.18):

$$\frac{dx}{\xi(x, y)} = \frac{dy}{\eta(x, y)} \tag{6.2.19}$$

gewinnen lässt.

Jede andere Invariante F ist dann eine Funktion von h, d. h. $F(x, y) = \Phi(h(x, y))$.

Beispiel 6.2.3. Man betrachte die Gruppe, die von dem Generator (6.2.13) erzeugt wird:

$$X = x^2 \frac{\partial}{\partial x} + xy \frac{\partial}{\partial y}.$$

Die charakteristische Gleichung (6.2.19) kann in der Form

$$\frac{dx}{x} = \frac{dy}{y}$$

geschrieben werden. Ein erstes Integral lautet damit $h = x/y$. Die allgemeine Invariante hat also die Darstellung $F(x, y) = \Phi(x/y)$. Φ ist hierbei eine beliebige Funktion einer Variablen.

Die Transformationsgruppen (6.2.1) sowie die zugehörigen Konzepte, die eben diskutiert worden sind, lassen sich auf gleiche Weise auch auf mehrdimensionale Fälle erweitern, indem man Transformationen

$$\bar{x}^i = f^i(x, a), \quad i = 1, \ldots, n \tag{6.2.20}$$

von Punkten $x = (x^1, \ldots, x^n)$ im n-dimensionalen Raum betrachtet. Der Generator der Transformation (6.2.20) lässt sich dann schreiben als

$$X = \xi^i(x) \frac{\partial}{\partial x^i} \tag{6.2.21}$$

mit

$$\xi^i(x) = \left. \frac{\partial f^i(x, a)}{\partial a} \right|_{a=0}.$$

Damit wird aus der Lie-Gleichung (6.2.10)

$$\frac{\mathrm{d}\bar{x}^i}{\mathrm{d}a} = \xi^i(\bar{x}), \quad \bar{x}^i|_{a=0} = x^i. \tag{6.2.22}$$

Die Darstellung der Exponentialabbildung wird dann zu

$$\bar{x}^i = e^{aX}(x^i), \quad i = 1, \ldots, n \tag{6.2.23}$$

mit

$$e^{aX} = 1 + \frac{a}{1!}X + \frac{a^2}{2!}X^2 + \cdots + \frac{a^s}{s!}X^s + \cdots. \tag{6.2.24}$$

An der Definition 6.2.2 einer invarianten Funktion ändert sich auch im Falle mehrerer Variablen nichts. Demnach ist eine Invariante durch die Gleichung $F(\bar{x}) = F(x)$ allgemein definiert. Der Invarianten-Test ist ebenfalls nach Satz 6.2.1 gegeben. Dabei ist (6.2.18) durch ihre n-dimensionale Erweiterung zu ersetzen:

$$\sum_{i=1}^{n} \xi^i(x)\frac{\partial F}{\partial x^i} = 0. \tag{6.2.25}$$

Dies liefert $n - 1$ funktional unabhängige erste Integrale $\psi_1(x), \ldots, \psi_{n-1}(x)$ des charakteristischen Systems von (6.2.25):

$$\frac{\mathrm{d}x^1}{\xi^1(x)} = \frac{\mathrm{d}x^2}{\xi^2(x)} = \cdots = \frac{\mathrm{d}x^n}{\xi^n(x)} \tag{6.2.26}$$

und somit eine Basis von Invarianten. Jede Invariante $F(x)$ ist gegeben durch

$$F(x) = \Phi(\psi_1(x), \ldots, \psi_{n-1}(x)). \tag{6.2.27}$$

Dieser mehrdimensionale Fall soll noch etwas näher untersucht werden.

Hierzu betrachte man das System von Gleichungen

$$F(x) = 0, \ldots, F_s(x) = 0, \quad s < n. \tag{6.2.28}$$

Es werde ferner vorausgesetzt, dass der Rang der Matrix $\|\partial F_k/\partial x^i\|$ gleich s ist an allen Punkten x, die dem System der Gleichungen (6.2.28) genügen. Dieses System (6.2.28) definiert eine $(n - s)$-dimensionale Oberfläche M.

Definition 6.2.3. Das System von Gleichungen (6.2.28) heißt invariant in Bezug auf die Transformationsgruppe G (6.2.20), wenn jeder Punkt x der Oberfläche M sich mit Hilfe von G entlang M bewegt, d. h. $x \in M$ impliziert $\bar{x} \in M$. Diese Oberfläche M nennt man auch invariante Fläche.

Satz 6.2.2. *Die Fläche M, die durch das System von Gleichungen (6.2.28) gegeben ist, ist invariant in Bezug auf die Transformationsgruppe G (6.2.20) mit dem Generator X (6.2.21), genau dann, wenn*

$$X(F_k)|_M = 0, \quad k = 1, \ldots, s. \tag{6.2.29}$$

6.2.5 Kanonische Variablen

Der folgende einfache Satz stammt aus Lemma 4.2.1 und besitzt eine Vielzahl von Anwendungen, z. B. die Integration von Differentialgleichungen.

Satz 6.2.3. *Jede einparametrige Transformationsgruppe* (6.2.1) *mit den Generatoren* (6.2.8),

$$X = \xi(x, y)\frac{\partial}{\partial x} + \eta(x, y)\frac{\partial}{\partial y}, \tag{6.2.8}$$

lässt sich durch eine Variablensubstitution

$$t = t(x, y), \quad u = u(x, y) \tag{6.2.30}$$

auf eine Translationsgruppe $\bar{t} = t + a$, $\bar{u} = u$ mit dem Generator

$$X = \frac{\partial}{\partial t} \tag{6.2.31}$$

reduzieren. Diese Variablen t und u heißen kanonische Variablen.

Beweis. Die Variablensubstitution (6.2.30) transformiert den Differentialoperator (6.2.8) wie folgt (vgl. (4.2.3)):

$$X = X(t(x, y))\frac{\partial}{\partial t} + X(u(x, y))\frac{\partial}{\partial u}. \tag{6.2.32}$$

Den Operator (6.2.31) erhält man, wenn man t und u über die Lösung des folgenden partiellen Differentialgleichungssystems erster Ordnung definiert:

$$\begin{aligned} X(t) &\equiv \xi(x, y)\frac{\partial t}{\partial x} + \eta(x, y)\frac{\partial t}{\partial y} = 1, \\ X(u) &\equiv \xi(x, y)\frac{\partial u}{\partial x} + \eta(x, y)\frac{\partial u}{\partial y} = 0. \end{aligned} \tag{6.2.33}$$ □

Beispiel 6.2.4. Man bestimme die kanonischen Variablen für die Dilatationsgruppe mit dem Generator

$$X = x\frac{\partial}{\partial x} + y\frac{\partial}{\partial y}. \tag{6.2.34}$$

Die erste Gleichung von (6.2.33) besitzt die Form

$$X(t) = x\frac{\partial t}{\partial x} + y\frac{\partial t}{\partial y} = 1.$$

Da es hinreichend ist, irgendeine Teillösung dieser Gleichung zu bestimmen, wähle man z. B. eine, die nur von x abhängt, also $t = t(x)$. Dann reduziert sich obige Gleichung auf die gewöhnliche Differentialgleichung $xt'(x) = 1$ mit der Lösung $t = \ln|x|$. Die zweite Gleichung (6.2.33) hat das Aussehen

$$X(u) = x\frac{\partial u}{\partial x} + y\frac{\partial u}{\partial y} = 0.$$

Die charakteristischen Gleichungen hiervon lauten

$$\frac{\mathrm{d}x}{x} = \frac{\mathrm{d}y}{y}$$

und besitzen das erste Integral $y/x = C$. Damit löst $u = y/x$ die Gleichung $X(u) = 0$ und man findet die folgenden kanonischen Variablen

$$t = \ln|x|, \quad u = \frac{y}{x}.$$

Mit ihrer Hilfe reduziert sich die Dilatationsgruppe

$$\bar{x} = x\mathrm{e}^a, \quad \bar{y} = y\mathrm{e}^a$$

auf eine Translationsgruppe

$$\bar{t} = t + a, \quad \bar{u} = u,$$

da

$$\bar{t} = \ln|\bar{x}| = \ln(|x|\mathrm{e}^a) = \ln|x| + a = t + a,$$

$$\bar{u} = \frac{\bar{y}}{\bar{x}} = \frac{y\mathrm{e}^a}{x\mathrm{e}^a} = \frac{y}{x} = u.$$

6.3 Symmetrien von Gleichungen erster Ordnung

6.3.1 Erste Prolongation der Gruppengeneratoren

Die Transformationen von Ableitungen mit Hilfe der Transformationsgruppe (6.2.1) wird als Variablensubstitution betrachtet, wie sie in Abschnitt 1.4.5 behandelt worden ist. Im Speziellen lässt sich die Transformation der ersten Ableitung mit Hilfe der Gleichung

$$\bar{y}' \equiv \frac{\mathrm{d}\bar{y}}{\mathrm{d}\bar{x}} = \frac{D_x(\psi)}{D_x(\varphi)} \tag{6.3.1}$$

gewinnen. Ausgehend von der Gruppe G der Transformationen (6.2.1) erhält man die Gruppe $G_{(1)}$, die die Transformationen (6.2.1) und (6.3.1) im Raum der Variablen (x, y, y') enthält. Diese Gruppe $G_{(1)}$ heißt erste Prolongation von G. Setzt man nun in (6.3.1) die infinitesimale Transformation (6.2.6) $\varphi = x + a\xi(x, y)$, $\psi = y + a\eta(x, y)$ ein und vernachlässigt Terme höherer Ordnung in a, so erhält man folgende infinitesimale Transformation von y':

$$\bar{y}' = \frac{y' + aD_x(\eta)}{1 + aD_x(\xi)} \approx [y' + aD(\eta)][1 - aD(\xi)] \approx y' + [D(\eta) - y'D(\xi)]a$$

bzw.

$$\bar{y}' \approx y' + a\zeta_1$$

mit

$$\zeta_1 = D_x(\eta) - y'D_x(\xi) = \eta_x + (\eta_y - \xi_x)y' - y'^2\xi_y. \tag{6.3.2}$$

Damit lautet der Generator X der Gruppe G nach der Prolongation

$$X = \xi\frac{\partial}{\partial x} + \eta\frac{\partial}{\partial y} + \zeta_1\frac{\partial}{\partial y'}. \tag{6.3.3}$$

Die Gleichungen (6.3.2) und (6.3.3) werden als erste Prolongationsformel bzw. erste Prolongation des infinitesimalen Generators (6.2.13) bezeichnet.

6.3.2 Symmetrie-Gruppe: Definition und Eigenschaften

Definition 6.3.1. Die Gruppe G der Transformationen (6.2.1) heißt eine Symmetrie-Gruppe der gewöhnlichen Differentialgleichungen erster Ordnung

$$\frac{dy}{dx} = f(x, y), \tag{6.3.4}$$

oder anders ausgedrückt: Gleichung (6.3.4) lässt die Gruppe G zu, wenn die Form der Differentialgleichung (6.3.4) nach der Variablensubstitution (6.2.1) sich nicht ändert. Das heißt,

$$\frac{d\bar{y}}{d\bar{x}} = f(\bar{x}, \bar{y}).$$

Dabei ist die Funktion f die gleiche wie in der Ausgangsgleichung (6.3.4). Mit anderen Worten: G ist eine Symmetrie-Gruppe der Gleichung (6.3.4), wenn der Rahmen (vgl. Abschnitt 1.4.4) von (6.3.4) invariant ist im Sinne von Definition 6.2.3 in Bezug auf die erste Prolongation $G_{(1)}$ der Gruppe G.

Die Haupteigenschaft einer Symmetrie-Gruppe wurde zuerst von S. Lie bewiesen (vgl. z. B. [26] Kapitel 16, Abschnitt 1, Satz 1). Sie besagt, dass G eine Symmetrie-Gruppe genau dann sei, wenn sie jede klassische Lösung von (6.3.4) auf eine klassische Lösung derselben Gleichung abbildet.

Der Generator einer Gruppe, die von der Differentialgleichung zugelassen wird, heißt zugelassener Operator oder eine infinitesimale Symmetrie von Gleichung (6.3.4).

Beispiel 6.3.1. Augenscheinlich ändert sich die Gleichung

$$y' = f(y)$$

nach der Transformation $\bar{x} = x + a$ nicht, da sie explizit die unabhängige Variable x nicht enthält. Damit ist eine Symmetrie dieser Gleichung durch die Translations-gruppe entlang der x-Achse $\bar{x} = x + a$ mit dem Generator

$$X = \frac{\partial}{\partial x}$$

gegeben.

Ähnlich verhält es sich mit der Gleichung

$$y' = f(x).$$

Sie lässt eine Transformation entlang der y-Achse zu: $\bar{y} = y + a$. Der zugehörige Generator ist

$$X = \frac{\partial}{\partial y}.$$

Beispiel 6.3.2. Die Gleichung

$$y' = f\left(\frac{y}{x}\right) \tag{6.3.5}$$

lässt die Gruppe der homogenen Dilatationen (Skalentransformationen)

$$\bar{x} = xe^a, \quad \bar{y} = ye^a$$

mit dem Generator (6.2.34),

$$X = x\frac{\partial}{\partial x} + y\frac{\partial}{\partial y}$$

zu.

Beispiel 6.3.3. Man betrachte die folgende Riccati-Gleichung

$$y' + y^2 - \frac{2}{x^2} = 0. \tag{6.3.6}$$

Die linke Seite ist eine rationale Funktion in den Variablen x, y, y'. Damit kann versucht werden, die zugelassene Gruppe in Form einer Dilatation zu finden. Dazu sei

$$\bar{x} = kx, \quad \bar{y} = ly.$$

Da

$$\bar{y}' + \bar{y}^2 - \frac{2}{\bar{x}^2} = \frac{l}{k}y' + l^2y^2 - \frac{1}{k^2}\frac{2}{x^2},$$

ergibt sich mit Hilfe der Invarianzbedingung

$$\bar{y}' + \bar{y}^2 - \frac{2}{\bar{x}^2} = \lambda \cdot \left(y' + y^2 - \frac{2}{x^2}\right)$$

für λ Folgendes:

$$\lambda = \frac{l}{k} = l^2 = \frac{1}{k^2}.$$

Hieraus ergibt sich $l = 1/k$, wobei $k > 0$ ein beliebiger Parameter ist. Setzt man $k = e^a$, so ergibt sich die inhomogene Dilatationsgruppe

$$\bar{x} = xe^a, \quad \bar{y} = ye^{-a}.$$

Damit besitzt die Riccati-Gleichung (6.3.6) die folgende infinitesimale Symmetrie:

$$X = x\frac{\partial}{\partial x} - y\frac{\partial}{\partial y}. \tag{6.3.7}$$

6.3.3 Gleichungen mit vorgegebener Symmetrie

Die Lösung dieser Aufgabenstellung basiert auf der Definition 6.3.1 einer Symmetrie-Gruppe, auf den Prolongationsformeln (6.3.2), (6.3.3) und auf dem Invarianten-Flächen-Test (*invariant surface test*) (6.2.29). Um eine allgemeine Differentialgleichung erster Ordnung (6.3.4) zu finden, betrachte man die Gleichung

$$y' = f(x, y), \tag{6.3.8}$$

die den Operator

$$X = \xi(x, y)\frac{\partial}{\partial x} + \eta(x, y)\frac{\partial}{\partial y} \tag{6.3.9}$$

zulässt. Dieser werde mit Hilfe von Gleichung (6.3.3) verlängert oder prolongiert:

$$X = \xi\frac{\partial}{\partial x} + \eta\frac{\partial}{\partial y} + \zeta_1\frac{\partial}{\partial y'}.$$

Die invariante Flächenbedingung lautet damit

$$\zeta_1|_{y'=f(x,y)} = \xi\frac{\partial f}{\partial x} + \eta\frac{\partial f}{\partial y}.$$

Substituiert man hierin nun den Ausdruck für ζ_1 mit der Prolongationsformel (6.3.2), so folgt eine quasi-lineare partielle Differentialgleichung erster Ordnung zur Bestimmung der Funktion $f(x, y)$:

$$\xi\frac{\partial f}{\partial x} + \eta\frac{\partial f}{\partial y} = \eta_x + (\eta_y - \xi_x)f - \xi_y f^2. \tag{6.3.10}$$

Löst man nun diese Gleichung (6.3.10), so bekommt man alle Gleichungen der Form (6.3.8), die eine Gruppe zulassen, die durch den Operator (6.3.9) erzeugt wird.

Beispiel 6.3.4. Man bestimme alle Gleichungen, die den Operator

$$X = x\frac{\partial}{\partial x} - y\frac{\partial}{\partial y} \tag{6.3.11}$$

zulassen. Gleichung (6.3.10) lautet damit

$$x\frac{\partial f}{\partial x} - y\frac{\partial f}{\partial y} = -2f. \tag{6.3.12}$$

Das charakteristische System (4.4.7) für Gleichung (6.3.12) besitzt die Form

$$\frac{dx}{x} = -\frac{dy}{y} = -\frac{df}{2f}.$$

Mit Hilfe der beiden ersten Integrale $\psi_1 = xy$ und $\psi_2 = x^2 f$ erhält man die allgemeine Lösung der Gleichung (6.3.12):

$$f = x^{-2}F(xy).$$

Damit besitzen die Gleichungen, die den Operator (6.3.11) zulassen, die Form

$$x^2 y' = F(xy). \tag{6.3.13}$$

Beispiel 6.3.5. Man bestimme alle Gleichungen, die die Rotationsgruppe (6.2.11) mit dem Generator (6.2.12),

$$X = y\frac{\partial}{\partial x} - x\frac{\partial}{\partial y},$$
(6.3.14)

zulassen. Gleichung (6.3.10) besitzt die Form

$$y\frac{\partial f}{\partial x} - x\frac{\partial f}{\partial y} = -(1 + f^2).$$
(6.3.15)

Das charakteristische System (4.4.7) für Gleichung (6.3.15) lautet

$$\frac{dx}{y} = -\frac{dy}{x} = -\frac{df}{1 + f^2}.$$

Die erste Gleichung $x\,dx + y\,dy = 0$ ergibt $x^2 + y^2 =$ const. Damit folgt

$$\psi_1 = \sqrt{x^2 + y^2}.$$

Also $x^2 + y^2 = a^2 =$ const. Unter Anwendung dieser Beziehung lässt sich die zweite Gleichung darstellen als (vgl. Beispiel 4.4.1)

$$\frac{df}{1 + f^2} = \frac{dy}{\sqrt{a^2 - y^2}}.$$

Nach Durchführung einer Integration erhält man

$$\arctan f = \arctan(y/x) + \arctan C.$$
(6.3.16)

Es verbleibt noch, diese Gleichung nach der Integrationskonstanten C aufzulösen und das Ergebnis für C als erstes Integral ψ_2 zu identifizieren. Dann erhält man die Lösung der Gleichung (6.3.15) explizit durch $\psi_2 = F(\psi_1)$. Dazu schreibe man Gleichung (6.3.16) in der Form

$$\arctan f = \arctan(y/x) + \arctan F(\psi_1)$$

und löse sie nach f auf unter Anwendung von

$$\tan(\alpha + \beta) = \frac{\tan\alpha + \tan\beta}{1 - \tan\alpha\tan\beta}.$$

Es ergibt sich

$$f = \frac{(y/x) + F(\psi_1)}{1 - (y/x)F(\psi_1)} = \frac{y + xF(\sqrt{x^2 + y^2})}{x - yF(\sqrt{x^2 + y^2})}.$$

Damit besitzen die Gleichungen, die den Operator (6.3.14) zulassen, die Form

$$y' = \frac{y + xF(\sqrt{x^2 + y^2})}{x - yF(\sqrt{x^2 + y^2})}.$$
(6.3.17)

Tab. 6.3.1: Einige nichtlineare Gleichungen erster Ordnung mit bekannten Symmetrien.

Nr.	Gleichung	Symmetrie
1	$y' = F(y)$	$X = \dfrac{\partial}{\partial x}$
	$y' = F(kx + ly)$	$X = l\dfrac{\partial}{\partial x} - k\dfrac{\partial}{\partial y}$
2	$y' = F(y/x)$	$X = x\dfrac{\partial}{\partial x} + y\dfrac{\partial}{\partial y}$
3	$y' = x^{k-1}F(y/x^k)$	$X = x\dfrac{\partial}{\partial x} + ky\dfrac{\partial}{\partial y}$
4	$xy' = F(xe^{-y})$	$X = x\dfrac{\partial}{\partial x} + \dfrac{\partial}{\partial y}$
5	$y' = yF(ye^{-x})$	$X = \dfrac{\partial}{\partial x} + y\dfrac{\partial}{\partial y}$
6	$y' = \dfrac{y}{x} + xF(y/x)$	$X = \dfrac{\partial}{\partial x} + \dfrac{y}{x}\dfrac{\partial}{\partial y}$
7	$xy' = y + F(y/x)$	$X = x^2\dfrac{\partial}{\partial x} + xy\dfrac{\partial}{\partial y}$
8	$y' = \dfrac{y}{x + F(y/x)}$	$X = xy\dfrac{\partial}{\partial x} + y^2\dfrac{\partial}{\partial y}$
9	$y' = \dfrac{y}{x + F(y)}$	$X = y\dfrac{\partial}{\partial x}$
10	$xy' = y + F(x)$	$X = x\dfrac{\partial}{\partial y}$
11	$xy' = \dfrac{y}{\ln x + F(y)}$	$X = xy\dfrac{\partial}{\partial x}$
12	$xy' = y[\ln y + F(x)]$	$X = xy\dfrac{\partial}{\partial y}$

6.4 Die Integration von Gleichungen erster Ordnung unter Benutzung von Symmetrien

6.4.1 Der Liesche integrierende Faktor

Man betrachte eine Gleichung erster Ordnung in der symmetrischen Form (3.2.3):

$$M(x, y)\,\mathrm{d}x + N(x, y)\,\mathrm{d}y = 0. \tag{6.4.1}$$

Sei

$$X = \xi(x, y)\frac{\partial}{\partial x} + \eta(x, y)\frac{\partial}{\partial y}$$

eine Symmetrie von Gleichung (6.4.1) und $\xi M + \eta N \neq 0$. Lie zeigte, dass unter diesen Bedingungen die Funktion

$$\mu = \frac{1}{\xi M + \eta N} \tag{6.4.2}$$

ein integrierender Faktor der Gleichung (6.4.1) ist. Diese Gleichung heißt Liescher integrierender Faktor.

Beispiel 6.4.1. Man betrachte die Gleichung $2xy\,dx + (y^2 - 3x^2)\,dy = 0$ aus Beispiel 3.2.2. Sie ist homogen (vgl. Beispiel 3.1.1), d. h. sie besitzt die Form (6.3.5) und lässt den Generator

$$X = x\frac{\partial}{\partial x} + y\frac{\partial}{\partial y}$$

zu. Die Gleichung (6.4.2) für den Lieschen integrierenden Faktor lautet

$$\mu = \frac{1}{2x^2y + y^3 - 3x^2y} = \frac{1}{y^3 - x^2y}.$$

Beispiel 6.4.2. Man bestimme eine Lösung der Riccati-Gleichung (6.3.6) mit Hilfe des Lieschen integrierenden Faktors. Dazu schreibe man die Gleichung (6.3.6) in der Differentialform (6.4.1):

$$dy + \left(y^2 - \frac{2}{x^2}\right)dx = 0 \qquad (6.4.3)$$

und benutze die Symmetrie (6.3.7), $X = x\frac{\partial}{\partial x} - y\frac{\partial}{\partial y}$. Setzt man

$$\xi = x, \quad \eta = -y, \quad M = y^2 - \frac{2}{x^2}, \quad N = 1$$

in (6.4.2), so erhält man den integrierenden Faktor

$$\mu = \frac{x}{x^2y^2 - xy - 2}.$$

Multipliziert man (6.4.3) nun mit diesem Faktor, so folgt

$$\frac{x\,dy}{x^2y^2 - xy - 2} + \frac{1}{x^2y^2 - xy - 2}\frac{x^2y^2 - 2}{x}\,dx = 0. \qquad (6.4.4)$$

Diese Gleichung ist exakt, d. h. die linke Seite lässt sich in die Form $d\Phi$ bringen. Die Funktion $\Phi(x, y)$ ist mit Hilfe der Methode bestimmbar, die in Abschnitt 3.2.2 angegeben worden ist. In diesem speziellen Fall benutze man folgende einfachen Berechnungen: Es ist

$$\frac{x^2y^2 - 2}{x} = y + \frac{x^2y^2 - xy - 2}{x}.$$

Damit ergibt sich für die linke Seite der Gleichung (6.4.4)

$$\frac{x\,dy + y\,dx}{x^2y^2 - xy - 2} + \frac{dx}{x} = \frac{d(xy)}{x^2y^2 - xy - 2} + \frac{dx}{x}.$$

Setzt man nun $z = xy$ und benutzt die Zerlegung

$$\frac{1}{z^2 - z - 2} = \frac{1}{3}\left(\frac{1}{z - 2} - \frac{1}{z + 1}\right),$$

so erhält man

$$\int \frac{dz}{z^2 - z - 2} = \frac{1}{3} \ln \frac{z - 2}{z + 1}.$$

Damit lässt sich Gleichung (6.4.4) schreiben als

$$\frac{x\,dy + y\,dx}{x^2y^2 - xy - 2} + \frac{dx}{x} = d\left(\ln x + \frac{1}{3} \ln \frac{xy - 2}{xy + 1} \right) = 0.$$

Eine Integration liefert

$$\frac{xy - 2}{xy + 1} = \frac{C}{x^3}, \quad C \neq 0.$$

Löst man dies nach y auf, so erhält man die Lösung der Riccati-Gleichung:

$$y = \frac{2x^3 + C}{x(x^3 - C)}.$$

Beispiel 6.4.3. Man betrachte noch einmal Gleichung (6.4.13):

$$y' = \frac{y}{x} + \frac{y^2}{x^3}.$$

Ähnlich wie in Beispiel 6.4.6 aus Abschnitt 6.3.2 findet man, dass diese Gleichung in Übereinstimmung mit (6.4.12) den Generator

$$X_1 = x^2 \frac{\partial}{\partial x} + xy \frac{\partial}{\partial y}$$

und den Dilatations-Generator

$$X_2 = x \frac{\partial}{\partial x} + 2y \frac{\partial}{\partial y}$$

zulässt. Schreibt man nun die Ausgangleichung in Differentialform

$$(x^2y + y^2)\,dx - x^3\,dy = 0$$

und setzt die Koordinaten des Operators X_1 und X_2 jeweils in (6.4.2) ein, so folgen die zwei linear unabhängigen integrierenden Faktoren

$$\mu_1 = \frac{1}{x^2(x^2y + y^2) - x^4y} = \frac{1}{x^2y^2}, \quad \mu_2 = \frac{1}{x(x^2y + y^2) - 2x^3y} = \frac{1}{xy(y - x^2)}.$$

Mit Gleichung (3.2.13) ist $\mu_1/\mu_2 = C$ bzw. $y - x^2 = Cxy$. Dies führt auf die Lösung $y = x^2/(1 - Cx)$.

6.4.2 Integration unter Verwendung kanonischer Variablen

Um eine lineare oder nichtlineare gewöhnliche Differentialgleichung erster Ordnung

$$y' = f(x, y) \tag{6.4.5}$$

mit bekannten infinitesimalen Symmetrien

$$X = \xi(x, y)\frac{\partial}{\partial x} + \eta(x, y)\frac{\partial}{\partial y} \tag{6.4.6}$$

mit Hilfe der Methode der kanonischen Variablen zu integrieren, sind die folgenden Schritte durchzuführen:

(1) Man bestimme die Variablen t und u durch Lösen der Gleichungen (6.2.33) für den gegebenen Generator (6.4.6).

(2) Man formuliere die Gleichung (6.4.5) mit Hilfe der kanonischen Variablen t und u, indem u die neue abhängige Veränderliche und t die neue unabhängige Veränderliche ist. Es sei $u = u(t)$. Die ursprüngliche Ableitung $y' = dy/dx$ wird mit Hilfe der neuen Variablen t, u und der Ableitung $u' = du/dt$ dargestellt. Dann folgt aus Gleichung (6.4.5) die integrable Form

$$\frac{du}{dt} = g(u). \tag{6.4.7}$$

(3) Man integriere Gleichung (6.4.7) und ersetze in ihrer Lösung $u = \phi(t, C)$ die Ausdrücke $t = t(x, y)$ und $u = u(x, y)$ und erhält damit die Lösung der Gleichung (6.4.5).

Beispiel 6.4.4. Man kann durch Quadratur jede Gleichung der Form (6.3.5) unter Benutzung ihrer infinitesimalen Symmetrien (6.2.34) integrieren. Um das Verfahren zu demonstrieren, betrachte man im Folgenden die Gleichung der Form (6.3.5):

$$y' = \frac{y}{x} + \frac{y^3}{x^3}. \tag{6.4.8}$$

(1) Die kanonischen Variablen für die infinitesimale Symmetrie (6.2.34) wurden in Beispiel 6.2.4 bestimmt. Sie lauten

$$t = \ln|x|, \quad u = \frac{y}{x}.$$

(2) Die Gleichung (6.4.8) werde nun in den kanonischen Variablen t und u dargestellt. Da $y = xu$ und $dt/dx = 1/x$, folgt $u' = du/dt$:

$$y' \equiv \frac{dy}{dx} = \frac{d(xu)}{dx} = u + x\frac{du}{dx} = u + x\frac{du}{dt}\frac{dt}{dx} = u + xu'\frac{1}{x} = u + u'.$$

Damit geht (6.4.8) über in die Form (6.4.7):

$$\frac{du}{dt} = u^3.$$

(3) Die Integration dieser Gleichung liefert

$$u = \pm\frac{1}{\sqrt{C - 2t}}.$$

Die Rücksubstitution mit $t = \ln|x|$ und $y = xu$ führt auf

$$y = \pm\frac{x}{\sqrt{C - \ln x^2}}.$$

Beispiel 6.4.5. Man integriere die Riccati-Gleichung (6.3.6)

$$\frac{dy}{dx} + y^2 - \frac{2}{x^2} = 0$$

mit Hilfe der kanonischen Variablen für die Symmetrie (6.3.7)

$$X = x\frac{\partial}{\partial x} - y\frac{\partial}{\partial y}.$$

(1) Die Lösung der Gleichung (6.2.33) mit obigem Operator X liefert die kanonischen Variablen $t = \ln|x|$ und $u = xy$.

(2) Es ist

$$\frac{dy}{dx} = \frac{d}{dx}\left(\frac{u}{x}\right) = -\frac{u}{x^2} + \frac{1}{x}\frac{du}{dx} = -\frac{u}{x^2} + \frac{1}{x}\frac{du}{dt}\frac{dt}{dx} = -\frac{u}{x^2} + \frac{u'}{x^2}.$$

Damit folgt

$$\frac{dy}{dx} + y^2 - \frac{2}{x^2} = \frac{u'}{x^2} - \frac{u}{x^2} + \frac{u^2}{x^2} - \frac{2}{x^2} = \frac{1}{x^2}(u' + u^2 - u - 2) = 0.$$

Die betrachtete Riccati-Gleichung lautet somit in kanonischen Variablen

$$\frac{du}{dt} = -(u^2 - u - 2).$$

(3) Diese Gleichung muss integriert werden. Dies geschieht mit Hilfe der Methode der Trennung der Veränderlichen:

$$\frac{du}{u^2 - u - 2} = -dt.$$

Der Ausdruck auf der linken Seite zerfällt wie folgt:

$$\frac{1}{u^2 - u - 2} = \frac{1}{3}\left[\frac{1}{u-2} - \frac{1}{u+1}\right].$$

Somit ergibt sich

$$\ln\left(\frac{u-2}{u+1}\right) = -3t + \ln C.$$

Nach u aufgelöst erhält man

$$u = \frac{C + 2e^{3t}}{e^{3t} - C}.$$

Substituiert man $t = \ln|x|$, $u = xy$, so folgt die Lösung der Riccati-Gleichung (6.3.6)

$$y = \frac{2x^3 + C}{x(x^3 - C)}, \quad C = \text{const.} \tag{6.4.9}$$

Man beachte bei obiger Rechnung, dass die beiden Ausdrücke $xy - 2$ und $xy + 1$ nicht verschwinden. Daher sind zu (6.4.9) die zwei singulären Lösungen von Gleichung (6.3.6)

$$y = \frac{2}{x} \quad \text{und} \quad y = -\frac{1}{x} \tag{6.4.10}$$

noch hinzuzufügen.

Beispiel 6.4.6. Die Gleichung

$$y' = \frac{y}{x} + \frac{1}{x}F\left(\frac{y}{x}\right) \tag{6.4.11}$$

mit einer beliebigen Funktion F erlaubt den Generator (6.2.13)

$$X = x^2\frac{\partial}{\partial x} + xy\frac{\partial}{\partial y} \tag{6.4.12}$$

einer projektiven Transformationsgruppe (6.2.14):

$$\bar{x} = \frac{x}{1 - ax}, \quad \bar{y} = \frac{y}{1 - ax}.$$

Damit führt

$$D_x(\bar{x}) = \frac{1}{(1 - ax)^2}, \quad D_x(\bar{y}) = \frac{(1 - ax)y' + ay}{(1 - ax)^2}$$

auf

$$\bar{y}' = \frac{d\bar{y}}{d\bar{x}} = \frac{D_x(\bar{y})}{D_x(\bar{x})} = (1 - ax)y' + ay.$$

Es ergibt sich

$$\bar{y}' - \frac{\bar{y}}{\bar{x}} - \frac{1}{\bar{x}}F\left(\frac{\bar{y}}{\bar{x}}\right) = (1 - ax)y' + ay - \frac{y}{x} - \frac{1 - ax}{x}F\left(\frac{y}{x}\right)$$

bzw.

$$\bar{y}' - \frac{\bar{y}}{\bar{x}} - \frac{1}{\bar{x}}F\left(\frac{\bar{y}}{\bar{x}}\right) = (1 - ax)\left[y' - \frac{y}{x} - \frac{1}{x}F\left(\frac{y}{x}\right)\right].$$

Die Gleichung (6.4.11) wird damit

$$\bar{y}' - \frac{\bar{y}}{\bar{x}} - \frac{1}{\bar{x}}F\left(\frac{\bar{y}}{\bar{x}}\right) = 0.$$

Es soll nun ein spezieller Fall von (6.4.11) integriert werden. Hierbei sei $F(\sigma) = \sigma^2$. Dies führt auf die Gleichung

$$y' = \frac{y}{x} + \frac{y^2}{x^3}. \tag{6.4.13}$$

(1) Die Gleichungen (6.2.33) mit dem Operator (6.4.12) lauten

$$X(t) = x^2\frac{\partial t}{\partial x} + xy\frac{\partial t}{\partial y} = 1, \quad X(u) = x^2\frac{\partial u}{\partial x} + xy\frac{\partial u}{\partial y} = 0.$$

Man wähle als partikuläre Lösung eine der Form $t = t(x)$. Somit lauten die kanonischen Variablen

$$t = -\frac{1}{x}, \quad u = \frac{y}{x}. \tag{6.4.14}$$

(2) Es ist

$$y' = \frac{d(xu)}{dx} = u + x\frac{du}{dx} = u + x\frac{du}{dt}\frac{dt}{dx} = u + xu'\frac{1}{x^2} = u + \frac{1}{x}u',$$

und (6.4.13) geht in die integrable Form (6.4.7) über:

$$\frac{du}{dt} = u^2.$$

(3) Unter Ausschluss der Lösung $u = 0$ gelangt man nach Durchführung der Integration zu dem Ausdruck

$$u = -\frac{1}{C+t}.$$

Die Rücksubstitution $t = -1/x$, $u = y/x$ und das Hinzufügen der Lösung $u = 0$ führt auf die allgemeine Lösung von (6.4.13), die das Aussehen

$$y = \frac{x^2}{1 - Cx} \quad \text{und} \quad y = 0 \tag{6.4.15}$$

besitzt.

6.4.3 Invariante Lösungen

Ein wesentlicher Bestandteil einer Symmetrie-Gruppe G für eine gewöhnliche Differentialgleichung ist, dass sie jede Lösung (Integralkurve) der betrachteten Gleichung auf Lösungen abbildet. Mit anderen Worten: Symmetrie-Transformationen permutieren Integralkurven untereinander. Es kann vorkommen, dass einige Integralkurven unter G unverändert bleiben. Solche Integralkurven heißen invariante Lösungen.

Beispiel 6.4.7. Man betrachte noch einmal die Riccati-Gleichung (6.3.6)

$$\frac{dy}{dx} + y^2 - \frac{2}{x^2} = 0.$$

Für diese Gleichung bestimme man die invarianten Lösungen in Bezug auf den Generator

$$X = x\frac{\partial}{\partial x} - y\frac{\partial}{\partial y}.$$

Der Invarianten-Test (6.2.18), $X(J) = 0$, liefert eine einzige unabhängige Invariante xy. Damit ist $xy = $ const die einzige Relation, die sich mit Hilfe der Invarianten darstellen lässt. Die allgemeine Form einer invarianten Lösung lautet somit $xy = \lambda$ bzw. $y = \lambda/x$, $\lambda = $ const. Das Einsetzen in die Riccati-Gleichung reduziert sie auf einen algebraischen Ausdruck, nämlich auf die quadratische Gleichung $\lambda^2 - \lambda - 2 = 0$ mit den Lösungen $\lambda_1 = 2$ und $\lambda_2 = -1$. Die invarianten Lösungen sind somit identisch mit den zwei singulären Ausdrücken (6.4.10):

$$y_1 = \frac{2}{x} \quad \text{und} \quad y_2 = -\frac{1}{x}.$$

6.4.4 Konstruktion der allgemeinen Lösung aus invarianten Lösungen

Die Methode der invarianten Lösungen liefert einen einfachen Weg, das allgemeine Integral einer gewöhnlichen Differentialgleichung erster Ordnung mit zwei infinitesimalen Symmetrien zu bestimmen.

Beispiel 6.4.8. Man betrachte die Gleichung (6.4.11) mit $F(\sigma) = \sigma^n$, d. h. die Gleichung

$$y' = \frac{y}{x} + \frac{y^n}{x^{n+1}}.$$

Diese lässt eine projektive Gruppe mit dem Generator (6.4.12) und die Dilatations-gruppe mit dem Generator

$$X = (n-1)x\frac{\partial}{\partial x} + ny\frac{\partial}{\partial y}$$

zu. Man betrachte z. B. $n = 2$. Das heißt, es werde Gleichung (6.4.13) untersucht:

$$y' = \frac{y}{x} + \frac{y^2}{x^3}$$

mit den zwei Generatoren

$$X_1 = x^2\frac{\partial}{\partial x} + xy\frac{\partial}{\partial y}, \quad X_2 = x\frac{\partial}{\partial x} + 2y\frac{\partial}{\partial y}.$$

Die Gleichung $X_2(J) = 0$ liefert eine unabhängige Invariante y/x^2. Folglich ergibt sich eine invariante Lösung durch $y/x^2 = \lambda$ mit einer beliebigen Konstanten $\lambda \neq 0$. Die betrachtete Differentialgleichung reduziert sich dann auf

$$y' - \frac{y}{x} - \frac{y^2}{x^3} = 2\lambda x - \lambda x - \lambda^2 x = \lambda(1-\lambda)x = 0.$$

Für den Fall $\lambda = 1$ vereinfacht sich die invariante Lösung zu

$$y = x^2. \tag{6.4.16}$$

Wendet man nun die projektive Transformation (6.2.14) an mit

$$\bar{x} = \frac{x}{1-ax}, \quad \bar{y} = \frac{y}{1-ax},$$

die durch X_1 erzeugt wird, so lässt sich die invariante Lösung (6.4.16) mit Hilfe der neuen Variablen in die Form

$$\bar{y} = \bar{x}^2$$

bringen. Das Einsetzen der Ausdrücke $\bar{x}$ und $\bar{y}$ liefert

$$\frac{y}{1-ax} = \frac{x^2}{(1-ax)^2}.$$

Ersetzt man den Parameter a durch C, so erhält man die allgemeine Lösung (6.4.15):

$$y = \frac{x^2}{1-Cx}.$$

6.5 Gleichungen zweiter Ordnung

6.5.1 Zweite Prolongation der Gruppengeneratoren. Berechnung von Symmetrien

Die infinitesimalen Symmetrien gewöhnlicher Differentialgleichungen zweiter und höherer Ordnung können dadurch bestimmt werden, dass die sogenannten bestimmenden Gleichungen gelöst werden. Derjenige, der seine analytischen Fertigkeiten bei der Anwendung der Lie-Gruppen-Analysis vertiefen möchte, findet genügend Material in der Literatur, die in der Bibliographie angegeben ist.

Die Beispiele, die hier besprochen werden, bereiten den Leser darauf vor, bis zu einem gewissen Grad Computeralgebra-Pakete zu benutzen, um Symmetrien zu bestimmen.

In diesem Abschnitt wird die Methode der bestimmenden Gleichungen auf die Berechnung von Symmetrien von gewöhnlichen Differentialgleichungen zweiter Ordnung angewandt.

Gegeben sei

$$y'' = f(x, y, y').$$ (6.5.1)

Gesucht sind zugelassene infinitesimale Generatoren

$$X = \xi(x, y)\frac{\partial}{\partial x} + \eta(x, y)\frac{\partial}{\partial y}$$ (6.5.2)

mit den Koeffizienten ξ und η. Diese sollen aus der folgenden Gleichung, der bestimmenden Gleichung, hergeleitet werden:

$$X(y'' - f(x, y, y'))|_{y''=f} \equiv (\zeta_2 - \zeta_1 f_{y'} - \xi f_x - \eta f_y)|_{y''=f} = 0.$$ (6.5.3)

Hierbei bedeutet $|_{y''=f}$, dass y'' in dem zugehörigen Ausdruck durch die rechte Seite von (6.5.1) zu ersetzen ist. Außerdem seien ζ_1 und ζ_2 durch die folgenden Prolongationsformeln gegeben:

$$\zeta_1 = D_x(\eta) - y'D_x(\xi) = \eta_x + (\eta_y - \xi_x)y' - \xi_y y'^2,$$
$$\zeta_2 = D_x(\zeta_1) - y''D_x(\xi) = \eta_{xx} + (2\eta_{xy} - \xi_{xx})y'$$ (6.5.4)
$$+ (\eta_{yy} - 2\xi_{xy})y'^2 - \xi_{yy}y'^3 + (\eta_y - 2\xi_x - 3\xi_y y')y''.$$

Setzt man nun die Ausdrücke (6.5.4) in Gleichung (6.5.3) ein, so erhält man

$$\eta_{xx} + (2\eta_{xy} - \xi_{xx})y' + (\eta_{yy} - 2\xi_{xy})y'^2 - y'^3\xi_{yy} - \xi f_x - \eta f_y$$
$$+ (\eta_y - 2\xi_x - 3y'\xi_y)f - [\eta_x + (\eta_y - \xi_x)y' - y'^2\xi_y]f_{y'} = 0.$$ (6.5.5)

Diese Gleichung (6.5.5) beinhaltet alle drei Variablen x, y und y', aber die Funktionen ξ und η hängen nicht von y' ab. Folglich zerfällt (6.5.5) in zahlreiche Gleichungen und es entsteht ein überbestimmtes System von Differentialgleichungen für die Funktionen ξ und η. Nachdem dieses System gelöst worden ist, können alle infinitesimalen Symmetrien der Gleichung (6.5.1) bestimmt werden.

Beispiel 6.5.1. Man bestimme alle infinitesimalen Symmetrien der Gleichung

$$y'' = \frac{y'}{y^2} - \frac{1}{xy}. \tag{6.5.6}$$

Setzt man $f = y'y^{-2} - (xy)^{-1}$ in die bestimmende Gleichung (6.5.5) ein, so folgt

$$\eta_{xx} + (2\eta_{xy} - \xi_{xx})y' + (\eta_{yy} - 2\xi_{xy})y'^2 - y'^3\xi_{yy} - \frac{\xi}{x^2 y} + \left(2\frac{y'}{y^3} - \frac{1}{xy^2}\right)\eta$$

$$+ (\eta_y - 2\xi_x - 3y'\xi_y)\left(\frac{y'}{y^2} - \frac{1}{xy}\right) - \frac{1}{y^2}[\eta_x + (\eta_y - \xi_x)y' - y'^2\xi_y] = 0.$$

Diese Gleichung soll identisch in den Variablen x, y und y' erfüllt werden. Da die linke Seite ein kubisches Polynom in y' ist, sind alle Koeffizienten $y'^3, y'^2, \ldots$ gleich Null zu setzen und man erhält vier Gleichungen

$$(y')^3 : \xi_{yy} = 0,$$
$$(y')^2 : y^2(\eta_{yy} - 2\xi_{xy}) - 2\xi_y = 0,$$
$$(y')^1 : y^3(2\eta_{xy} - \xi_{xx}) - y\xi_x + 2\eta + 3(y^2/x)\xi_y = 0,$$
$$(y')^0 : x^2 y^2 \eta_{xx} - x^2 \eta_x + xy(2\xi_x - \eta_y) - x\eta - y\xi = 0.$$

Die ersten zwei Gleichungen ergeben nach einer Integration nach y:

$$\xi = p(x)y + a(x), \quad \eta = -p(x)\ln(y^2) + p'(x)y^2 + q(x)y + b(x).$$

Diese Ausdrücke werden in die dritte und vierte Gleichung für ξ und η eingesetzt. Die linke Seite dieser Gleichungen enthält neben Polynomen in y auch noch Terme in $\ln(y^2)$. Setzt man die letzteren gleich Null, so folgt $p(x) = 0$ und damit $\xi = a(x)$, $\eta = q(x)y + b(x)$. Außerdem liefern die dritte und vierte Gleichung

$$\xi = C_1 x^2 + C_2 x, \quad \eta = \left(C_1 x + \frac{1}{2}C_2\right)y.$$

Zusammenfassend ergibt sich als allgemeine Lösung der bestimmenden Gleichungen die folgende infinitesimale Symmetrie von Gleichung (6.5.6):

$$X = (C_1 x^2 + C_2 x)\frac{\partial}{\partial x} + \left(C_1 x + \frac{1}{2}C_2\right)y\frac{\partial}{\partial y}$$

bzw.

$$X = C_1\left(x^2\frac{\partial}{\partial x} + xy\frac{\partial}{\partial y}\right) + C_2\left(x\frac{\partial}{\partial x} + \frac{y}{2}\frac{\partial}{\partial y}\right) = C_1 X_1 + C_2 X_2,$$

wobei X_1 und X_2 die folgenden zwei linear unabhängigen infinitesimalen Symmetrien der Gleichung (6.5.6) (Basis) sind:

$$X_1 = x^2\frac{\partial}{\partial x} + xy\frac{\partial}{\partial y}, \quad X_2 = x\frac{\partial}{\partial x} + \frac{y}{2}\frac{\partial}{\partial y}. \tag{6.5.7}$$

Beispiel 6.5.2. Man bestimme die infinitesimalen Symmetrien der Gleichung

$$y'' + e^{3y}y'^4 + y'^2 = 0. \tag{6.5.8}$$

Setzt man $f = -(e^{3y}y'^4 + y'^2)$ in die bestimmende Gleichung (6.5.5) ein, so folgt

$$\eta_{xx} + (2\eta_{xy} - \xi_{xx})y' + (\eta_{yy} - 2\xi_{xy})y'^2 - y'^3\xi_{yy}$$
$$+ 3e^{3y}y'^4\eta - (\eta_y - 2\xi_x - 3y'\xi_y)(e^{3y}y'^4 + y'^2)$$
$$+ [\eta_x + (\eta_y - \xi_x)y' - y'^2\xi_y](4e^{3y}y'^3 + 2y') = 0.$$

Die linke Seite dieser Gleichung ist ein Polynom vom Grad 5 in y'. Wie im Beispiel zuvor wird jeder Koeffizient von y'^5, y'^4, ... gleich Null gesetzt und man erhält folgende vier unabhängige Gleichungen:

$$(y')^5 : \xi_y = 0,$$
$$(y')^4 : 3(\eta_y + \eta) - 2\xi_x = 0,$$
$$(y')^3 : \eta_x = 0,$$
$$(y')^1 : \xi_{xx} = 0.$$

Die Koeffizienten für $(y')^2$ und $(y')^0$ verschwinden unter Berücksichtigung von $(y')^4$ und $(y')^1$. Dieses Gleichungssystem mit seinen vier Gleichungen für $\xi(x,y)$ und $\eta(x,y)$ lässt sich lösen (vgl. Aufgabe 7.16.):

$$\xi = C_2 + 3C_3x, \quad \eta = 2C_3 + C_1e^{-y},$$

wobei C_1, C_2, C_3 beliebige Konstanten sind. Damit lautet der Operator

$$X = \xi(x,y)\frac{\partial}{\partial x} + \eta(x,y)\frac{\partial}{\partial y},$$

der durch die Gleichung (6.5.8) zugelassen wird,

$$X = C_1X_1 + C_2X_2 + C_3X_3$$

mit

$$X_1 = e^{-y}\frac{\partial}{\partial y}, \quad X_2 = \frac{\partial}{\partial x}, \quad X_3 = 3x\frac{\partial}{\partial x} + 2\frac{\partial}{\partial y}. \tag{6.5.9}$$

Mit anderen Worten lässt Gleichung (6.5.8) einen dreidimensionalen Vektorraum L_3 zu, der durch die Operatoren (6.5.9) aufgespannt wird.

6.5.2 Lie-Algebren

Das obige Beispiel diente dazu, allgemeine Eigenschaften der bestimmenden Gleichungen aufzuzeigen. Die Menge aller Lösungen dieser Gleichungen bilden das, was eine Lie-Algebra ausmacht, die es zu definieren gilt.

Hierzu betrachte man zwei beliebige Differentialoperatoren

$$X_1 = \xi_1(x,y)\frac{\partial}{\partial x} + \eta_1(x,y)\frac{\partial}{\partial y}, \quad X_2 = \xi_2(x,y)\frac{\partial}{\partial x} + \eta_2(x,y)\frac{\partial}{\partial y}. \tag{6.5.10}$$

Definition 6.5.1. Der Kommutator $[X_1, X_2]$ zweier Operatoren (6.5.10) ist ein linearer partieller Differentialoperator, der durch die Gleichung

$$[X_1, X_2] = X_1 X_2 - X_2 X_1$$

oder äquivalent durch

$$[X_1, X_2] = (X_1(\xi_2) - X_2(\xi_1))\frac{\partial}{\partial x} + (X_1(\eta_2) - X_2(\eta_1))\frac{\partial}{\partial y} \qquad (6.5.11)$$

definiert ist.

Definition 6.5.2. Sei L_r ein r-dimensionaler linearer Raum, der durch r linear unabhängige Operatoren der Form (6.5.10) aufgespannt wird, d. h. durch die Menge der Operatoren

$$X = C_1 X_1 + \cdots + C_r X_r, \quad C_1, \ldots, C_r = \text{const.}$$

Der Raum L_r heißt Lie-Algebra, wenn er bezüglich der Kommutatorbildung abgeschlossen ist. Das heißt, $[X, Y] \in L_r$, wenn $X, Y \in L_r$. Dies ist äquivalent zur Bedingung, dass $[X_i, X_j] \in L_r$ $(i, j = 1, \ldots, r)$ ist, also

$$[X_i, X_j] = c_{ij}^k X_k, \quad c_{ij}^k = \text{const.} \qquad (6.5.12)$$

Die Operatoren $X_1, \ldots, X_r$ bilden eine Basis der Lie-Algebra L_r. Man kann auch sagen, die Lie-Algebra L_r werde durch X_i $(i = 1, \ldots, r)$ aufgespannt.

Beispiel 6.5.3. Man betrachte die Operatoren (6.5.7). Unter Anwendung von (6.5.11) folgt für den Kommutator $[X_1, X_2] = -X_1$. Damit spannen die Operatoren (6.5.7) eine zweidimensionale Lie-Algebra L_2 auf. Das heißt, die Gleichung (6.5.6) lässt eine zweidimensionale Lie-Algebra zu.

Definition 6.5.3. Sei L_r eine Lie-Algebra, die durch die Operatoren X_i, $i = 1, \ldots, r$, aufgespannt wird. Ein Unterraum L_s des Vektorraumes L_r, der durch eine Teilmenge der Basis-Operatoren, d. h. durch $X_1, \ldots, X_s$, $s < r$, aufgespannt wird, heißt Unteralgebra oder Subalgebra, wenn

$$[X, Y] \in L_s \quad \text{für alle } X, Y \in L_s.$$

Dies bedeutet

$$[X_i, X_j] \in L_s, \quad i, j = 1, \ldots, s.$$

Außerdem heißt L_s ein Ideal von L_r, wenn

$$[X, Y] \in L_s \quad \text{mit } X \in L_s, \ Y \in L_r,$$

d. h.

$$[X_i, X_j] \in L_s, \quad i = 1, \ldots, s; \ j = 1, \ldots, r.$$

Ein bequemer Weg, um eine Lie-Algebra, Subalgebren und andere Eigenschaften darzustellen, ist die Kommutatoren in der sogenannten Kommutator-Tabelle anzuordnen, deren Einträge am Schnitt der Reihe X_i mit der Spalte X_j den Ausdruck $[X_i, X_j]$ ergeben. Da der Kommutator (6.5.11) antisymmetrisch ist, ist die Kommutator-Tabelle ebenfalls antisymmetrisch mit Nullen auf der Hauptdiagonalen.

Beispiel 6.5.4. Man betrachte die Operatoren (6.5.9). Unter Anwendung von Definition (6.5.11) des Kommutators lässt sich sehr leicht die folgende Kommutator-Tabelle generieren:

	X_1	X_2	X_3
X_1	0	0	$2X_1$
X_2	0	0	$3X_2$
X_3	$-2X_1$	$-3X_2$	0

Es folgt aus dieser Tabelle, dass die Operatoren (6.5.9) eine dreidimensionale Lie-Algebra L_3 bilden, die durch Gleichung (6.5.8) zugelassen wird. Sie zeigt außerdem, dass je zwei Operatoren (X_1, X_2), (X_1, X_3) bzw. (X_2, X_3) eine zweidimensionale Subalgebra formen. Es ergibt sich weiter, dass die zweidimensionale Subalgebra, die mit X_1 und X_2 gebildet wird, ein Ideal in L_3 ist, während z. B. diejenige, die X_1 und X_3 beinhaltet, kein Ideal der Lie-Algebra L_3 ist.

6.5.3 Standard-Formen zweidimensionaler Lie-Algebren

Die Liesche Methode zur Integration von gewöhnlichen Differentialgleichungen zweiter Ordnung, wie sie im nächsten Abschnitt diskutiert wird, basiert auf den sogenannten kanonischen Koordinaten bei zweidimensionalen Lie-Algebren. Diese Variablen liefern für jede Algebra L_2 die einfachste Form ihrer Basis und reduziert damit die Differentialgleichung, die L_2 zulässt, auf eine integrable Form. Die Kernaussage hierzu ist der folgende

Satz 6.5.1. *Jede zweidimensionale Lie-Algebra lässt sich durch eine geeignete Wahl ihrer Basiselemente und geeigneter Variablen t, u, den sogenannten kanonischen Variablen auf einen der vier nicht ähnlichen Standardfälle transformieren, die in Tabelle 6.5.1 dargestellt sind.*

Bemerkung 6.5.1. In den Fällen III und IV wird die Bedingung $[X_1, X_2] = X_1$ dadurch befriedigt, dass die Basis in L_2 so transformiert wird, dass $[X_1, X_2] \neq 0$ ist.

Tab. 6.5.1: Struktur und Standard-Formen von L_2.

Typ	Struktur von L_2	Standard-Form von L_2
I	$[X_1, X_2] = 0, \quad \xi_1\eta_2 - \eta_1\xi_2 \neq 0$	$X_1 = \dfrac{\partial}{\partial t}, \quad X_2 = \dfrac{\partial}{\partial u}$
II	$[X_1, X_2] = 0, \quad \xi_1\eta_2 - \eta_1\xi_2 = 0$	$X_1 = \dfrac{\partial}{\partial u}, \quad X_2 = t\dfrac{\partial}{\partial u}$
III	$[X_1, X_2] = X_1, \quad \xi_1\eta_2 - \eta_1\xi_2 \neq 0$	$X_1 = \dfrac{\partial}{\partial u}, \quad X_2 = t\dfrac{\partial}{\partial t} + u\dfrac{\partial}{\partial u}$
IV	$[X_1, X_2] = X_1, \quad \xi_1\eta_2 - \eta_1\xi_2 = 0$	$X_1 = \dfrac{\partial}{\partial u}, \quad X_2 = u\dfrac{\partial}{\partial u}$

6.5.4 Die Liesche Integrationsmethode

Lie zeigte den Satz 6.5.1, um alle Gleichungen zweiter Ordnung

$$y'' = f(x, y, y') \tag{6.5.13}$$

zu integrieren, die eine zweidimensionale Lie-Algebra zulassen. Seine Methode besteht darin, alle diese Gleichungen in vier Typen einzuteilen, die den Fällen der Tabelle 6.5.1 entsprechen. Durch Einführung der kanonischen Variablen t, u reduziert sich die zugelassene Lie-Algebra L_2 auf eine der Standard-Formen, wie sie in Tabelle 6.5.1 gegeben sind. Dann überführt man Gleichung (6.5.13) mit diesen Variablen in die Gleichung

$$u'' = g(t, u, u'), \tag{6.5.14}$$

die dann einer der vier integrablen kanonischen Formen entspricht, wie sie in Tabelle 6.5.2 dargestellt sind.

Damit läuft die Methode wie folgt ab:

Vorausgesetzt, dass die zugelassene Lie-Algebra L_2 mit der Basis (6.5.10) bekannt ist, so sind die folgenden Rechenschritte durchzuführen:

(1) Man bestimme den Typ von L_2 in Bezug auf die Struktur nach den Zeilen von Tabelle 6.5.1. Ein Wechsel der Basis von L_2 kann bedingen, dass die Ausdrücke der Kommutatoren von Typ III und IV übereinstimmen (vgl. Bemerkung 6.5.1).

(2) Man bestimme die kanonischen Variablen durch Lösen der folgenden Gleichungen in Übereinstimmung mit dem Typ von L_2:

$$
\begin{aligned}
&\text{Typ I:} && X_1(t) = 1, \ X_2(t) = 0; && X_1(u) = 0, \ X_2(u) = 1. \\
&\text{Typ II:} && X_1(t) = 0, \ X_2(t) = 0; && X_1(u) = 1, \ X_2(u) = t. \\
&\text{Typ III:} && X_1(t) = 0, \ X_2(t) = t; && X_1(u) = 1, \ X_2(u) = u. \\
&\text{Typ IV:} && X_1(t) = 0, \ X_2(t) = 0; && X_1(u) = 1, \ X_2(u) = u.
\end{aligned}
\tag{6.5.15}
$$

Dann formuliere man die Differentialgleichung mit Hilfe der kanonischen Variablen neu, indem man t als neue unabhängige und u als neue abhängige Variable

Tab. 6.5.2: Vier Typen von Gleichungen zweiter Ordnung, die L_2 zulassen.

Typ	Standard-Form von L_2	kanonische Form der Gleichung
I	$X_1 = \dfrac{\partial}{\partial t}, \ X_2 = \dfrac{\partial}{\partial u}$	$u'' = f(u')$
II	$X_1 = \frac{\partial}{\partial u}, \ X_2 = t\frac{\partial}{\partial u}$	$u'' = f(t)$
III	$X_1 = \frac{\partial}{\partial u}, \ X_2 = t\frac{\partial}{\partial t} + u\frac{\partial}{\partial u}$	$u'' = \frac{1}{t}f(u')$
IV	$X_1 = \frac{\partial}{\partial u}, \ X_2 = u\frac{\partial}{\partial u}$	$u'' = f(t)u'$

wählt. Es entsteht eine der integrablen Formen, die in Tabelle 6.5.2 angegeben ist. Diese Gleichung werde dann integriert.

(3) Man transformiere die erhaltene Lösung zurück auf die Ausgangsvariablen x, y und vervollständige damit die Integrationsmethode.

Beispiel 6.5.5. Die Gleichung

$$y'' = yy'^2 - xy'^3 \tag{6.5.16}$$

lässt eine zweidimensionale Lie-Algebra mit der Basis

$$X_1 = y\frac{\partial}{\partial x}, \quad X_2 = x\frac{\partial}{\partial x} \tag{6.5.17}$$

zu.

(1) Die Operatoren (6.5.17) genügen den Gleichungen

$$[X_1, X_2] = X_1, \quad \xi_1\eta_2 - \eta_1\xi_2 = 0.$$

Damit ist die Lie-Algebra L_2 vom Typ IV aus Tabelle 6.5.1.

(2) Die Gleichungen (6.5.15) für den Typ IV lauten

$$X_1(t) = 0, \ X_2(t) = 0; \quad X_1(u) = 1, \ X_2(u) = u.$$

Dies führt zu den kanonischen Variablen

$$t = y, \quad u = \frac{x}{y}.$$

Aus der Definition von t folgt die Änderung der totalen Ableitung in

$$D_x = y'D_t.$$

Unter ihrer Zuhilfename bei der Differentiation von $u = x/y$ ergibt sich

$$y - xy' = y^2 y'u'.$$

Löst man diese letzte Gleichung nach y' auf, so ist

$$y' = \frac{y}{x + y^2 u'},$$

bzw. in den neuen Variablen

$$y' = \frac{1}{u + tu'}.$$

Eine erneute Differentiation liefert

$$y'' = -y' \frac{2u' + tu''}{(u + tu')^2} = -\frac{2u' + tu''}{(u + tu')^3}.$$

Folglich besitzt (6.5.16) in Übereinstimmung mit Tabelle 6.5.2 die folgende lineare Form

$$u'' = -\left(t + \frac{2}{t}\right) u'. \tag{6.5.18}$$

Setzt man nun $u' = v$, so geht (6.5.18) über in eine Gleichung erster Ordnung

$$\frac{dv}{dt} = -\left(t + \frac{2}{t}\right) v$$

bzw.

$$\ln v = \ln C_1 + \ln(t^{-2}) - \frac{t^2}{2}$$

oder

$$v = \frac{C_1}{t^2} e^{-t^2/2}.$$

Damit folgt

$$u' = \frac{C_1}{t^2} e^{-t^2/2}.$$

Die Integration dieser Gleichung führt zu

$$u = C_2 + C_1 \int \frac{1}{t^2} e^{-t^2/2}\, dt = C_2 - C_1 \frac{e^{-t^2/2}}{t} - \sqrt{\frac{\pi}{2}}\, \text{erf}\left(\frac{t}{\sqrt{2}}\right).$$

(3) Kehrt man zu den Ausgangsvariablen zurück, so gelangt man zu der folgenden impliziten Darstellung der allgemeinen Lösung von Gleichung (6.5.16):

$$x = y\left(C_2 + C_1 \int \frac{1}{y^2} e^{-y^2/2}\, dy\right).$$

Beispiel 6.5.6. Aus Beispiel 6.5.1 ist bekannt, dass die nichtlineare Gleichung

$$y'' = \frac{y'}{y^2} - \frac{1}{xy} \tag{6.5.6}$$

eine zweidimensionale Lie-Algebra L_2 mit der Basis (6.5.7) zulässt. Damit kann die Liesche Integrationsmethode anwendet werden.

(1) Man benutze als Basis der infinitesimalen Symmetrien die Generatoren in der Form

$$X_1 = x^2 \frac{\partial}{\partial x} + xy \frac{\partial}{\partial y}, \quad X_2 = -x \frac{\partial}{\partial x} - \frac{y}{2} \frac{\partial}{\partial y}. \tag{6.5.7'}$$

Dann ist $[X_1, X_2] = X_1$ (vgl. Beispiel 6.5.3) und $\xi_1 \eta_2 - \eta_1 \xi_2 = x^2 y/2 \neq 0$. Somit besitzt die Lie-Algebra L_2 die Struktur vom Typ III in Tabelle 6.5.1.

(2) Nun müssen die kanonischen Variablen für die Integration der Gleichung bestimmt werden. Das Gleichungssystem $X_1(t) = 0$, $X_2(t) = t$ liefert als neue Variable t den Ausdruck

$$t = \left(\frac{y}{x} \right)^2 \tag{6.5.19}$$

und das System $X_1(u) = 1$, $X_2(u) = u$ führt zu

$$u = -\frac{1}{x}. \tag{6.5.20}$$

In diesen kanonischen Variablen t, u haben die Operatoren X_1, X_2 aus (6.5.7') das Aussehen

$$X_1 = \frac{\partial}{\partial u}, \quad X_2 = t \frac{\partial}{\partial t} + u \frac{\partial}{\partial u}.$$

Unter Berücksichtigung der Transformation der unabhängigen Variablen (6.5.19) wird der totale Ableitungsoperator D_x aus Gleichung (1.2.66) auf den Operator D_t mit Hilfe der Gleichung

$$D_x = D_x \left(\frac{y^2}{x^2} \right) D_t = 2 \frac{y(xy' - y)}{x^3} D_t$$

bzw.

$$D_x = 2u(t - \sqrt{t} y') D_t \tag{6.5.21}$$

überführt.

Beide Seiten der Gleichung (6.5.20) werden nun mit Hilfe von (6.5.21) abgeleitet. Dabei gilt es zu beachten, dass die linke Seite von (6.5.20) von t abhängt und die rechte von x. Man erhält

$$2u(t - \sqrt{t} y') D_t(u) = D_x \left(-\frac{1}{x} \right) = \frac{1}{x^2} = u^2$$

bzw.

$$t - \sqrt{t} y' = \frac{u}{2u'}.$$

Um die zweite Ableitung zu berechnen, ist es von Vorteil, die Transformation der totalen Ableitung und die erste Ableitung in der Form

$$D_x = \frac{u^2}{u'} D_t$$

und

$$y' = \sqrt{t} - \frac{u}{2\sqrt{t} u'}$$

zu schreiben. Für die zweite Ableitung folgt

$$y'' = \frac{u^3}{4t\sqrt{t}\,u'^2} + \frac{u^3 u''}{2\sqrt{t}\,u'^3}\,.$$

Die Gleichungen (6.5.19), (6.5.20) zusammen ergeben

$$\frac{1}{xy} = \frac{u^2}{\sqrt{t}}\,.$$

Außerdem liefert der Ausdruck für y' mit (6.5.19), (6.5.20)

$$\frac{y'}{y^2} = \frac{u^2}{\sqrt{t}} - \frac{u^3}{2t\sqrt{t}\,u'}\,.$$

Setzt man all dies ein, so geht (6.5.6) über in die integrable Form

$$u'' = -\frac{1}{t}u'\left(u' + \frac{1}{2}\right)\,. \tag{6.5.22}$$

Nun ergibt sich die Frage, ob diese Gleichung (6.5.22) zur Ausgangsgleichung (6.5.6) äquivalent ist. Präzieser formuliert meint dies, ob alle Lösungen von Gleichung (6.5.6) aus Lösungen von Gleichung (6.5.22) mittels der Transformation (6.5.19), (6.5.20) erhalten werden können und umgekehrt. Die Antwort ist nicht selbstverständlich, da die Variable t nach (6.5.19) die Abhängige y der Ausgangsgleichung (6.5.6) enthält und damit t nur als neue unabhängige Variable betrachtet werden kann, wenn (6.5.6) keine Lösungen besitzt, in denen t eine Konstante ist. Eine direkte Betrachtung zeigt, dass (6.5.6) tatsächlich solche singulären Lösungen besitzt, bei denen t = const ist. Dies sind Lösungen, die durch Geraden gegeben sind:

$$y = Kx, \quad K = \text{const.}$$

Alle anderen Lösungen von Gleichung (6.5.6) lassen sich aus Lösungen von (6.5.22) mittels der Variablentransformation (6.5.19), (6.5.20) gewinnen. Außerdem sollte überprüft werden, ob alle Lösungen von (6.5.22) sich mit denen von (6.5.6) verknüpfen lassen. Offensichtlich besitzt (6.5.22) die Lösung $u' = 0$ und $u' = -1/2$. Die zugehörigen Lösungen lauten $u = A$, $u = C - t/2$. Hierbei sind A und C beliebige Konstanten. Nach (6.5.20) folgt für die erste der Lösungen $u = A$ der Ausdruck x = const. Damit lässt sich diese nicht mit irgendeiner Lösung von (6.5.6) verknüpfen und sollte ignoriert werden. Aber der zweite Ausdruck $u = C - t/2$ liefert eine Lösung von (6.5.6). Setzt man nämlich (6.5.19) und (6.5.20) für t und u ein, so folgt als Ergebnis von (6.5.6):

$$y = \pm\sqrt{2x + Cx^2}\,.$$

Man integriert nun die Gleichung (6.5.22) unter Ausschluss obiger singulärer Lösungen, d. h. unter der Voraussetzung $u' \neq 0$ und $u' + 1/2 \neq 0$. Dann liefert (6.5.22)

$$\ln|K_1\sqrt{t}| = -\int \frac{\mathrm{d}u'}{u'(2u'+1)} = \int \frac{2\,\mathrm{d}u'}{2u'+1} - \int \frac{\mathrm{d}u'}{u'} = \ln\left|\frac{2u'+1}{u'}\right|$$

bzw.

$$K_1 \sqrt{t} = \frac{2u' + 1}{u'}$$

oder

$$u' = \frac{1}{2(C_1 \sqrt{t} - 1)}$$

mit $C_1 = K_1/2 \neq 0$. Eine abschließende elementare Integration führt zu

$$u = \frac{1}{C_1^2}\left(C_1 \sqrt{t} + \ln|C_1 \sqrt{t} - 1| + C_2\right).$$

(3) Diese Lösung soll nun in die Originalvariablen umgeschrieben werden. Ersetzt man hier t und u jeweils durch die Ausdrücke (6.5.19) und (6.5.20), so folgt die implizite Darstellung des Ergebnisses $y(x)$ der Gleichung (6.5.6), die die beiden Konstanten $C_1 \neq 0$ und C_2 enthält:

$$C_1 y + C_2 x + x \ln\left|C_1 \frac{y}{x} - 1\right| + C_1^2 = 0.$$

Fügt man nun noch die beiden singulären Lösungen, die oben diskutiert wurden, hinzu, so lautet die allgemeine Lösung der Gleichung (6.5.6), die durch die drei Gleichungen mit den beliebigen Konstanten K, C, C_1, C_2 sowie $C_1 \neq 0$ dargestellt werden kann:

$$y = Kx, \tag{6.5.23}$$

$$y = \pm\sqrt{2x + Cx^2}, \tag{6.5.24}$$

$$C_1 y + C_2 x + x \ln\left|C_1 \frac{y}{x} - 1\right| + C_1^2 = 0. \tag{6.5.25}$$

Die Tatsache, dass die allgemeine Lösung von (6.5.6) durch drei merklich verschiedene Ausdrücke gegeben ist, stellt keinen Widerspruch zu Satz 3.1.2 dar, der die Eindeutigkeit der Lösung in Bezug auf jede Anfangswertaufgabe zum Inhalt hatte. Die Lösung der nachfolgenden Aufgabe zeigt, dass die Anfangsbedingung ihrerseits aus den Lösungen (6.5.23)–(6.5.25) eine herausselektiert.

Aufgabe 6.5.1. Man löse das folgende Cauchy-Problem für Gleichung (6.5.6):

(i) $y'' = \dfrac{y'}{y^2} - \dfrac{1}{xy}$, $y|_{x=1} = 1$, $y'|_{x=1} = 1$;

(ii) $y'' = \dfrac{y'}{y^2} - \dfrac{1}{xy}$, $y|_{x=1} = 1$, $y'|_{x=1} = 0$;

(iii) $y'' = \dfrac{y'}{y^2} - \dfrac{1}{xy}$, $y|_{x=1} = 1$, $y'|_{x=1} = 2$.

Lösung.

(i) Man setze $x = 1$, $y = 1$, $y' = 1$ in alle drei Ausdrücke (6.5.23)–(6.5.25) ein und erhält, dass die Anfangsbedingung (i) nur die Gleichung (6.5.23) mit $K = 1$ befriedigt.

(ii) Auch hier erhält man nach Einsetzen von $x = 1$, $y = 1$, $y' = 0$ eine einzige Lösung, nämlich den zweiten Fall (6.5.24) mit positivem Vorzeichen und mit $C = -1$.

(iii) Das Einsetzen von $x = 1$, $y = 1$, $y' = 2$ liefert die Gleichung (6.5.25) mit $C_1 = 2$, $C_2 = -6$ als Lösung.

Zusammenfassend lauten die Lösungen für obige Cauchy-Probleme

$$\text{(i)} \quad y = x, \quad \text{(ii)} \quad y = \sqrt{2x - x^2}, \quad \text{(iii)} \quad 2y - 6x + x \ln\left|2\frac{y}{x} - 1\right| + 4 = 0.$$

6.5.5 Integration linearer Gleichungen mit bekannten Teillösungen

Es werde vorausgesetzt, dass eine partikuläre Lösung $y = z(x)$ der linearen Gleichung

$$y'' + a(x)y' + b(x)y = 0 \tag{6.5.26}$$

bekannt sei. Dann ist $z''(x) + a(x)z'(x) + b(x)z(x) = 0$ identisch in x. Es werden nun zwei verschiedene Methoden diskutiert, um die allgemeine Lösung von (6.5.26) unter Benutzung der Teillösung $z(x)$ zu bestimmen.

Die erste Methode ist die Transformation auf eine einfache Form, die Satz 3.3.1 lieferte. Hiernach reduziert die Abbildung

$$t = \int \frac{e^{-\int a(x)\,dx}}{z^2(x)}\,dx, \quad u = \frac{y}{z(x)} \tag{6.5.27}$$

die Gleichung (6.5.26) auf die einfachste lineare Gleichung zweiter Ordnung

$$u'' = 0. \tag{6.5.28}$$

Es folgt $u = C_1 t + C_2$. Somit lautet die allgemeine Lösung von Gleichung (6.5.26):

$$y = z(x)\left[C_1 \int \frac{e^{-\int a(x)\,dx}}{z^2(x)}\,dx + C_2\right]. \tag{6.5.29}$$

Die zweite Methode basiert auf der Tatsache, dass (6.5.26) invariant ist unter der Transformation $\bar{y} = y + az(x)$ und damit den Generator

$$X_1 = z(x)\frac{\partial}{\partial y} \tag{6.5.30}$$

zulässt. Da Gleichung (6.5.26) homogen ist, lässt sie ebenfalls den Generator

$$X_2 = y\frac{\partial}{\partial y} \tag{6.5.31}$$

zu. Die Operatoren (6.5.30) und (6.5.31) spannen eine zweidimensionale Lie-Algebra vom Typ IV auf. Damit kann Gleichung (6.5.26) mit Hilfe der Lieschen Integrationsmethode gelöst werden, die in Abschnitt 6.5.4 diskutiert worden ist. Die kanonischen Variablen für die Operatoren (6.5.30), (6.5.31) lauten

$$t = x, \quad u = \frac{y}{z(x)}. \tag{6.5.32}$$

Mit diesen Variablen geht (6.5.26) über in die integrable Form

$$u'' + \left[a(x) + 2\frac{z'(x)}{z(x)} \right] u' = 0, \tag{6.5.33}$$

woraus

$$u = C_1 \int \frac{e^{-\int a(x)\,dx}}{z^2(x)}\,dx + C_2$$

folgt. Dies ist aber die Lösung (6.5.29).

Praktisch ist es jedoch besser eine der Methoden, die eben beschrieben worden sind, zu benutzen, als die Endgleichung (6.5.29) als Ergebnis zu verwenden.

Beispiel 6.5.7. Man betrachte die Gleichung

$$y'' = xy' - y. \tag{6.5.34}$$

Schnell lässt sich die partikuläre Lösung $z(x) = x$ dieser Gleichung finden, indem man eine Polynomlösung der Form $y = A_0 + A_1 x + A_2 x^2 + \cdots$ sucht. Nun werde die erste der beiden vorgestellten Methoden angewandt. Die Transformation (6.5.27) liefert

$$t = \int \frac{e^{x^2/2}}{x^2}\,dx, \quad u = \frac{y}{x}.$$

Mit diesen Variablen kann (6.5.34) in $u'' = 0$ überführt werden. Dieser Ausdruck besitzt das Ergebnis $u = C_1 t + C_2$. Setzt man hier die Terme für t und u ein, so folgt das allgemeine Integral von Gleichung (6.5.34):

$$y = \left[C_1 \int \frac{e^{x^2/2}}{x^2}\,dx + C_2 \right] x. \tag{6.5.35}$$

Im Folgenden soll nun die zweite Methode angewandt werden. Unter Benutzung des Typs IV der Lie-Algebra L_2, die durch die Operatoren (6.5.30) und (6.5.31)

$$X_1 = x\frac{\partial}{\partial y}, \quad X_2 = y\frac{\partial}{\partial y}$$

aufgespannt wird, erhält man die kanonischen Variablen $t = x$, $u = y/x$. Mit diesen Veränderlichen folgt aus (6.5.34)

$$u'' = \left(x - \frac{2}{x} \right) u'.$$

Nach der Standard-Substitution $u' = v$ und der Trennung der Veränderlichen ergibt sich

$$\frac{dv}{v} = \left(x - \frac{2}{x} \right) dx,$$

was auf

$$v = C_1 \frac{e^{x^2/2}}{x^2}$$

führt. Nach einer weiteren Integration findet man

$$u = C_1 \int \frac{e^{x^2/2}}{x^2}\,dx + C_2.$$

Damit ist die allgemeine Lösung mit $y = xu$, wie sie in (6.5.35) angegeben ist, gefunden.

6.5.6 Lies Test auf Linearisierbarkeit

Beispiel 6.5.8. Um das Problem zu illustrieren, betrachte man die nichtlineare Gleichung

$$y'' = 2\left(\frac{y'^2}{y} - \frac{xy'}{1+x^2}\right). \tag{6.5.36}$$

Sie folgt aus der einfachsten linearen Gleichung (6.5.28) $u'' = 0$ durch folgende Variablentransformation:

$$t = \frac{1}{y}, \quad u = \arctan x. \tag{6.5.37}$$

Wendet man die Transformationsgleichungen (1.4.13), (1.4.14) auf Gleichung (6.5.37) an, so ist

$$D_x = -\frac{y'}{y^2}D_t, \quad -\frac{y'}{y^2}D_t(u) = D_x(\arctan x). \tag{6.5.38}$$

Es ergibt sich

$$u' = -\frac{y^2}{(1+x^2)y'}. \tag{6.5.39}$$

Differenziert man beide Seiten dieser Gleichung (6.5.39) mit Hilfe von (6.5.38), so erhält man

$$\frac{y'^2}{y^4}u'' - \frac{y''}{y^2}u' + 2\frac{y'^2}{y^3}u' = -\frac{2x}{(1+x^2)^2}.$$

Berücksichtigt man nun noch (6.5.28) und (6.5.39), so folgt unmittelbar (6.5.36). Benutzt man weiterhin die allgemeine Lösung $u = C_1 t - C_2$ der linearen Gleichung (6.5.28) und die Transformation (6.5.37), so ist

$$\arctan x = \frac{C_1}{y} - C_2,$$

woraus sich die allgemeine Lösung der nichtlinearen Gleichung (6.5.36) ergibt:

$$y = \frac{C_1}{C_2 + \arctan x}. \tag{6.5.40}$$

Linearisierbare Gleichungen wie (6.5.36) treten bei Anwendungen sehr oft auf. Somit ist es wichtig, einen allgemeinen Test zu besitzen, um linearisierbare Gleichungen zu identifizieren. S. Lie [25] löste dieses Problem für gewöhnliche Differentialgleichungen zweiter Ordnung. Er fand eine allgemeine Form unter den gewöhnlichen Differentialgleichungen zweiter Ordnung (6.5.13), die sich auf eine lineare Gleichung

$$\frac{d^2 u}{dt^2} = A(t)\frac{du}{dt} + B(t)u + C(t) \tag{6.5.41}$$

durch die Transformation

$$t = \varphi(x, y), \quad u = \psi(x, y) \tag{6.5.42}$$

überführen lässt.

Er zeigte zuerst, dass linearisierbare Gleichungen zweiter Ordnung meist kubisch in den Ableitungen erster Ordnung sind. Diese Aussage erhält man unter Anwendung der Transformationen der Ableitungen. Man erinnere sich daran, dass jede lineare Gleichung auf die einfachste Form (6.5.28) durch eine Substitution der abhängigen wie auch unabhängigen Variablen überführt werden kann. Außerdem folgt aus Lemma 3.3.1, dass die linearen Gleichungen funktionsäquivalent sind zu (3.3.12), die in den Variablen t und u die Form

$$u'' + \alpha(t)u = 0 \tag{6.5.43}$$

besitzen. Hierbei meint u'' die zweite Ableitung von u nach t. Dann wende man die Transformation der Ableitungen nach Satz 1.4.1 in Abschnitt 1.4.5 an. Es folgt als Ergebnis:

Lemma 6.5.1. *Alle Gleichungen zweiter Ordnung, die man aus (6.5.43) durch die Transformation (6.5.42) erhalten kann, sind höchstens kubisch in der ersten Ableitung, d. h. sie gehören zu der Familie von Gleichungen der Form*

$$y'' + F_3(x, y)y'^3 + F_2(x, y)y'^2 + F_1(x, y)y' + F(x, y) = 0 \tag{6.5.44}$$

mit

$$F_3(x, y) = \frac{\varphi_y\psi_{yy} - \psi_y\varphi_{yy} + \alpha\psi\varphi_y^3}{\varphi_x\psi_y - \varphi_y\psi_x},$$

$$F_2(x, y) = \frac{\varphi_x\psi_{yy} - \psi_x\varphi_{yy} + 2(\varphi_y\psi_{xy} - \psi_y\varphi_{xy}) + 3\alpha\psi\varphi_x\varphi_y^2}{\varphi_x\psi_y - \varphi_y\psi_x},$$

$$F_1(x, y) = \frac{\varphi_y\psi_{xx} - \psi_y\varphi_{xx} + 2(\varphi_x\psi_{xy} - \psi_x\varphi_{xy}) + 3\alpha\psi\varphi_x^2\varphi_y}{\varphi_x\psi_y - \varphi_y\psi_x}, \tag{6.5.45}$$

$$F(x, y) = \frac{\varphi_x\psi_{xx} - \psi_x\varphi_{xx} + \alpha\psi\varphi_x^3}{\varphi_x\psi_y - \varphi_y\psi_x}.$$

Aber nicht jede Gleichung der Form (6.5.44) mit beliebigen Koeffizienten $F_3(x, y), \ldots$, $F(x, y)$ ist linearisierbar. Dies ist möglich genau dann, wenn das überbestimmte Gleichungssystem von nichtlinearen partiellen Differentialgleichungen (6.5.45) für die zwei Funktionen $\varphi(x, y)$ und $\psi(x, y)$ für die gegebenen Funktionen $F_3(x, y), \ldots$, $F(x, y)$ integrabel ist. Lie [25] lieferte die Kompatibilitätsbedingung, d. h. Integrabilitätsbedingung für das System (6.5.45). Sein Linearisierungstest lässt sich damit wie folgt formulieren (vgl. [21]):

Satz 6.5.2. *Gleichung (6.5.44) ist genau dann linearisierbar, wenn ihre Koeffizienten folgenden Gleichungen genügen:*

$$3(F_3)_{xx} - 2(F_2)_{xy} + (F_1)_{yy} = (3F_1F_3 - F_2^2)_x - 3(FF_3)_y - 3F_3F_y + F_2(F_1)_y,$$

$$3F_{yy} - 2(F_1)_{xy} + (F_2)_{xx} = 3(FF_3)_x + (F_1^2 - 3FF_2)_y + 3F(F_3)_x - F_1(F_2)_x.$$

Dieser Test ist einfach und bequem zu handhaben. Man betrachte hierzu einige Beispiele:

Beispiel 6.5.9. Die Gleichung

$$y'' + F(x, y) = 0$$

besitzt die Form (6.5.44) mit $F_3 = F_2 = F_1 = 0$. Der Linearisierungstest ergibt $F_{yy} = 0$. Damit ist Gleichung $y'' + F(x, y) = 0$ bis auf den linearen Fall nicht linearisierbar.

Beispiel 6.5.10. Man betrachte die Gleichungen

$$y'' - \frac{1}{x}(y' + y'^3) = 0$$

und

$$y'' + \frac{1}{x}(y' + y'^3) = 0.$$

Sie besitzen ebenfalls die Form (6.5.44). Ihre Koeffizienten lauten $F_3 = F_1 = -1/x$, $F_2 = F = 0$ bzw. $F_3 = F_1 = 1/x$, $F_2 = F = 0$. Die Anwendung des Testes zeigt, dass der erste Fall linearisierbar, der zweite hingegen nicht linearisierbar ist.

Genügen also die Koeffizienten $F_3(x, y), \ldots, F(x, y)$ der Gleichung (6.5.44) dem Linearisierungstest nach Satz 6.5.2, dann lässt sich die Transformation (6.5.42) durch Lösen des überbestimmten Differentialgleichungssystems (6.5.45) mit den bekannten Funktionen $F_3(x, y), \ldots, F(x, y)$ nach $\varphi(x, y)$ und $\psi(x, y)$ gewinnen. Diese Transformation bildet dann die Gleichung (6.5.44) auf eine lineare der Form (6.5.43) ab.

Beispiel 6.5.11. Man betrachte die Gleichung

$$y'' - \frac{1}{x}(y' + y'^3) = 0 \tag{6.5.46}$$

aus obigem Beispiel. Die Koeffizienten

$$F_3 = F_1 = -\frac{1}{x}, \quad F_2 = F = 0$$

genügten den Bedingungen des Satzes 6.5.2. Es soll nun gezeigt werden, dass Gleichung (6.5.46) auf die einfachste lineare Gleichung $u'' = 0$ transformiert werden kann. Diese Abbildung soll angegeben werden. Es sei in (6.5.43) $\alpha(t) = 0$. Dann ergibt sich mit (6.5.45) für $\varphi(x, y)$ und $\psi(x, y)$

$$\varphi_y \psi_{yy} - \psi_y \varphi_{yy} = -\frac{1}{x}(\varphi_x \psi_y - \varphi_y \psi_x),$$

$$\varphi_x \psi_{yy} - \psi_x \varphi_{yy} + 2(\varphi_y \psi_{xy} - \psi_y \varphi_{xy}) = 0,$$

$$\varphi_y \psi_{xx} - \psi_y \varphi_{xx} + 2(\varphi_x \psi_{xy} - \psi_x \varphi_{xy}) = -\frac{1}{x}(\varphi_x \psi_y - \varphi_y \psi_x), \tag{6.5.47}$$

$$\varphi_x \psi_{xx} - \psi_x \varphi_{xx} = 0.$$

Um Gleichung (6.5.46) zu linearisieren, ist es notwendig, Ausdrücke für $\varphi(x, y)$ und $\psi(x, y)$ zu finden, die dieses System lösen und funktional unabhängig sind. Das bedeutet, dass die Jacobi-Determinante nicht verschwindet:

$$\varphi_x \psi_y - \varphi_y \psi_x \neq 0. \tag{6.5.48}$$

Man gehe nun so vor, dass die letzte Gleichung des Systems (6.5.47) durch $\varphi_x = 0$, d. h. $\varphi = \varphi(y)$ erfüllt wird. Mit (6.5.48) folgt dann $\psi_x \neq 0$ und $\varphi_y \neq 0$. Um die weiteren Rechnungen zu vereinfachen, setze man $\varphi = y$. Dann ergibt sich aus der zweiten Gleichung des Systems (6.5.47) $\psi_{xy} = 0$ und damit

$$\psi = a(x) + b(y).$$

Damit geht die erste Gleichung von (6.5.47) über in eine mit trennbaren Veränderlichen:

$$b''(y) = \frac{1}{x} a'(x).$$

Es folgt

$$b''(y) = \frac{1}{x} a'(x) = \lambda, \quad \lambda = \text{const}.$$

Diese Ausdrücke liefern

$$a(x) = \frac{\lambda}{2} x^2 + C_1 x + C_2, \quad b(y) = \frac{\lambda}{2} y^2 + K_1 y + K_2.$$

Man beachte, dass die dritte Gleichung in (6.5.47) identisch erfüllt ist, wenn $\lambda = 2$, $C_1 = C_2 = K_1 = K_2 = 0$. Es folgt damit die Variablentransformation (6.5.42):

$$t = y, \quad u = x^2 + y^2. \tag{6.5.49}$$

Diese reduziert Gleichung (6.5.46) auf die lineare Gleichung $u'' = 0$. Stellt man deren Lösung in der Form $u + At + B = 0$ dar und benutzt (6.5.49), so erhält man die implizite Lösung der nichtlinearen Gleichung (6.5.46):

$$x^2 + y^2 + Ay + B = 0, \quad A, B = \text{const}. \tag{6.5.50}$$

Man beachte weiterhin, dass die Transformation (6.5.49) nicht zugelassen ist für die Lösung der Form $y = \text{const}$ von (6.5.46). Damit erhält man die allgemeine Lösung der Gleichung (6.5.46) durch Hinzufügen der singulären Lösung $y = \text{const}$ zu (6.5.50).

Beispiel 6.5.12. Die Gleichung $y'' + y'^2 = f(x)$ besitzt die Form (6.5.44) mit $F_3 = F_1 = 0$, $F_2 = 1$, $F = -f(x)$ und genügt dem Satz 6.5.2. Es soll überprüft werden, ob diese Gleichung linearisierbar ist durch eine Transformation nur der abhängigen Variablen. Mit anderen Worten: Man bestimme eine linearisierende Transformation (6.5.42) in der Form $t = x$, $u = \psi(x, y)$. Damit ist die erste Gleichung in (6.5.45) identisch erfüllt. Die Verbleibenden drei Gleichungen ergeben

$$\psi_{yy} = \psi_y, \quad \psi_{xy} = 0, \quad \psi_{xx} + f(x)\psi_y + \alpha(x)\psi = 0.$$

Die ersten zwei Gleichungen ergeben $\psi = g(x) + Ce^y$. Setzt man z. B. $C = 1$, $g(x) = 0$, so folgt $\psi = e^y$. Dann ergibt sich mit Hilfe der dritten Gleichung $\alpha = -f(x)$. Somit linearisiert die Transformation $t = x$, $u = e^y$ die betrachtete Gleichung und bildet sie auf $u'' = f(x)u$ ab.

6.6 Gleichungen höherer Ordnung

6.6.1 Invariante Lösungen, Herleitung des Eulerschen Ansatzes

Das Konzept gruppeninvarianter Lösungen, wie es in Abschnitt 6.4.3 für Differentialgleichungen erster Ordnung eingeführt wurde, ist auch genau so anwendbar auf Gleichungen höherer Ordnung.

Beispiel 6.6.1. Die allgemeine homogene lineare gewöhnliche Differentialgleichung mit konstanten Koeffizienten (3.4.6) der Form

$$y^{(n)} + a_1 y^{(n-1)} + \cdots + a_{n-1} y' + a_n y = 0, \quad a_1, \ldots, a_n = \text{const} \qquad (3.4.6)$$

lässt wegen der konstanten Koeffizienten die Transformationsgruppe mit dem Translationsgenerator

$$X_1 = \frac{\partial}{\partial x}$$

zu. Außerdem kann y mit einem beliebigen Parameter multipliziert werden. Das heißt, die Gleichung besitzt ebenfalls die Dilatationsgruppe mit dem Generator

$$X_2 = y \frac{\partial}{\partial y}$$

wegen ihrer Homogenität. Damit wird ebenfalls die Kombination dieser Generatoren $X = X_1 + \lambda X_2$ zugelassen:

$$X = \frac{\partial}{\partial x} + \lambda y \frac{\partial}{\partial y}, \quad \lambda = \text{const}.$$

Die Gleichung $\mathrm{d}y/y = \lambda\,\mathrm{d}x$ führt auf die Invariante $u = y\mathrm{e}^{-\lambda x}$. Die invarianten Lösungen ergeben sich aus $u = C$. Dies liefert den Eulerschen Ansatz (3.3.25):

$$y = C\mathrm{e}^{\lambda x}.$$

Da $y' = C\lambda\mathrm{e}^{\lambda x}, \ldots, y^{(n)} = C\lambda^n \mathrm{e}^{\lambda x}$ ist, führt die Substitution dieser Ausdrücke in Gleichung (3.4.6) auf eine algebraische Gleichung, nämlich auf die sogenannte charakteristische Gleichung (3.4.7):

$$\lambda^n + a_1 \lambda^{n-1} + \cdots + a_{n-1}\lambda + a_n = 0. \qquad (3.4.7)$$

Beispiel 6.6.2. Man betrachte die Eulersche Gleichung (3.4.11) aus Abschnitt 3.4.4:

$$x^n \frac{\mathrm{d}^n y}{\mathrm{d}x^n} + a_1 x^{n-1} \frac{\mathrm{d}^{n-1} y}{\mathrm{d}x^{n-1}} + \cdots + a_{n-1} x \frac{\mathrm{d}y}{\mathrm{d}x} + a_n y = 0, \qquad (3.4.11)$$

wobei $a_1, \ldots, a_n = \text{const}$ sind. Diese Gleichung ist doppelt homogen (vgl. Definition 3.1.3), d. h. sie lässt die Dilatationsgruppe mit den Generatoren

$$X_1 = x \frac{\partial}{\partial x}, \quad X_2 = y \frac{\partial}{\partial y}$$

zu. Man verfahre jetzt wie in Beispiel 6.6.1 und bestimme die invariante Lösung für die Linearkombination $X = X_1 + \lambda X_2$:

$$X = x\frac{\partial}{\partial x} + \lambda y\frac{\partial}{\partial y}, \quad \lambda = \text{const.}$$

Die charakteristische Gleichung lautet $dy/y = \lambda \, dx/x$, die auf die Invariante $u = yx^{-\lambda}$ führt. Die invariante Lösung erhält man aus $u = C$, so dass

$$y = Cx^\lambda. \tag{6.6.1}$$

Differenziert man diese Ausdrücke nach x und multipliziert anschließend mit x, so folgt

$$xy' = C\lambda x^\lambda, \quad x^2 y'' = C\lambda^2 x^\lambda, \quad \ldots, \quad x^n y^{(n)} = C\lambda^n x^\lambda.$$

Setzt man dies in (3.4.11) ein und teilt danach durch den gemeinsamen Faktor Cx^λ, so folgt die charakteristische Gleichung für die Eulersche Gleichung (3.4.11):

$$\lambda^n + a_1\lambda^{n-1} + \cdots + a_{n-1}\lambda + a_n = 0.$$

Sie ist identisch mit der charakteristischen Gleichung (3.4.7) für die Gleichung mit konstanten Koeffizienten (vgl. Abschnitt 3.4.4).

6.6.2 Integrierender Faktor (N. H. Ibragimov, 2006)

Üblicherweise betrachtet man integrierende Faktoren ausschließlich für gewöhnliche Differentialgleichungen erster Ordnung. Außerdem besteht die klassische Anwendung darin, dass die Differentialgleichungen in Differentialformen geschrieben sind (vgl. Abschnitt 3.2.3). Im Folgenden soll nun eine alternative Anwendung der integrierenden Faktoren gezeigt werden, wie sie in [22] hergeleitet worden ist. Die neue Anwendung erlaubt es, integrierende Faktoren auch für Gleichungen höherer Ordnung und Systeme zu bestimmen.

Seien hierzu $u = (u^1, \ldots, u^m)$ mit $m \geq 1$ die unabhängigen Variablen mit den Ableitungen $u_{(1)} = \{du^\alpha/dx\}$, $u_{(2)} = \{d^2 u^\alpha/dx^2\}, \ldots$ nach der einzelnen unabhängigen Variablen x. Die totale Ableitung (1.4.9) besitzt die Form

$$D_x = \frac{\partial}{\partial x} + u_{(1)}^\alpha \frac{\partial}{\partial u^\alpha} + u_{(2)}^\alpha \frac{\partial}{\partial u_{(1)}^\alpha} + \cdots. \tag{6.6.2}$$

Variationsableitungen höherer Ordnung (vgl. Gleichungen (1.5.4) und (2.6.24)) mit einer unabhängigen und mehreren abhängigen Variablen lassen sich dann darstellen als

$$\frac{\delta}{\delta u^\alpha} = \frac{\partial}{\partial u^\alpha} - D_x\frac{\partial}{\partial u_x^\alpha} + D_x^2\frac{\partial}{\partial u_{xx}^\alpha} - D_x^3\frac{\partial}{\partial u_{xxx}^\alpha} + \cdots. \tag{6.6.3}$$

Die neue Anwendung der integrierenden Faktoren für gewöhnliche Differentialgleichungen beliebiger Ordnung mit einer oder mehreren Variablen basiert auf der folgenden Aussage (für weitere Einzelheiten und Beweise sei auf [21], Abschnitt 8.4 verwiesen):

Lemma 6.6.1. *Sei $F(x, u, u_{(1)}, \ldots, u_{(s)}) \in \mathcal{A}$. Die Gleichung $D_x(F) = 0$ gilt identisch für alle Variablen $x, u, u_{(1)}, \ldots, u_{(s)}$ und $u_{(s+1)}$ genau dann, wenn $F = C = $ const ist.*

Lemma 6.6.2. *Eine differentielle Funktion $F(x, u, u_{(1)}, \ldots, u_{(s)}) \in \mathcal{A}$ mit einer unabhängigen Variablen x ist eine totale Ableitung*

$$F = D_x(\Phi), \quad \Phi(x, u, u_{(1)}, \ldots, u_{(s-1)}) \in \mathcal{A} \tag{6.6.4}$$

genau dann, wenn die folgende Gleichung in $x, u, u_{(1)}, \ldots$ identisch erfüllt ist:

$$\frac{\delta F}{\delta u^\alpha} = 0, \quad \alpha = 1, \ldots, m. \tag{6.6.5}$$

Im Falle einer einzigen abhängigen Variablen y werde die Bezeichnung $y', y'', \ldots$ für die Ableitungen benutzt. Die totale Ableitung (6.6.2) und die Variationsableitung (6.6.3) besitzen dann das Aussehen

$$D_x = \frac{\partial}{\partial x} + y'\frac{\partial}{\partial y} + y''\frac{\partial}{\partial y'} + \cdots + y^{(s+1)}\frac{\partial}{\partial y^{(s)}} + \cdots$$

bzw.

$$\frac{\delta}{\delta y} = \frac{\partial}{\partial y} - D_x\frac{\partial}{\partial y'} + D_x^2\frac{\partial}{\partial y''} - D_x^3\frac{\partial}{\partial y'''} + \cdots. \tag{6.6.6}$$

In diesem Falle lassen sich die Lemmata 6.6.1 und 6.6.2 wie folgt formulieren:

Lemma 6.6.3. *Sei $f(x, y, y', \ldots, y^{(s)}) \in \mathcal{A}$. Ist die Gleichung $D_x(f) = 0$ identisch in den Variablen $x, y, y', \ldots, y^{(s)}$ und $y^{(s+1)}$ erfüllt, so ist $f = $ const.*

Lemma 6.6.4. *Eine differentielle Funktion $f(x, y, y', \ldots, y^{(s)}) \in \mathcal{A}$ mit einer unabhängigen Variablen x lässt sich als totale Ableitung darstellen, d. h.*

$$f = D_x(\phi), \quad \phi(x, y, y', \ldots, y^{(s-1)}) \in \mathcal{A} \tag{6.6.7}$$

genau dann, wenn die folgende Gleichung in $x, y, y', \ldots$ identisch erfüllt ist:

$$\frac{\delta f}{\delta y} \equiv \frac{\partial f}{\partial y} - D_x\frac{\partial f}{\partial y'} + D_x^2\frac{\partial f}{\partial y''} - D_x^3\frac{\partial f}{\partial y'''} + \cdots + (-1)^s D_x^s \frac{\partial f}{\partial y^{(s)}} = 0. \tag{6.6.8}$$

Definition 6.6.1. Man betrachte eine gewöhnliche Differentialgleichung s-ter Ordnung

$$a(x, y, y', \ldots, y^{(s-1)})y^{(s)} + b(x, y, y', \ldots, y^{(s-1)}) = 0. \tag{6.6.9}$$

Eine Funktion $\mu(x, y, y', \ldots, y^{(s-1)})$ heißt integrierender Faktor für die Gleichung (6.6.9), wenn die Multiplikation der linken Seite von (6.6.9) mit μ diese in eine totale Ableitung einer Funktion $\phi(x, y, y', \ldots, y^{(s-1)})$ überführt:

$$\mu a y^{(s)} + \mu b = D_x(\phi). \tag{6.6.10}$$

Die Kenntnis eines integrierenden Faktors erlaubt es, die Ordnung von Gleichung (6.6.9) um eins zu reduzieren. Tatsächlich folgt aus den Gleichungen (6.6.9), (6.6.10), dass $D_x(\phi) = 0$ unter Berücksichtigung von Lemma 6.6.1 ein erstes Integral der Gleichung (6.6.9) liefert:

$$\phi(x, y, y', \dots, y^{(s-1)}) = C. \tag{6.6.11}$$

Die Definition 6.6.1 lässt sich auch leicht auf Systeme von gewöhnlichen Differentialgleichungen beliebiger Ordnung erweitern.

Satz 6.6.1. *Die integrierenden Faktoren für Gleichung (6.6.9) sind mit Hilfe von*

$$\frac{\delta}{\delta y}(\mu a y^{(s)} + \mu b) = 0 \tag{6.6.12}$$

bestimmbar. Hierbei ist $\delta/\delta y$ die Variationsableitung (6.6.6). Gleichung (6.6.12) bezieht die Variablen $x, y, y', \dots, y^{(2s-2)}$ ein und wird identisch in all diesen Variablen erfüllt.

Beweis. Gleichung (6.6.12) erhält man aus Lemma 6.6.2. Die höchste vorhandene Ableitung nach Anwendung der Variationsableitung (6.6.6) besitzt die Ordnung $2s - 1$. Sie tritt in den Termen

$$(-1)^s D_x^s(\mu a) \quad \text{und} \quad (-1)^{s-1} D_x^{s-1}\left[y^{(s)}\frac{\partial(\mu a)}{\partial y^{(s-1)}}\right]$$

auf. Lässt man die Terme, die $y^{(2s-1)}$ nicht enthalten, weg, so ist

$$(-1)^s D_x^s(\mu a) = -(-1)^{s-1} D_x^{s-1}\left[y^{(s)}\frac{\partial(\mu a)}{\partial y^{(s-1)}}\right] + \cdots.$$

Also heben sich die Terme, die $y^{(2s-1)}$ enthalten, gegenseitig auf und Gleichung (6.6.12) berücksichtigt nur die Variablen $x, y, y', \dots, y^{(2s-2)}$. Dies vervollständigt den Beweis. □

Für eine Gleichung erster Ordnung

$$a(x, y)y' + b(x, y) = 0 \tag{6.6.13}$$

lautet (6.6.12)

$$\frac{\delta}{\delta y}(\mu a y' + \mu b) = y'(\mu a)_y + (\mu b)_y - D_x(\mu a) = 0.$$

Da $D_x(\mu a) = (\mu a)_x + y'(\mu a)_y$, erhält man die folgende Gleichung, um den integrierenden Faktor für den Ausdruck erster Ordnung (6.6.13) zu bestimmen:

$$(\mu b)_y - (\mu a)_x = 0. \tag{6.6.14}$$

Diese Gleichung (6.6.14) ist identisch mit Gleichung (3.2.12), wobei $N = a$, $M = b$ ist.

Beispiel 6.6.3. Man betrachte nun Gleichung (3.2.14) aus Beispiel 3.2.2 unter einem neuen Gesichtspunkt. Dazu stelle man sie in der Form

$$(y^2 - 3x^2)y' + 2xy = 0$$

dar. Es folgt

$$\frac{\delta}{\delta y}[(y^2 - 3x^2)y' + 2xy] = 2yy' + 2x - D_x(y^2 - 3x^2) = 8x.$$

Damit ist die Bedingung (6.6.12) nicht erfüllt. Folglich lässt sich $(y^2 - 3x^2)y' + 2xy$ nicht als totales Differential darstellen. Multipliziert man daraufhin den Ausdruck mit $\mu = 1/y^4$, so folgt die Gleichung

$$\left(\frac{1}{y^2} - \frac{3x^2}{y^4}\right)y' + \frac{2x}{y^3} = 0, \tag{6.6.15}$$

die der Bedingung (6.6.12) genügt. Es ist

$$\frac{\delta}{\delta y}\left[\left(\frac{1}{y^2} - \frac{3x^2}{y^4}\right)y' + \frac{2x}{y^3}\right] = -\frac{2y'}{y^3} + 12\frac{x^2 y'}{y^5} - \frac{6x}{y^4} - D_x\left(\frac{1}{y^2} - \frac{3x^2}{y^4}\right) = 0.$$

Schreibt man nun

$$\frac{y'}{y^2} = D_x\left(-\frac{1}{y}\right), \quad -3x^2\frac{y'}{y^4} = x^2 D_x\left(\frac{1}{y^3}\right) = D_x\left(\frac{x^2}{y^3}\right) - \frac{2x}{y^3},$$

so folgt

$$\left(\frac{1}{y^2} - \frac{3x^2}{y^4}\right)y' + \frac{2x}{y^3} = D_x\left(\frac{x^2}{y^3} - \frac{1}{y}\right).$$

Damit ist die Lösung der betrachteten Differentialgleichung in impliziter Form durch

$$\frac{x^2}{y^3} - \frac{1}{y} = C \quad \text{bzw.} \quad x^2 - y^2 = Cy^3$$

gegeben.

Man betrachte nun die Gleichungen zweiter Ordnung

$$a(x, y, y')y'' + b(x, y, y') = 0. \tag{6.6.16}$$

Die integrierenden Faktoren μ hängen von den Variablen x, y, y' ab, und Gleichung (6.6.12) lässt sich für die Berechnung von $\mu(x, y, y')$ darstellen als

$$\frac{\delta}{\delta y}(\mu a y'' + \mu b) = y''(\mu a)_y + (\mu b)_y - D_x[y''(\mu a)_{y'} + (\mu b)_{y'}] + D_x^2(\mu a) = 0.$$

Es ist

$$D_x(\mu a) = y''(\mu a)_{y'} + y'(\mu a)_y + (\mu a)_x,$$

$$D_x^2(\mu a) = y'''(\mu a)_{y'} + y''^2(\mu a)_{y'y'} + 2y'y''(\mu a)_{yy'} + 2y''(\mu a)_{xy'}$$
$$+ y''(\mu a)_y + y'^2(\mu a)_{yy} + 2y'(\mu a)_{xy} + (\mu a)_{xx},$$

$$D_x(y''(\mu a)_{y'}) = y'''(\mu a)_{y'} + y''^2(\mu a)_{y'y'} + y'y''(\mu a)_{yy'} + y''(\mu a)_{xy'},$$

$$D_x((\mu b)_{y'}) = y''(\mu b)_{y'y'} + y'(\mu b)_{yy'} + (\mu b)_{xy'}.$$

Damit wird

$$\frac{\delta}{\delta y}(\mu a y'' + \mu b) = y''[y'(\mu a)_{yy'} + (\mu a)_{xy'} + 2(\mu a)_y - (\mu b)_{y'y'}]$$

$$+ y'^2(\mu a)_{yy} + 2y'(\mu a)_{xy} + (\mu a)_{xx} - y'(\mu b)_{yy'} - (\mu b)_{xy'} + (\mu b)_y.$$

Da dieser Ausdruck identisch in x, y, y' und y'' verschwinden soll, ergibt sich der folgende Satz:

Satz 6.6.2. *Die integrierenden Faktoren $\mu(x, y, y')$ für eine Gleichung zweiter Ordnung (6.6.16) lassen sich mit Hilfe des folgenden Systems bestehend aus den zwei Gleichungen*

$$y'(\mu a)_{yy'} + (\mu a)_{xy'} + 2(\mu a)_y - (\mu b)_{y'y'} = 0, \qquad (6.6.17)$$

$$y'^2(\mu a)_{yy} + 2y'(\mu a)_{xy} + (\mu a)_{xx} - y'(\mu b)_{yy'} - (\mu b)_{xy'} + (\mu b)_y = 0 \qquad (6.6.18)$$

bestimmen.

Satz 6.6.2 zeigt, dass im Gegensatz zu Gleichungen erster Ordnung die zweiter Ordnung keine integrierenden Faktoren zu haben brauchen. Die integrierenden Faktoren einer einzigen Gleichung erster Ordnung sind berechenbar mit Hilfe einer einzigen linearen partiellen Differentialgleichung erster Ordnung (6.6.14), die immer eine unendliche Zahl an Lösungen besitzt. Im Falle der Gleichungen zweiter Ordnung (6.6.16) muss die unbekannte Funktion $\mu(x, y, y')$ zwei lineare partielle Differentialgleichungen zweiter Ordnung (6.6.17), (6.6.18) erfüllen. Sie existiert also unter der Voraussetzung, dass das überbestimmte System (6.6.17), (6.6.18) kompatibel ist.

Bemerkung 6.6.1. Besitzt eine Gleichung (6.6.16) zwei integrierende Faktoren, die zu zwei wesentlich verschiedenen ersten Integralen (6.6.11) führen, dann lässt sich die allgemeine Lösung von (6.6.16) ohne Integration bestimmen.

Beispiel 6.6.4. Man betrachte die folgende Gleichung zweiter Ordnung

$$y'' + \frac{y'^2}{y} + 3\frac{y'}{x} = 0. \qquad (6.6.19)$$

Es lässt sich leicht zeigen, dass die linke Seite nicht der Bedingung (6.6.5) genügt und damit nicht als totale Ableitung darstellbar ist. Man bestimme nun einen integrierenden Faktor. Gleichung (6.6.19) besitzt die Form (6.6.16) mit

$$a = 1, \quad b = \frac{y'^2}{y} + 3\frac{y'}{x}.$$

Wegen der Einfachheit werden integrierende Faktoren der Form $\mu = \mu(x, y)$ gesucht. Damit folgt aus (6.6.17) $2\mu_y - (\mu b)_{y'y'} = 0$. Da aber $(\mu b)_{y'y'} = 2\mu/y$ ist, folgt $\mu_y = \mu/y$ und $\mu = \phi(x)y$. Damit findet man

$$\mu = \phi(x)y, \quad \mu_{yy} = 0, \quad \mu_{xy} = \phi', \quad \mu_{xx} = \phi''y, \quad \mu b = \phi y'^2 + 3\frac{\phi}{x}yy',$$

$$(\mu b)_y = 3\frac{\phi}{x}y', \quad (\mu b)_{yy'} = 3\frac{\phi}{x}, \quad (\mu b)_{xy'} = 2\phi'y' + 3\left(\frac{\phi'}{x} - \frac{\phi}{x^2}\right)y.$$

Setzt man dies in (6.6.18) ein, so ergibt sich die folgende Euler-Gleichung

$$x^2\phi'' - 3x\phi' + 3\phi = 0.$$

Löst man diese nun durch die Standard-Transformation der unabhängigen Variable $t = \ln|x|$, so erhält man zwei unabhängige Lösungen $\phi = x$ und $\phi = x^3$. Damit besitzt Gleichung (6.6.19) zwei integrierende Faktoren

$$\mu_1 = xy, \quad \mu_2 = x^3 y. \tag{6.6.20}$$

Nach Bemerkung 6.6.1 lässt sich (6.6.19) ohne zusätzliche Integration lösen.

Multipliziert man die betrachtete Gleichung mit dem ersten integrierenden Faktor, so folgt

$$xy\left(y'' + \frac{y'^2}{y} + 3\frac{y'}{x}\right) = xyy'' + xy'^2 + 3yy' = 0.$$

Setzt man $xyy'' = D_x(xyy') - yy' - xy'^2$, so ist $D_x(xyy') + 2yy' = D_x(xyy' + y^2) = 0$. Es ergibt sich

$$xyy' + y^2 = C_1. \tag{6.6.21}$$

Verfährt man mit dem zweiten integrierenden Faktor ähnlich, so findet man

$$x^3 yy' = C_2. \tag{6.6.22}$$

Eliminiert man y' aus den beiden Gleichungen (6.6.21), (6.6.22), so folgt die allgemeine Lösung der Gleichung (6.6.19):

$$y = \pm\sqrt{C_1 - \frac{C_2}{x^2}}. \tag{6.6.23}$$

Die Anwendung des Testes auf Linearisierbarkeit (Abschnitt 6.5.6) zeigt, dass (6.6.19) sich linearisieren lässt. Sie besitzt eine achtdimensionale Lie-Algebra und kann auch mit Hilfe der guppentheoretischen Methode aus Abschnitt 6.5.4 integriert werden.

Im Folgenden betrachte man nun eine Gleichung, die keine Symmetrien besitzt.

Beispiel 6.6.5. Gegeben sei die Gleichung:

$$y'' - \frac{1}{y}y'^2 - \frac{x + x^2}{y}y' + 2x + 1 = 0. \tag{6.6.24}$$

Durch Lösen der bestimmenden Gleichungen kann nachgewiesen werden, dass (6.6.24) keine Punktsymmetrien besitzt und damit nicht durch die Liesche Methode gelöst werden kann. Darum soll nun das Verfahren der integrierenden Faktoren zum Einsatz kommen. Ein Vergleich von (6.6.24) mit (6.6.16) liefert

$$a = 1, \quad b = -\frac{y'^2}{y} - \frac{x + x^2}{y}y' + 2x + 1.$$

Der Einfachheit halber suche man integrierende Faktoren, die von zwei Variablen abhängen. Z. B. sei $\mu = \mu(x, y)$. Dann liefert (6.6.17) $\mu_y = -\mu/y$ mit $\mu = p(x)/y$. Damit kann (6.6.18) wie folgt formuliert werden:

$$\frac{2p}{y^3}y'^2 - \frac{2p'}{y^2}y' + \frac{p''}{y} + y'H_{yy'} + H_{xy'} - H_y = 0 \qquad (6.6.25)$$

mit

$$H = \frac{p}{y^2}y'^2 + (x + x^2)\frac{p}{y^2}y' - (2x + 1)\frac{p}{y}.$$

Die Berechnung zeigt, dass Gleichung (6.6.25) sich auf einen einfachen Ausdruck der Form

$$\frac{p''(x)}{y} + (x + x^2)\frac{p'(x)}{y^2} = 0$$

reduzieren lässt, der durch Trennung der Veränderlichen gelöst werden kann. Es ist $p'(x) = 0$, was auf $p = $ const führt. Sei also $p = 1$. Dann folgt der integrierende Faktor für Gleichung (6.6.24):

$$\mu = \frac{1}{y}.$$

Multipliziert man die Ausgangsgleichung nun mit μ, so findet man

$$\frac{y''}{y} - \frac{1}{y^2}y'^2 - \frac{x + x^2}{y^2}y' + \frac{2x + 1}{y} = 0. \qquad (6.6.26)$$

Die linke Seite dieser Gleichung kann dann als totale Ableitung geschrieben werden. Es ist

$$\frac{y''}{y} = D_x\left(\frac{y'}{y}\right) + \frac{y'^2}{y^2}, \quad -\frac{x + x^2}{y^2}y' = D_x\left(\frac{x + x^2}{y}\right) - \frac{1 + 2x}{y}.$$

Hiermit geht dann (6.6.26) über in

$$D_x\left(\frac{y' + x + x^2}{y}\right) = 0, \qquad (6.6.27)$$

woraus

$$\frac{y' + x + x^2}{y} = C_1$$

bzw.

$$y' + x + x^2 = C_1 y, \quad C_1 = \text{const} \qquad (6.6.28)$$

folgt.

Integriert man nun noch diese inhomogene lineare Gleichung (6.6.28) erster Ordnung, so lässt sich die folgende allgemeine Lösung für (6.6.24) generieren:

$$y = C_2 e^{C_1 x} - e^{C_1 x}\int(x + x^2)e^{-C_1 x}\,dx, \quad C_1, C_2 = \text{const}. \qquad (6.6.29)$$

Wird jetzt noch das Integral berechnet, so ergibt sich die Lösung mit Hilfe elementarer Funktionen:

$$y = C_2 - \frac{1}{2}x^2 - \frac{1}{3}x^3 \tag{6.6.30}$$

für $C_1 = 0$ und

$$y = C_2 e^{C_1 x} + \frac{1}{C_1^3}[C_1^2 x^2 + (2 + C_1)C_1 x + 2 + C_1] \tag{6.6.31}$$

für $C_1 \neq 0$.

Beispiel 6.6.6. Man betrachte das folgende System von Gleichungen erster Ordnung

$$
\begin{aligned}
F_1(x, y, z, y', z') &\equiv xzy' - 2xyz' + yz = 0, \\
F_2(x, y, z, y', z') &\equiv xy' + 2x^2 zz' + 2xz^2 + y = 0.
\end{aligned} \tag{6.6.32}
$$

Als erstes werde die Bedingung (6.6.5) nachgeprüft. Setzt man $u^1 = y$, $u^2 = z$, so folgt

$$\frac{\delta F_1}{\delta y} = -3xz', \qquad \frac{\delta F_1}{\delta z} = 3(y + xy').$$

Damit ist $F_1(x, y, z, y', z')$ keine totale Ableitung. Auf der anderen Seite ist aber

$$\frac{\delta F_2}{\delta y} = 0, \qquad \frac{\delta F_2}{\delta z} = 0,$$

Folglich ist F_2 eine totale Ableitung. Verfährt man wie in Beispiel 6.6.3, so ergibt sich

$$F_2 = D_x(xy + x^2 z^2). \tag{6.6.33}$$

Nun bestimme man einen integrierenden Faktor der Form $\mu = \mu(x, y, z)$ für F_1. Die Berechnungen zeigen, dass die erste Gleichung von (6.6.5) die Form

$$
\begin{aligned}
\frac{\delta(\mu F_1)}{\delta y} &= \frac{\partial(\mu F_1)}{\partial y} - D_x\left(\mu \frac{\partial F_1}{\partial y'}\right) \\
&= -3xz'\mu - xz\mu_x + (yz - 2xyz')\mu_y - xzz'\mu_z = 0
\end{aligned}
$$

besitzt. Da μ nicht von z' abhängt, zerfällt die obige Gleichung in zwei Teile

$$2y\mu_y + z\mu_z + 3\mu = 0, \qquad x\mu_x - y\mu_y = 0.$$

Die Lösung dieses Systems von partiellen Differentialgleichungen erster Ordnung lautet

$$\mu = \frac{1}{z^3} \phi\left(\frac{xy}{z^2}\right), \tag{6.6.34}$$

wobei ϕ eine beliebige Funktion ist. Es lässt sich ebenfalls zeigen, dass μ mit (6.6.34) auch die zweite Gleichung von (6.6.5)

$$\frac{\delta(\mu F_1)}{\delta z} = \frac{\partial(\mu F_1)}{\partial z} - D_x\left(\mu \frac{\partial F_1}{\partial z'}\right) = 0$$

löst und damit einen integrierenden Faktor für F_1 bildet. Da die Funktion ϕ in (6.6.34) beliebig ist, setze man $\phi = 1$ und multipliziere F_1 mit $\mu = z^{-3}$. Es folgt

$$\mu F_1 = \frac{xy'}{z^2} - 2\frac{xyz'}{z^3} + \frac{y}{z^2} = D_x\left(\frac{xy}{z^2}\right). \tag{6.6.35}$$

Setzt man nun (6.6.33) und (6.6.35) in (6.6.32) ein, so findet man die beiden ersten Integrale

$$xy + x^2 z^2 = C_1, \quad \frac{xy}{z^2} = C_2.$$

Diese zwei Ausdrücke nach y und z aufgelöst ergeben die allgemeine Lösung des Systems (6.6.32):

$$y = \frac{C_1 C_2}{x(C_2 + x^2)}, \quad z = \pm\sqrt{\frac{C_1}{C_2 + x^2}}.$$

6.6.3 Linearisierung von Gleichungen dritter Ordnung

Die Liesche Integrationsmethode ist auch auf Gleichungen höherer Ordnung anwendbar (vgl. z. B. [26, 31, 17]). Das Anliegen dieses Abschnittes zielt jedoch nicht auf die Integration sondern vielmehr auf das Linearisieren der Gleichungen höherer Ordnung ab.

Es ist vorteilhaft, z. B. für die Berechnung der Invarianten, die allgemeine homogene lineare Gleichung (3.4.3) in der folgenden Standardform unter Einbeziehung von Binomialkoeffizienten zu schreiben:

$$y^{(n)} + nc_1(x)y^{(n-1)} + \frac{n!c_2(x)}{(n-2)!2!}y^{(n-2)} + \cdots + nc_{n-1}(x)y' + c_n(x)y = 0. \tag{6.6.36}$$

Äquivalenztransformationen für Gleichungen höherer Ordnung (3.4.3) lassen sich wie für Gleichungen zweiter Ordnung durch die Transformationen (3.3.8), (3.3.9) gewinnen:

$$\bar{x} = \phi(x), \quad \phi'(x) \neq 0, \tag{3.3.8}$$

$$y = \sigma(x)\bar{y}, \quad \sigma \neq 0. \tag{3.3.9}$$

Ein Analogon zu Satz 3.3.1 für lineare Gleichungen höherer Ordnung wurde im neunzehnten Jahrhundert herausgefunden. J. Cockle (1876) und E. Laguerre (1879) zeigten jeweils für $n = 3$ und beliebige n, dass die von der Ordnung her benachbarten zwei Terme in jeder Gleichung (6.6.36) gleichzeitig wegtransformiert werden können. Ihr Ergebnis lässt sich wie folgt formulieren (für den Beweis vgl. [21] Abschnitt 10.2.1 und die dortigen Literaturstellen).

Satz 6.6.3. *Jede Gleichung* (6.6.36) *lässt sich auf die Form*

$$y^{(n)} + \frac{n!c_3(x)}{3!(n-3)!}y^{(n-3)} + \cdots + nc_{n-1}(x)y' + c_n(x)y = 0 \tag{6.6.37}$$

durch eine geeignete Äquivalenztransformation (3.3.8), (3.3.9) *transformieren. Die Bestimmung einer solchen Transformation erfordert die Integration einer gewöhnlichen Differentialgleichung zweiter Ordnung unabhängig von der Ordnung n der Ausgangsgleichung* (6.6.36).

Die Form (6.6.37) heißt Laguerresche kanonische Form einer linearen homogenen Differentialgleichung n-ter Ordnung. Im Speziellen ist die kanonische Form (6.6.37) für die Gleichung dritter Ordnung

$$y''' + \alpha(x)y = 0. \tag{6.6.38}$$

Kürzlich konnten alle linearisierbaren Gleichungen dritter Ordnung

$$y''' = f(x, y, y', y'') \tag{6.6.39}$$

gefunden werden (vgl. N. H. Ibragimov, S. V. Meleshko, J. Math. Anal. Appl. 308 (2), 2005, 266–289).

Im Folgenden werden nun die grundlegenden Sätze zur Linearisierung von Gleichungen dritter Ordnung formuliert und anhand einiger Beispiele verdeutlicht. Dabei wird die kanonische Form (6.6.38) für die Gleichungen dritter Ordnung verwendet, die durch Satz 6.6.3 garantiert ist.

Lemma 6.6.5. *Die Gleichung dritter Ordnung* (6.6.39), *die man aus der Gleichung* (6.6.38) *durch die Transformation der Variablen* (6.5.42) *mit* $\varphi_y = 0$ *und*

$$t = \varphi(x), \quad u = \psi(x, y) \tag{6.6.40}$$

erhalten kann, gehört zu der Familie der Gleichungen der Form

$$y''' + (A_1y' + A_0)y'' + B_3y'^3 + B_2y'^2 + B_1y' + B_0 = 0, \tag{6.6.41}$$

wobei $A_0 = A_0(x, y), \ldots, B_3 = B_3(x, y)$.

Die Gleichungen dritter Ordnung (6.6.39), *die man durch die Substitution*

$$t = \varphi(x, y), \quad u = \psi(x, y) \quad \text{mit } \varphi_y \neq 0 \tag{6.6.42}$$

aus der Gleichung (6.6.39) *erhält, gehören zu der Familie der Gleichungen mit der Form*

$$y''' + \frac{1}{y' + r}\big[-3(y'')^2 + (C_2y'^2 + C_1y' + C_0)y''$$
$$+ D_5y'^5 + D_4y'^4 + D_3y'^3 + D_2y'^2 + D_1y' + D_0\big] = 0, \tag{6.6.43}$$

wobei $C_0 = C_0(x, y), \ldots, D_5 = D_5(x, y)$ *und* $r = r(x, y)$ *ist.*

Die Gleichungen (6.6.41) und (6.6.43) mit den beliebigen Koeffizienten $A_0, \ldots, B_3$ und $C_0, \ldots, D_5$ sind Kandidaten für eine Linearisierung.

Satz 6.6.4. *Gleichung (6.6.41) ist genau dann linearisierbar, wenn die Koeffizienten den folgenden fünf Gleichungen genügen:*

$$A_{0y} - A_{1x} = 0, \quad (3B_1 - A_0^2 - 3A_{0x})_y = 0, \tag{6.6.44}$$

$$3B_2 = 3A_{1x} + A_0A_1, \quad 9B_3 = 3A_{1y} + A_1^2, \tag{6.6.45}$$

$$27B_{0yy} = (9B_1 - 6A_{0x} - 2A_0^2)A_{1x} + 9(B_{1x} - A_1B_0)_y + 3A_0B_{1y}. \tag{6.6.46}$$

Unter der Voraussetzung, dass die Bedingungen (6.6.44)–(6.6.46) erfüllt sind, lässt sich die Transformation (6.6.40) durch eine gewöhnliche Differentialgleichung dritter Ordnung für die Funktion $\varphi(x)$ gewinnen. Diese ist eine Riccati-Gleichung

$$6\frac{d\chi}{dx} - 3\chi^2 = 3B_1 - A_0^2 - 3A_{0x} \tag{6.6.47}$$

mit

$$\chi = \frac{\varphi_{xx}}{\varphi_x}. \tag{6.6.48}$$

Für $\psi(x, y)$ ist folgendes integrable System partieller Differentialgleichungen zu lösen:

$$3\psi_{yy} = A_1\psi_y, \quad 3\psi_{xy} = (3\chi + A_0)\psi_y, \tag{6.6.49}$$

$$\psi_{xxx} = 3\chi\psi_{xx} + B_0\psi_y - \frac{1}{6}(3A_{0x} + A_0^2 - 3B_1 + 9\chi^2)\psi_x - \Omega. \tag{6.6.50}$$

Hierbei ist χ durch (6.6.48) gegeben und Ω besitzt das Aussehen:

$$\Omega = \frac{1}{6}\left(A_{0xx} + 2A_0A_{0x} + 6B_{0y} - 3B_{1x} + \frac{4}{9}A_0^3 - 2A_0B_1 + 2A_1B_0\right). \tag{6.6.51}$$

Der Koeffizient α der resultierenden linearen Gleichung (6.6.38) ist gegeben durch

$$\alpha = \Omega\varphi_x^{-3}. \tag{6.6.52}$$

Beispiel 6.6.7. Die Gleichung

$$y''' - \left(\frac{6}{y}y' + \frac{3}{x}\right)y'' + 6\left(\frac{y'^3}{y^2} + \frac{y'^2}{xy} + \frac{y'}{x^2} + \frac{y}{x^3}\right) = 0 \tag{6.6.53}$$

ist eine Gleichung der Form (6.6.41) mit den Koeffizienten

$$A_1 = -\frac{6}{y}, \ A_0 = -\frac{3}{x}, \quad B_3 = \frac{6}{y^2}, \ B_2 = \frac{6}{xy}, \ B_1 = \frac{6}{x^2}, \ B_0 = \frac{6y}{x^3}. \tag{6.6.54}$$

Leicht lässt sich nachweisen, dass die Koeffizienten (6.6.54) den Bedingungen (6.6.44) bis (6.6.46) genügen. Es ist

$$3B_1 - A_0^2 - 3A_{0x} = 0. \tag{6.6.55}$$

Gleichung (6.6.47) kann dann durch

$$2\frac{d\chi}{dx} - \chi^2 = 0$$

formuliert werden. Man verwende nun die einfachste Lösung $\chi = 0$. Unter Berücksichtigung von (6.6.48) folgt $\varphi = x$. Damit lauten die Gleichungen aus (6.6.49)

$$\frac{\partial \ln|\psi_y|}{\partial y} = -\frac{2}{y}, \quad \frac{\partial \ln|\psi_y|}{\partial x} = -\frac{1}{x},$$

woraus folgt:

$$\psi_y = \frac{K}{xy^2}, \quad K = \text{const}$$

bzw. nach einer Integration

$$\psi = -\frac{K}{xy} + f(x).$$

Da jede partikuläre Lösung verwendbar ist, setze man $K = -1$ und $f(x) = 0$. Es ergibt sich

$$\psi = \frac{1}{xy}.$$

Berücksichtigt man (6.6.55) und beachtet (6.6.51), so ist $\Omega = 0$. Es lässt sich leicht nachweisen, dass die Funktion $\psi = 1/(xy)$ die Gleichung (6.6.50) ebenfalls löst. Da $\Omega = 0$ ist, liefert (6.6.52) $\alpha = 0$. Die Transformation besitzt dann das Aussehen

$$t = x, \quad u = \frac{1}{xy}. \tag{6.6.56}$$

Sie bildet die Gleichung (6.6.53) auf die lineare Gleichung

$$u''' = 0$$

ab.

Beispiel 6.6.8. Man betrachte die Gleichung der Form (6.6.41):

$$y''' + \frac{3}{y}y'y'' - 3y'' - \frac{3}{y}y'^2 + 2y' - y = 0. \tag{6.6.57}$$

Die Koeffizienten lauten

$$A_1 = \frac{3}{y}, \ A_0 = -3, \quad B_3 = 0, \ B_2 = -\frac{3}{y}, \ B_1 = 2, \ B_0 = -y$$

und gehorchen den Bedingungen zur Linearisierung (6.6.44)–(6.6.46). Außerdem ist

$$3B_1 - A_0^2 - 3A_{0x} = -3$$

und Gleichung (6.6.47) lautet

$$6\frac{d\chi}{dx} - 3\chi^2 = -3.$$

Man wähle die offensichtliche Lösung $\chi = 1$ und erhält aus (6.6.48) die Gleichung $\varphi'' = \varphi'$ mit

$$\varphi = e^x.$$

Damit sind die Ausdrücke (6.6.49) von der Form

$$\frac{\partial \ln|\psi_y|}{\partial y} = \frac{1}{y}, \quad \psi_{xy} = 0$$

ebenfalls lösbar. Man wähle die einfachste Lösung $\psi = y^2$ und erhält die folgende Transformation (6.6.40):

$$t = e^x, \quad u = y^2. \tag{6.6.58}$$

Setzt man $\Omega = -2$ und $\varphi_x = e^x = t$ in (6.6.52), so folgt $\alpha(t) = -2t^{-3}$.

Somit wird Gleichung (6.6.57) durch die Transformation (6.6.58) auf die lineare Gleichung

$$u''' - \frac{2}{t^3} u = 0. \tag{6.6.59}$$

abgebildet.

Satz 6.6.5. *Die Gleichung* (6.6.43),

$$y''' + \frac{1}{y' + r}\big[- 3(y'')^2 + (C_2 y'^2 + C_1 y' + C_0) y''$$

$$+ D_5 y'^5 + D_4 y'^4 + D_3 y'^3 + D_2 y'^2 + D_1 y' + D_0 \big] = 0,$$

ist genau dann linearisierbar, wenn die Koeffizienten den folgenden Gleichungen genügen:

$$C_0 = 6r \frac{\partial r}{\partial y} - 6 \frac{\partial r}{\partial x} + rC_1 - r^2 C_2, \tag{6.6.60}$$

$$6 \frac{\partial^2 r}{\partial y^2} = \frac{\partial C_2}{\partial x} - \frac{\partial C_1}{\partial y} + r \frac{\partial C_2}{\partial y} + C_2 \frac{\partial r}{\partial y}, \tag{6.6.61}$$

$$18 D_0 = 3r^2 \left[r \frac{\partial C_1}{\partial y} - 2 \frac{\partial C_1}{\partial x} - r \frac{\partial C_2}{\partial x} + 3r^2 \frac{\partial C_2}{\partial y} - 12 \frac{\partial^2 r}{\partial x \partial y} \right] - 54 \left(\frac{\partial r}{\partial x} \right)^2$$

$$+ 6r \left[3 \frac{\partial^2 r}{\partial x^2} + 15 \frac{\partial r}{\partial x} \frac{\partial r}{\partial y} - 6r \left(\frac{\partial r}{\partial y} \right)^2 + (3C_1 - rC_2) \frac{\partial r}{\partial x} \right]$$

$$+ r^2 \left[9(rC_2 - 2C_1) \frac{\partial r}{\partial y} - 2C_1^2 + 2rC_1 C_2 + 4r^2 C_2^2 + 18r^2 D_4 - 72r^3 D_5 \right], \tag{6.6.62}$$

$$18 D_1 = 9r^2 \frac{\partial C_1}{\partial y} - 12r \frac{\partial C_1}{\partial x} - 27r^2 \frac{\partial C_2}{\partial x} + 33r^3 \frac{\partial C_2}{\partial y} - 36r \frac{\partial^2 r}{\partial x \partial y} + 18 \frac{\partial^2 r}{\partial x^2}$$

$$+ 6(3C_1 + 4rC_2) \frac{\partial r}{\partial x} - 3r(6C_1 + 7rC_2) \frac{\partial r}{\partial y} + 18r \left(\frac{\partial r}{\partial y} \right)^2 - 18 \frac{\partial r}{\partial x} \frac{\partial r}{\partial y}$$

$$- 4rC_1^2 - 2r^2 C_1 C_2 + 20r^3 C_2^2 + 72r^3 D_4 - 270r^4 D_5, \tag{6.6.63}$$

$$9 D_2 = 3r \frac{\partial C_1}{\partial y} - 3 \frac{\partial C_1}{\partial x} - 21r \frac{\partial C_2}{\partial x} + 21r^2 \frac{\partial C_2}{\partial y} + 15 C_2 \frac{\partial r}{\partial x}$$

$$- 15rC_2 \frac{\partial r}{\partial y} - C_1^2 - 5rC_1 C_2 + 14r^2 C_2^2 + 54r^2 D_4 - 180r^3 D_5, \tag{6.6.64}$$

$$3D_3 = 3r\frac{\partial C_2}{\partial y} - 3\frac{\partial C_2}{\partial x} - C_1 C_2 + 2rC_2^2 + 12rD_4 - 30r^2 D_5, \tag{6.6.65}$$

$$54\frac{\partial D_4}{\partial x} = 18\frac{\partial^2 C_1}{\partial y^2} + 3C_2\frac{\partial C_1}{\partial y} - 72\frac{\partial^2 C_2}{\partial x\partial y} - 39C_2\frac{\partial C_2}{\partial x}$$

$$+ 18r\frac{\partial^2 C_2}{\partial y^2} - 3rC_2\frac{\partial C_2}{\partial y} + \left(72\frac{\partial C_2}{\partial y} + 33C_2^2\right)\frac{\partial r}{\partial y} + 108D_4\frac{\partial r}{\partial y}$$

$$+ 270D_5\frac{\partial r}{\partial x} + 378r\frac{\partial D_5}{\partial x} - 108r^2\frac{\partial D_5}{\partial y} - 540rD_5\frac{\partial r}{\partial y}$$

$$+ 36rC_1 D_5 - 8rC_2^3 - 36rC_2 D_4 + 108r^2 C_2 D_5 + 54rH, \tag{6.6.66}$$

mit

$$\frac{\partial H}{\partial x} = 3H\frac{\partial r}{\partial y} + r\frac{\partial H}{\partial y}, \tag{6.6.67}$$

wobei

$$H = \frac{\partial D_4}{\partial y} - 2\frac{\partial D_5}{\partial x} - 3r\frac{\partial D_5}{\partial y} - 5D_5\frac{\partial r}{\partial y} - 2rC_2 D_5$$

$$+ \frac{1}{3}\left[\frac{\partial^2 C_2}{\partial y^2} + 2C_2\frac{\partial C_2}{\partial y} - 2C_1 D_5 + 2C_2 D_4\right] + \frac{4}{27}C_2^3. \tag{6.6.68}$$

Sind die Bedingungen (6.6.60)–(6.6.67) erfüllt, dann bildet die Transformation (6.6.42)

$$t = \varphi(x, y), \quad u = \psi(x, y), \quad \varphi_y \neq 0,$$

die Gleichung (6.6.43) auf die lineare Gleichung (6.6.38) ab. Diese Transformation erhält man durch Lösen des folgenden kompatiblen Gleichungssystems für die Funktionen $\varphi(x, y)$ und $\psi(x, y)$:

$$\frac{\partial \varphi}{\partial x} = r\frac{\partial \varphi}{\partial y}, \quad \frac{\partial \psi}{\partial x} = -\frac{\partial \varphi}{\partial y}W + r\frac{\partial \psi}{\partial y}, \tag{6.6.69}$$

$$6\frac{\partial \varphi}{\partial y}\frac{\partial^3 \varphi}{\partial y^3} = 9\left(\frac{\partial^2 \varphi}{\partial y^2}\right)^2 + \left[15rD_5 - 3D_4 - C_2^2 - 3\frac{\partial C_2}{\partial y}\right]\left(\frac{\partial \varphi}{\partial y}\right)^2, \tag{6.6.70}$$

$$\frac{\partial^3 \psi}{\partial y^3} = WD_5\frac{\partial \varphi}{\partial y} + \frac{1}{6}\left[15rD_5 - C_2^2 - 3D_4 - 3\frac{\partial C_2}{\partial y}\right]\frac{\partial \psi}{\partial y}$$

$$- \frac{1}{2}H\psi + 3\frac{\partial^2 \varphi}{\partial y^2}\frac{\partial^2 \psi}{\partial y^2}\left(\frac{\partial \varphi}{\partial y}\right)^{-1} - \frac{3}{2}\left(\frac{\partial^2 \varphi}{\partial y^2}\right)^2\frac{\partial \psi}{\partial y}\left(\frac{\partial \varphi}{\partial y}\right)^{-2}. \tag{6.6.71}$$

Die Funktion W ist definiert durch

$$3\frac{\partial W}{\partial x} = \left[C_1 - rC_2 + 6\frac{\partial r}{\partial y}\right]W, \quad 3\frac{\partial W}{\partial y} = C_2 W. \tag{6.6.72}$$

Der Koeffizient α der resultierenden linearen Gleichung (6.6.38) hat somit das Aussehen (vgl. (6.6.52))

$$\alpha = \frac{H}{2(\varphi_y)^3},\tag{6.6.73}$$

wobei H eine nach (6.6.68) definierte Funktion ist.

Beispiel 6.6.9. Man betrachte die nichtlineare Gleichung

$$y''' + \frac{1}{y'}[-3y''^2 - xy'^5] = 0.\tag{6.6.74}$$

Sie ist von der Form (6.6.43) mit den Koeffizienten

$$r = 0, \quad C_0 = C_1 = C_2 = 0,$$
$$D_0 = D_1 = D_2 = D_3 = D_4 = 0, \quad D_5 = -x.\tag{6.6.75}$$

Um zu untersuchen, ob diese Gleichung (6.6.74) linearisierbar ist, wende man Satz 6.6.5 an. Es ergibt sich, dass die Koeffizienten (6.6.75) die Gleichungen (6.6.60)–(6.6.66) erfüllen. Aus (6.6.67) folgt mit (6.6.68)

$$H = 2.\tag{6.6.76}$$

Damit ist (6.6.74) linearisierbar. Es folgt mit (6.6.72)

$$\frac{\partial W}{\partial x} = 0, \quad \frac{\partial W}{\partial y} = 0,$$

was auf $W = $ const führt. Die Ausdrücke (6.6.69) sind somit von der Form

$$\frac{\partial \varphi}{\partial x} = 0, \quad \frac{\partial \psi}{\partial x} = -W\frac{\partial \varphi}{\partial y},$$

woraus sich

$$\varphi = \varphi(y), \quad \psi = -Wx\varphi'(y) + \omega(y)\tag{6.6.77}$$

ergibt. Damit gehen die Gleichungen dritter Ordnung (6.6.70) und (6.6.71) über in die gewöhnliche Differentialgleichung

$$\varphi''' = \frac{3}{2}\frac{\varphi''^2}{\varphi'}\tag{6.6.78}$$

für $\varphi(y)$ und in die partielle Differentialgleichung

$$\frac{\partial^3 \psi}{\partial y^3} = 3\frac{\varphi''}{\varphi'}\frac{\partial^2 \psi}{\partial y^2} - \frac{3}{2}\frac{\varphi''^2}{\varphi'^2}\frac{\partial \psi}{\partial y} - \psi - Wx\varphi'\tag{6.6.79}$$

in $\psi(x, y)$. Benutzt man nun den Ausdruck aus (6.6.77) in ψ und wendet (6.6.78) für φ an, so lässt sich (6.6.79) auf

$$3\frac{\varphi''}{\varphi'}\omega'' - \frac{3}{2}\frac{\varphi''^2}{\varphi'^2}\omega' - \omega - \omega''' = 0$$

reduzieren. Die Gleichung (6.6.79) wird durch $\omega(y) = 0$ gelöst. Die Konstruktion der Transformation, die die Ausgangsgleichung linearisiert, führt auf die Integration der Gleichung (6.6.78), die in der Literatur auch als Schwarzsche Differentialgleichung bekannt ist. Ihre allgemeine Lösung ist durch die geraden Linien

$$\varphi = ky + l, \quad k, l = \text{const} \tag{6.6.80}$$

und durch die Hyperbeln

$$\varphi = a + \frac{1}{b - cy}, \quad a, b, c = \text{const} \tag{6.6.81}$$

gegeben.

Man nehme nun die einfachste Lösung $\varphi = y$ aus (6.6.80). Dann liefert (6.6.73) $\alpha = 1$. Man setzt in (6.6.77) $W = -1$, $\omega = 0$ und gelangt zu der Transformation

$$t = y, \quad u = x, \tag{6.6.82}$$

die die Gleichung (6.6.74) auf die lineare Gleichung

$$u''' + u = 0 \tag{6.6.83}$$

reduziert.

6.7 Nichtlineare Superposition

6.7.1 Einführung

Sophus Lie besaß eine außerordentliche geometrische Vorstellungskraft, die es ihm erlaubte, analytische Berechnungen zu vereinfachen und ihn zu neuen theoretischen Konzepten führte. Die Lieschen Verallgemeinerungen linearer Gleichungen und die zugehörige Theorie der nichtlinearen Superposition, die in diesem Abschnitt dargestellt wird, bilden ein gutes Beispiel.

Man erinnere sich, dass die Lösung einer homogenen linearen partiellen Differentialgleichung und die Integration ihres charakteristischen Systems (= ein System gewöhnlicher Differentialgleichungen) äquivalente Probleme sind. Außerdem lässt sich jedes System gewöhnlicher Differentialgleichungen in n abhängigen Veränderlichen x^i

$$\frac{\mathrm{d}x^i}{\mathrm{d}t} = f^i(t, x), \quad i = 1, \ldots, n \tag{6.7.1}$$

als charakteristisches System einer partiellen Differentialgleichung mit $n + 1$ unabhängigen Variablen t und $x = (x^1, \ldots, x^n)$ auffassen:

$$\frac{\partial u}{\partial t} + f^1(t, x)\frac{\partial u}{\partial x^1} + \cdots + f^n(t, x)\frac{\partial u}{\partial x^n} = 0. \tag{6.7.2}$$

Lie bermerkte, dass die klassische Theorie der linearen gewöhnlichen Differentialgleichungen

$$\frac{dx^i}{dt} = a_{i1}(t)x^1 + \cdots + a_{in}(t)x^n, \quad i = 1, \ldots, n \tag{6.7.3}$$

genau so wie die zugehörigen partiellen Differentialgleichungen (6.7.2)

$$\frac{\partial u}{\partial t} + \sum_{i,k=1}^{n} a_{ki}(t)x^i \frac{\partial u}{\partial x^k} = 0 \tag{6.7.4}$$

eine lineare homogene Gruppe erzeugen. Ursache hierfür ist die Tatsache, dass die n^2 Operatoren $X_{ik} = x^i \partial/\partial x^k$ eine endliche kontinuierliche Gruppe mit n Variablen x^i erzeugen. Diese Beobachtungen veranlassten ihn zu der Annahme, dass die Haupteigenschaften linearer Gleichungen (6.7.3) auf eine große Vielzahl von nichtlinearen Gleichungen übertragen werden können, die die Form verallgemeinerter getrennter Veränderlicher besitzen:

$$\frac{dx^i}{dt} = T_1(t)\xi_1^i(x) + \cdots + T_r(t)\xi_r^i(x), \quad i = 1, \ldots, n. \tag{6.7.5}$$

Dies führt dazu, dass die Operatoren

$$X_\alpha = \xi_\alpha^i(x)\frac{\partial}{\partial x^i}, \quad \alpha = 1, \ldots, r, \tag{6.7.6}$$

eine endlich-dimensionale Lie-Algebra aufspannen. Die Koeffizienten $T_\alpha(t)$ sind beliebige Funktionen der Variablen t. Die Systeme (6.7.5) werden zusammen mit der äquivalenten partiellen Differentialgleichung

$$A[u] \equiv \frac{\partial u}{\partial t} + [T_1(t)X_1 + \cdots + T_r(t)X_r]u = 0 \tag{6.7.7}$$

betrachtet. Sophus Lie schrieb 1893 das Folgende (vgl. [15] und die darin angegebenen Literaturstellen):

Ich habe bereits eine allgemeine Integrationstheorie für die Gleichung $A[u] = 0$ behandelt. Diese basiert, wie ich bereits in „Allgemeine Untersuchungen über Differentialgleichungen, die eine endliche kontinuierliche Gruppe zulassen" (Math. Annalen, 25(1), 1885, S. 128) erklärt habe, auf der Tatsache, dass es möglich ist, das allgemeine Integral von System (6.7.5) zu finden, wenn eine gewisse endliche Zahl ihrer partikulären Lösungen

$$x_1 = (x_1^1, \ldots, x_1^n), \ldots, x_m = (x_m^1, \ldots, x_m^n) \tag{6.7.8}$$

bekannt ist. Ich füge hinzu, dass die Ausdrücke für die allgemeine Lösung $x = (x^1, \ldots, x^n)$ als Funktionen der Größen (6.7.8) durch das Lösen gewisser Gleichungen

$$J_i(x^1, \ldots, x^n; x_1^1, \ldots, x_1^n; \ldots; x_m^1, \ldots, x_m^n) = C_i$$

nach $x^1, \ldots, x^n$ gefunden werden können. Hierbei bezeichne ich J_i als Invariante von $m + 1$ Punkten $x^i, x_1^i, \ldots, x_m^i$ in Bezug auf die Gruppe, die durch $X_1, \ldots, X_r$ erzeugt wird.

E. Vessiot, dessen jüngste Arbeit einen wichtigen Fortschritt auf dem Gebiete der Theorie der linearen Differentialgleichungen lieferte, hatte die glückliche Idee, nach allen gewöhnlichen Differentialgleichungen zu suchen, die ein Fundamentalsystem von Integralen besitzen. Alf Guldberg war ebenso mit dieser Fragestellung beschäftigt. Es ist ein sehr interessantes Problem, zusammen mit Vessiot und Guldberg alle Systeme (6.7.1) zu bestimmen, deren allgemeine Lösung $x = (x^1, \ldots, x^n)$ sich nur mit Hilfe von m Teillösungen ausdrücken lassen und umgekehrt:

$$x^i = \varphi^i(x_1^1, \ldots, x_1^n; \ldots, x_m^1, \ldots, x_m^n; C_1, \ldots, C_n), \quad i = 1, \ldots, n. \tag{6.7.9}$$

Da diese Autoren meine Systeme (6.7.5) finden konnten, die eigentlich die geforderte Eigenschaft besaßen, scheint es mir, dass ihre Untersuchungen eine Lücke aufweisen. Daraus nehme ich an, dass diese Autoren implizit eine entscheidende Einschränkung eingeführt haben, so dass die allgemeinsten Gleichungen (6.7.9) aus dem gegebenen System dieser Gleichungen herleitbar sind durch bloßen Wechsel der beliebigen Konstanten.

Wenn ich richtig liege, so habe ich das Glück, der Erste zu sein, der streng und einfach beweisen konnte, dass meine Systeme (6.7.5) die einzigen sind, die die geforderte Eigenschaft besitzen.

6.7.2 Hauptsatz der nichtlinearen Superposition

Die obige Diskussion führt auf die folgende Definition:

Definition 6.7.1. Ein System gewöhnlicher Differentialgleichungen (6.7.1)

$$\frac{\mathrm{d}x^i}{\mathrm{d}t} = f^i(t, x), \quad i = 1, \ldots, n$$

besitzt ein Fundamentalsystem von Lösungen, wenn seine allgemeine Lösung in der Form (6.7.9) mit einer endlichen Zahl von m Teillösungen und n beliebigen Konstanten $C_1, \ldots, C_n$ dargestellt werden kann. Der Ausdruck (6.7.9) der allgemeinen Lösung heißt nichtlineare Superposition und die Teillösungen (6.7.8) nennt man ein Fundamentalsystem von Lösungen der Gleichung (6.7.1).

Das folgende Ergebnis, das auf Betrachtungen von Sophus Lie aus dem Jahr 1893 zurückgeht, kennzeichnet solche Gleichungen (6.7.1), die ein Fundamentalsystem von Lösungen besitzen.

Satz 6.7.1. *Die Gleichung* (6.7.1) *besitzt ein Fundamentalsystem von Lösungen genau dann, wenn sie die Form* (6.7.5) *hat, d. h.*

$$\frac{\mathrm{d}x^i}{\mathrm{d}t} = T_1(t)\xi_1^i(x) + \cdots + T_r(t)\xi_r^i(x), \quad i = 1, \ldots, n.$$

Die Koeffizienten $\xi_\alpha^i(x)$ *genügen der Bedingung, dass die Operatoren*

$$X_\alpha = \xi_\alpha^i(x)\frac{\partial}{\partial x^i}, \quad \alpha = 1, \ldots, r$$

eine Lie-Algebra L_r *endlicher Dimension* r *aufspannen. Die Zahl* m *notwendiger Teillösungen* (6.7.8) *lässt sich mit Hilfe von*

$$nm \geq r \tag{6.7.10}$$

abschätzen. Damit ist die Superpositionsgleichung (6.7.9)

$$x^i = \varphi^i(x_1^1, \ldots, x_1^n; \ldots, x_m^1, \ldots, x_m^n; C_1, \ldots, C_n), \quad i = 1, \ldots, n$$

durch n implizite Gleichungen

$$J_i(x^1, \ldots, x^n; x_1^1, \ldots, x_1^n; \ldots, x_m^1, \ldots, x_m^n) = C_i, \quad i = 1, \ldots, n \qquad (6.7.11)$$

definiert, wobei J_i in Bezug auf x funktional unabhängige Invarianten der $(m + 1)$-Punkte-Darstellung $V_\alpha = X_\alpha + X_\alpha^{(1)} + \cdots + X_\alpha^{(m)}$ von Operatoren (6.7.6) sind. Mit anderen Worten lösen die $J_i(x_1, \ldots, x_m)$ die Gleichung

$$\xi_\alpha^i(x) \frac{\partial J}{\partial x^i} + \xi_\alpha^i(x_1) \frac{\partial J}{\partial x_1^i} + \cdots + \xi_\alpha^i(x_m) \frac{\partial J}{\partial x_m^i} = 0, \quad \alpha = 1, \ldots, r \qquad (6.7.12)$$

und genügen der Bedingung $\det \|\partial J_i / \partial x^k\| \neq 0$.

Beweis. (vgl. englische Ausgabe von [15] und den darin enthaltenen Referenzen): Man betrachte Gleichung (6.7.1)

$$\frac{dx^i}{dt} = f^i(t, x), \quad i = 1, \ldots, n.$$ (6.7.1)

Diese Gleichung besitze ein Fundamentalsystem. Die Superpositionsgleichung (6.7.9) kann in der Form

$$J_i(x^1, \ldots, x^n; x_1^1, \ldots, x_1^n; \ldots, x_m^1, \ldots, x_m^n) = C_i, \quad i = 1, \ldots, n$$

geschrieben werden, nachdem sie nach C_i aufgelöst worden ist. Differenziert man diese Identität nach t, so erhält man die Gleichung

$$\frac{\partial J_i}{\partial x^k} \frac{dx^k}{dt} + \frac{\partial J_i}{\partial x_1^k} \frac{dx_1^k}{dt} + \cdots + \frac{\partial J_i}{\partial x_m^k} \frac{dx_m^k}{dt} = 0, \quad i = 1, \ldots, n.$$

Unter Berücksichtigung von Gleichung (6.7.1) folgt

$$f^k(t, x) \frac{\partial J_i}{\partial x^k} + f^k(t, x_1) \frac{\partial J_i}{\partial x_1^k} + \cdots + f^k(t, x_m) \frac{\partial J_i}{\partial x_m^k} = 0. \qquad (6.7.13)$$

Man beachte, dass Gleichung (6.7.13) für jedes System von $m + 1$ Lösungen gilt:

$$x = (x^1, \ldots, x^n), \quad x_1 = (x_1^1, \ldots, x_1^n), \quad \ldots, \quad x_m = (x_m^1, \ldots, x_m^n). \qquad (6.7.14)$$

Außerdem berücksichtige man, dass die Anfangswerte der letzteren Ausdrücke beliebig sind. Zusammenfassend folgt, dass (6.7.13) identisch erfüllt ist durch $nm + n + 1$ Variablen $x_1^i, \ldots, x_m^i, x^i$ und t.

Man führe nun den Operator

$$Y = f^k(t, x)\frac{\partial}{\partial x^k} \tag{6.7.15}$$

ein und kennzeichne mit $Y^{(1)}, \ldots, Y^{(m)}$ diejenigen, bei denen in Y das x durch $x_1, \ldots, x_m$ ersetzt worden ist. Dann lässt sich Gleichung (6.7.13) schreiben als

$$Y(J_i) + Y^{(1)}(J_i) + \cdots + Y^{(m)}(J_i) = 0, \quad i = 1, \ldots, n.$$

Mit anderen Worten muss die partielle Differentialgleichung erster Ordnung

$$U(J) \equiv [Y + Y^{(1)} + \cdots + Y^{(m)}](J) = 0 \tag{6.7.16}$$

n unabhängige Lösungen $J_1, \ldots, J_n$ der Form (6.7.11) besitzen, die t nicht enthalten. Hierbei ist

$$U \equiv Y + Y^{(1)} + \cdots + Y^{(m)} = f^k(t, x)\frac{\partial}{\partial x^k} + f^k(t, x_1)\frac{\partial}{\partial x_1^k} + \cdots + f^k(t, x_m)\frac{\partial}{\partial x_m^k}$$

ein Differentialoperator in $nm + n$ Variablen x^i, x_μ^i ($\mu = 1, \ldots, m$), die durch (6.7.14) gegeben sind. Die Variable t, die in den Koeffizienten von U auftritt, fungiert als Parameter.

Für das Folgende gehe man davon aus, dass sich die Variable t um einen festen Wert t_σ in eine Reihe entwickeln lässt. Unter Berücksichtigung dieses Sachverhaltes folgt aus (6.7.16) eine bestimmte Anzahl linearer partieller Differentialgleichungen, in denen der Parameter t nicht auftritt. Die so entstandenen Gleichungen besitzen $J_1, \ldots, J_n$ als gemeinsame Lösungen, da sie nicht explizit vom Parameter t abhängen. Damit lösen sie Gleichung (6.7.16) für jedes t, so auch z. B. für $t = t_\sigma$. Nach der klassischen Theorie für Systeme linearer partieller Differentialgleichungen erster Ordnung kann die Reihe von betrachteten Gleichungen ersetzt werden durch eine endliche Anzahl s von unabhängigen Gleichungen

$$U_\sigma(J) \equiv [Y_\sigma + Y_\sigma^{(1)} + \cdots + Y_\sigma^{(m)}](J) = 0, \quad \sigma = 1, \ldots, s, \tag{6.7.17}$$

wobei Y_σ und $Y_\sigma^{(\mu)}$ aus Y und $Y^{(\mu)}$ durch Setzen von $t = t_\sigma$ entstehen. Dieses System (6.7.17) besitzt höchstens $nm + n - s$ funktional unabhängige Lösungen. Auf der anderen Seite existieren bereits n Lösungen $J_1, \ldots, J_n$. Damit ist $nm + n - s \geq n$. Also kann die Anzahl der Gleichungen (6.7.17) abgeschätzt werden durch $s \leq nm$. Man beachte, dass die Operatoren U_σ vollständig von der Variablen t unabhängig sind und dass die allgemeine Gleichung (6.7.16) eine Konsequenz von (6.7.17) sein muss.

Außerdem kann (6.7.17) durch ein vollständiges System ersetzt werden, indem zu den Operatoren U_σ noch alle unabhängigen Kommutatoren $[U_\sigma, U_\tau]$ hinzugenommen werden. Da die Operatoren $Y, Y^{(1)}, \ldots, Y^{(m)}$ in eindeutig unterschiedlichen Variablentypen x formuliert sind, ist

$$[U_\sigma, U_\tau] = [Y_\sigma, Y_\tau] + [Y_\sigma^{(1)}, Y_\tau^{(1)}] + \cdots + [Y_\sigma^{(m)}, Y_\tau^{(m)}]. \tag{6.7.18}$$

Dieses vollständige System besteht nun aus r unabhängigen Gleichungen

$$V_\alpha(J) \equiv [X_\alpha + X_\alpha^{(1)} + \cdots + X_\alpha^{(m)}](J) = 0, \quad \alpha = 1, \ldots, r. \tag{6.7.19}$$

Hierbei sind X_α und $X_\alpha^{(\mu)}$ Operatoren vom Typ Y_σ und $Y_\sigma^{(\mu)}$. Demzufolge genügt V_α einer ähnlichen Kommutatorbeziehung wie (6.7.18):

$$[V_\alpha, V_\beta] = [X_\alpha, X_\beta] + [X_\beta^{(1)}, X_\beta^{(1)}] + \cdots + [X_\alpha^{(m)}, X_\beta^{(m)}].$$

Man berücksichtige nun, dass (6.7.19) wenigstens n Lösungen $J_1, \ldots, J_n$ besitzt. Damit ist, wie oben angegeben, $r \le nm$. Da das System (6.7.19) vollständig ist, folgen die Relationen $[V_\alpha, V_\beta] = h_{\alpha\beta}^\gamma V_\gamma$ unter Berücksichtigung der Summation über $\gamma = 1, \ldots, r$:

$$[X_\alpha, X_\beta] + [X_\alpha^{(1)}, X_\beta^{(1)}] + \cdots + [X_\alpha^{(m)}, X_\beta^{(m)}] = h_{\alpha\beta}^\gamma (X_\gamma + X_\gamma^{(1)} + \cdots + X_\gamma^{(m)}).$$

Hieraus ergibt sich durch Trennung der Variablen

$$[X_\alpha, X_\beta] = \sum_{\gamma=1}^r h_{\alpha\beta}^\gamma X_\gamma; \quad [X_\alpha^{(\mu)}, X_\beta^{(\mu)}] = h_{\alpha\beta}^\gamma X_\gamma^{(\mu)}, \quad \mu = 1, \ldots, m.$$

Zu Beginn mögen die Koeffizienten $h_{\alpha\beta}^\gamma$ von allen $nm + n$ Variablen (6.7.14) abhängen. Allerdings können in den $m + 1$ Endgleichungen die $h_{\alpha\beta}^\gamma$ nur eine Art der n Variablen einbeziehen. Dies ist dann möglich, wenn $h_{\alpha\beta}^\gamma$ von allen $nm + n$ Variablen unabhängig sind , d. h. wenn sie Konstanten $c_{\alpha\beta}^\gamma$ sind. Damit befriedigen X_α die Gleichungen

$$[X_\alpha, X_\beta] = c_{\alpha\beta}^\gamma X_\gamma, \quad \alpha, \beta = 1, \ldots, r \tag{6.7.20}$$

und spannen eine Lie-Algebra L_r der Dimension $r \le nm$ auf.

Weil s Gleichungen (6.7.17) in den r Gleichungen (6.7.19) enthalten sind, sind die Operatoren (6.7.19) wie folgt linear miteinander verbunden:

$$U_\sigma = h_\sigma^\beta V_\beta, \quad \sigma = 1, \ldots, s.$$

Hierbei sind die Koeffizienten h_σ^β zu Beginn Funktionen von allen Variablen (6.7.14). Aber mit Hilfe von (6.7.17) und (6.7.19) für U_σ und V_α erhält man $m + 1$ getrennte Gleichungen:

$$Y_\sigma = h_\sigma^\beta X_\beta; \quad Y_\sigma^{(\mu)} = h_\sigma^\beta X_\beta^{(\mu)}, \quad \mu = 1, \ldots, m.$$

Es ergibt sich wie oben, dass h_σ^β nur eine Konstante C_σ^β sein kann. Folglich ist Y_σ eine Linearkombination der X_β mit konstanten Koeffizienten:

$$Y_\sigma = C_\sigma^\beta X_\beta, \quad \sigma = 1, \ldots, s \tag{6.7.21}$$

und gehört somit zu der Lie-Algebra, die durch $X_1, \ldots, X_r$ aufgespannt wird.

Da Gleichung (6.7.16) für beliebige Werte von t aus Gleichung (6.7.17) folgt, ist $U = \omega_1 U_1 + \cdots + \omega_s U_s$, bzw. in separierter Form

$$Y = \omega_1 Y_1 + \cdots + \omega_s Y_s; \quad Y^{(\mu)} = \omega_1 Y_1^{(\mu)} + \cdots + \omega_s Y_s^{(\mu)}, \quad \mu = 1, \ldots, m.$$

Die letzte Gleichung ergibt, dass alle ω_σ nicht nur von den Variablen (6.7.14), $x, x_1, \ldots, x_m$ unabhängig sind, sondern auch unter Umständen nur von t abhängen. Damit ist $Y = \omega_1(t)Y_1 + \cdots + \omega_s(t)Y_s$ bzw. unter Berücksichtigung von (6.7.21):

$$Y = T_1(t)X_1 + \cdots + T_r(t)X_r. \tag{6.7.22}$$

Hierbei ist X_α von der Form (6.7.6) und bildet mit (6.7.20) die Lie-Algebra L_r. Unter Anwendung der Definition (6.7.15) für Y folgt, dass, wenn die Gleichungen $dx^i/dt = f^i(t, x)$ ein Fundamentalsystem von Lösungen haben, sie die Lie-Form (6.7.5) besitzen:

$$\frac{dx^i}{dt} = T_1(t)\xi_1^i(x) + \cdots + T_r(t)\xi_r^i(x).$$

Man erhält ebenfalls die Abschätzung (6.7.10) mit $r \leq nm$.

Folglich besitzen alle Gleichungen der Form (6.7.5) die geforderte Eigenschaft. Allerdings kann man die Zahl m genügend groß wählen, so dass Gleichung (6.7.16) bzw. hier die Gleichung

$$\sum_{\alpha=1}^{r} T_\alpha(t)[X_\alpha + X_\alpha^{(1)} + \cdots + X_\alpha^{(m)}](J) = 0$$

mindestens n Lösungen $J_1, \ldots, J_n$ besitzt, die in Bezug auf $x^1, \ldots, x^n$ funktional unabhängig sind und t nicht beinhalten. Dann sind die Gleichungen

$$[X_\alpha + X_\alpha^{(1)} + \cdots + X_\alpha^{(m)}](J) = 0, \quad \alpha = 1, \ldots, r \tag{6.7.23}$$

mit einem geeignet gewählten m unabhängig. Desweiteren ist das System (6.7.23) mit r Gleichungen in $nm + n$ unabhängigen Variablen dank der Kommutatorbeziehungen (6.7.20) vollständig. Es besitzt $mn + n - r$ Lösungen. Wählt man m genügend groß, so findet man wenigstens n Lösungen

$$J_i(x^1, \ldots, x^n; x_1^1, \ldots, x_1^n; \ldots; x_m^1, \ldots, x_m^n), \quad i = 1, \ldots, n,$$

die in Bezug auf die Variablen $x^1, \ldots, x^n$ funktional unabhängig sind.

Nun lässt sich die Herleitung der Gleichung (6.7.13) umkehren und zeigen, dass J_i eine Konstante ist, wenn die $mn + n$ Variablen (6.7.14) die Gleichung (6.7.5) lösen. Dies vervollständigt den Beweis. □

Bemerkung 6.7.1. Der Satz 6.7.1 schließt nicht die Möglichkeit aus, dass das gegebene Gleichungssystem (6.7.5) einige wesentlich verschiedene Darstellungen (6.7.11) der allgemeinen Lösung sowie verschiedene Werte von m Teillösungen besitzt. Man vergleiche hierzu die Beispiele 6.7.6 und 6.7.7.

Bemerkung 6.7.2. Die Lie Algebra L_r, die durch die Operatoren (6.7.6) aufgespannt wird, heißt Vessiot–Guldberg-Lie-Algebra der Gleichung (6.7.5).

6.7.3 Beispiele zur nichtlinearen Superposition

Beispiel 6.7.1. Man betrachte eine einzelne homogene lineare Gleichung $dx/dt = A(t)x$. Hier ist $r = 1$ und $X = x\,d/dx$ (vgl. Gleichung (6.7.3) mit $n = 1$). Man verwende die Zwei-Punkte-Darstellung V und X (vgl. (6.7.19) mit $m = 1$)

$$V = x\frac{\partial}{\partial x} + x_1\frac{\partial}{\partial x_1}$$

mit der Invarianten $J(x, x_1) = x/x_1$. Gleichung (6.7.11) besitzt die Form $x/x_1 = C$. Damit ist $m = 1$ und (6.7.9) stellt eine lineare Superposition dar mit $x = Cx_1$. Die Gleichung (6.7.10) ist als Gleichung erfüllt.

Die Verallgemeinerung (6.7.5) dieses einfachen Beispiels ist eine Gleichung mit getrennten Variablen:

$$\frac{dx}{dt} = T(t)h(x).$$

Hierbei ist $r = 1$ und $X = h(x)\,d/dx$. Verwendet man die Zwei-Punkte-Darstellung

$$V = h(x)\frac{\partial}{\partial x} + h(x_1)\frac{\partial}{\partial x_1}$$

und integriert das charakteristische System $dx/h(x) = dx_1/h(x_1)$, so erhält man die Invarianten $J(x, x_1) = H(x) - H(x_1)$ mit $H(x) = \int(1/h(x))\,dx$. Gleichung (6.7.11) besitzt die Form $H(x) - H(x_1) = C$. Daher ist $m = 1$ und der Ausdruck (6.7.9) liefert eine nichtlineare Superposition $x = H^{-1}(H(x_1) + C)$.

Beispiel 6.7.2. Die inhomogene lineare Gleichung

$$\frac{dx}{dt} = A(t)x + B(t)$$

besitzt die Form (6.7.5) mit $T_1 = B(t)$ und $T_2 = A(t)$. Die Vessiot–Guldberg–Lie-Algebra (6.7.6) ist L_2, die durch die Operatoren

$$X_1 = \frac{d}{dx}, \quad X_2 = x\frac{d}{dx}$$

aufgespannt wird. Setzt man $n = 1$ und $r = 2$ in (6.7.10) mit $m \geq 2$, so folgt, dass der Ausdruck (6.7.9) für die allgemeine Lösung zwei partikuläre Lösungen erfordert. Tatsächlich ist diese Zahl hinreichend. Man verwende nun die Drei-Punkte-Darstellung (6.7.12) der Basisoperatoren X_1 und X_2:

$$V_1 = \frac{\partial}{\partial x} + \frac{\partial}{\partial x_1} + \frac{\partial}{\partial x_2}, \quad V_2 = x\frac{\partial}{\partial x} + x_1\frac{\partial}{\partial x_1} + x_2\frac{\partial}{\partial x_2}$$

und zeige, dass sie eine Invariante zulassen. Um diese zu bestimmen, löse man zuerst das charakteristische System für die Gleichung $V_1(J) = 0$. Dieses ist $dx = dx_1 = dx_2$. Die Integration führt auf zwei unabhängige Invarianten, nämlich $u = x - x_1$ und

$v = x_2 - x_1$. Damit ergibt sich die gemeinsame Invariante $J(x, x_1, x_2)$ für die zwei Operatoren V_1 und V_2 durch die Darstellung $J = J(u, v)$ und anschließendem Lösen von $\tilde{V}_2(J(u, v)) = 0$. Hierbei wird die Wirkung V_2 auf den Raum der Variablen u, v durch $\tilde{V}_2 = V_2(u)\partial/\partial u + V_2(v)\partial/\partial v$ eingeschränkt. Da $V_2(u) = x - x_1 \equiv u$ und $V_2(v) = x_2 - x_1 \equiv v$ ist, folgt

$$\tilde{V}_2 = u\frac{\partial}{\partial u} + v\frac{\partial}{\partial v}.$$

Dies führt auf die Invariante $J(u, v) = u/v$ bzw. in den Originalvariablen $J(x, x_1, x_2) = (x - x_1)/(x_2 - x_1)$. Damit ist $m = 2$ und (6.7.11) lässt sich schreiben als $(x - x_1)/(x_2 - x_1) = C$ bzw. $(x - x_1) = C(x_2 - x_1)$. Die Gleichung (6.7.9) stellt eine lineare Superposition $x = x_1 + C(x_2 - x_1) \equiv (1 - C)x_1 + Cx_2$ dar.

Beispiel 6.7.3. Ein Beispiel einer nichtlinearen Gleichung mit einem Fundamentalsystem von Lösungen ist die Riccati-Gleichung

$$\frac{dx}{dt} = P(t) + Q(t)x + R(t)x^2. \tag{6.7.24}$$

Es besitzt die Lie-Form mit $r = 3$ und die folgenden Operatoren (6.7.6):

$$X_1 = \frac{d}{dx}, \quad X_2 = x\frac{d}{dx}, \quad X_3 = x^2\frac{d}{dx}. \tag{6.7.25}$$

Diese bilden die Lie-Algebra L_3 der projektiven Gruppe. Die Abschätzung (6.7.10) mit $m \geq 3$ zeigt, dass der Ausdruck (6.7.9) wenigstens drei partikuläre Lösungen erfordert. Es soll nachgewiesen werden, dass diese Zahl ($m = 3$) hinreichend ist, um die allgemeine Lösung der Riccati-Gleichung zu bestimmen. Man wähle eine Vier-Punkte-Darstellung (6.7.12) für die Operatoren (6.7.25):

$$\begin{aligned} V_1 &= \frac{\partial}{\partial x} + \frac{\partial}{\partial x_1} + \frac{\partial}{\partial x_2} + \frac{\partial}{\partial x_3}, \\ V_2 &= x\frac{\partial}{\partial x} + x_1\frac{\partial}{\partial x_1} + x_2\frac{\partial}{\partial x_2} + x_3\frac{\partial}{\partial x_3}, \\ V_3 &= x^2\frac{\partial}{\partial x} + x_1^2\frac{\partial}{\partial x_1} + x_2^2\frac{\partial}{\partial x_2} + x_3^2\frac{\partial}{\partial x_3} \end{aligned} \tag{6.7.26}$$

und zeige, dass sie nur eine Invariante zulassen, die x beinhaltet. Um diese zu bestimmen, verfahre man wie in Beispiel 6.7.2. Das charakteristische System für $V_1(J) = 0$ liefert die drei Invarianten $u_1 = x_1 - x$, $u_2 = x_1 - x_2$ und $u_3 = x_3 - x_2$. Man schränke nun V_2 auf diese Invarianten ein und erhält

$$\tilde{V}_2 = u_1\frac{\partial}{\partial u_1} + u_2\frac{\partial}{\partial u_2} + u_3\frac{\partial}{\partial u_3}.$$

Dieser Operator besitzt die zwei Invarianten

$$v = \frac{u_2}{u_1} \equiv \frac{x_1 - x_2}{x_1 - x}, \quad w = \frac{u_3}{u_2} \equiv \frac{x_3 - x_2}{x_1 - x_2}.$$

Die gemeinsame Invariante soll nun von der Form $J(v, w)$ sein. Dazu wird die Wirkung von V_3 auf diese Variablen umgerechnet. Man findet

$$\tilde{V}_3 = (x_1 - x_2)\left[(1 - v)\frac{\partial}{\partial v} + (w - 1)w\frac{\partial}{\partial w}\right].$$

Die Gleichung $\tilde{V}_3(J(v, w)) = 0$ ist äquivalent zu

$$(1 - v)\frac{\partial J}{\partial v} + (w - 1)w\frac{\partial J}{\partial w} = 0.$$

Die charakteristischen Gleichungen hierfür lauten

$$\frac{dv}{1 - v} = \frac{dw}{w(w - 1)} \equiv \frac{dw}{w - 1} - \frac{dw}{w}$$

und liefern die Invariante $J = (v - 1)(w - 1)/w$. Setzt man diesen Ausdruck einer beliebigen Konstanten gleich und setzt die Terme für v und w ein, so folgt die nichtlineare Superposition (3.2.17)

$$\frac{(x - x_2)(x_3 - x_1)}{(x_1 - x)(x_2 - x_3)} = C.$$

Beispiel 6.7.4. Betrachtet wird das System bestehend aus zwei homogenen linearen Gleichungen

$$\frac{dx}{dt} = a_{11}(t)x + a_{12}(t)y, \quad \frac{dy}{dt} = a_{21}(t)x + a_{22}(t)y. \tag{6.7.27}$$

Es besitzt die Form (6.7.5) mit folgenden Koeffizienten:

$$T_1 = a_{11}(t), \quad T_2 = a_{12}(t), \quad T_3 = a_{21}(t), \quad T_4 = a_{22}(t),$$
$$\xi_1 = (x, 0), \quad \xi_2 = (y, 0), \quad \xi_3 = (0, x), \quad \xi_4 = (0, y).$$

Damit ist die Vessiot–Guldberg–Lie-Algebra von der Dimension 4 und wird aufgespannt durch

$$X_1 = x\frac{\partial}{\partial x}, \quad X_2 = y\frac{\partial}{\partial x}, \quad X_3 = x\frac{\partial}{\partial y}, \quad X_4 = y\frac{\partial}{\partial y}. \tag{6.7.28}$$

Die Abschätzung (6.7.10) liefert $2m \geq 4$ und zeigt, dass wenigstens zwei ($m = 2$) partikuläre Lösungen benötigt werden. Die Berechnungen verdeutlichen, dass die Drei-Punkte-Darstellung der Operatoren (6.7.28) zwei Invariante liefern, nämlich

$$J_1 = \frac{xy_2 - x_2y}{x_1y_2 - x_2y_1}, \quad J_2 = \frac{x_1y - xy_1}{x_1y_2 - x_2y_1}, \tag{6.7.29}$$

so dass die allgemeine Lösung in der Form (6.7.11) mit Hilfe der zwei partikulären Lösungen (x_1, y_1) und (x_2, y_2) ausdrückbar ist. Diese sind als linear unabhängig vorausgesetzt. Außerdem muss $x_1y_2 - x_2y_1 \neq 0$ sein. Die explizite Form (6.7.9) der allgemeinen Lösung erhält man durch Lösen der Gleichungen $J_1 = C_1, J_2 = C_2$ nach x und y. Dies liefert die lineare Superposition

$$x = C_1x_1 + C_2x_2, \quad y = C_1y_1 + C_2y_2.$$

Beispiel 6.7.5. Betrachtet man nun das System bestehend aus zwei inhomogenen linearen Gleichungen

$$\frac{dx}{dt} = a_{11}(t)x + a_{12}(t)y + b_1(t), \quad \frac{dy}{dt} = a_{21}(t)x + a_{22}(t)y + b_2(t), \tag{6.7.30}$$

so sind zu den Koeffizienten T_α und ξ_α aus dem vorherigen Beispiel die folgenden Ausdrücke hinzuzufügen:

$$T_5 = b_1(t), \ \xi_5 = (1,0), \quad T_6 = b_2(t), \ \xi_6 = (0,1).$$

Damit erweitert sich die Algebra L_4 aus Beispiel 6.7.4 zu einer Algebra L_6, die durch

$$X_1 = x\frac{\partial}{\partial x}, \quad X_2 = y\frac{\partial}{\partial x}, \quad X_3 = x\frac{\partial}{\partial y}, \quad X_4 = y\frac{\partial}{\partial y}, \quad X_5 = \frac{\partial}{\partial x}, \quad X_6 = \frac{\partial}{\partial y}$$

aufgespannt wird. Die Darstellung (6.7.9) liefert die lineare Superposition

$$x = x_1 + C_1(x_2 - x_1) + C_2(x_3 - x_1), \quad y = y_1 + C_1(y_2 - y_1) + C_2(y_3 - y_1). \tag{6.7.31}$$

Beispiel 6.7.6. Lie betrachtete das folgende System linearer Gleichungen

$$\frac{dx}{dt} = a(t)y + b_1(t), \quad \frac{dy}{dt} = -a(t)x + b_2(t), \tag{6.7.32}$$

dass im Gegensatz zu dem allgemeinen System (6.7.30) nur zwei partikuläre Lösungen bedingt. Seine Argumentation basiert auf der Tatsache, dass die Operatoren (6.7.6),

$$X_1 = \frac{\partial}{\partial x}, \quad X_2 = \frac{\partial}{\partial y}, \quad X_3 = y\frac{\partial}{\partial x} - x\frac{\partial}{\partial y} \tag{6.7.33}$$

eine Gruppe erzeugen, die aus einer Rotation und zwei Translationen in der Ebene besteht. Da diese Gruppe alle Abstände erhält, sind die drei Lösungen (x_1, y_1), (x_2, y_2), (x, y) durch die Beziehungen

$$(x - x_1)^2 + (y - y_1)^2 = K_1, \quad (x - x_2)^2 + (y - y_2)^2 = K_2 \tag{6.7.34}$$

miteinander verbunden.

Die Diskussion dieses Beispieles zeigt den Vorteil auf, den man erhält, wenn man die Invarianten der $(m+1)$ Punkte unter der Wirkung der Vessiot–Guldberg–Lie-Algebra benutzt. Die Abschätzung (6.7.10) mit $2m \geq 3$ bestimmt das Minimum $m = 2$ notwendiger partikulärer Lösungen. Folglich verwendet man die Drei-Punkte-Darstellung der Operatoren (6.7.33):

$$V_1 = \frac{\partial}{\partial x} + \frac{\partial}{\partial x_1} + \frac{\partial}{\partial x_2}, \quad V_2 = \frac{\partial}{\partial y} + \frac{\partial}{\partial y_1} + \frac{\partial}{\partial y_2},$$
$$V_3 = y\frac{\partial}{\partial x} - x\frac{\partial}{\partial y} + y_1\frac{\partial}{\partial x_1} - x_1\frac{\partial}{\partial y_1} + y_2\frac{\partial}{\partial x_2} - x_2\frac{\partial}{\partial y_2}.$$

Eine Basis gemeinsamer Invarianten von V_1 und V_2 ist durch

$$u_1 = x - x_1, \ v_1 = y - y_1, \quad u_2 = x - x_2, \ v_2 = y - y_2$$

gegeben. Die Einschränkung der Wirkung von V_3 auf diese Invarianten liefert die gleichzeitige infinitesimale Rotation der Vektoren $\boldsymbol{u} = (u_1, u_2)$ und $\boldsymbol{v} = (v_1, v_2)$:

$$\tilde{V}_3 = v_1 \frac{\partial}{\partial u_1} - u_1 \frac{\partial}{\partial v_1} + v_2 \frac{\partial}{\partial u_2} - u_2 \frac{\partial}{\partial v_2}.$$

Die Berechnung zeigt, dass die grundlegenden Invarianten dieser Rotation die Größen $|\boldsymbol{u}|$ und $|\boldsymbol{v}|$ sowie das Skalarprodukt $\boldsymbol{u} \cdot \boldsymbol{v}$ der Vektoren $\boldsymbol{u}$ und $\boldsymbol{v}$ sind. Kehrt man nun zu den Ausgangsvariablen zurück, so findet man schließlich die grundlegenden Invarianten der drei Punkte für die Vessiot–Guldberg–Lie-Algebra (6.7.33):

$$\psi_1 = (x - x_1)^2 + (y - y_1)^2, \quad \psi_2 = (x - x_2)^2 + (y - y_2)^2,$$
$$\psi_3 = (x - x_1)(x - x_2) + (y - y_1)(y - y_2).$$

Damit besitzt die allgemeine nichtlineare Superposition (6.7.11), die die zwei partikulären Lösungen (x_1, y_1) und (x_2, y_2) berücksichtigt, die Form

$$J_1(\psi_1, \psi_2, \psi_3) = K_1, \quad J_2(\psi_1, \psi_2, \psi_3) = K_2, \quad K_i = \text{const}, \tag{6.7.35}$$

wobei J_1 und J_2 beliebige Funktionen der drei Variablen derart sind, dass ihre Jacobi-Determinante in Bezug auf x und y nicht identisch verschwindet. Diese letzte Bedingung bedeutet, dass Gleichung (6.7.35) sich nach x bzw. y auflösen lässt. Sei z. B. $J_1 = \psi_1$ und $J_2 = \psi_2$, so folgt Lies Darstellung der allgemeinen Lösung. Eine andere einfache nichtlineare Superposition erhält man durch $J_1 = \psi_1$ und $J_2 = \psi_3$. Dies führt auf

$$(x - x_1)^2 + (y - y_1)^2 = K_1, \ (x - x_1)(x - x_2) + (y - y_1)(y - y_2) = K_3. \tag{6.7.36}$$

Die Darstellungen (6.7.34) und (6.7.36) der allgemeinen Lösung liefern zwei unterschiedliche (d. h. funktional unabhängige) nichtlineare Superpositionen.

Folglich lässt sich die allgemeine Lösung des Systems (6.7.32) durch die lineare Superposition (6.7.31) von drei partikulären Lösungen oder alternativ durch die nichtlineare Superposition (6.7.35) von zwei partikulären Lösungen darstellen.

Beispiel 6.7.7. Satz 6.7.1 verknüpft jede Lie-Algebra mit einem System von Differentialgleichungen, das die Superposition von Lösungen zulässt. Man betrachte als anschauliches Beispiel die dreidimensionale Algebra, die durch

$$X_1 = \frac{\partial}{\partial x}, \quad X_2 = 2x\frac{\partial}{\partial x} + y\frac{\partial}{\partial y}, \quad X_3 = x^2\frac{\partial}{\partial x} + xy\frac{\partial}{\partial y} \tag{6.7.37}$$

aufgespannt wird. Diese Algebra ist eine dreidimensionale Subalgebra der achtdimensionalen Lie-Algebra der projektiven Gruppe in der Ebene. Demnach ist die erste Gleichung des zugehörigen Systems (6.7.5)

$$\frac{dx}{dt} = T_1(t) + 2T_2(t)x + T_3(t)x^2, \quad \frac{dy}{dt} = T_2(t)y + T_3(t)xy \tag{6.7.38}$$

die Riccati-Gleichung (6.7.24) mit $P = T_1$, $Q = 2T_2$, $R = T_3$. Die Operatoren (6.7.37) spannen die Vessiot–Guldberg–Lie-Algebra L_3 für das System (6.7.38) auf. Die Abschätzung (6.7.10) mit $2m \geq 3$ liefert das Minimum $m = 2$ an notwendigen partikulären Lösungen. Folglich verwende man die Drei-Punkt-Darstellung der Operatoren (6.7.37):

$$V_1 = \frac{\partial}{\partial x} + \frac{\partial}{\partial x_1} + \frac{\partial}{\partial x_2},$$

$$V_2 = 2x\frac{\partial}{\partial x} + y\frac{\partial}{\partial y} + 2x_1\frac{\partial}{\partial x_1} + y_1\frac{\partial}{\partial y_1} + 2x_2\frac{\partial}{\partial x_2} + y_2\frac{\partial}{\partial y_2},$$

$$V_3 = x^2\frac{\partial}{\partial x} + xy\frac{\partial}{\partial y} + x_1^2\frac{\partial}{\partial x_1} + x_1 y_1\frac{\partial}{\partial y_1} + x_2^2\frac{\partial}{\partial x_2} + x_2 y_2\frac{\partial}{\partial y_2}.$$

Der Operator V_1 liefert die fünf Invarianten y, y_1, y_2, $z_1 = x_1 - x$, $z_2 = x_2 - x_1$. Schränkt man V_2 auf diese Invarianten ein, so folgt ein Dilatations-Generator

$$\tilde{V}_2 = 2z_1\frac{\partial}{\partial z_1} + 2z_2\frac{\partial}{\partial z_2} + y\frac{\partial}{\partial y} + y_1\frac{\partial}{\partial y_1} + y_2\frac{\partial}{\partial y_2}.$$

Seine unabhängigen Invarianten lauten

$$u_1 = \frac{z_2}{z_1}, \quad u_2 = \frac{y^2}{x_1 - x}, \quad u_3 = \frac{y_1^2}{x_1 - x}, \quad u_4 = \frac{y_2^2}{x_1 - x}.$$

Damit ergibt sich die Basis der gemeinsamen Invarianten von V_1 und V_2:

$$u_1 = \frac{x_2 - x_1}{x_1 - x}, \quad u_2 = \frac{y^2}{x_1 - x}, \quad u_3 = \frac{y_1^2}{x_1 - x}, \quad u_4 = \frac{y_2^2}{x_1 - x}.$$

Nun muss die Einschränkung von V_3 auf diese Invarianten bestimmt werden. Diese liefert

$$\tilde{V}_3 = V_3(u_1)\frac{\partial}{\partial u_1} + \cdots + V_3(u_4)\frac{\partial}{\partial u_4}.$$

Die Berechnung ergibt

$$V_3(u_1) = \frac{(x_2 - x_1)(x - x_2)}{x - x_1} \equiv (x_1 - x)(1 + u_1)u_1,$$

$$V_3(u_2) = -y^2 \equiv -(x_1 - x)u_2,$$

$$V_3(u_3) = y_1^2 \equiv (x_1 - x)u_3,$$

$$V_3(u_4) = \frac{x + x_1 - 2x_2}{x - x_1}y_2^2 \equiv (x_1 - x)(1 + 2u_1)u_4.$$

Damit ist

$$\tilde{V}_3 = (x_1 - x)\left((1 + u_1)u_1\frac{\partial}{\partial u_1} - u_2\frac{\partial}{\partial u_2} + u_3\frac{\partial}{\partial u_3} + (1 + 2u_1)u_4\frac{\partial}{\partial u_4}\right).$$

Folglich ist die Gleichung $\tilde{V}_3(\psi(u_1, \ldots, u_4)) = 0$ äquivalent zu

$$(1 + u_1)u_1\frac{\partial\psi}{\partial u_1} - u_2\frac{\partial\psi}{\partial u_2} + u_3\frac{\partial\psi}{\partial u_3} + (1 + 2u_1)u_4\frac{\partial\psi}{\partial u_4} = 0,$$

die das charakteristische System

$$\frac{du_1}{(1+u_1)u_1} = -\frac{du_2}{u_2} = \frac{du_3}{u_3} = \frac{du_4}{(1+2u_1)u_4}$$

liefert. Es resultieren die drei unabhängigen Invarianten

$$\psi_1 = u_2 u_3 \equiv \frac{y^2 y_1^2}{(x_1-x)^2},$$

$$\psi_2 = \frac{u_1 u_2}{1+u_1} \equiv \frac{(x_2-x_1)y^2}{(x_1-x)(x_2-x)},$$

$$\psi_3 = \frac{u_4}{(1+u_1)u_1} \equiv \frac{(x_1-x)y_2^2}{(x_2-x_1)(x_2-x)}.$$

Dies führt auf die allgemeine nichtlineare Superposition (6.7.11), die zwei partikuläre Lösungen (x_1, y_1) und (x_2, y_2) berücksichtigt und von der Form

$$J_1(\psi_1, \psi_2, \psi_3) = C_1, \quad J_2(\psi_1, \psi_2, \psi_3) = C_2, \tag{6.7.39}$$

ist. Hierbei sind J_1 und J_2 beliebige Funktionen dreier Variablen derart, dass die Jacobi-Determinante in Bezug auf x, y nicht identisch verschwindet (vgl. Beispiel 6.7.6). Sei also z. B. $J_1 = \sqrt{\psi_1}$ und $J_2 = \sqrt{\psi_2 \psi_3}$. Dies spezifiziert (6.7.39) auf die Form

$$\frac{yy_1}{x_1-x} = C_1, \quad \frac{yy_2}{x_2-x} = C_2,$$

und man erhält die folgende Darstellung der allgemeinen Lösung mit Hilfe zweier partikulärer Lösungen

$$x = \frac{C_1 x_1 y_2 - C_2 x_2 y_1}{C_1 y_2 - C_2 y_1}, \quad y = \frac{C_1 C_2 (x_2 - x_1)}{C_1 y_2 - C_2 y_1}.$$

Man erinnere sich, dass die allgemeine Lösung einer einzelnen Riccati-Gleichung (6.7.24) drei partikuläre Lösungen benötigt. Es ist bemerkenswert, dass die Integration der gleichen Riccati-Gleichung in einem System zweier gekoppelter Gleichungen (6.7.38) nur zwei partikuläre Lösungen benötigt.

Beispiel 6.7.8. Das folgende System bestehend aus den beiden Gleichungen

$$\frac{dx}{dt} = xy^2 - \frac{x}{2t}, \quad \frac{dy}{dt} = x^2 y - \frac{y}{2t} \tag{6.7.40}$$

stammt aus dem Gebiet der nichtlinearen Optik (vgl. Abschnitt 7.2.6). Es besitzt die Form (6.7.5) mit der zweidimensionalen Vessiot–Guldberg–Lie-Algebra L_2, die durch

$$X_1 = xy^2 \frac{\partial}{\partial x} + x^2 y \frac{\partial}{\partial y}, \quad X_2 = x\frac{\partial}{\partial x} + y\frac{\partial}{\partial y}$$

aufgespannt wird.

Die Abschätzung (6.7.10) mit $m \geq 1$ besagt, dass eine partikuläre Lösung ausreicht, um die allgemeine Lösung auszudrücken. Um dies zu zeigen, bestimme man die Invarianten $J(x, y, x_1, x_2)$ der Zwei-Punkt-Darstellung obiger Operatoren:

$$V_1 = xy^2 \frac{\partial}{\partial x} + x^2 y \frac{\partial}{\partial y} + x_1 y_1^2 \frac{\partial}{\partial x_1} + x_1^2 y_1 \frac{\partial}{\partial y_1},$$

$$V_2 = x \frac{\partial}{\partial x} + y \frac{\partial}{\partial y} + x_1 \frac{\partial}{\partial x_1} + y_1 \frac{\partial}{\partial y_1}.$$

Da $[X_1, X_2] = -2X_1$ und X_1 ein Ideal in L_2 ist, ist es vorteilhaft, die Berechnung mit dem Operator V_1 zu beginnen. Die erste und die letzte Gleichung des charakteristischen Systems $V_1(J) = 0$ bzw.

$$\frac{dx}{y^2 x} = \frac{dy}{x^2 y} = \frac{dx_1}{y_1^2 x_1} = \frac{dy_1}{x_1^2 y_1}$$

liefern die Invarianten $z = x^2 - y^2$ und $z_1 = x_1^2 - y_1^2$. Damit verbleibt noch eine Gleichung zu lösen, z. B.

$$\frac{dx}{x(x^2 - z)} = \frac{dx_1}{x_1(x_1^2 - z_1)},$$

wobei z und z_1 als Konstanten betrachtet werden sollten. Die Integration liefert die dritte Invariante

$$z_2 = \frac{1}{z} \ln \frac{x}{\sqrt{x^2 - z}} - \frac{1}{z_1} \ln \frac{x_1}{\sqrt{x_1^2 - z_1}}$$

bzw. nach Ersetzen der Variablen z und z_1

$$z_2 = \frac{\ln x - \ln y}{x^2 - y^2} - \frac{\ln x_1 - \ln y_1}{x_1^2 - y_1^2}.$$

Die Einschränkung des Operators V_2 auf die Invarianten z, z_1, z_2 hat

$$\tilde{V}_2 = 2 \left(z \frac{\partial}{\partial z} + z_1 \frac{\partial}{\partial z_1} - z_2 \frac{\partial}{\partial z_2} \right)$$

zum Ergebnis. Hieraus lassen sich leicht zwei Invarianten berechnen, z. B.

$$J_1 = \frac{z}{z_1}, \quad J_2 = z z_2.$$

Substituiert man nun die Werte für z, z_1, z_2 und setzt die Ergebnisse für J_i dann gleich einer beliebigen Konstanten C_i, so folgt als nichtlineare Superposition (6.7.11) für das System (6.7.40):

$$J_1 \equiv \frac{x^2 - y^2}{x_1^2 - y_1^2} = C_1, \quad J_2 \equiv \ln x - \ln y - \frac{x^2 - y^2}{x_1^2 - y_1^2} (\ln x_1 - \ln y_1) = C_2.$$

Tab. 6.7.1: Standardform der Operatoren (6.7.42) und des Systems (6.7.41).

	Vessiot–Guldberg–Lie-Algebra	Kanonische Form von (6.7.41)
I	$X_1 = \dfrac{\partial}{\partial x}$, $X_2 = \dfrac{\partial}{\partial y}$	$\dfrac{dx}{dt} = T_1(t)$, $\dfrac{dy}{dt} = T_2(t)$
II	$X_1 = \dfrac{\partial}{\partial y}$, $X_2 = x\dfrac{\partial}{\partial y}$	$\dfrac{dx}{dt} = 0$, $\dfrac{dy}{dt} = T_1(t) + T_2(t)x$
III	$X_1 = \dfrac{\partial}{\partial y}$, $X_2 = x\dfrac{\partial}{\partial x} + y\dfrac{\partial}{\partial y}$	$\dfrac{dx}{dt} = T_2(t)x$, $\dfrac{dy}{dt} = T_1(t) + T_2(t)y$
IV	$X_1 = \dfrac{\partial}{\partial y}$, $X_2 = y\dfrac{\partial}{\partial y}$	$\dfrac{dx}{dt} = 0$, $\dfrac{dy}{dt} = T_1(t) + T_2(t)y$

6.7.4 Integration von Systemen mit Hilfe der nichtlinearen Superposition

Die Vessiot–Guldberg–Lie-Algebra liefert die theoretische Grundlage für eine neue allgemeine Integrationstheorie für Systeme von gewöhnlichen Differentialgleichungen, die eine nichtlineare Superposition zulassen [21].

Um die Anwendung zu zeigen, betrachte man den einfachen Fall eines Systems bestehend aus zwei gekoppelten Gleichungen

$$\frac{dx}{dt} = T_1(t)\xi_1^1(x,y) + T_2(t)\xi_2^1(x,y),$$
$$\frac{dy}{dt} = T_1(t)\xi_1^2(x,y) + T_2(t)\xi_2^2(x,y) \tag{6.7.41}$$

mit einer zweidimensionalen Vessiot–Guldberg–Lie-Algebra L_2, die durch

$$X_1 = \xi_1^1(x,y)\frac{\partial}{\partial x} + \xi_1^2(x,y)\frac{\partial}{\partial y}, \quad X_2 = \xi_2^1(x,y)\frac{\partial}{\partial x} + \xi_2^2(x,y)\frac{\partial}{\partial y} \tag{6.7.42}$$

gebildet wird.

Um dieses System (6.7.41) zu lösen, ist es ausreichend, die grundlegenden Operatoren (6.7.42) und die zugehörigen Gleichungen (6.7.41) auf eine der in Tabelle 6.7.1 angegebenen Standardformen zu transformieren und damit in Übereinstimmung mit Abschnitt 6.5.3 die Lösung zu erhalten.

Beispiel 6.7.9. Diese Integrationsmethode soll nun auf das Gleichungssystem (6.7.40) aus Beispiel 6.7.8

$$\frac{dx}{dt} = xy^2 - \frac{x}{2t}, \quad \frac{dy}{dt} = x^2y - \frac{y}{2t} \tag{6.7.40}$$

angewendet werden. Die zugehörige Vessiot–Guldberg–Lie-Algebra ist eine zweidimensionale und wird durch

$$X_1 = xy^2\frac{\partial}{\partial x} + x^2y\frac{\partial}{\partial y}, \quad X_2 = x\frac{\partial}{\partial x} + y\frac{\partial}{\partial y} \tag{6.7.43}$$

aufgespannt. Es ist

$$[X_1, X_2] = -2X_1, \quad \xi_1\eta_2 - \eta_1\xi_2 = xy(y^2 - x^2) \neq 0.$$

Damit bilden die Operatoren (6.7.43) eine Lie-Algebra L_2 vom Typ III nach Tabelle 6.7.1.

So lassen sich nun die Operatoren (6.7.43) transformieren und das System (6.7.40) kann in die Standardform III nach Tabelle 6.7.1 gebracht werden. Zunächst bestimme man die kanonischen Variablen $\tilde{x}$, $\tilde{y}$ des ersten Operators aus (6.7.43) durch Lösen der Gleichungen

$$X_1(\tilde{x}) = 0, \quad X_1(\tilde{y}) = 1.$$

Damit ist

$$\tilde{x} = x^2 - y^2, \quad \tilde{y} = \frac{\ln y - \ln x}{x^2 - y^2}. \tag{6.7.44}$$

Man kann zeigen, dass die Variablen (6.7.44) tatsächlich kanonische Variablen sind, die für die Algebra L_2 benötigt werden. Die Operatoren (6.7.43) gehen über in die vom Typ III aus Tabelle 6.7.1

$$X_1 = \frac{\partial}{\partial \tilde{y}}, \quad X_2 = 2\left(\tilde{x}\frac{\partial}{\partial \tilde{x}} - \tilde{y}\frac{\partial}{\partial \tilde{y}}\right).$$

Schreibt man nun Gleichung (6.7.40) mit Hilfe der Variablen (6.7.44), so erhält man

$$\frac{d\tilde{x}}{dt} = -\frac{\tilde{x}}{t}, \quad \frac{d\tilde{y}}{dt} = 1 + \frac{\tilde{y}}{t}. \tag{6.7.45}$$

Die Integration dieser Gleichungen (6.7.45) liefert

$$\tilde{x} = \frac{C_1}{t}, \quad \tilde{y} = C_2 t + t\ln t. \tag{6.7.46}$$

Man löse nun Gleichung (6.7.44) nach x und y auf. Es folgt

$$x = \sqrt{\frac{\tilde{x}}{1 - e^{2\tilde{x}\tilde{y}}}}, \quad y = \sqrt{\frac{\tilde{x}}{e^{-2\tilde{x}\tilde{y}} - 1}}.$$

Hierin setze man die Lösungen aus (6.7.46) ein und erhält die folgende allgemeine Lösung des Gleichungssystems (6.7.40)

$$x = \sqrt{\frac{k}{t(1 - \zeta^2)}}, \quad y = \zeta\sqrt{\frac{k}{t(1 - \zeta^2)}}. \tag{6.7.47}$$

Hierbei ist $\zeta = Ct^k$. Die Größen C und k sind als beliebige Konstanten aufzufassen.

Aufgaben zu Kapitel 6

6.1. Man zeige, dass die Gleichung $y'' - y'^2 + xy = 0$ die Dilatationsgruppe mit dem Generator

$$X = x\frac{\partial}{\partial x} + y\frac{\partial}{\partial y}$$

zulässt.

6.2. Man bestimme die allgemeinste Gleichung erster und zweiter Ordnung, die die Dilatationsgruppen zulassen mit den Generatoren

(i) $X = x\dfrac{\partial}{\partial x} + y\dfrac{\partial}{\partial y}$,

(ii) $X = y\dfrac{\partial}{\partial y}$,

(iii) $X = x\dfrac{\partial}{\partial x}$.

6.3. Man zeige, dass die Gleichung dritter Ordnung

$$\mu^2\mu''' = v(2\mu\mu'' - \mu'^2), \quad v = \text{const} \neq 0 \tag{P6.1}$$

mit $\mu = \mu(x)$ die Operatoren

$$X_1 = \frac{\partial}{\partial x}, \quad X_2 = x\frac{\partial}{\partial x} + \mu\frac{\partial}{\partial \mu}$$

zulässt. Man benutze diese Symmetrien, um Gleichung (P6.1) auf eine Gleichung erster Ordnung zu reduzieren.

6.4. Man bestimme die infinitesimalen Symmetrien der Gleichungen zweiter Ordnung

$$\text{(i)} \quad y'' + \frac{y'}{x} - e^y = 0 \quad \text{und} \quad \text{(ii)} \quad y'' - \frac{y'}{x} + e^y = 0. \tag{P6.2}$$

6.5. Man untersuche, ob folgende Gleichungen zweiter Ordnung linearisierbar sind:

$$\text{(i)} \quad y'' = yy'^2 - xy'^3, \qquad \text{(ii)} \quad y'' + 3yy' + y^3 = 0,$$

$$\text{(iii)} \quad y'' = 2\left(\frac{y'^2}{y} - \frac{xy'}{1+x^2}\right), \quad \text{(iv)} \quad y'' = \frac{y'}{y^2} - \frac{1}{xy}, \tag{P6.3}$$

$$\text{(v)} \quad y'' + \frac{y'}{x} - e^y = 0, \qquad \text{(vi)} \quad y'' + \left(1 - \frac{xy'}{y}\right)^3 = 0.$$

6.6. Man betrachte die Gleichung (6.5.6) mit

$$y'' = \frac{y'}{y^2} - \frac{1}{xy}$$

und den zweiten Operator (6.5.7), der durch diese Gleichung zugelassen wird:

$$X_2 = x\frac{\partial}{\partial x} + \frac{y}{2}\frac{\partial}{\partial y}.$$

(i) Man bestimme die kanonischen Variablen t, u derart, dass X_2 auf $X_2 = \partial/\partial t$ übergeht.

(ii) Man formuliere Gleichung (6.5.6) mit Hilfe dieser Variablen t, u durch Setzen von $u = u(t)$.

(iii) Man reduziere die Ordnung der entstehenden Gleichung zweiter Ordnung $u'' = \phi(u, u')$ mit Hilfe der Substitution $u' = p(u)$.

6.7. Man löse die Gleichung

$$y'' + \frac{k}{(1 + \omega^2 x^2)^2} y = 0, \quad k, \omega = \text{const} \neq 0$$

unter Verwendung der folgenden zwei Symmetrien dieser Gleichung

$$X_1 = (1 + \omega^2 x^2)\frac{\partial}{\partial x} + \omega^2 xy\frac{\partial}{\partial y}, \quad X_2 = y\frac{\partial}{\partial y}.$$

Man gebe die Lösungen für beliebige Parameter k und ω sowie für den Spezialfall $k = 3\omega^2$ an.

6.8. Gegeben sei ein Vektorraum L_r, der durch die Elemente $X_1, \ldots, X_r$ aufgespannt wird. Ferner sei $[X_i, X_j] \in L_r$ für alle i, j. Man zeige, dass $[X, Y] \in L_r$ für alle $X, Y \in L_r$ (vgl. Definition 6.5.2).

6.9. Man zeige, dass die Transformation (6.5.27) die Gleichung (6.5.26) auf $u'' = 0$ abbildet.

6.10. Man bestimme die allgemeine Gleichung erster Ordnung, die den Operator

$$X = \sqrt{2}x\frac{\partial}{\partial x} + y\frac{\partial}{\partial y}$$

zulässt und integriere diese.

6.11. Man bestimme die allgemeine Form einer doppelt-homogenen Gleichung erster Ordnung, d. h. $y' = f(x, y)$, die die zwei unabhängigen Operatoren

$$X_1 = y\frac{\partial}{\partial y}, \quad X_2 = x\frac{\partial}{\partial x}$$

zulässt.

6.12. Man bestimme die allgemeine Form einer doppelt-homogenen Gleichung zweiter Ordnung $y'' = f(x, y, y')$.

6.13. Man zeige, dass die Funktion (6.5.35) die Gleichung (6.5.34) löst.

6.14. Man integriere die Gleichung $y'' = xy' - 4y$, indem man ihre partikuläre Polynomlösung bestimmt und dann die Methode aus Abschnitt 6.5.5 anwendet.

6.16. Man zeige, dass die Variablentransformation $t = y$, $u = x^2 + y^2$ die Gleichung $xy'' = y' + y'^3$ auf die lineare Gleichung $u'' = 0$ abbildet. Ferner zeige man, dass $x^2 + y^2 + Ay + B = 0$ eine implizite Lösung der Gleichung $xy'' = y' + y'^3$ ist (vgl. Beispiel 6.5.11).

6.17. Man zeige, dass die nichtlineare Gleichung

$$y'' + 2\left(y' - \frac{y}{x}\right)^3 = 0$$

eine Lie-Algebra L_2 zulässt, die durch

$$X_1 = x^2\frac{\partial}{\partial x} + xy\frac{\partial}{\partial y}, \quad X_2 = xy\frac{\partial}{\partial x} + y^2\frac{\partial}{\partial y}$$

gebildet wird.

Man integriere die Gleichung unter Verwendung dieser Algebra. Ferner verifiziere man, dass obige Algebra L_2 die maximale Lie-Algebra ist, die durch die betrachtete Gleichung zugelassen wird.

6.18. Man löse die Anfangswertprobleme zu der Gleichung

$$y'' + 2\left(y' - \frac{y}{x}\right)^3 = 0.$$

(i) $y(1) = 0, y'(1) = 1,$

(ii) $y(1) = y'(1) = 0,$

(iii) $y\left(\frac{1}{2}\right) = \frac{1}{2}, y'\left(\frac{1}{2}\right) = \frac{3}{4},$

(iv) $y(2) = \sqrt{2}, y'(2) = \frac{1}{2\sqrt{2}},$

(v) $y(2) = 3\sqrt{2}, y'(2) = \frac{7}{2\sqrt{2}}.$

6.19. Man bestimme die allgemeine Lösung der nichtlinearen Gleichung (6.6.53):

$$y''' - \left(\frac{6}{y}y' + \frac{3}{x}\right)y'' + 6\left(\frac{y'^3}{y^2} + \frac{y'^2}{xy} + \frac{y'}{x^2} + \frac{y}{x^3}\right) = 0.$$

6.20. Man bestimme die allgemeine Lösung der nichtlinearen Gleichung (6.6.74):

$$y''' + \frac{1}{y'}[-3y''^2 - xy'^5] = 0.$$

7 Nichtlineare Partielle Differentialgleichungen

Dieses Kapitel enthält einfache Anwendungen der Lieschen Gruppen um exakte Lösungen für nichtlineare partielle Differentialgleichungen zu berechnen. Grundlegende Erhaltungssätze werden ebenfalls dargestellt.

Zusätzliche Literatur: L. V. Ovsyannikov [32], W. F. Ames [1], N. H. Ibragimov [14], [18], [19], [20], P. J. Olver [31], G. W. Bluman and S. Kumei [2], B. J. Cantwell [3].

7.1 Symmetrien

Die Definition einer einparametrigen Gruppe und einer Symmetrie-Gruppe für partielle Differentialgleichungen sind die gleichen wie im Falle der gewöhnlichen Differentialgleichungen. So ist z. B. für zwei unabhängige Variable t und x und eine abhängige u die Transformation (6.2.1) durch die invertierbare Abbildung der Variablen t, x, u mit

$$\bar{t} = f(t, x, u, a), \quad \bar{x} = g(t, x, u, a), \quad \bar{u} = h(t, x, u, a) \tag{7.1.1}$$

anzusetzen. Die wichtigsten Gruppeneigenschaften (6.2.4), (6.2.5) sind durch die Gleichungen

$$\begin{aligned}
\bar{\bar{t}} &\equiv f(\bar{t}, \bar{x}, \bar{u}, b) = f(t, x, u, a + b), \\
\bar{\bar{x}} &\equiv g(\bar{t}, \bar{x}, \bar{u}, b) = g(t, x, u, a + b), \\
\bar{\bar{u}} &\equiv h(\bar{t}, \bar{x}, \bar{u}, b) = h(t, x, u, a + b)
\end{aligned} \tag{7.1.2}$$

gegeben. Damit ergibt sich die folgende Definition:

Definition 7.1.1. Eine Menge G invertierbarer Transformationen (7.1.1) heißt eine einparametrige Transformationsgruppe im Raum der Variablen t, x, u, wenn G die identische Transformation $\bar{t} = t$, $\bar{x} = x$, $\bar{u} = u$, sowie die Inversen enthält und die Gruppen-Eigenschaft (7.1.2) erfüllt.

7.1.1 Definition und Berechnung von Symmetrie-Gruppen

Im Folgenden soll die Symmetrie-Gruppe einer partiellen Differentialgleichung mit Hilfe der Betrachtungen an Evolutionsgleichungen zweiter Ordnung definiert werden. Dies sind Gleichungen vom Typ

$$u_t = F(t, x, u, u_x, u_{xx}), \quad \partial F / \partial u_{xx} \neq 0. \tag{7.1.3}$$

Definition 7.1.2. Eine einparametrige Gruppe G von Transformationen (7.1.1) heißt von der Gleichung (7.1.3) zugelassen, wenn (7.1.3) nach Anwendung der Transforma-

DOI 10.1515/9783110495522-011

tion (7.1.1) in den neuen Variablen $\bar{t}, \bar{x}, \bar{u}$ die gleiche Form besitzt, d. h.

$$\bar{u}_{\bar{t}} = F(\bar{t}, \bar{x}, \bar{u}, \bar{u}_{\bar{x}}, \bar{u}_{\bar{x}\bar{x}}),\qquad(7.1.4)$$

wobei sich die Funktion F gegenüber der Ausgangsgleichung nicht ändert. In diesem Fall heißt G eine Symmetrie-Gruppe der Gleichung (7.1.3).

Die Konstruktion einer solchen Symmetrie-Gruppe G ist äquivalent mit der Bestimmung ihrer infinitesimalen Transformationen

$$\bar{t} \approx t + a\tau(t, x, u), \quad \bar{x} \approx x + a\xi(t, x, u), \quad \bar{u} \approx u + a\eta(t, x, u).\qquad(7.1.5)$$

Man erhält diese aus Geichung (7.1.1) durch eine Taylor-Reihenentwicklung um den Gruppenparameter a. Hierbei wird nur das lineare Glied mit berücksichtigt. Die infinitesimale Transformation (7.1.5) liefert den Generator der Gruppe G, d. h. den Differentialoperator

$$X = \tau(t, x, u)\frac{\partial}{\partial t} + \xi(t, x, u)\frac{\partial}{\partial x} + \eta(t, x, u)\frac{\partial}{\partial u},\qquad(7.1.6)$$

der auf eine differenzierbare Funktion $J(t, x, u)$ wie folgt wirkt:

$$X(J) = \tau(t, x, u)\frac{\partial J}{\partial t} + \xi(t, x, u)\frac{\partial J}{\partial x} + \eta(t, x, u)\frac{\partial J}{\partial u}.$$

Der Generator (7.1.6) heißt ein von der Gleichung zugelassener Operator bzw. infinitesimale Symmetrie der Gleichung (7.1.3).

Die Transformationsgruppen (7.1.1) und der Generator (7.1.6) hängen über die sogenannten Lie-Gleichungen zusammen. Es gilt

$$\frac{d\bar{t}}{da} = \tau(\bar{t}, \bar{x}, \bar{u}), \quad \frac{d\bar{x}}{da} = \xi(\bar{t}, \bar{x}, \bar{u}), \quad \frac{d\bar{u}}{da} = \eta(\bar{t}, \bar{x}, \bar{u})\qquad(7.1.7)$$

mit den Anfangsbedingungen

$$\bar{t}|_{a=0} = t, \quad \bar{x}|_{a=0} = x, \quad \bar{u}|_{a=0} = u.$$

Man kehre nun zu Gleichung (7.1.4) zurück. Die Größen $\bar{u}_{\bar{t}}$, $\bar{u}_{\bar{x}}$ sowie $\bar{u}_{\bar{x}\bar{x}}$ aus (7.1.4) lassen sich mit den Regeln zur Transformation von Ableitungen unter Berücksichtigung von Gleichung (7.1.1) bestimmen. Das Ergebnis für $\bar{u}_{\bar{t}}$, $\bar{u}_{\bar{x}}$, $\bar{u}_{\bar{x}\bar{x}}$ wird dann in eine Taylor-Reihe um den Parameter a entwickelt. Man erhält die infinitesimale Form

$$\bar{u}_{\bar{t}} \approx u_t + a\zeta_0(t, x, u, u_t, u_x), \quad \bar{u}_{\bar{x}} \approx u_x + a\zeta_1(t, x, u, u_t, u_x),$$
$$\bar{u}_{\bar{x}\bar{x}} \approx u_{xx} + a\zeta_2(t, x, u, u_t, u_x, u_{tx}, u_{xx}),\qquad(7.1.8)$$

wobei $\zeta_0, \zeta_1, \zeta_2$ durch die folgenden Prolongationsgleichungen gegeben sind:

$$\zeta_0 = D_t(\eta) - u_t D_t(\tau) - u_x D_t(\xi),$$
$$\zeta_1 = D_x(\eta) - u_t D_x(\tau) - u_x D_x(\xi),\qquad(7.1.9)$$
$$\zeta_2 = D_x(\zeta_1) - u_{tx} D_x(\tau) - u_{xx} D_x(\xi).$$

D_t und D_x kennzeichnen die totalen Ableitungen in Bezug auf t und x:

$$D_t = \frac{\partial}{\partial t} + u_t \frac{\partial}{\partial u} + u_{tt} \frac{\partial}{\partial u_t} + u_{tx} \frac{\partial}{\partial u_x},$$

$$D_x = \frac{\partial}{\partial x} + u_x \frac{\partial}{\partial u} + u_{tx} \frac{\partial}{\partial u_t} + u_{xx} \frac{\partial}{\partial u_x}.$$

Setzt man nun (7.1.5) und (7.1.8) in Gleichung (7.1.4) ein, so folgt

$$\bar{u}_{\bar{t}} - F(\bar{t}, \bar{x}, \bar{u}, \bar{u}_{\bar{x}}, \bar{u}_{\bar{x}\bar{x}}) \approx u_t - F(t, x, u, u_x, u_{xx})$$
$$+ a\left(\zeta_0 - \frac{\partial F}{\partial u_{xx}} \zeta_2 - \frac{\partial F}{\partial u_x} \zeta_1 - \frac{\partial F}{\partial u} \eta - \frac{\partial F}{\partial x} \xi - \frac{\partial F}{\partial t} \tau \right).$$

Auf Grund von Gleichung (7.1.3) ergibt sich (7.1.4), wenn

$$\zeta_0 - \frac{\partial F}{\partial u_{xx}} \zeta_2 - \frac{\partial F}{\partial u_x} \zeta_1 - \frac{\partial F}{\partial u} \eta - \frac{\partial F}{\partial x} \xi - \frac{\partial F}{\partial t} \tau = 0. \tag{7.1.10}$$

Hierbei ist das in den Ausdrücken für ζ_0, ζ_1, ζ_2 auftretende u_t durch $F(t, x, u, u_x, u_{xx})$ zu ersetzen.

Diese Gleichung (7.1.10) definiert alle infinitesimalen Symmetrien von (7.1.3) und heißt darum bestimmende Gleichung. Gewöhnlich stellt man sie in einer etwas kompakteren Form dar, nämlich in

$$\mathrm{pr}\, X[u_t - F(t, x, u, u_x, u_{xx})] = 0. \tag{7.1.11}$$

In dieser Gleichung bezeichnet $\mathrm{pr}\, X$ die Prolongation des Operators (7.1.6) für die ersten und zweiten Ableitungen:

$$\mathrm{pr}\, X = \tau \frac{\partial}{\partial t} + \xi \frac{\partial}{\partial x} + \eta \frac{\partial}{\partial u} + \zeta_0 \frac{\partial}{\partial u_t} + \zeta_1 \frac{\partial}{\partial u_x} + \zeta_2 \frac{\partial}{\partial u_{xx}}.$$

Die bestimmende Gleichung (7.1.10) (bzw. ihr Äquivalent (7.1.11)) ist eine homogene partielle Differentialgleichung zweiter Ordnung für die unbekannten Funktionen $\tau(t, x, u)$, $\xi(t, x, u)$, $\eta(t, x, u)$. Folglich bildet die Menge aller Lösungen der bestimmenden Gleichung einen Vektorraum L. Außerdem besitzt diese Gleichung eine bedeutsame und einige augenscheinliche Eigenschaften: Der Vektorraum L bildet eine Lie-Algebra, d. h. er ist abgeschlossen in Bezug auf die Kommutatorbildung. Mit anderen Worten enthält L neben seinen Elementen X_1, X_2, auch deren Kommutator $[X_1, X_2]$, der über

$$[X_1, X_2] = X_1 X_2 - X_2 X_1$$

definiert ist. Ist also $L = L_r$ endlich-dimensional und besitzt die Basis $X_1, \ldots, X_r$, dann gilt

$$[X_\alpha, X_\beta] = c_{\alpha\beta}^\gamma X_\gamma.$$

Die $c_{\alpha\beta}^\gamma$ sind konstante Koeffizienten und heißen Strukturkonstanten von L_r.

Die bestimmende Gleichung (7.1.10) sollte identisch erfüllt sein in Bezug auf t, x, u, u_x, u_{xx}, die als fünf unabhängige Variable betrachtet werden. Folglich zerfällt die bestimmende Gleichung in ein System von mehreren Gleichungen. Dieses System ist überbestimmt, da es mehr Gleichungen enthält als für die Bestimmung der drei unbekannten Funktionen τ, ξ und η notwendig sind. Es lässt sich für praktische Anwendungen explizit lösen. Das folgende vorbereitende, Lie zu verdankende, Lemma vereinfacht die Berechnungen:

Lemma 7.1.1. *Für Gleichung* (7.1.3) *besitzt die Symmetrie-Transformation* (7.1.1) *die Form*

$$\bar{t} = f(t, a), \quad \bar{x} = g(t, x, u, a), \quad \bar{u} = h(t, x, u, a). \tag{7.1.12}$$

Dies bedeutet, dass sich die infinitesimale Transformation in der Form

$$X = \tau(t)\frac{\partial}{\partial t} + \xi(t, x, u)\frac{\partial}{\partial x} + \eta(t, x, u)\frac{\partial}{\partial u} \tag{7.1.13}$$

darstellen lässt.

Beweis. Man wähle z. B. in Gleichung (7.1.10) den Term aus, der u_{tx} enthält. Die Prolongationsgleichung (7.1.9) zeigt, dass u_{tx} nur in ζ_2 enthalten ist und dort nur in dem Term $u_{tx}D_x(\tau)$. Da (7.1.10) identisch in $t, x, u, u_x, u_{xx}, u_{tx}$ gilt, folgt $D_x(\tau) \equiv \tau_x + u_x\tau_u = 0$. Da $\tau_x = \tau_u = 0$ folgt $\tau = \tau(t)$, und damit besitzt der Operator (7.1.6) die Form (7.1.13). □

Beispiel 7.1.1. Im Folgenden sollen nun die Symmetrien für die nichtlineare Gleichung, die sogenannte Burgers-Gleichung

$$u_t = u_{xx} + uu_x \tag{7.1.14}$$

bestimmt werden. Nach Lemma 7.1.1 sucht man infinitesimale Symmetrien der Form (7.1.13). Für den Operator (7.1.13) ergibt die Prolongationsformel (7.1.9)

$$\zeta_0 = D_t(\eta) - u_xD_t(\xi) - \tau'(t)u_t, \quad \zeta_1 = D_x(\eta) - u_xD_x(\xi),$$
$$\zeta_2 = D_x(\zeta_1) - u_{xx}D_x(\xi) \equiv D_x^2(\eta) - u_xD_x^2(\xi) - 2u_{xx}D_x(\xi). \tag{7.1.15}$$

Die bestimmende Gleichung (7.1.10) besitzt damit die Form

$$\zeta_0 - \zeta_2 - u\zeta_1 - \eta u_x = 0. \tag{7.1.16}$$

ζ_0, ζ_1 und ζ_2 sind durch (7.1.15) gegeben. Man wähle zunächst die Terme mit u_{xx} aus und setze sie gleich Null. Man beachte dabei, dass u_t durch $u_{xx} + uu_x$ zu ersetzen ist. Ferner liefert ζ_2 den Ausdruck

$$D_x^2(\xi) = D_x(\xi_x + \xi_u u_x) = \xi_u u_{xx} + \xi_{uu}u_x^2 + 2\xi_{xu}u_x + \xi_{xx},$$
$$D_x^2(\eta) = D_x(\eta_x + \eta_u u_x) = \eta_u u_{xx} + \eta_{uu}u_x^2 + 2\eta_{xu}u_x + \eta_{xx}. \tag{7.1.17}$$

Es ergibt sich die Gleichung

$$2\xi_u u_x + 2\xi_x - \tau'(t) = 0.$$

Diese Gleichung zerfällt in $\xi_u = 0$ und $2\xi_x - \tau'(t) = 0$. Der erste Ausdruck zeigt, dass ξ nur von t und x abhängt. Die Integration des zweiten liefert

$$\xi = \frac{1}{2}\tau'(t)x + p(t). \qquad (7.1.18)$$

Es folgt hieraus $D_x^2(\xi) = 0$. Damit reduziert sich die bestimmende Gleichung auf

$$u_x^2 \eta_{uu} + \left[\frac{1}{2}\tau'(t)u + \frac{1}{2}\tau''(t)x + p'(t) + 2\eta_{xu} + \eta\right]u_x + u\eta_x + \eta_{xx} - \eta_t = 0.$$

Dieser Ausdruck zerfällt in die drei Gleichungen

$$\eta_{uu} = 0, \quad u\eta_x + \eta_{xx} - \eta_t = 0,$$
$$\frac{1}{2}\tau'(t)u + \frac{1}{2}\tau''(t)x + p'(t) + 2\eta_{xu} + \eta = 0. \qquad (7.1.19)$$

Die erste Gleichung von (7.1.19) liefert $\eta = \sigma(t,x)u + \mu(t,x)$. Damit wird aus der dritten Gleichung

$$\left(\frac{1}{2}\tau'(t) + \sigma\right)u + \frac{1}{2}\tau''(t)x + p'(t) + 2\sigma_x + \mu = 0$$

mit

$$\sigma = -\frac{1}{2}\tau'(t), \quad \mu = -\frac{1}{2}\tau''(t)x - p'(t).$$

Folglich ist

$$\eta = -\frac{1}{2}\tau'(t)u - \frac{1}{2}\tau''(t)x - p'(t). \qquad (7.1.20)$$

Setzt man dies nun in die zweite Gleichung von (7.1.20) ein, so ergibt sich

$$\frac{1}{2}\tau'''(t)x + p''(t) = 0,$$

woraus $\tau'''(t) = 0$, $p''(t) = 0$ folgt. Damit ist

$$\tau(t) = C_1 t^2 + 2C_2 t + C_3, \quad p(t) = C_4 t + C_5.$$

Unter Berücksichtigung von (7.1.18) und (7.1.20) erhält man die folgende allgemeine Lösung der bestimmenden Gleichung (7.1.16):

$$\tau = C_1 t^2 + 2C_2 t + C_3, \quad \xi = C_1 tx + C_2 x + C_4 t + C_5, \quad \eta = -(C_1 t + C_2)u - C_1 x - C_4.$$

Diese Lösung enthält fünf beliebige Konstanten C_i. Das bedeutet, dass die infinitesimalen Symmetrien der Burgers Gleichung eine fünfdimensionale Lie-Algebra bilden, die von den folgenden linear unabhängigen Operatoren aufgespannt wird:

$$X_1 = \frac{\partial}{\partial t}, \quad X_2 = \frac{\partial}{\partial x}, \quad X_3 = 2t\frac{\partial}{\partial t} + x\frac{\partial}{\partial x} - u\frac{\partial}{\partial u},$$
$$X_4 = t\frac{\partial}{\partial x} - \frac{\partial}{\partial u}, \quad X_5 = t^2\frac{\partial}{\partial t} + tx\frac{\partial}{\partial x} - (x + tu)\frac{\partial}{\partial u}. \qquad (7.1.21)$$

7.1.2 Gruppentransformationen von Lösungen

Jede Symmetrie-Transformation einer Differentialgleichung überführt jede Lösung einer Differentialgleichung in eine Lösung derselben Gleichung. Das heißt, wie im Fall der gewöhnlichen Differentialgleichungen, dass die Lösungen einer partiellen Differentialgleichung untereinander vertauschbar sind durch die Wirkung der Symmetrie-Gruppe. Die Lösung kann aber auch unverändert bleiben. Dann heißt sie invariante Lösung. Demzufolge liefert die Gruppenanalyse zwei Wege zur Konstruktion exakter Lösungen: Gruppentransformationen von bekannten Lösungen und Konstruktion von invarianten Lösungen.

In diesem Abschnitt wird die Methode der Gruppentransformation von Lösungen am Beispiel der linearen Wärmeleitungsgleichung $u_t - u_{xx} = 0$ gezeigt. Das Beispiel der nichtlinearen Gleichung, nämlich der Burgers-Gleichung wird in Abschnitt 7.2.2 betrachtet.

Die Methode basiert auf der Tatsache, dass die Symmetrie-Gruppe jede Lösung der betrachteten Gleichung auf Lösungen derselben Gleichung abbildet. Sei (7.1.1) eine Symmetrie-Transformation der Gleichung (7.1.3) und sei

$$u = \Phi(t, x)$$

eine Funktion, die (7.1.3) löst. Da (7.1.1) eine Symmetrie-Transformation ist, lässt sich obige Lösung auch in den neuen Variablen schreiben. Es ist

$$\bar{u} = \Phi(\bar{t}, \bar{x}).$$

Ersetzt man nun $\bar{u}, \bar{t}, \bar{x}$ aus (7.1.1), so ist

$$h(t, x, u, a) = \Phi(f(t, x, u, a), g(t, x, u, a)). \tag{7.1.22}$$

Löst man nun (7.1.22) nach u auf, so folgt eine einparametrige Familie neuer Lösungen von Gleichung (7.1.3).

Die infinitesimalen Symmetrien der linearen Wärmeleitungsgleichung

$$u_t - u_{xx} = 0 \tag{7.1.23}$$

besitzt eine unendlich-dimensionale Algebra mit dem Generator

$$X_\tau = \tau \frac{\partial}{\partial u},$$

wobei $\tau = \tau(t, x)$ eine beliebige Lösung von (7.1.23) ist, sowie eine sechsdimensionale Lie-Algebra, die durch

$$X_1 = \frac{\partial}{\partial t}, \quad X_2 = \frac{\partial}{\partial x}, \quad X_3 = 2t\frac{\partial}{\partial t} + x\frac{\partial}{\partial x}, \quad X_4 = u\frac{\partial}{\partial u},$$
$$X_5 = 2t\frac{\partial}{\partial x} - xu\frac{\partial}{\partial u}, \quad X_6 = t^2\frac{\partial}{\partial t} + tx\frac{\partial}{\partial x} - \frac{1}{4}(2t + x^2)u\frac{\partial}{\partial u} \tag{7.1.24}$$

aufgespannt wird (vgl. Aufgabe 7.2).

Man betrachte z. B. den Operator V_5. Er erzeugt die Wärmedarstellung der Galilei-Transformation

$$\bar{t} = t, \quad \bar{x} = x + 2at, \quad \bar{u} = ue^{-(ax+a^2t)}. \tag{7.1.25}$$

Jede Lösung $u = \Phi(t, x)$ der Wärmeleitungsgleichung lässt sich so durch Anwendung von (7.1.25) auf eine neue Lösung abbilden. Da die Wärmeleitungsgleichung bezüglich dieser Transformation invariant ist, lässt sich (7.1.23) als $\bar{u}_{\bar{t}} - \bar{u}_{\bar{x}\bar{x}} = 0$ unter Verwendung der Variablen $\bar{t}, \bar{x}, \bar{u}$ darstellen. Man verwende die Lösung in den gleichen Variablen

$$\bar{u} = \Phi(\bar{t}, \bar{x}).$$

Dann setze man die Ausdrücke aus (7.1.25) für $\bar{t}, \bar{x}, \bar{u}$ ein und löst die entstehende Gleichung

$$ue^{-(ax+a^2t)} = \Phi(t, x + 2at)$$

nach u auf. Man erhält die neue Lösung

$$u = e^{ax+a^2t}\Phi(t, x + 2at) \tag{7.1.26}$$

mit dem Gruppenparameter a.

Aufgabe 7.1.1. Man bestimme die Lösung der Wärmeleitungsgleichung mit Hilfe der Transformation (7.1.25) und mit Hilfe von (7.1.26) aus den einfachen Lösungen:
(i) $u = 1$,
(ii) $u = x$.

Lösung.
(i) Man setze $\bar{u} = 1$ in (7.1.25) ein. Das heißt

$$ue^{-(ax+a^2t)} = 1.$$

Es folgt die neue Lösung (7.1.26):

$$u = e^{ax+a^2t}.$$

Das gleiche Ergebnis erhält man aus (7.1.26) durch Setzen von $\Phi(t, x + 2at) = 1$.
(ii) Man setze $\bar{u} = \bar{x}$ in (7.1.25). Damit folgt

$$ue^{-(ax+a^2t)} = x + 2at.$$

Es ergibt sich die neue Lösung (7.1.26):

$$u = (x + 2at)e^{ax+a^2t}.$$

Das gleiche Ergebnis findet man mit Hilfe von (7.1.26) durch Setzen von $\Phi(t, x + 2at) = x + 2at$.

7.2 Gruppeninvariante Lösungen

7.2.1 Einführung

Bildet eine Transformationsgruppe Lösungen auf sich selbst ab, so spricht man von selbstähnlichen oder gruppeninvarianten Lösungen. Betrachtet man z. B. die Evolutionsgleichungen (7.1.3) mit der zugehörigen infinitesimalen Symmetrie (7.1.6), so lässt sich die invariante Lösung in Bezug auf eine einparametrige Gruppe, die vom Generator X erzeugt wird, wie folgt bestimmen:

Man berechne zunächst zwei unabhängige Invarianten $J_1 = \lambda(t, x)$ und $J_2 = \mu(t, x, u)$ durch Lösen der Gleichung

$$X(J) \equiv \tau(t, x, u)\frac{\partial J}{\partial t} + \xi(t, x, u)\frac{\partial J}{\partial x} + \eta(t, x, u)\frac{\partial J}{\partial u} = 0$$

bzw. des zugehörigen charakteristischen Systems

$$\frac{dt}{\tau(t, x, u)} = \frac{dx}{\xi(t, x, u)} = \frac{du}{\eta(t, x, u)}. \tag{7.2.1}$$

Dann bezeichne man (setze man) eine der Invarianten als Funktion der anderen, z. B.

$$\mu = \phi(\lambda) \tag{7.2.2}$$

und löse diese Gleichung nach u auf. Schließlich setze man diesen Ausdruck für u in (7.1.3) ein und erhält eine gewöhnliche Differentialgleichung für die unbekannte Funktion $\phi(\lambda)$ einer Veränderlichen. Diese Vorgehensweise reduziert die Zahl der unabhängigen Variablen um eins.

Aufgabe 7.2.1. Man bestimme die invariante Lösung zur Wärmeleitungsgleichung (7.1.23) unter der Gruppe (7.1.25) mit dem Generator (7.1.24):

$$X = 2t\frac{\partial}{\partial x} - xu\frac{\partial}{\partial u}.$$

Lösung. Es gibt zwei unabhängige Invarianten für X. Eine von ihnen ist t, während die andere mit Hilfe der charakteristischen Gleichung

$$\frac{dx}{2t} + \frac{du}{xu} = 0 \quad \text{bzw.} \quad \frac{x\,dx}{2t} + \frac{du}{u} = 0$$

bestimmbar ist. Die Integration der letzten Gleichung liefert die Invariante

$$J = ue^{\frac{x^2}{4t}}.$$

Folglich sucht man eine invariante Lösung der Form $J = \phi(t)$ bzw.

$$u = \phi(t)e^{-\frac{x^2}{4t}}.$$

Dieser Ausdruck wird nun in die Wärmeleitungsgleichung eingesetzt. Es folgt

$$u_t = \left(\phi' + \frac{x^2}{4t^2}\phi\right)e^{-\frac{x^2}{4t}}, \quad u_x = -\frac{x}{2t}\phi e^{-\frac{x^2}{4t}}, \quad u_{xx} = \left(\frac{x^2}{4t^2} - \frac{1}{2t}\right)\phi e^{-\frac{x^2}{4t}}$$

und die partielle Differentialgleichung zweiter Ordnung $u_t - u_{xx} = 0$ reduziert sich auf eine gewöhnliche Differentialgleichung erster Ordnung

$$\frac{d\phi}{dt} + \frac{\phi}{2t} = 0.$$

Es ergibt sich $\phi(t) = C/\sqrt{t}$, C = const. Damit lautet die invariante Lösung

$$u = \frac{C}{\sqrt{t}}e^{-\frac{x^2}{4t}}.$$

7.2.2 Die Burgers-Gleichung

Aus Abschnitt 7.1.1, Beispiel 7.1.1 ist bekannt, dass die Burgers-Gleichung (7.1.14) $u_t = u_{xx} + uu_x$ eine fünfdimensionale infinitesimale Symmetrie (7.1.21)

$$X_1 = \frac{\partial}{\partial t}, \quad X_2 = \frac{\partial}{\partial x}, \quad X_3 = 2t\frac{\partial}{\partial t} + x\frac{\partial}{\partial x} - u\frac{\partial}{\partial u},$$
$$X_4 = t\frac{\partial}{\partial x} - \frac{\partial}{\partial u}, \quad X_5 = t^2\frac{\partial}{\partial t} + tx\frac{\partial}{\partial x} - (x + tu)\frac{\partial}{\partial u} \tag{7.2.3}$$

besitzt.

Man betrachte z. B. den Generator X_5 aus (7.2.3). Die Lie-Gleichung ist von der Form

$$\frac{d\bar{t}}{da} = \bar{t}^2, \quad \frac{d\bar{x}}{da} = \bar{t}\bar{x}, \quad \frac{d\bar{u}}{da} = -(\bar{x} + \bar{t}\bar{u}).$$

Die Integration dieser Gleichungen mit den Bedingungen für $a = 0$: $\bar{t} = t$, $\bar{x} = x$, $\bar{u} = u$ ergibt

$$\bar{t} = \frac{t}{1 - at}, \quad \bar{x} = \frac{x}{1 - at}, \quad \bar{u} = (1 - at)u - ax. \tag{7.2.4}$$

Setzt man die Transformation (7.2.4) in Gleichung (7.1.22) ein, so lässt sich jede bekannte Lösung $u = \Phi(t, x)$ der Burgers-Gleichung auf folgende einparametrige Familie von neuen Lösungen abbilden:

$$u = \frac{ax}{1 - at} + \frac{1}{1 - at}\Phi\left(\frac{t}{1 - at}, \frac{x}{1 - at}\right). \tag{7.2.5}$$

Beispiel 7.2.1. Es lassen sich viele Beispiele angeben, indem man als Anfangslösung $u = \Phi(t, x)$ irgendeine invariante Lösung verwendet. Man wähle z. B. die invariante Lösung unter der Raumtranslation, die von X_2 aus (7.2.3) erzeugt wird. In diesem Fall lauten die Invarianten $\lambda = t$ und $\mu = u$. Die Gleichung (7.2.2) lässt sich damit schreiben als $u = \phi(t)$. Setzt man dies in die Burgers-Gleichung ein, so ergibt sich offensichtlich die konstante Lösung $u = k$. Diese kann mit (7.2.5) auf die folgende einparametrige Familie von Lösungen

$$u = \frac{k + ax}{1 - at}$$

überführt werden.

Beispiel 7.2.2. Einen physikalisch bedeutsamen Typ von Lösungen erhält man aus der Invarianz in Bezug auf die Zeittranslation, die durch den Generator X_1 erzeugt wird. Dies liefert die stationäre Lösung

$$u = \Phi(x),$$

für die die Burgers-Gleichung in

$$\Phi'' + \Phi\Phi' = 0 \tag{7.2.6}$$

übergeht. Eine einmalige Integration führt auf

$$\Phi' + \frac{\Phi^2}{2} = C_1.$$

Die abermalige Integration liefert die Fälle $C_1 = 0$, $C_1 = v^2 > 0$, $C_1 = -\omega^2 < 0$ mit den Lösungen

$$\Phi(x) = \frac{2}{x + C},$$
$$\Phi(x) = v\,\mathrm{th}\left(C + \frac{v}{2}x\right), \tag{7.2.7}$$
$$\Phi(x) = \omega\,\mathrm{tg}\left(C - \frac{\omega}{2}x\right).$$

Die Galilei-Transformation $\bar{t} = t$, $\bar{x} = x + at$, $\bar{u} = u - a$, die durch X_4 erzeugt wird, bildet die stationäre Lösung (7.2.7) auf die *Travelling-Wave*-Lösung $u = f(x - ct)$ ab.

Beispiel 7.2.3. Wendet man die Transformation (7.2.5) auf die stationäre Lösung (7.2.7) an, so erhält man die neuen instationären Lösungen

$$u = \frac{ax}{1 - at} + \frac{2}{x + C(1 - at)},$$
$$u = \frac{1}{1 - at}\left[ax + v\,\mathrm{th}\left(C + \frac{vx}{2(1 - at)}\right)\right], \tag{7.2.8}$$
$$u = \frac{1}{1 - at}\left[ax + \omega\,\mathrm{tg}\left(C - \frac{\omega x}{2(1 - at)}\right)\right].$$

Beispiel 7.2.4. Man bestimme invariante Lösungen unter der projektiven Gruppe, die von X_5 erzeugt wird. Das charakterisitische System

$$\frac{\mathrm{d}t}{t^2} = \frac{\mathrm{d}x}{tx} = -\frac{\mathrm{d}u}{x + tu}$$

liefert die Invarianten $\lambda = x/t$ und $\mu = x + tu$. Damit besitzt der allgemeine Ausdruck (7.2.2) der invarianten Lösung die Form

$$u = -\frac{x}{t} + \frac{1}{t}\Phi(\lambda), \quad \lambda = \frac{x}{t}. \tag{7.2.9}$$

Setzt man diesen Ausdruck in die Burgers-Gleichung (7.1.14) ein, so erhält man für $\Phi(\lambda)$ exakt die Gleichung (7.2.6). Damit bekommt man die allgemeine Lösung von (7.2.7) dadurch, dass x durch λ ersetzt wird. Die zugehörige invariante Lösung folgt, indem in (7.2.9) die resultierenden Ausdrücke für $\Phi(\lambda)$ eingesetzt werden. Benutzt man z. B. für $\Phi(\lambda)$ den zweiten Ausdruck von (7.2.7) und setzt $v = \pi$, so erhält man die Lösung

$$u = -\frac{x}{t} + \frac{\pi}{t}\,\mathrm{th}\left(C + \frac{\pi x}{2t}\right). \tag{7.2.10}$$

Diese Lösung ist wichtig im Bereich der nichtlinearen Akustik und wurde 1961 durch R. J. Khokhlov angegeben.

Beispiel 7.2.5. Es soll die invariante Lösung unter dem Dilatations-Generator X_3 bestimmt werden. Sie führt auf das, was in der Physik als Ähnlichkeitslösung bezeichnet wird, da es eine Verbindung zur Dimensionsanalyse gibt. Das charakteristische System

$$\frac{\mathrm{d}t}{2t} = \frac{\mathrm{d}x}{x} = -\frac{\mathrm{d}u}{u}$$

liefert die Invarianten $\lambda = x/\sqrt{t}$, $\mu = \sqrt{t}u$. Folglich bestimme man invariante Lösungen der Form

$$u = \frac{1}{\sqrt{t}}\Phi(\lambda), \quad \lambda = \frac{x}{\sqrt{t}}.$$

Damit ergibt sich die folgende Gleichung für die Ähnlichkeitslösung der Burgers-Gleichung:

$$\Phi'' + \Phi\Phi' + \frac{1}{2}(\lambda\Phi' + \Phi) = 0. \tag{7.2.11}$$

Eine einfache Integration führt auf

$$\Phi' + \frac{1}{2}(\Phi^2 + \lambda\Phi) = C.$$

Setzt man $C = 0$, so folgt die Lösung (gefunden in der Physik von O. V. Rudenko)

$$u = \frac{2}{\sqrt{\pi t}}\frac{e^{-x^2/(4t)}}{B + \mathrm{erf}(x/(2\sqrt{t}))},$$

wobei B eine beliebige Konstante ist. Außerdem gilt

$$\mathrm{erf}(z) = \frac{2}{\sqrt{\pi}}\int_0^z e^{-s^2}\,\mathrm{d}s.$$

Dies ist die Definition der Fehlerfunktion.

7.2.3 Ein nichtlineares Randwertproblem

Man betrachte die folgende nichtlineare Gleichung

$$\Delta u = e^u, \qquad (7.2.12)$$

mit $u = u(x, y)$ und $\Delta u = u_{xx} + u_{yy}$ als Laplace-Operator in zwei unabhängigen Variablen. Gleichung (7.2.12) lässt einen Operator der Form

$$X = \xi \frac{\partial}{\partial x} + \eta \frac{\partial}{\partial y} - 2\xi_x \frac{\partial}{\partial u} \qquad (7.2.13)$$

zu. Hierbei sind $\xi(x, y)$ und $\eta(x, y)$ beliebige Lösungen des Cauchy–Riemann-Systems

$$\xi_x - \eta_y = 0, \quad \xi_y + \eta_x = 0. \qquad (7.2.14)$$

Folglich lässt sich die allgemeine Lösung der nichtlinearen Gleichung (7.2.12) mit Hilfe der Lösung der Laplace-Gleichung

$$\Delta v = 0 \qquad (7.2.15)$$

in der Form

$$u = \ln\left(2 \frac{v_x^2 + v_y^2}{v^2} \right) \qquad (7.2.16)$$

ausdrücken. Mit anderen Worten wird die nichtlineare Gleichung (7.2.12) auf die lineare (7.2.15) mit Hilfe der Transformation (7.2.16) abgebildet. Aber diese Transformation ist nicht besonders nützlich, wenn es um die Behandlung konkreter Fragestellungen geht, wie aus dem folgenden Beispiel deutlich wird (vgl. [16]).

Man betrachte das folgende Randwertproblem auf dem Einheitskreis (Radius $r = 1$):

$$\Delta u = e^u, \quad u|_{r=1} = 0. \qquad (7.2.17)$$

Hierbei ist $r = \sqrt{x^2 + y^2}$. Die allgemeine Lösung (7.2.16) ist nicht brauchbar, um das Problem zu lösen, da sie auf ein nichtlineares Randwertproblem

$$\Delta v = 0, \quad \left(v_x^2 + v_y^2 - \frac{1}{2}v^2 \right)\bigg|_{r=1} = 0$$

führt. Um die Aufgabe (7.2.17) zu lösen, ist es besser, Polarkoordinaten

$$x = r\cos\varphi, \quad y = r\sin\varphi \qquad (7.2.18)$$

zu benutzen. Mit ihrer Hilfe lässt sich Gleichung (7.2.12) schreiben als

$$u_{rr} + \frac{1}{r}u_r + \frac{1}{r^2}u_{\varphi\varphi} = e^u. \qquad (7.2.19)$$

Da die Differentialgleichung nun die Randbedingung der Aufgabe (7.2.17) invariant bezüglich der Rotationsgruppe lässt, werden Lösungen gesucht, die nur von der Variablen r abhängen. Damit folgt für die Gleichung (7.2.19)

$$u_{rr} + \frac{1}{r} u_r = e^u. \tag{7.2.20}$$

Außerdem werde vorausgesetzt, dass die Funktion $u(r)$ beschränkt ist an der Singularitäten-Stelle $r = 0$. Damit lauten dann die Randbedingungen für (7.2.17)

$$u(1) = 0, \quad u(0) < \infty. \tag{7.2.21}$$

Die Gleichung (7.2.20) lässt sich nun mit Hilfe der Lieschen Methode lösen. Sie besitzt zwei infinitesimale Symmetrien

$$X_1 = r\frac{\partial}{\partial r} - 2\frac{\partial}{\partial u}, \quad X_2 = r\ln r\frac{\partial}{\partial r} - 2(1 + \ln r)\frac{\partial}{\partial u}. \tag{7.2.22}$$

Zunächst werde der erste Operator auf die Form $X_1 = \partial/\partial t$ reduziert. Dies geschieht durch die Transformation

$$t = \ln r, \quad z = u + 2\ln r.$$

Gleichung (7.2.20) ist damit in der Form

$$\frac{\mathrm{d}^2 z}{\mathrm{d}t^2} = e^z \tag{7.2.23}$$

schreibbar. Die Integration mittels der Standardsubstitutiton $\mathrm{d}z/\mathrm{d}t = p(z)$ ergibt

$$\int \frac{\mathrm{d}z}{\sqrt{C_1 + 2e^z}} = t + C_2. \tag{7.2.24}$$

Berechnet man nun das Integral in (7.2.24), so lässt sich zeigen, dass die Bedingung $u(0) < \infty$ nicht erfüllt ist, wenn $C_1 \leq 0$ gilt. Damit ist das Integral für $C_1 > 0$ auszuwerten. Wegen der Bequemlichkeit setze man nun $C_1 = \lambda^2$ und $C_2 = \ln c$. Berechnet man jetzt das Integral und schreibt das Ergebnis in den alten Variablen, so bekommt man die folgende Lösung

$$u = \ln \frac{2\lambda^2 (cr)^{\lambda}}{r^2 [1 - (cr)^{\lambda}]^2}. \tag{7.2.25}$$

Es folgt, dass

$$u \approx (\lambda - 2)\ln r \quad (r \to 0).$$

Die Bedingung $u(0) < \infty$ liefert $\lambda = 2$. Damit bekommt die Randbedingung $u(1) = 0$ die Form

$$8c^2 = (1 - c^2)^2,$$

woraus folgt

$$c^2 = 5 \pm 2\sqrt{6}. \tag{7.2.26}$$

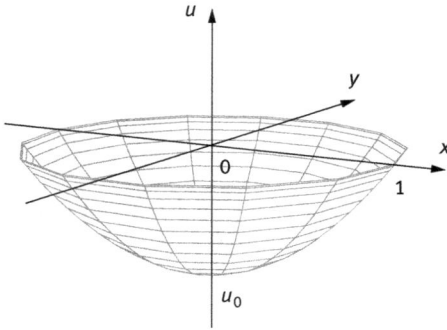

Abb. 7.2.1: Lösung (7.2.27) mit $c^2 = 5 - 2\sqrt{6}$ ist beschränkt.

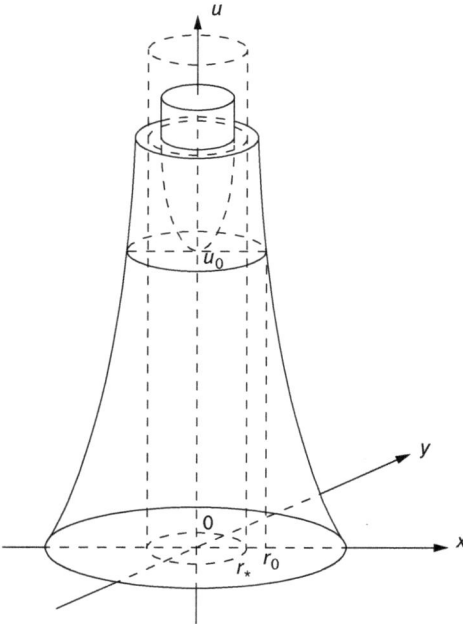

Abb. 7.2.2: Unbeschränkte Lösung, $c^2 = 5 + 2\sqrt{6}$, $u(0) = u(r_0) = u_0 \approx 4{,}37$; $r_* = 1/c$, $r_0 = \sqrt{2}/c$.

Also besitzt die Aufgabe (7.2.17) zwei Lösungen:

$$u = \ln(8c^2) - \ln(1 - c^2 r^2)^2 \tag{7.2.27}$$

mit

$$c^2 = 5 - 2\sqrt{6}$$

und

$$c^2 = 5 + 2\sqrt{6}.$$

Die erste Lösung gehört zu dem Fall $c^2 = 5 - 2\sqrt{6}$ und ist überall im Kreis

$$x^2 + y^2 \le 1$$

beschränkt, während die zweite Lösung, die zu $c^2 = 5 + 2\sqrt{6}$ gehört, auf dem Kreis

$$x^2 + y^2 = r_*^2$$

mit dem Radius $r_* = 1/c \approx 0{,}33$ unbeschränkt ist (vgl. Abbildung 7.2.1 und 7.2.2).

7.2.4 Invariante Lösungen für ein Bewässerungssystem

Man betrachte die nichtlineare partielle Differentialgleichung (2.3.39),

$$C(\psi)\psi_t = [K(\psi)\psi_x]_x + [K(\psi)(\psi_z - 1)]_z - S(\psi). \tag{2.3.39}$$

Diese Gleichung beschreibt die Ausbreitung von Bodenwasser in einem Bewässerungssystem.

Die infinitesimalen Symmetrien von Gleichung (2.3.39) mit beliebigen Koeffizienten bilden eine Lie-Algebra, die Principal-Lie-Algebra L_p der Gleichung heißt. Hierbei handelt es sich um eine dreidimensionale Lie-Algebra, die durch

$$X_1 = \frac{\partial}{\partial t}, \quad X_2 = \frac{\partial}{\partial x}, \quad X_3 = \frac{\partial}{\partial z}$$

aufgespannt wird. Es gibt 29 besondere Typen für die Koeffizienten $C(\psi)$, $K(\psi)$, $S(\psi)$, die zu einer Erweiterung der Algebra L_p führen.

Im Folgenden soll ein Fall betrachtet werden, bei dem L_p um drei Operatoren erweitert wird. Man betrachte dazu die Gleichung ($M = \text{const}$)

$$\frac{4}{Me^{4\psi} - 1}\psi_t = (e^{-4\psi}\psi_x)_x + (e^{-4\psi}\psi_z)_z + 4e^{-4\psi}\psi_z + M - e^{-4\psi}. \tag{7.2.28}$$

Diese lässt eine sechsdimensionale Lie-Algebra L_6 zu, die man erhält, wenn man zur Basis von L_p mit X_1, X_2, X_3 noch die drei folgenden Operatoren

$$X_4 = t\frac{\partial}{\partial t} - \frac{1}{4}(Me^{4\psi} - 1)\frac{\partial}{\partial \psi},$$

$$X_5 = \sin xe^{-z}\frac{\partial}{\partial x} - \cos xe^{-z}\frac{\partial}{\partial z} + \frac{1}{2}\cos xe^{-z}(Me^{4\psi} - 1)\frac{\partial}{\partial \psi},$$

$$X_6 = \cos xe^{-z}\frac{\partial}{\partial x} + \sin xe^{-z}\frac{\partial}{\partial z} - \frac{1}{2}\sin xe^{-z}(Me^{4\psi} - 1)\frac{\partial}{\partial \psi}$$

hinzufügt.

Man bestimme nun invariante Lösungen für eine zweidimensionale Subalgebra $L_2 \subset L_6$, die durch X_4 und X_5 aufgespannt wird. Die Invarianten $J(t, x, z, \psi)$ von L_2 sind über das System von linearen partiellen Differentialgleichungen

$$X_4(J) = 0, \quad X_5(J) = 0 \tag{7.2.29}$$

zu bestimmen. Dieses System liefert als Basis für die Invarianten

$$v = t e^{2z} (e^{-4\psi} - M), \quad \lambda = e^{z} \sin x.$$

Die invariante Lösung ist damit von der Form

$$t e^{2z} (e^{-4\psi} - M) = \Phi(\lambda).$$

Dies nach ψ aufgelöst liefert

$$\psi = -\frac{1}{4} \ln \left| M + \frac{e^{-2z}}{t} \Phi(\lambda) \right|.$$

Setzt man diesen Ausdruck in (7.2.28) ein, so folgt

$$\Phi''(\lambda) = 4$$

mit der Lösung

$$\Phi(\lambda) = 2\lambda^2 + l_1 \lambda + l_2, \quad l_1, l_2 = \text{const.}$$

Damit lautet die invariante Lösung (vgl. Abb. 7.2.3)

$$\psi = -\frac{1}{4} \ln \left| M + \frac{e^{-2z}}{t} (2e^{2z} \sin^2 x + l_1 e^{z} \sin x + l_2) \right|. \tag{7.2.30}$$

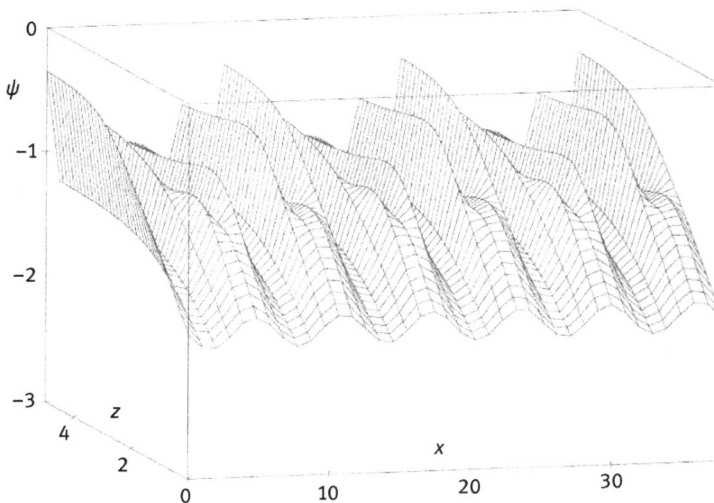

Abb. 7.2.3: Grafische Darstellung der Lösung (7.2.30), $M = 4$, $l_1 = -2$, $l_2 = -4$, $t = 0{,}01$.

7.2.5 Invariante Lösungen für ein Tumor-Wachstumsmodell

Man betrachte das Tumor-Wachstumsmodell (2.5.4):

$$u_t = f(u) - (uc_x)_x, \quad c_t = -g(c, u), \tag{2.5.4}$$

wobei $f(u)$ und $g(c, u)$ den Bedingungen

$$f(u) > 0, \quad g_c(c, u) > 0, \quad g_u(c, u) > 0 \tag{7.2.31}$$

genügt.

Sind $f(u)$ und $g(c, u)$ beliebige Funktionen, so ist das System (2.5.4) nur invariant bezüglich der Translationen in x- und t-Richtung. Mit anderen Worten lässt es nur eine zweidimensionale Lie-Algebra zu, die durch die Generatoren

$$X_1 = \frac{\partial}{\partial t}, \quad X_2 = \frac{\partial}{\partial x} \tag{7.2.32}$$

gebildet wird. Es gibt jedoch viele spezielle Funktionen $f(u)$ und $g(c, u)$, die auf eine Erweiterung der Symmetrie-Gruppe führen[1]. Wählt man zum Beispiel

$$f = \alpha u, \quad g = G(ue^{-c}),$$

wobei α eine beliebige Konstante und G eine beliebige Funktion ist, so lautet das zugehörige System

$$u_t = \alpha u - (uc_x)_x, \quad c_t = -G(ue^{-c}).$$

Zu den beiden Operatoren X_1 und X_2 lässt sich der dritte Generator

$$X_3 = \frac{\partial}{\partial c} + u\frac{\partial}{\partial u}$$

ergänzen. Wählt man jetzt zusätzlich noch z. B. $G(ue^{-c}) = ue^{-c}$, so ergibt sich das System

$$u_t = \alpha u - (uc_x)_x, \quad c_t = -ue^{-c}, \quad \alpha = \text{const.} \tag{7.2.33}$$

Man bestimme nun die invariante Lösung, die von der einparametrigen Gruppe mit dem Operator

$$X_1 + X_3 = \frac{\partial}{\partial t} + \frac{\partial}{\partial c} + u\frac{\partial}{\partial u}$$

erzeugt wird. Die Gleichung $(X_1 + X_3)J = 0$ liefert drei unabhängige Invarianten

$$x, \quad \psi_1 = c - t, \quad \psi_2 = ue^{-t}.$$

---

[1] N. H. Ibragimov and N. Säfström, *Communications in Nonlinear Science and Numerical Simulation*, Vol. 9 (1), 61–68, 2004.

Die zugehörigen invarianten Lösungen besitzen das Aussehen

$$c = t + \psi_1(x), \quad u = e^t \psi_2(x). \tag{7.2.34}$$

Es folgt

$$u_t = e^t \psi_2(x), \quad u_x = e^t \psi_2'(x),$$
$$c_t = 1, \quad c_x = \psi_1'(x), \quad c_{xx} = \psi_1''(x). \tag{7.2.35}$$

Setzt man (7.2.34) und (7.2.35) in die erste Gleichung (7.2.33) ein, so ergibt sich

$$e^t \psi_2(x) = \alpha e^t \psi_2(x) - e^t \psi_1'(x)\psi_2'(x) - e^t \psi_2(x)\psi_1''(x)$$

bzw.

$$(1 - \alpha)\psi_2(x) + \psi_1'(x)\psi_2'(x) + \psi_2(x)\psi_1''(x) = 0. \tag{7.2.36}$$

Die zweite Gleichung von (7.2.33) liefert

$$1 = -\psi_2(x)e^{-\psi_1(x)},$$

woraus

$$\psi_2(x) = -e^{\psi_1(x)} \tag{7.2.37}$$

folgt. Damit wird aus Gleichung (7.2.36)

$$\psi_1''(x) + \psi_1'^2 + (1 - \alpha) = 0.$$

Hieraus folgt

$$\psi_1(x) = \ln|A_2(x + A_1)| \qquad \text{für } \alpha = 1, \tag{7.2.38}$$

$$\psi_1(x) = x\sqrt{\alpha - 1} + \ln|A_2(1 \pm e^{2\sqrt{\alpha-1}(A_1-x)})| \qquad \text{für } \alpha > 1, \tag{7.2.39}$$

$$\psi_1(x) = \ln|A_2 \cos(\sqrt{1 - \alpha}\,(A_1 - x))| \qquad \text{für } \alpha < 1. \tag{7.2.40}$$

Dabei sind A_1 und A_2 beliebige Konstanten.

Setzt man (7.2.37)–(7.2.40) nun in (7.2.34) ein, so erhält man die drei verschiedenen invarianten Lösungen des Systems (7.2.33):

$$c(t, x) = t + \ln|A_2(x + A_1)|,$$
$$u(t, x) = -e^t\,|A_2(x + A_1)| \quad \text{mit } \alpha = 1, \tag{7.2.41}$$

$$c(t, x) = t + x\sqrt{\alpha - 1} + \ln|A_2(1 \pm e^{2\sqrt{\alpha-1}(A_1-x)})|,$$
$$u(t, x) = -e^{t+x\sqrt{\alpha-1}}\,|A_2(1 \pm e^{2\sqrt{\alpha-1}(A_1-x)})| \quad \text{mit } \alpha > 1, \tag{7.2.42}$$

und

$$c(t, x) = t + \ln|A_2 \cos(\sqrt{1 - \alpha}(A_1 - x))|,$$
$$u(t, x) = -e^t\,|A_2 \cos(\sqrt{1 - \alpha}(A_1 - x))| \quad \text{mit } \alpha < 1. \tag{7.2.43}$$

Die Bedingungen (7.2.31) führen zur Auswahl von Lösungen (7.2.43) für $\alpha < 0$. Nur in diesem Fall befriedigen die Funktionen $f(u) = \alpha u$ und $g(c, u) = ue^{-c}$ die Bedingungen (7.2.31):

$$f(u) = \alpha u > 0, \quad g_c(c, u) = -ue^{-c} > 0, \quad g_u(c, u) = e^{-c} > 0.$$

Damit ist die Lösung (7.2.43) mit $\alpha < 0$ relevant für das Modell (7.2.33).

7.2.6 Ein Beispiel aus der nichtlinearen Optik

Der Effekt der Wellenfront-Korrektur bei der optischen Strahlung in Laser-Systemen wird durch nichtlineare Gleichungen beschrieben, das System phasenkonjugierter Reflektionsgleichungen, bekannt auch als Wellenfront-Umkehr. Es wird ein vereinfachtes Modell diskutiert, dass man aus der Betrachtung stationärer Wellen bekommt. Hierbei sind noch spezielle Parameter für das Medium zu wählen. Das System aus der nichtlinearen Optik lautet (vgl. [21], Abschnitt 11.2.7):

$$\left(\frac{\partial}{\partial z} - i\Delta\right) E_1 = |E_2|^2 E_1, \quad \left(\frac{\partial}{\partial z} + i\Delta\right) E_2 = |E_1|^2 E_2. \tag{7.2.44}$$

Hierbei ist Δ der Laplace-Operator in der (x, y)-Ebene und E_1 sowie E_2 die komplexen Amplituden der einfallenden und phasenkorrigierten (verstärkten) Lichtwellen.

Die Gleichungen (7.2.44) sind invariant bezüglich der Translationen in der x, y, z-Richtung, der Drehungen in der (x, y)-Ebene sowie den passenden Dilatationen der abhängigen und unabhängigen Variablen. Außerdem lässt sich noch eine weitere Symmetrie-Gruppe finden, indem man die Analogie zwischen der linken Seite von (7.2.44) und der Wärmeleitungsgleichung betrachtet. Man kennzeichne mit E_α^* die konjugiert komplexe Größe zu E_α und bestimme eine infinitesimale Symmetrie des Systems (7.2.44) mit folgender speziellen Form:

$$X = 2z\frac{\partial}{\partial x} + \sum_{\alpha=1}^{2}\left(f_\alpha(x,z)E_\alpha\frac{\partial}{\partial E_\alpha} + g_\alpha(x,z)E_\alpha^*\frac{\partial}{\partial E_\alpha^*}\right).$$

Man bekommt einen zu (7.1.24) analogen Generator

$$X = 2t\frac{\partial}{\partial x} - xu\frac{\partial}{\partial u}.$$

Dieser kennzeichnet die Galilei-Transformation für die Wärmeleitungsgleichung. Setzt man nun den Operator von oben in die bestimmenden Gleichungen ein, so folgt

$$X = 2z\frac{\partial}{\partial x} + ix\left(E_1\frac{\partial}{\partial E_1} - E_2\frac{\partial}{\partial E_2} - E_1^*\frac{\partial}{\partial E_1^*} + E_2^*\frac{\partial}{\partial E_2^*}\right). \tag{7.2.45}$$

Man betrachte die zweidimensionale Lie Algebra, die durch die Operatoren (7.2.45) und dem Generator $\partial/\partial y$ der Translation in y-Richtung gebildet wird. Die Basis an Invarianten lautet

$$z, \quad u_1 = E_1 e^{-ix^2/(4z)}, \quad u_2 = E_2 e^{ix^2/(4z)},$$

sowie das konjugiert Komplexe von u_1 und u_2. Damit besitzen die invarianten Lösungen die Form

$$E_1 = u_1(z)e^{ix^2/(4z)}, \quad E_2 = u_2(z)e^{-ix^2/(4z)}. \tag{7.2.46}$$

Der Einfachheit halber betrachte man den Fall der reellen Funktionen u_1 und u_2. Setzt man die Ausdrücke (7.2.46) in die Gleichung (7.2.44) ein, so folgt

$$\frac{\mathrm{d}u_1}{\mathrm{d}z} = u_2^2 u_1 - \frac{u_1}{2z}, \quad \frac{\mathrm{d}u_2}{\mathrm{d}z} = u_1^2 u_2 - \frac{u_2}{2z}. \tag{7.2.47}$$

Diese Gleichungen (7.2.47) wurden bereits in Abschnitt 6.7.4, Beispiel 6.7.9 gelöst, wobei u_1, u_2 und z ersetzt wurden durch x, y und u. Macht man diese Substitutionen in (6.7.47) rückgängig, so findet man folgende allgemeine Lösungen für (7.2.47):

$$u_1 = \sqrt{\frac{k}{z(1 - \zeta^2)}}, \quad u_2 = \zeta \sqrt{\frac{k}{z(1 - \zeta^2)}}. \tag{7.2.48}$$

Hierbei ist $\zeta = C z^k$, $C, k = \text{const.}$

Schließlich setze man (7.2.48) in (7.2.46) ein und bekommt die invarianten Lösungen von (7.2.44):

$$E_1 = \sqrt{\frac{k}{z(1 - \zeta^2)}} \, \mathrm{e}^{\mathrm{i}x^2/(4z)}, \quad E_2 = \zeta \sqrt{\frac{k}{z(1 - \zeta^2)}} \, \mathrm{e}^{-\mathrm{i}x^2/(4z)}.$$

Dabei enthält $\zeta = C z^k$ zwei beliebige Konstanten C und k.

7.3 Invarianz und Erhaltungssätze

In diesem Abschnitt wird eine allgemeine Methode besprochen, die es erlaubt, Erhaltungssätze für Differentialgleichungen zu konstruieren, die man von einem Variationsprinzip erhält. Die Methode basiert auf zwei Erhaltungssätzen. Der erste von ihnen ist das Noethersche Theorem [30] und verbindet Erhaltungssätze mit der Invarianz von Variationsintegralen. Der zweite Satz, der in Abschnitt 7.3.6 formuliert wird, verallgemeinert das Noethersche Theorem und verbindet Erhaltungssätze mit der Invarianz der Extremwerte von Variationsintegralen. Dieser wurde in [13] bewiesen.

Die Erhaltungssätze, die hier behandelt werden, besitzen zahlreiche Anwendungen. Einige von ihnen dienen als anschauliche Beispiele. Viele andere Anwendungen aus Mechanik, Physik und den Ingenieurswissenschaften sind in [18, 19, 20] zusammengetragen.

7.3.1 Einleitung

Erhaltungssätze bilden eines der fundamentalen Prinzipien, wenn es darum geht, mathematische Modelle zu erstellen und zu untersuchen. Im täglichen Leben gibt es eine große Vielzahl von einleuchtenden Erhaltungssätzen, wie z. B. traditionelle Gebräuche bzw. Naturgesetze wie der Wechsel zwischen Tag und Nacht, Sommer und

Winter, die Unveränderlichkeit der Position der Sterne usw. Andere Erhaltungssätze sind weniger offensichtlich. Einer dieser „versteckten Erhaltungssätze" ist der von der Erhaltung der Zahl der Probleme. Dieser besagt, dass jedes Individuum eine feste Anzahl von Problemen besitzt. Wenn jedoch jemand ihm hilft, eines dieser Probleme zu lösen, so tritt sofort ein neues an die Stelle des gelösten. Dies lässt sich durch Beobachtungen immer wieder bestätigen.

Das Anliegen dieses Abschnittes richtet sich an die mathematischen Erhaltungssätze. Ihr Konzept lässt sich mit der Erhaltung der physikalischen Größen wie Energie, linearer Impuls, Drehimpuls usw. motivieren, die in der klassischen Mechanik auftreten. Diese Größen werden in dem Sinne erhalten, als dass sie entlang einer jeden Trajektorie, die durch das zugehörige dynamische System beschrieben wird, konstant sind (vgl. Abschnitt 1.5.1). Man betrachte eine Funktion $T = T(t, q, \upsilon)$ der Zeit t. Die Raumkoordinaten seien $q = (q^1, \ldots, q^s)$ und die Geschwindigkeiten seien $\upsilon = (\upsilon^1, \ldots, \upsilon^s)$. Diese Funktion $T = T(t, q, \upsilon)$ heißt Erhaltungsgröße, wenn sie der Gleichung

$$D_t(T) = 0 \tag{7.3.1}$$

entlang einer jeden Trajektorie $q = q(t)$ des betrachteten dynamischen Systems genügt. Da

$$D_t(T) \equiv \frac{\partial T}{\partial t} + \upsilon^\alpha \frac{\partial T}{\partial q^\alpha} + \dot{\upsilon}^\alpha \frac{\partial T}{\partial \upsilon^\alpha} \tag{7.3.2}$$

der totale Ableitungsoperator in Bezug auf die Zeit ist, lässt sich die Definition wie folgt formulieren:

Sei $q = q(t)$ eine gegebene Trajektorie und $\upsilon = \dot{q}(t)$ die zugehörige Geschwindigkeit. Dann bedeutet die Erhaltungsgleichung (7.3.1), dass die Funktion $T(t) = T(t, q(t), \upsilon(t))$ der Gleichung $dT(t)/dt = 0$ genügt. Mit anderen Worten ist die Erhaltungsgröße $T(t, q, \upsilon)$ eine Konstante auf jeder Trajektorie. Damit nennt man T auch Konstante der Bewegung.

So wird z. B. die freie Bewegung eines einzelnen Teilchens der Masse m durch die Gleichung $m\dot{\boldsymbol{\upsilon}} = 0$ beschrieben. Die Energie des Teilchens sei $E = m|\boldsymbol{\upsilon}|^2/2$. Sie ist eine Konstante der Bewegung. Bildet man die totale Ableitung $D_t(E) = m\dot{\boldsymbol{\upsilon}} \cdot \boldsymbol{\upsilon}$ so verschwindet sie auf jeder Trajektorie wegen der Bewegungsgleichung $m\dot{\boldsymbol{\upsilon}} = 0$.

Die Erweiterung des Erhaltungssatzes (7.3.1) auf stetige Systeme führt auf folgende Definition, die für jede Anzahl $n \geq 1$ von unabhängigen Variablen gilt. Man betrachte eine partielle Differentialgleichung, z. B. von zweiter Ordnung,

$$F(x, u, u_{(1)}, u_{(2)}) = 0. \tag{7.3.3}$$

Hierbei sind $x = (x^1, \ldots, x^n)$ die unabhängigen Variablen, $u = (u^1, \ldots, u^m)$ die abhängigen, und $u_{(1)} = \{u_i^\alpha\}$ sowie $u_{(2)} = \{u_{ij}^\alpha\}$ kennzeichnen die Ableitungen erster bzw. zweiter Ordnung (vgl. Notationen aus Abschnitt 1.4.3).

Definition 7.3.1. Ein Vektorfeld $C(x, u, u_{(1)})$ bestehend aus n Komponenten

$$C = (C^1, \dots, C^n) \tag{7.3.4}$$

heißt eine vektorielle Erhaltungsgröße, wenn sie der Gleichung

$$\operatorname{div} C \equiv D_i(C^i) = 0 \tag{7.3.5}$$

für jede Lösung $u = u(x)$ der Gleichung (7.3.3) genügt. Gleichung (7.3.5) heißt ein Erhaltungssatz zur Gleichung (7.3.3).

Man setze nun voraus, dass eine dieser unabhängigen Variablen die Zeit ist, z. B. $x^n = t$. Dann folgt aus Gleichung (7.3.5) die Existenz einer Funktion $T(t, u, u_{(1)})$, die eine Konstante der Bewegung ist. Es gilt das folgende Lemma:

Lemma 7.3.1. *Gegeben sei ein Erhaltungssatz (7.3.5). Dann ist das Integral*

$$T(t) = \int_{\mathbb{R}^{n-1}} C^n(x, u(x), u_{(1)}) \, dx^1 \cdots dx^{n-1} \tag{7.3.6}$$

entlang einer jeden Lösung $u = u(x)$ von (7.3.3) konstant. Dies bedeutet, dass es der Gleichung (7.3.1) genügt und berücksichtigt, dass die Komponenten des Erhaltungsvektors C schnell abnehmen und im Unendlichen verschwinden. Demnach nennt man C^n auch die Dichte des Erhaltungssatzes (7.3.5).

Beweis. Sei Ω ein $(n-1)$-dimensionales Gebiet im Raum aller unabhängigen Variablen $(x^1, \dots, x^{n-1}, t)$, das wie folgt definiert ist:

$$\Omega: \sum_{i=1}^{n-1}(x^i)^2 = r^2, \quad t_1 \le t \le t_2.$$

Hierbei sind r und t_1, t_2 mit $t_1 < t_2$ beliebige Konstanten. Sei S der Rand von Ω und sei v die nach außen gerichtete Einheitsnormale auf der Oberfläche S. Wendet man nun den Divergenz-Satz auf das Gebiet Ω an und benutzt Gleichung (7.3.5), so folgt

$$\int_S C \cdot v \, d\sigma = \int_\Omega \operatorname{div} C = 0. \tag{7.3.7}$$

Berücksichtigt man ferner, dass die Komponenten C^i des Vektors C schnell verschwindende Funktionen im Unendlichen sind, so sei $r \to \infty$ und das Integral über den zylindrischen Anteil der Oberfläche S auf der linken Seite von (7.3.7) kann vernachlässigt werden. Es verbleibt noch, das Integral über die untere Basis K_1 (mit $t = t_1$) und über die obere Basis K_2 (mit $t = t_2$) des Rohrs Ω zu berechnen. Es folgt, dass $C \cdot v = -C^n|_{t=t_1}$ und $C \cdot v = C^n|_{t=t_2}$ auf K_1 und K_2 gilt.

Sei $r \to \infty$, so stimmen K_1 und K_2 mit dem $(n-1)$-dimensionalen Raum $\mathbb{R}^{n-1}$ der räumlichen Variablen überein. Damit wird aus dem Integral auf der linken Seite von (7.3.7) für $r \to \infty$

$$\int_{\mathbb{R}^{n-1}} (C^n|_{t=t_2} - C^n|_{t=t_1}) \, dx^1 \cdots dx^{n-1}$$

und es ergibt sich

$$\int_{\mathbb{R}^{n-1}} C^n \, \mathrm{d}x^1 \cdots \mathrm{d}x^{n-1}\bigg|_{t=t_1} = \int_{\mathbb{R}^{n-1}} C^n \, \mathrm{d}x^1 \cdots \mathrm{d}x^{n-1}\bigg|_{t=t_2}.$$

Da die Größen t_1 und t_2 beliebig sind, folgt, dass das Integral (7.3.6) eine Konstante ist entlang einer jeden Lösung $u = u(x)$ von Gleichung (7.3.3). Dies vervollständigt den Beweis. $\qquad\square$

Definition 7.3.2. Verschwindet die Divergenz $D_i(C^i)$ eines Vektorfeldes $C(x, u, u_{(1)})$ nicht nur für Lösungen von Gleichung (7.3.3), sondern für jede Funktion $u(x)$, so heißt C trivialer Erhaltungsvektor.

Bemerkung 7.3.1. Vektorfelder $C = (C^1(x), C^2(x), C^3(x))$ des $\mathbb{R}^3$, die die Bedingung $\operatorname{div} C = 0$ identisch erfüllen in einer gewissen Umgebung, heißen solenoidale Vektoren[2]. Damit ist ein dreidimensionaler Vektor $C(x, u, u_{(1)})$ ein trivialer Erhaltungsvektor genau dann, wenn er solenoidal für jede Funktion $u = u(x)$ ist. Da bei den Betrachtungen die Dimension beliebig ist, folge man der oben eingeführten Nomenklatur, was einen trivialen Erhaltungsvektor anbelangt.

Zwei erhaltende Vektoren werden als identisch angesehen, wenn der eine aus dem anderen durch Addition eines trivalen erhaltenden Vektors hervorgeht. Außerdem ist wegen der Linearität der Erhaltungsgleichung (7.3.5) klar, dass, wenn (7.3.3) mehrere Erhaltungsvektoren $C_1, \ldots, C_r$ besitzt, ihre Linearkombination $C = k_1 C_1 + \cdots + k_r C_r$ mit konstanten Koeffizienten ebenfalls ein Erhaltungsvektor von Gleichung (7.3.3) darstellt. Zusammenfassend ergibt sich also:

Definition 7.3.3. Seien $C_1, \ldots, C_r$ Erhaltungsvektoren von Gleichung (7.3.3). Sie heißen linear abhängig, wenn Konstanten $k_1, \ldots, k_r$ existieren, die paarweise von Null verschieden sind, so dass die Linearkombination $k_1 C_1 + \cdots + k_r C_r$ ein trivialer Erhaltungsvektor ist. Sonst nennt man sie linear unabhängig.

7.3.2 Vorbereitungen

Man betrachte ein Variationsintegral der Form (1.5.3)

$$\int_V L(x, u, u_{(1)}) \, \mathrm{d}x \qquad (7.3.8)$$

---

2 Konstante Vektorfelder sind z. B. solenoidale Vektoren. Außerdem gehören Vektoren mit $C = \operatorname{rot} A$ ebenfalls zu dieser Art (vgl. Aufgabe 7.9). Aus der Vektoranalysis folgt, dass alle solenoidalen Vektorfelder $C = (C^1(x), C^2(x), C^3(x))$ sich in der Form $\operatorname{rot} A$ darstellen lassen (vgl. Beispiele in Aufgabe 7.11 und 7.12).

und die Euler–Lagrange-Gleichungen (1.5.4)

$$\frac{\delta L}{\delta u^\alpha} \equiv \frac{\partial L}{\partial u^\alpha} - D_i\left(\frac{\partial L}{\partial u_i^\alpha}\right) = 0, \quad \alpha = 1, \ldots, m. \tag{7.3.9}$$

Hierbei stellt L die Lagrange-Funktion in den Unabhängigen $x = (x^1, \ldots, x^n)$ und den Abhängigen $u = (u^1, \ldots, u^m)$ dar. $u_{(1)} = \{u_i^\alpha\}$ kennzeichnet wieder die ersten Ableitungen in Bezug auf die Variablen x.

Sei G eine einparametrige Transformationsgruppe

$$\bar{x}^i = f^i(x, u, a), \quad \bar{u}^\alpha = \varphi^\alpha(x, u, a) \tag{7.3.10}$$

mit dem Generator

$$X = \xi^i(x, u)\frac{\partial}{\partial x^i} + \eta^\alpha(x, u)\frac{\partial}{\partial u^\alpha}. \tag{7.3.11}$$

Definition 7.3.4. Das Integral (7.3.8) heißt invariant in Bezug auf die Gruppe G, wenn die folgende Gleichung für jedes Gebiet V und für jede Funktion $u(x)$ gilt:

$$\int_{\bar{V}} L(\bar{x}, \bar{u}, \bar{u}_{(1)}) \, d\bar{x} = \int_V L(x, u, u_{(1)}) \, dx. \tag{7.3.12}$$

Hierbei ist $\bar{V} \subset \mathbb{R}^n$ ein Gebiet, das aus V durch Anwendung der Transformation (7.3.10) entsteht.

Die folgenden Aussagen sollen das Noethersche Theorem plausibilisieren. Die zugehörigen Beweise sind für eine allgemeinere Formulierung in [21], Kapitel 8 angegeben.

Lemma 7.3.2. *Das Integral (7.3.8) ist invariant in Bezug auf die Gruppe G genau dann, wenn die folgende Gleichung gilt:*

$$X(L) + L D_i(\xi^i) = 0. \tag{7.3.13}$$

X kennzeichnet hier die erste Prolongation des Generators (7.3.11):

$$X(L) = \xi^i\frac{\partial L}{\partial x^i} + \eta^\alpha\frac{\partial L}{\partial u^\alpha} + \zeta_i^\alpha\frac{\partial L}{\partial u_i^\alpha}, \quad \zeta_i^\alpha = D_i(\eta^\alpha) - u_j^\alpha D_i(\xi^j).$$

Lemma 7.3.3. *Die folgende Gleichung gilt für jede Funktion $L(x, u, u_{(1)})$:*

$$X(L) + L D_i(\xi^i) \equiv W^\alpha\frac{\delta L}{\delta u^\alpha} + D_i(C^i) \tag{7.3.14}$$

mit

$$W^\alpha = \eta^\alpha - \xi^j u_j^\alpha, \quad \alpha = 1, \ldots, m \tag{7.3.15}$$

und

$$C^i = \xi^i L + (\eta^\alpha - \xi^j u_j^\alpha)\frac{\partial L}{\partial u_i^\alpha}, \quad i = 1, \ldots, n. \tag{7.3.16}$$

Lemma 7.3.4. *Eine Funktion $F(x, u, u_{(1)})$ ist eine Divergenz eines gewissen Vektorfeldes $H = (H^1, \ldots, H^n)$ genau dann, wenn die Variationsableitung von F verschwindet:*

$$F = D_i(H^i) \quad \text{genau dann, wenn} \quad \frac{\delta F}{\delta u^\alpha} = 0, \quad \alpha = 1, \ldots, m. \tag{7.3.17}$$

7.3.3 Das Noethersche Theorem

Satz 7.3.1. *Sei das Variationsintegral (7.3.8) invariant in Bezug auf eine Gruppe mit dem Generator (7.3.11). Mit anderen Worten, es sei der Invarianztest (7.3.13) erfüllt. Dann ist das durch*

$$C^i = \xi^i L + (\eta^\alpha - \xi^j u_j^\alpha)\frac{\partial L}{\partial u_i^\alpha}, \quad i = 1, \ldots, n \qquad (7.3.18)$$

definierte Vektorfeld $C = (C^1, \ldots, C^n)$ ein erhaltender Vektor der Gleichung (7.3.9), d. h. C genügt dem Erhaltungssatz (7.3.5) $D_i(C^i) = 0$.

Beweis. Die Behauptung folgt aus Lemma 7.3.2 und Lemma 7.3.3. □

Bemerkung 7.3.2. Die Invarianz des Variationsintegrals (7.3.8) impliziert die Invarianz der betreffenden Euler–Lagrange-Gleichungen (7.3.9) in Bezug auf die betrachtete Gruppe G. Damit liefert das Noethersche Theorem ein konstruktives Verfahren, Erhaltungssätze aus einer bekannten Symmetrie-Gruppe G der Euler–Lagrange-Gleichungen zu bestimmen. Dabei habe die Gruppe G die zusätzliche Eigenschaft, dass sie das Variationsintegral invariant lässt.

Korollar 7.3.1. *Lemma 7.3.4 zeigt, dass zu einer Lagrange-Funktion eine beliebige Funktion vom Divergenztyp hinzugezählt werden kann. Folglich lässt sich die Invarianzbedingung (7.3.13) durch die folgende Divergenzbedingung ersetzen:*

$$X(L) + LD_i(\xi^i) = D_i(B^i). \qquad (7.3.19)$$

Damit folgt anstelle von (7.3.18) für den erhaltenden Vektor

$$C^i = \xi^i L + (\eta^\alpha - \xi^j u_j^\alpha)\frac{\partial L}{\partial u_i^\alpha} - B^i. \qquad (7.3.20)$$

7.3.4 Lagrange-Funktionen höherer Ordnung

Die Mathematische Physik liefert eine Vielzahl mathematischer Modelle, die durch Lagrange-Funktionen erster und zweiter Ordnung beschrieben werden. Z. B. tritt eine Lagrange-Funktion zweiter Ordnung (2.6.27),

$$L = \frac{1}{2}[\rho u_t^2 - \mu(u_{xx} + u_{yy})^2],$$

bei der Betrachtung schwingender Bleche auf. Damit wäre es hilfreich, einen der Erhaltungsgleichung (7.3.18) entsprechenden Ausdruck für Funktionen zweiter Ordnung zu besitzen.

Man betrachte nun in Übereinstimmung mit obiger Notation eine Lagrange-Funktion $L(x, u, u_{(1)}, u_{(2)})$, in der auch zweite Ableitungen berücksichtigt werden. Dann sagt das Noethersche Theorem aus, dass die Invarianz des Variationsintegrals auf einen Erhaltungssatz (7.3.5) mit $D_i(C^i) = 0$ führt. Die Euler–Lagrange-Gleichungen haben die Form

$$\frac{\delta L}{\delta u^\alpha} \equiv \frac{\partial L}{\partial u^\alpha} - D_i\left(\frac{\partial L}{\partial u_i^\alpha}\right) + D_i D_k\left(\frac{\partial L}{\partial u_{ik}^\alpha}\right) = 0. \qquad (7.3.21)$$

Der erhaltende Vektor (7.3.18) lässt sich dann wie folgt modifizieren:

$$C^i = L\xi^i + W^\alpha\left[\frac{\partial L}{\partial u_i^\alpha} - D_k\left(\frac{\partial L}{\partial u_{ik}^\alpha}\right)\right] + D_k(W^\alpha)\frac{\partial L}{\partial u_{ik}^\alpha}. \qquad (7.3.22)$$

Hierbei ist W^α in Analogie zu (7.3.15) definiert als $W^\alpha = \eta^\alpha - \xi^j u_j^\alpha$.

Die Bemerkung 7.3.1 über Erhaltungssätze unter einer Divergenzbedingung lässt sich auch im Fall von Lagrange-Funktionen höherer Ordnung anwenden.

7.3.5 Erhaltungssätze für gewöhnliche Differentialgleichungen

Im Folgenden sollen nun die Erhaltungssätze auf Systeme von gewöhnlichen Differentialgleichungen angepasst werden. Dabei wird ein wenig die obige Notation bei der Betrachtung der dynamischen Systeme abgeändert, d. h. Gleichung (7.3.2). Es werde vorausgesetzt, dass die unabhängige Variable t sei. Die abhängigen (z. B. Teilchenkoordinaten) werden mit $x = (x^1, \ldots, x^n)$ bezeichnet. Die Geschwindigkeiten lauten $v = (v^1, \ldots, v^n)$ mit $v^i = \dot{x}^i \equiv \mathrm{d}x^i/\mathrm{d}t$.

Man betrachte nun eine Lagrange-Funktion in der Form

$$L(t, x, v) \qquad (7.3.23)$$

mit der zugehörigen Euler–Lagrange-Gleichung

$$\frac{\delta L}{\delta x^i} \equiv \frac{\partial L}{\partial x^i} - D_t\left(\frac{\partial L}{\partial v^i}\right) = 0, \quad i = 1, \ldots, n. \qquad (7.3.24)$$

Hierbei ist D_t der totale Ableitungsoperator in t (vgl. Gleichung (7.3.2))

$$D_t = \frac{\partial}{\partial t} + v^i\frac{\partial}{\partial x^i} + \dot{v}^i\frac{\partial}{\partial v^i}.$$

Ferner sei G eine Transformationsgruppe mit

$$\bar{t} = \varphi(t, x, a), \quad \bar{x}^i = \psi^i(t, x, a) \qquad (7.3.25)$$

und dem Generator

$$X = \xi(t, x)\frac{\partial}{\partial t} + \eta^i(t, x)\frac{\partial}{\partial x^i}. \qquad (7.3.26)$$

In dieser Notation lässt sich der Invarianztest (7.3.13) für das Variationsintegral mit der Lagrange-Funktion (7.3.23) schreiben als

$$X(L) + LD_t(\xi) = 0. \qquad (7.3.27)$$

Satz 7.3.1 kann dann wie folgt formuliert werden:

Satz 7.3.2. *Sei der Invarianztest (7.3.27) erfüllt. Dann ist*

$$T = \xi L + (\eta^i - \xi v^i)\frac{\partial L}{\partial v^i} \tag{7.3.28}$$

eine erhaltende Größe, d. h. sie genügt dem Erhaltungssatz

$$D_t(T) \equiv \frac{\partial T}{\partial t} + v^i\frac{\partial T}{\partial x^i} + \dot{v}^i\frac{\partial T}{\partial v^i} = 0 \tag{7.3.29}$$

für alle Lösungen x(t) der Gleichung (7.3.24).

Die Divergenzbedingung (7.3.19) und Gleichung (7.3.20) für den zugehörigen Erhaltungssatz liefern die folgende Aussage:

Satz 7.3.3. *Sei die folgende Divergenzbedingung erfüllt:*

$$X(L) + L D_t(\xi) = D_t(B). \tag{7.3.30}$$

Dann ist

$$T = \xi L + (\eta^i - \xi v^i)\frac{\partial L}{\partial v^i} - B \tag{7.3.31}$$

eine erhaltende Größe von Gleichung (7.3.24).

7.3.6 Verallgemeinerung des Noetherschen Theorems

Satz 7.3.1 und Bemerkung 7.3.2 zeigen, dass die Invarianz des Variationsintegrals unter der Wirkung einer Gruppe G, die durch die Euler–Lagrange-Gleichungen zugelassen wird, eine hinreichende Bedingung dafür liefert, dass (7.3.18) ein erhaltender Vektor ist. Ähnlich generiert Korollar 7.3.1 eine notwendige Bedingung dafür, dass (7.3.20) ein erhaltender Vektor ist. Beispiele zeigen jedoch, dass die Invarianz und die Divergenzeigenschaft keine notwendigen Bedingungen sind (vgl. Abschnitt 7.3.7 und 7.3.9). Somit wäre es wünschenswert, eine notwendige und hinreichende Bedingung dafür zu haben, dass (7.3.20) ein erhaltender Vektor ist.

Die Lösung für dieses Problem ist in [13] zu finden (siehe aber auch [21]). Das Ergebnis führt auf den folgenden Satz. Der Ausdruck *extremaler Wert des Variationsintegrals*, der in dem Satz benutzt wird, verweist auf die Tatsache, dass der Wert des Integrals (7.3.8) an der Stelle der Lösung $u(x)$ der Euler–Lagrange-Gleichungen (7.3.9) auszuwerten ist.

Satz 7.3.4. *Man betrachte die Euler–Lagrange-Gleichungen (7.3.9), die eine kontinuierliche Gruppe G mit dem Generator (7.3.11) zulassen. Der Vektor (7.3.18)*

$$C^i = \xi^i L + (\eta^\alpha - \xi^j u_j^\alpha)\frac{\partial L}{\partial u_i^\alpha} \tag{7.3.18}$$

liefert einen Erhaltungssatz für Gleichung (7.3.9), genau dann, wenn die extremalen Werte des Integrals (7.3.8) invariant sind unter G. Der infinitesimale Test für die Invarianz dieser Extremwerte des Integrals (7.3.8) ist

$$X(L) + LD_i(\xi^i) = F^\alpha \frac{\delta L}{\delta u^\alpha}, \tag{7.3.32}$$

wobei $F^\alpha = F^\alpha(x, u, u_{(1)})$ von W^α, definiert durch (7.3.15), verschieden ist.

Bemerkung 7.3.3. Ist $F^\alpha = W^\alpha$, dann definiert (7.3.18) einen trivialen Erhaltungssatz. Tatsächlich liefert (7.3.32) mit $F^\alpha = W^\alpha$ mit der Identität (7.3.14), dass $D_i(C^i)$ identisch verschwindet. Damit ist C ein trivialer erhaltender Vektor.

Korollar 7.3.2. *Gleichung (7.3.32) für die Invarianten der extremalen Werte lässt sich durch die Divergenz für die Extremwerte ersetzen:*

$$X(L) + LD_i(\xi^i) = F^\alpha \frac{\delta L}{\delta u^\alpha} + D_i(B^i), \quad F^\alpha \neq W^\alpha. \tag{7.3.33}$$

Damit erhält man an Stelle von (7.3.18) den folgenden erhaltenden Vektor

$$C^i = \xi^i L + (\eta^\alpha - \xi^j u_j^\alpha) \frac{\partial L}{\partial u_i^\alpha} - B^i. \tag{7.3.34}$$

Im Falle der gewöhnlichen Differentialgleichungen benutze man die Notation aus Abschnitt 7.3.5 und schreibe die Gleichungen (7.3.33), (7.3.34) wie folgt:

$$X(L) + LD_t(\xi) = F^k \frac{\delta L}{\delta x^k} + D_t(B), \quad F^k \neq W^k, \tag{7.3.35}$$

$$T = \xi L + (\eta^i - \xi v^i) \frac{\partial L}{\partial v^i} - B. \tag{7.3.36}$$

7.3.7 Beispiele aus der klassischen Mechanik

Die Bewegung eines einzelnen Teilchens mit der konstanten Masse m in einem Potential $U(t, \boldsymbol{x})$ lässt sich mit Hilfe der Lagrange-Funktion

$$L = \frac{m}{2}|\boldsymbol{v}|^2 - U(t, \boldsymbol{x}), \quad |\boldsymbol{v}|^2 = \sum_{i=1}^{3}(v^i)^2 \tag{7.3.37}$$

beschreiben. Hierbei ist $\boldsymbol{x} = (x^1, x^2, x^3)$ der Ortsvektor des Teilchens und $\boldsymbol{v} = (v^1, v^2, v^3)$ seine Geschwindigkeit. Die Euler–Lagrange-Gleichungen (7.3.24) ergeben

$$m\frac{d^2 x^i}{dt^2} = -\frac{\partial U}{\partial x^i}, \quad i = 1, 2, 3. \tag{7.3.38}$$

Die infinitesimalen Transformationen (7.3.25) lassen sich in der Mechanik wie folgt darstellen:

$$\bar{t} = t + \delta t, \quad \bar{\boldsymbol{x}} = \boldsymbol{x} + \delta \boldsymbol{x}. \tag{7.3.39}$$

Hierbei ist $\delta t = a\xi$, $\delta x^k = a\eta^k$ mit dem Gruppenparameter a.

Beispiel 7.3.1 (Die freie Bewegung eines Teilchens). Die freie Bewegung korrespondiert mit $U = 0$. Dann geht (7.3.38) über in die Gleichung einer freien Bewegung

$$m\frac{\mathrm{d}^2 \boldsymbol{x}}{\mathrm{d}t^2} = 0 \qquad (7.3.40)$$

mit der zugehörigen Lagrange-Funktion $L = \frac{m}{2}|\boldsymbol{v}|^2$. Gleichung (7.3.40) lässt die Galilei-Gruppe zu, die aus Zeit-Translation, Orts-Translation und Rotation der Raumkoordinaten sowie der Galilei-Transformation besteht. Die zugehörigen Generatoren lauten

$$X_0 = \frac{\partial}{\partial t}, \quad X_i = \frac{\partial}{\partial x^i}, \quad X_{ij} = x^j \frac{\partial}{\partial x^i} - x^i \frac{\partial}{\partial x^j}, \quad Y_i = t\frac{\partial}{\partial x^i}, \quad i, j = 1, 2, 3. \quad (7.3.41)$$

Im Folgenden werden nun die zugehörigen Erhaltungssätze bestimmt:

(i) *Zeit-Translation*: Der zugehörige Generator ist X_0. Die erhaltende Größe erhält man durch Einsetzen der Koordinaten $\xi = 1$ und $\eta^1 = \eta^2 = \eta^3 = 0$ von X_0 in Gleichung (7.3.28). Außerdem sei $E = -T$. Damit folgt die Energie-Erhaltung mit

$$E = \frac{m}{2}|\boldsymbol{v}|^2.$$

(ii) *Orts-Translation*: Man betrachte zunächst die Translation in x^1-Richtung, die durch X_1 erzeugt wird. Die zugehörigen Koordinaten lauten $\xi = 0$, $\eta^1 = 1$, $\eta^2 = \eta^3 = 0$. Gleichung (7.3.28) liefert mit $T = p^1$ die erhaltende Größe $p^1 = mv^1$. Benutzt man alle Raumrichtungen mit dem Generator X_i, so folgt als vektorielle Erhaltungsgröße der lineare Impuls

$$\boldsymbol{p} = m\boldsymbol{v}.$$

(iii) *Rotationen*: Zunächst werde die Rotation um die x^3-Achse betrachtet. Der zugehörige Generator X_{12} besitzt die Koordinaten $\xi = 0$, $\eta^1 = x^2$, $\eta^2 = -x^1$, $\eta^3 = 0$. Setzt man dies in (7.3.28) ein, ergibt sich die Erhaltungsgröße $M_3 = m(x^2 v^1 - x^1 v^2)$. Benutzt man alle Rotationen mit den Generatoren X_{12}, X_{13}, X_{23}, so führt die Invarianz in Bezug auf diese Generatoren zur Erhaltung des Drehimpulses (2.2.9):

$$\boldsymbol{M} = m(\boldsymbol{x} \times \boldsymbol{v}).$$

(iv) *Galilei-Transformation*: Dieser Generator Y_i genügt im Gegensatz zu X_0, X_i, X_{ij} nicht dem Invarianztest (7.3.13). Betrachtet man hingegen die erweiterte Wirkung

$$Y_1 = t\frac{\partial}{\partial x^1} + \frac{\partial}{\partial v^1}$$

von Y_1, so folgt $Y_1(L) + LD_t(\xi) = mv^1 \equiv D_t(mx^1)$. Da die Divergenzbedingung (7.3.30) erfüllt ist, lässt sich Satz 7.3.3 anwenden. Dann liefert Gleichung (7.3.31) mit $B = mx^1$ die Erhaltungsgröße $T = m(tv^1 - x^1)$. Benutzt man alle Operatoren Y_i und kennzeichnet T durch Q, so folgt die vektorwertige Erhaltungsgröße

$$\boldsymbol{Q} = m(t\boldsymbol{v} - \boldsymbol{x}).$$

Die Erhaltung des Vektors Q ist im Falle eines Systems von Teilchen der Schwerpunktsatz.

Beispiel 7.3.2 (Das Keplersche Problem). Das Zwei-Körper-Problem (z. B. Sonne und ein Planet) ist auch als Kepler-Problem bekannt (vgl. Abschnitt 2.2.3). Es besitzt die Lagrange Funktion

$$L = \frac{m}{2}|\boldsymbol{v}|^2 - \frac{\mu}{r}, \quad \text{mit } r = |\boldsymbol{x}|, \ \mu = \text{const.} \tag{7.3.42}$$

Die Bewegungsgleichungen (7.3.38) lassen sich schreiben als

$$m\frac{\mathrm{d}^2 x^k}{\mathrm{d}t^2} = \mu \frac{x^k}{r^3}, \quad k = 1, 2, 3, \tag{7.3.43}$$

bzw. in vektorieller Form

$$m\frac{\mathrm{d}^2 \boldsymbol{x}}{\mathrm{d}t^2} = \mu \frac{\boldsymbol{x}}{r^3}$$

und besitzen fünf Generatoren der Form (7.3.26):

$$X_0 = \frac{\partial}{\partial t}, \quad X_{ij} = x^j \frac{\partial}{\partial x^i} - x^i \frac{\partial}{\partial x^j}, \quad Z = 3t\frac{\partial}{\partial t} + 2x^i \frac{\partial}{\partial x^i}. \tag{7.3.44}$$

Die Generatoren X_0 und X_{ij} von Translation und Rotation führen wieder auf die Erhaltung von Energie und Drehimpuls $\boldsymbol{M}$:

$$E = \frac{m}{2}|\boldsymbol{v}|^2 + \frac{\mu}{r}, \quad \boldsymbol{M} = m(\boldsymbol{x} \times \boldsymbol{v}).$$

Der Operator Z führt hingegen auf keinen Erhaltungssatz (vgl. Aufgabe 7.13).

Beispiel 7.3.3. Man beachte, dass die drei infinitesimalen Rotationen, die zu den Operatoren X_{ij} aus (7.3.44) gehören, sich auch in der Form (7.3.39) schreiben lassen. Es ist

$$\delta t = 0, \quad \delta \boldsymbol{x} = \boldsymbol{x} \times \boldsymbol{a} \tag{7.3.45}$$

mit $\boldsymbol{a} = (a^1, a^2, a^3)$. Gleichung (7.3.43) besitzt auch die folgende Verallgemeinerung von (7.3.45) (vgl. [14], Abschnitt 25.1)

$$\delta t = 0, \quad \delta \boldsymbol{x} = [\boldsymbol{x} \times (\boldsymbol{v} \times \boldsymbol{a})] + [(\boldsymbol{x} \times \boldsymbol{v}) \times \boldsymbol{a}]. \tag{7.3.46}$$

Diese infinitesimale Transformation (7.3.46) führt auf den zugehörigen Generator

$$\hat{X}_i = (2x^i v^k - x^k v^i - (\boldsymbol{x} \cdot \boldsymbol{v})\delta_i^k)\frac{\partial}{\partial x^k}, \quad i = 1, 2, 3. \tag{7.3.47}$$

Man betrachte nun den ersten Operator von (7.3.47):

$$\hat{X}_1 = -(x^2 v^2 + x^3 v^3)\frac{\partial}{\partial x^1} + (2x^1 v^2 - x^2 v^1)\frac{\partial}{\partial x^2} + (2x^1 v^3 - x^3 v^1)\frac{\partial}{\partial x^3}.$$

Die Berechnungen zeigen, dass die Wirkung der ersten Prolongation von $\hat{X}_1$ (vgl. Aufgabe 7.14) auf die Lagrange-Funktion (7.3.42) von der Form

$$\hat{X}_1(L) = -W^k \frac{\delta L}{\delta x^k} + D_t\left(-\frac{2\mu}{r}x^1\right) \tag{7.3.48}$$

ist. Es folgt aus (7.3.48), dass $\hat{X}_1$ und damit alle Symmetrien (7.3.47) weder dem Invarianztest (7.3.27) noch der Divergenzbedingung (7.3.30) genügen. Folglich lässt sich das Noethersche Theorem nicht auf die Symmetrien (7.3.47) anwenden. Auf der anderen Seite aber zeigt (7.3.48), dass die Divergenzbedingung (7.3.35) an den Extremwerten mit $F^k = -W^k$ erfüllt ist. Damit führt (7.3.36) auf die Erhaltungsgröße

$$T_1 = 2m(x^1[(v^2)^2 + (v^3)^2] - x^2 v^1 v^2 - x^3 v^1 v^3) + \frac{2\mu}{r} x^1.$$

Führt man ähnliche Berechnungen auch für die anderen beiden Operatoren (7.3.47) durch und ersetzt T_i durch $2A^i$, so folgt die Erhaltung des Laplace-Vektors (2.2.10)

$$A = [v \times M] + \mu \frac{x}{r}.$$

Es sei bemerkt, dass der Erhalt des Laplace-Vektors dazu führt, dass die Planeten sich auf elliptischen Bahnen bewegen (vgl. [21] Abschnitt 9.7.4). Damit sind die Symmetrien (7.3.47) verantwortlich für das erste Keplersche Gesetz.

7.3.8 Herleitung der Einsteinschen Energie-Gleichung

Das geometrische Wesen der speziellen Relativitätstheorie, die 1905 von A. Einstein als neue physikalische Theorie formuliert worden ist, besteht darin, dass der dreidimensionale euklidische Raum und die Galilei-Gruppe durch eine vierdimensionale Raum-Zeit (Minkowski-Raum genannt) und der Lorentz-Gruppe ersetzt wurden. Die Lorentz-Gruppe besteht aus den Generatoren

$$X_0 = \frac{\partial}{\partial t}, \quad X_i = \frac{\partial}{\partial x^i}, \quad X_{ij} = x^j \frac{\partial}{\partial x^i} - x^i \frac{\partial}{\partial x^j}, \quad X_{0i} = t\frac{\partial}{\partial x^i} + \frac{1}{c^2} x^i \frac{\partial}{\partial t}, \qquad (7.3.49)$$

$i, j = 1, 2, 3$. Hierbei ist c die Lichtgeschwindigkeit. Die Generatoren (7.3.41) der Galilei-Gruppe folgen hieraus durch den Grenzübergang $c \to \infty$.

Die Forderung nach der Invarianz in Bezug auf die Lorentz-Gruppe führt auf die folgende relativistische Lagrange-Funktion für ein freies Teilchen der Masse m:

$$L = -mc^2 \sqrt{1 - \beta^2} \quad \text{mit } \beta^2 = \frac{|v|^2}{c^2}. \qquad (7.3.50)$$

Man wende nun das Noethersche Theorem auf diese Lagrange-Funktion an. Dazu nehme man z. B. die Zeit-Translation mit dem Generator X_0. Die Koordinaten von X_0 sind $\xi = 1$ und $\eta^i = 0$. Setzt man dies in Gleichung (7.3.28) ein und substitutiert $E = -T$, so folgt die Einsteinsche Gleichung für die relativistische Energie

$$E = \frac{mc^2}{\sqrt{1 - \beta^2}} \approx mc^2 + \frac{1}{2} m|v|^2.$$

Auf ähnliche Weise lassen sich alle relativistischen Erhaltungssätze gewinnen, indem man die Generatoren (7.3.49) der Lorentz-Gruppe benutzt. (vgl. [21], Abschnitt 9.7.5).

7.3.9 Erhaltungssätze für die Dirac-Gleichung

Man betrachte die Dirac-Gleichung (2.3.32),

$$\gamma^k \frac{\partial \psi}{\partial x^k} + m\psi = 0 \tag{7.3.51}$$

zusammen mit der zugehörigen konjugierten Gleichung

$$\frac{\partial \tilde{\psi}}{\partial x^k}\gamma^k - m\tilde{\psi} = 0. \tag{7.3.52}$$

Hierbei ist $\tilde{\psi}$ der Spaltenvektor, der durch

$$\tilde{\psi} = \overline{\psi}^T \gamma^4 \tag{7.3.53}$$

definiert ist. Außerdem ist $\overline{\psi}$ das konjugiert komplexe zu ψ und T kennzeichnet die Transposition.

Die Gleichungen (7.3.51), (7.3.52) lassen sich aus der Lagrange-Funktion

$$L = \frac{1}{2}\left[\tilde{\psi}\left(\gamma^k \frac{\partial \psi}{\partial x^k} + m\psi\right) - \left(\frac{\partial \tilde{\psi}}{\partial x^k}\gamma^k - m\tilde{\psi}\right)\psi\right] \tag{7.3.54}$$

gewinnen. Bildet man hiervon die Variationsableitung, so folgt

$$\frac{\delta L}{\delta \psi} = -\left(\frac{\partial \tilde{\psi}}{\partial x^k}\gamma^k - m\tilde{\psi}\right), \quad \frac{\delta L}{\delta \tilde{\psi}} = \gamma^k \frac{\partial \psi}{\partial x^k} + m\psi.$$

Die Dirac-Gleichungen (7.3.51), (7.3.52) liefern Beispiele, um sowohl die Anwendung des Noetherschen Theorems wie auch die des Satzes 7.3.4 zu zeigen.

Beispiel 7.3.4. Das einfachste Beispiel für die Anwendung des Noetherschen Theorems liefert die gewöhnliche lineare Superposition, die sich mit Hilfe der Transformationsgruppen $\psi' = \psi + a\varphi(x)$, $\tilde{\psi}' = \tilde{\psi} + a\tilde{\varphi}(x)$ formulieren lässt. Der zugehörige Generator lautet

$$X_\varphi = \varphi^k(x)\frac{\partial}{\partial \psi^k} + \tilde{\varphi}_k(x)\frac{\partial}{\partial \tilde{\psi}_k}. \tag{7.3.55}$$

Die beiden Vektoren $\varphi(x)$ und $\tilde{\varphi}(x)$ sind über (7.3.53) miteinander verknüpft und bestehen jeweils aus den Komponenten $\varphi^k(x)$ und $\tilde{\varphi}_k(x)$. Sie sind Lösungen der Gleichungen (7.3.51), (7.3.52):

$$\gamma^k \frac{\partial \varphi}{\partial x^k} + m\varphi = 0, \quad \frac{\partial \tilde{\varphi}}{\partial x^k}\gamma^k - m\tilde{\varphi} = 0. \tag{7.3.56}$$

Als Nächstes überprüfe man, ob die Lagrange-Funktion (7.3.54) und der Generator (7.3.55) dem Invarianz-Test (7.3.13) oder der Divergenzbedingung (7.3.19) gehorchen. Da $\xi = 0$ ist, reduziert sich die linke Seite von (7.3.13) auf $X_\varphi(L)$, was den Ausdruck

$$X_\varphi(L) = \frac{1}{2}\left[\tilde{\varphi}\left(\gamma^k \frac{\partial \psi}{\partial x^k} + m\psi\right) - \left(\frac{\partial \tilde{\psi}}{\partial x^k}\gamma^k - m\tilde{\psi}\right)\varphi\right]$$

liefert, der nicht identisch verschwindet. Damit ist der Invarianz-Test (7.3.13) nicht erfüllt. Nun überprüfe man die Divergenzbedingung (7.3.19), d. h. es werde überprüft, ob sich $X_\varphi(L)$ als Divergenz darstellen lässt. Dies geschieht mit Hilfe von Lemma 7.3.4. Die Berechnung liefert

$$\frac{\delta}{\delta\psi}(X_\varphi(L)) = -\frac{1}{2}\left(\frac{\partial\tilde{\varphi}}{\partial x^k}\gamma^k - m\tilde{\varphi}\right), \quad \frac{\delta}{\delta\tilde{\psi}}(X_\varphi(L)) = \frac{1}{2}\left(\gamma^k\frac{\partial\varphi}{\partial x^k} + m\varphi\right).$$

Diese Ausdrücke verschwinden wegen Gleichung (7.3.56). Damit ist nach Lemma 7.3.4 $X_\varphi(L)$ eine Divergenz, d. h. die Bedingung (7.3.19) ist erfüllt. Es lässt sich zeigen, dass $X_\varphi(L) = D_k(B^k)$ mit

$$B^k = -\frac{1}{2}(\tilde{\psi}\gamma^k\varphi - \tilde{\varphi}\gamma^k\psi)$$

gilt.

Nun werden die Größen (7.3.18) bestimmt. Es ist

$$\varphi\frac{\partial L}{\partial\psi_{,k}} + \tilde{\varphi}\frac{\partial L}{\partial\tilde{\psi}_{,k}} = \frac{1}{2}(\tilde{\psi}\gamma^k\varphi - \tilde{\varphi}\gamma^k\psi).$$

Hierbei verwende man die Notation $D_k(\psi) = \psi_{,k}$, $D_k(\tilde{\psi}) = \tilde{\psi}_{,k}$. Setzt man diese Größen und den Ausdruck für B^k in (7.3.20) ein, so folgt der Erhaltungsvektor

$$C_\varphi^k = \tilde{\psi}\gamma^k\varphi(x) - \tilde{\varphi}(x)\gamma^k\psi.$$

Aufgaben zu Kapitel 7

7.1. Man bestimme die Transformationen der Dilatationsgruppe mit dem Generator Z aus (7.3.44):

$$Z = 3t\frac{\partial}{\partial t} + 2x^i\frac{\partial}{\partial x^i}.$$

7.2. Man bestimme alle infinitesimalen Symmetrien für
(i)   die eindimensionale Wärmeleitungsgleichung $u_t = u_{xx}$,
(ii) die zweidimensionale Wärmeleitungsgleichung $u_t = u_{xx} + u_{yy}$,
(iii) die dreidimensionale Wärmeleitungsgleichung $u_t = u_{xx} + u_{yy} + u_{zz}$.

7.3. Man bestimme die invarianten Lösungen für die eindimensionale Wärmeleitungsgleichung $u_t = u_{xx}$ mit Hilfe der infinitesimalen Symmetrie (vgl. Aufgabe 7.2 (i))

$$X = X_1 + kX_4 = \frac{\partial}{\partial t} + ku\frac{\partial}{\partial u}, \quad k = \text{const}.$$

7.4. Man untersuche die invarianten Lösungen der zweidimensionalen Wärmeleitungsgleichung $u_t = u_{xx} + u_{yy}$ mit Hilfe
(i)   einer infinitesimalen Symmetrie (vgl. Aufgabe 7.3)

$$X = \frac{\partial}{\partial t} + ku\frac{\partial}{\partial u}, \quad k = \text{const},$$

(ii)   der zweidimensionalen Lie-Algebra, die durch

$$X = \frac{\partial}{\partial t} + ku\frac{\partial}{\partial u}, \quad Y = X_6 = y\frac{\partial}{\partial x} - x\frac{\partial}{\partial y}$$

aufgespannt wird (vgl. Aufgabe 7.2 (ii)).

7.5. Die Bewegung eines Planeten um die Sonne wird durch das System von Differentialgleichungen beschrieben:

$$m\frac{\mathrm{d}^2\boldsymbol{x}}{\mathrm{d}t^2} = \frac{\alpha}{r^3}\boldsymbol{x}, \quad \alpha = \text{const.}$$

Man zeige, dass die Energie des Planeten gegeben durch

$$E = \frac{m}{2}|\boldsymbol{v}|^2 + \frac{\alpha}{r}, \quad \text{wobei } |\boldsymbol{v}|^2 = \sum_{i=1}^{3}(v^i)^2$$

eine Konstante der Bewegung ist, d. h. $\mathrm{d}E/\mathrm{d}t = 0$.

7.6. Die Bewegung eines Teilchens der Masse m in einem beliebigen Zentralpotential $U = U(r)$ wird mit Hilfe der Lagrange-Funktion $L = \frac{m}{2}|\boldsymbol{v}|^2 - U(r)$ beschrieben. Für diese Funktion bestimme man die Bewegungsgleichungen. Dies sind die Euler–Lagrange-Gleichungen.

7.7. Betrachtet wird das Wirkungsintegral mit der Lagrange-Funktion $L = \frac{m}{2}|\boldsymbol{v}|^2 - U(r)$ aus der vorigen Aufgabe. Dieses sei invariant in Bezug auf die Zeit-Translation t mit dem Generator $X_1 = \partial/\partial t$ und den Rotationen um die drei Raumachsen x^1, x^2, x^3 mit den Generatoren

$$X_{12} = x^2\frac{\partial}{\partial x^1} - x^1\frac{\partial}{\partial x^2}, \quad X_{13} = x^3\frac{\partial}{\partial x^1} - x^1\frac{\partial}{\partial x^3}, \quad X_{23} = x^3\frac{\partial}{\partial x^2} - x^2\frac{\partial}{\partial x^3}.$$

Man bestimme die zugehörigen Erhaltungssätze nach dem Noetherschen Theorem und vergleiche diese mit Aufgabe 2.4.

7.8. Man betrachte das Zentralpotential

$$U(r) = \frac{k}{r^2}, \quad k = \text{const}$$

und die zugehörigen Bewegungsgleichungen eines Teilchens

$$m\frac{\mathrm{d}^2x^i}{\mathrm{d}t^2} = 2k\frac{x^i}{r^4}, \quad i = 1, 2, 3.$$

Diese Gleichungen lassen neben der Zeit-Translation und den räumlichen Rotationen (vgl. Aufgabe 7.7) auch noch die Dilatationen und die projektive Transformation zu. Diese beiden werden erzeugt durch

$$X_5 = 2t\frac{\partial}{\partial t} + x^1\frac{\partial}{\partial x^1} + x^2\frac{\partial}{\partial x^2} + x^3\frac{\partial}{\partial x^3}$$

und

$$X_6 = t^2 \frac{\partial}{\partial t} + t\left(x^1 \frac{\partial}{\partial x^1} + x^2 \frac{\partial}{\partial x^2} + x^3 \frac{\partial}{\partial x^3} \right).$$

Man untersuche die Anwendbarkeit des Noetherschen Theorems auf die Symmetrien X_5 und X_6 und bestimme die zugehörigen Erhaltungssätze T_5, T_6.

7.9. Sei $\boldsymbol{a}$ ein dreidimensionales Vektorfeld. Man zeige, dass rot $\boldsymbol{a}$ solenoidal ist, d. h. div rot $\boldsymbol{a} = 0$ (vgl. Eigenschaft (9) in (1.3.15)).

7.10. Sei $\boldsymbol{x} = (x, y, z)$. Man zeige

$$\operatorname{div}\left(\frac{\boldsymbol{x}}{r^3} \right) = 0.$$

Man verallgemeinere diese Eigenschaft auf höhere Dimensionen. Dazu sei $x = (x^1, \dots, x^n)$ und $r = \sqrt{(x^1)^2 + \cdots + (x^n)^2}$. Man bestimme s derart, dass

$$\operatorname{div}\left(\frac{x}{r^s} \right) \equiv \sum_{i=1}^n \frac{\partial}{\partial x^i}\left(\frac{x}{r^s} \right) = 0.$$

7.11. Man zeige, dass der Vektor

$$\boldsymbol{B} = \left(\frac{x}{x^2 + y^2}, \frac{y}{x^2 + y^2}, 0 \right)$$

solenoidal ist und bestimme einen Vektor $\boldsymbol{A}$ mit $\boldsymbol{B} = \operatorname{rot} \boldsymbol{A}$.

7.12. Zurück zu Aufgabe 7.10. Man bestimme einen Vektor $\boldsymbol{A}$ derart, dass

$$\frac{\boldsymbol{x}}{r^3} = \operatorname{rot} \boldsymbol{A}.$$

7.13. Man untersuche den Generator Z aus Aufgabe 7.1 in Bezug auf die Anwendbarkeit des Erhaltungssatzes, d. h. man überprüfe die Eigenschaften (7.3.30) und (7.3.33).

7.14. Man bestimme die erste Prolongation (d. h. Erweiterung auf $v^k = \mathrm{d}x^k/\mathrm{d}t$) für den Operator aus Abschnitt 7.3.7:

$$\hat{X}_1 = -(x^2 v^2 + x^3 v^3)\frac{\partial}{\partial x^1} + (2x^1 v^2 - x^2 v^1)\frac{\partial}{\partial x^2} + (2x^1 v^3 - x^3 v^1)\frac{\partial}{\partial x^3}.$$

7.15. Man transformiere die Black–Scholes-Gleichung (2.4.15),

$$u_t + \frac{1}{2}A^2 x^2 u_{xx} + Bx u_x - Cu = 0$$

auf eine Gleichung mit konstanten Koeffizienten durch eine Transformation der Variablen x in $y = \ln|x|$.

7.16. Man löse das folgende überbestimmte System (vier Gleichungen für zwei abhängige Variablen $\xi(x, y)$ und $\eta(x, y)$) aus Abschnitt 6.5.1, Beispiel 6.5.2:

$$\xi_y = 0, \quad 3(\eta_y + \eta) - 2\xi_x = 0, \quad \eta_x = 0, \quad \xi_{xx} = 0.$$

8 Verallgemeinerte Funktionen oder Distributionen

Dieser Abschnitt beinhaltet eine einfach zu verstehende Einführung in die grundlegenden Konzepte und Methoden der Distributionen-Theorie mit dem Schwerpunkt auf nützliche Rechenverfahren. Außerdem lädt das Invarianzprinzip, wie es in Kapitel 9 zur Berechnung der Fundamentallösungen verwendet wird, ein zu einer Modifizierung der Theorie gruppeninvarianter Lösungen und zu einer Erweiterung der Lieschen infinitesimalen Verfahren auf den Raum der Distributionen. Dies wird in Abschnitt 8.4 durchgeführt.

Weiterführende Literatur: L. Schwartz [34], I. M. Gel'fand und G. E. Shilov [8], N. H. Ibragimov [17].

8.1 Einführung verallgemeinerter Funktionen

Moderne Entwicklungen der angewandten Mathematik, im Besonderen Untersuchungen nichtlinearer Probleme der Strömungsmechanik, machen unstetige Lösungen von Differentialgleichungen erforderlich. Daher führte S. L. Sobolev in den dreißiger Jahren die sogenannten verallgemeinerten Funktionen ein. Außerdem wurde schon vorher die Beobachtung gemacht, dass unstetige Lösungen mit gewissen Singularitäten eine große Rolle bei Berechnungsaufgaben der mathematischen Physik spielen. J. Hadamard nannte diese Lösungen in den zwanziger Jahren elementar. Heutzutage heißen sie Fundamentallösungen. Es war das Bestreben, die mathematische Natur dieser Lösungen zu erkennen, die zur Erschaffung der modernen Theorie der verallgemeinerten Funktionen (S. L. Sobolev 1936) bzw. Distributionen (L. Schwartz 1950) führte. Die am gebräuchlichsten verallgemeinerte Funktion ist die Diracsche δ-Funktion. Sie wurde in der theoretischen Physik in den dreißiger Jahren durch P. A. M. Dirac eingeführt und hat sich zu einem der wichtigsten Werkzeuge in der allgemeinen Theorie der Differentialgleichungen entwickelt.

8.1.1 Heuristische Betrachtungen

Man erinnere sich, dass die Definition einer differenzierbaren Funktion beinhaltet, dass die Ableitung eine klassische Funktion ist. Dennoch kann man versuchen, auch nicht-differenzierbare Funktionen abzuleiten, indem man die Definition der Ableitung verallgemeinert. Dies ist einer der möglichen Wege, verallgemeinerte Funktionen einzuführen. Die entscheidende Idee dieser Anwendung ist die Übertragung der Differentiation von einer nicht differenzierbaren auf eine differenzierbare Funktion. Ein geeignetes Werkzeug zur Umsetzung dieses Vorhabens ist die partielle Integration von

DOI 10.1515/9783110495522-012

Funktionen einer Variablen und das Divergenz-Theorem (1.3.18) für Funktionen mehrerer Veränderlicher.

Man betrachte zunächst den Fall einer einzelnen Variablen x. Ferner seien die Funktionen $u(x)$ und $\varphi(x)$ stetig differenzierbar in $a \le x \le b$. Dann liefert Gleichung (1.2.12) der partiellen Integration

$$\int_a^b \varphi\, du = (u\varphi)\Big|_a^b - \int_a^b u\, d\varphi.$$

Setzt man weiter voraus, dass die Funktion $\varphi(x)$ außerhalb des abgeschlossenen Intervalls[1] entlang der x-Achse verschwindet und kennzeichnet die Ableitung bezüglich x mit D, so folgt

$$\int_{-\infty}^{+\infty} \varphi D(u)\, \mathrm{d}x = - \int_{-\infty}^{+\infty} u D(\varphi)\, \mathrm{d}x.$$

Wegen der Bequemlichkeit interpretiere man das Integral als Skalarprodukt (,) der zugehörigen Funktionen. Dann lässt sich obige Gleichung in der Form

$$(Du, \varphi) = -(u, D\varphi) \tag{8.1.1}$$

schreiben. Liest man obige Gleichung von links nach rechts, so kann sie in der Form interpretiert werden, dass die Differentiation D von der differenzierbaren Funktion u auf eine andere Funkion $\varphi(x)$ gleichen Typs übergeht. So gelangt man zu einer nicht-trivialen Zusammenfassung, wie sie an anderen Stellen zu lesen ist und setzt lediglich voraus, dass als einzige die Funktion φ stetig differenzierbar ist. Die Funktion u wird nur der Bedingung unterworfen, dass das Integral auf der rechten Seite von Gleichung (8.1.1) konvergiert.

Diese obige Anwendung bildet den entscheidenden Schritt zu der Einführung einer neuen Differentiation. Sei dazu u eine nicht-differenzierbare Funktion im klassischen Sinne, die aber der Konvergenzbedingung des Integrals auf der rechten Seite von Gleichung (8.1.1) genügt. Eine verallgemeinerte Ableitung der Funktion u ist eine derartige Funktion Du (im verallgemeinerten Sinn), die Gleichung (8.1.1) für jede beliebige stetig differenzierbare Funktion φ mit kompaktem Träger erfüllt. Hiermit wird auch klar, dass die verallgemeinerte Differentiation solange wiederholt werden kann, wie die Funktion φ differenzierbar ist. So ist zum Beispiel die verallgemeinerte zweite Ableitung $D^2 u$ gegeben durch

$$(D^2 u, \varphi) = -(Du, D\varphi) = (u, D^2\varphi).$$

---

[1] Das kleinste abgeschlossene Intervall, außerhalb dessen die Funktion $\varphi(x)$ verschwindet, heißt Träger dieser Funktion und wird mit $\mathrm{supp}(\varphi)$ bezeichnet. Ist das Intervall $\mathrm{supp}(\varphi)$ abgeschlossen, so heißt $\varphi(x)$ Funktion mit abgeschlossenem bzw. kompaktem Träger.

Um Ableitungen beliebiger Ordnung betrachten zu können, setze man die Funktion φ als unendlich oft differenzierbar voraus. Die Menge aller unendlich-differenzierbaren Funktionen mit kompaktem Träger heißt C_0^∞. Dann ist $\varphi \in C_0^\infty$ eine Testfunktion.

Um die Natur der verallgemeinerten Ableitung Du zu verstehen, berücksichtige man, dass für ein festes u der Ausdruck (Du, φ) jede Funktion $\varphi \in C_0^\infty$ auf einen Wert abbildet, der gleich $(u, D\varphi)$ ist. Diese Operation ist linear:

$$(Du, c_1\varphi_1 + c_2\varphi_2) = c_1(Du, \varphi_1) + c_2(Du, \varphi_2), \quad c_1, c_2 = \text{const}$$

und stetig:

$$(Du, \varphi_k) \to (Du, \varphi) \quad \text{genau dann, wenn} \quad \varphi_k \to \varphi \text{ in } C_0^\infty.$$

Damit bildet die verallgemeinerte Ableitung Du ein lineares stetiges Funktional über dem Raum C_0^∞. Diese heuristische Herleitung lässt sich auch auf den Fall mehrerer Variablen $x = (x^1, \ldots, x^n) \in \mathbb{R}^n$ übertragen und führt auf die folgende Definition.

8.1.2 Definition und Beispiele für Distributionen

Definition 8.1.1. Eine verallgemeinerte Funktion oder Distribution ist ein lineares stetiges Funktional f auf dem Raum C_0^∞ von C^∞-Funktionen $\varphi(x) = \varphi(x^1, \ldots, x^n)$ mit kompaktem Träger. Mit anderen Worten bildet f jede Funktion $\varphi \in C_0^\infty$ auf eine Zahl ab, die durch (f, φ) gekennzeichnet ist. Diese Operation ist linear:

$$(f, \varphi_1 + \varphi_2) = (f, \varphi_1) + (f, \varphi_2), \quad (f, c\varphi) = c(f, \varphi), \quad c = \text{const} \tag{8.1.2}$$

und stetig:

$$\text{Gilt} \quad \varphi_k \to \varphi \text{ in } C_0^\infty, \quad \text{so folgt} \quad (f, \varphi_k) \to (f, \varphi). \tag{8.1.3}$$

Die Konvergenz $\varphi_k \to \varphi$ in C_0^∞ bedeutet, dass die folgenden Bedingungen erfüllt sind:
(1) $\varphi_k, \varphi \in C_0^\infty$,
(2) die Träger aller Elemente der Folge φ_k sind in ein und derselben beschränkten und abgeschlossenen Teilmenge des $\mathbb{R}^n$ zu finden,
(3) die Funktion $\varphi_k(x)$ konvergiert gleichförmig gegen $\varphi(x)$ zusammen mit all ihren Ableitungen.

Beispiel 8.1.1. Sei die Funktion $f(x)$ lokal integrierbar, d. h. integrierbar auf jedem beschränkten Gebiet des $\mathbb{R}^n$. Das Integral

$$(f, \varphi) = \int_{\mathbb{R}^n} f(x)\varphi(x)\, dx \tag{8.1.4}$$

definiert eine allgemeine Funktion. Eine verallgemeinerte Funktion dieses Typs heißt regulär. Die anderen nennt man singulär.

Beispiel 8.1.2. Die Heaviside-Funktion $\theta(x)$ in einer Variablen x ist

$$\theta(x) = \begin{cases} 0, & x < 0, \\ 1, & x > 0. \end{cases} \tag{8.1.5}$$

Sie bestimmt eine reguläre verallgemeinerte Funktion (8.1.4), die wie folgt definiert ist:

$$(\theta, \varphi) = \int_0^{+\infty} \varphi(x)\, dx. \tag{8.1.6}$$

Eine ähnliche Funktion ist $\theta(x - x_0)$. Hierfür ist

$$\theta(x - x_0) = \begin{cases} 0, & x < x_0, \\ 1, & x > x_0. \end{cases}$$

Sie definiert eine verallgemeinerte Funktion durch

$$(\theta(x - x_0), \varphi(x)) = \int_{x_0}^{+\infty} \varphi(x)\, dx.$$

Beispiel 8.1.3. Die Diracsche δ-Funktion ist die einfachste aber sehr wichtige singuläre verallgemeinerte Funktion. Sie wird mit δ oder $\delta(x)$ bezeichnet und ist definiert als

$$(\delta, \varphi) = \varphi(0). \tag{8.1.7}$$

Diese Gleichung lässt sich auch schreiben als

$$(\delta(x), \varphi(x)) = \varphi(0).$$

Hierbei ist $x \in \mathbb{R}^n$. Ähnlich gilt für $\delta(x - x_0)$ der Ausdruck

$$(\delta(x - x_0), \varphi(x)) = \varphi(x_0).$$

Eine alternative Kennzeichnung von $\delta(x - a)$ ist auch $\delta_{(a)}$. Sie wird oft als δ-Funktion im Punkt a bezeichnet.

8.1.3 Die Darstellung der δ-Funktion als Grenzwert

Die Herleitung der folgenden nützlichen Darstellung der δ-Funktion findet man z. B. in [8], Kapitel I, Abschnitt 2.5.

Satz 8.1.1. *Man betrachte den Fall einer einzelnen Variablen x. Dann gelten die folgenden Gleichungen:*

$$\delta(x) = \lim_{\varepsilon \to 0} \frac{\varepsilon}{\pi(x^2 + \varepsilon^2)}, \tag{8.1.8}$$

$$\delta(x) = \lim_{v \to \infty} \frac{\sin(vx)}{\pi x}, \tag{8.1.9}$$

$$\delta(x) = \lim_{v \to \infty} \frac{1}{2\pi} \int_{-v}^{v} e^{i\xi x} \, d\xi, \tag{8.1.10}$$

$$\delta(x) = \lim_{t \to +0} \frac{1}{2\sqrt{\pi t}} e^{-\frac{x^2}{4t}}. \tag{8.1.11}$$

Hierbei bedeutet $t \to +0$ die Annäherung von t an die Null vom positiven Bereich her. Die Konvergenz $f_n \to \delta$ der Distribution ist durch

$$(f_n, \varphi) \to (\delta, \varphi)$$

definiert.

Es wird außerdem die Erweiterung von (8.1.11) auf den Fall mehrerer Variabler $x = (x^1, \ldots, x^n)$ benutzt. Mit der Abkürzung $r = \sqrt{(x^1)^2 + \cdots + (x^n)^2}$ gilt

$$\lim_{t \to +0} \frac{1}{(2\sqrt{\pi t})^n} e^{-\frac{r^2}{4t}} = \delta(x). \tag{8.1.12}$$

8.2 Operationen mit Distributionen

8.2.1 Multiplikation mit einer Funktion

Die Multiplikation einer Distribution f mit einer C^∞-Funktion $\alpha(x)$ ist definiert durch die Wirkung des Produktes af auf die Testfunktion φ. Es ist

$$(af, \varphi) = (f, \alpha\varphi). \tag{8.2.1}$$

Die rechte Seite dieser Gleichung ist wohldefiniert, da $\alpha\varphi \in C_0^\infty$.

Beispiel 8.2.1. Es ergibt sich mit Hilfe von Definition (8.1.7) für die δ-Funktion und der Multiplikationsregel (8.2.1), dass

$$\alpha(x)\delta = \alpha(0)\delta, \tag{8.2.2}$$

da

$$(\alpha(x)\delta, \varphi) = (\delta, \alpha\varphi) = \alpha(0)\varphi(0) = \alpha(0)(\delta, \varphi) = (\alpha(0)\delta, \varphi).$$

8.2.2 Differentiation

Die Differentiation einer Distribution f ist definiert durch die Gleichung

$$(D_i f, \varphi) = -(f, D_i \varphi). \tag{8.2.3}$$

In diesem Fall stimmt die totale Ableitung D_i mit der partiellen überein, d. h. $D_i = \partial/\partial x^i$, da φ nur von der unabhängigen Variablen x^i alleine abhängig ist. Diese Definition bekundet, dass jede verallgemeinerte Funktion unendlich oft differenzierbar ist. Die Ableitungen höherer Ordnung werden durch sukzessive Anwendung von Gleichung (8.2.3) gewonnen, z. B. ist $(D_j D_i f, \varphi) = -(D_i f, D_j \varphi) = (f, D_i D_j \varphi)$. Im Speziellen folgt außerdem $D_j D_i f = D_i D_j f$.

Beispiel 8.2.2. Die Ableitung der Heaviside-Funktion ist die δ-Funktion:

$$\theta'(x) = \delta(x). \tag{8.2.4}$$

Wegen (8.1.1) und (8.1.6) folgt

$$(\theta', \varphi) = -(\theta, \varphi') = -\int_0^\infty \varphi'(x)\,\mathrm{d}x = -\varphi|_0^\infty = \varphi(0) = (\delta, \varphi).$$

8.2.3 Das direkte Produkt von Distributionen

Seien $f(x)$ und $g(t)$ zwei Distributionen, die auf dem Raum von n Variablen $x = (x^1, \ldots, x^n)$ und m Variablen $t = (t^1, \ldots, t^m)$ wirken. Sei $\varphi(x, t)$ eine Testfunktion, die von den $(m + n)$ Variablen $(x^1, \ldots, x^n, t^1, \ldots, t^m)$ abhängt.

Definition 8.2.1. Das direkte Produkt $f(x) \otimes g(t)$ von $f(x)$ und $g(t)$ ist eine Distribution, die auf die Testfunktion $\varphi(x, t)$ wie folgt wirkt:

$$\big(f(x) \otimes g(t), \varphi(x, t)\big) = \Big(f(x), (g(t), \varphi(x, t))\Big). \tag{8.2.5}$$

Aus dieser Definition 8.2.1 ergeben sich die folgenden Eigenschaften des direkten Produktes (vgl. [8], Kapitel 1, §5 bzw. [34], Kapitel 3):

$$(f(x) \otimes g(t), \varphi(x)\psi(t)) = (f(x), \varphi(x))(g(t), \psi(t)), \tag{8.2.6}$$

$$f(x) \otimes g(t) = g(t) \otimes f(x), \tag{8.2.7}$$

$$\delta(x) \otimes \delta(t) = \delta(x, t). \tag{8.2.8}$$

Hierbei sind $\delta(x)$, $\delta(t)$ und $\delta(x, t)$ die Diracschen δ-Funktionen in den angegebenen Variablen.

8.2.4 Faltungen

Eine Faltung $(f * g)(x)$ zweier gewöhnlicher Funktionen $f(x)$ und $g(x)$ im $\mathbb{R}^n$ ist eine Funktion, die durch das folgende Integral definiert ist:

$$(f * g)(x) = \int_{\mathbb{R}^n} f(y)g(x - y)\,\mathrm{d}y. \tag{8.2.9}$$

Um nun eine Faltung von Distributionen zu definieren, betrachte man zunächst reguläre Distributionen. Untersucht werden soll die Wirkung (8.1.4) der Faltung (8.2.9) auf eine Testfunktion und die Änderung der Integrationsordnung. Es ist

$$(f * g, \varphi) = \int (f * g)(x)\varphi(x)\,\mathrm{d}x = \int \varphi(x)\left[\int f(y)g(x - y)\,\mathrm{d}y\right]\mathrm{d}x$$
$$= \int f(y)\,\mathrm{d}y \int g(x - y)\varphi(x)\,\mathrm{d}x = \int f(y)\left[\int g(z)\varphi(z + y)\,\mathrm{d}z\right]\mathrm{d}y.$$

Ersetzt man z im letzten Integral durch x, so findet man, dass die Faltung $f * g$ von regulären Distributionen f und g eine Distribution liefert, die die folgende Wirkung auf eine Testfunktion hat:

$$(f * g, \varphi) = \int f(y)\left[\int g(x)\varphi(x + y)\,\mathrm{d}x\right]\mathrm{d}y. \tag{8.2.10}$$

Diese Gleichung (8.2.10) lässt sich auch in der Form

$$(f * g, \varphi) = \Big(f(y), (g(x), \varphi(x + y))\Big)$$

darstellen. Diese einleitenden Betrachtungen führen auf die folgende Definition:

Definition 8.2.2. Seien f und g irgendwelche Distributionen derart, dass wenigstens eine von ihnen einen kompakten Träger besitzt. Ihre Faltung $f * g$ ist eine durch

$$(f * g, \varphi) = \Big(f(y), (g(x), \varphi(x + y))\Big) \tag{8.2.11}$$

definierte Distribution. Unter Benutzung von Gleichung (8.2.5) des direkten Produktes lässt sich Gleichung (8.2.11) auch schreiben als

$$(f * g, \varphi) = (f(y) \otimes g(x), \varphi(x + y)). \tag{8.2.12}$$

Bemerkung 8.2.1. Obwohl $\varphi(x)$ einen kompakten Träger besitzt, hat $\varphi(x + y)$ nicht unbedingt diese Eigenschaft im Raum der Variablen x und y. Folglich besitzt Gleichung (8.2.12) im Allgemeinen keine Bedeutung für beliebige Distributionen f und g. Die Faltung ist jedoch wohldefiniert für Distributionen, die bestimmten Bedingungen genügen. Die Kompaktheit des Trägers von f und g ist eine dieser Bedingungen. Allgemeine Einschränkungen werden an dieser Stelle nicht weiter betrachtet, da Definition 8.2.2 für die Erfordernisse hier ausreichend ist. Die folgenden Eigenschaften der Faltung werden im nächsten Abschnitt benötigt.

Satz 8.2.1. *Die Faltung* (8.2.11) *ist kommutativ:*

$$f * g = g * f. \tag{8.2.13}$$

Beweis. Die Behauptung folgt aus Gleichung (8.2.12) und der Kommutativität (8.2.7) des direkten Produktes. □

Satz 8.2.2. *Die Faltung mit der δ-Funktion existiert für jede Distribution f und genügt der Gleichung*

$$f * \delta = f. \tag{8.2.14}$$

Satz 8.2.3. *Seien f und g zwei Distributionen mit kompaktem Träger. Dann genügt die Ableitung $D_i = \partial/\partial x^i$ einer Faltung der folgenden Gleichung:*

$$D_i(f * g) = (D_i f) * g = f * (D_i g). \tag{8.2.15}$$

8.3 Die Distribution $\Delta(r^{2-n})$

8.3.1 Der Mittelwert über eine Kugel

Zunächst werden einige Bezeichnungen eingeführt und einige vorbereitende Untersuchungen gemacht. Es sei

$$x = (x^1, \dots, x^n) \in \mathbb{R}^n, \quad |x| = \sqrt{(x^1)^2 + \dots + (x^n)^2}.$$

Der Mittelwert $\overline{\varphi}(r)$ einer Funktion $\varphi(x)$ über einer Kugel Ω_r mit dem Radius r und dem Mittelpunkt 0 ist definiert durch

$$\overline{\varphi}(r) = \frac{1}{S_r} \int\limits_{\Omega_r} \varphi(x)\, dS. \tag{8.3.1}$$

Die Kugel Ω_r ist die Menge aller Punkte x, für die $|x| = r$ gilt. S_r ist die Oberfläche der Kugel Ω_r. Da Ω_r ähnlich zur Einheitskugel ist und die Dimension $n - 1$ besitzt, folgt

$$S_r = r^{n-1} \omega_n, \tag{8.3.2}$$

wobei $\omega_n = 2\sqrt{\pi^n}/\Gamma(n/2)$ die Oberfläche der Einheitskugel im n-dimensionalen Raum ist. Es folgt aus Gleichung (8.3.1), dass $\overline{\varphi}(r)$ ein und denselben Wert an jedem Punkt $x \in \Omega_r$ besitzt, unabhängig von der Position x auf der Kugel. Damit heißt $\overline{\varphi}(r)$ eine kugelsymmetrische Funktion.

8.3.2 Lösung der Laplace-Gleichung $\Delta v(r) = 0$

Lemma 8.3.1. *Sei v eine beliebige kugelsymmetrische Funktion, d. h. $v = v(r)$. Dann lässt sich die Laplace-Gleichung*

$$\Delta v \equiv \sum_{i=1}^{n} v_{ii} = 0$$

mit $v_i = D_i(v) = \partial v/\partial x^i$, $v_{ii} = D_i^2(v)$ *schreiben als*

$$v'' + \frac{n-1}{r}v' = 0. \qquad (8.3.3)$$

Hierbei ist $v' = dv/dr$.

Beweis. Die Behauptung folgt aus den Gleichungen

$$D_i(v) \equiv \frac{\partial v}{\partial x^i} = v'\frac{x^i}{r}, \quad D_i^2(v) = v''\frac{(x^i)^2}{r^2} + v'\left[\frac{1}{r} - \frac{(x^i)^2}{r^3}\right]. \qquad \square$$

Bemerkung 8.3.1. Es lässt sich zeigen, dass der Mittelwert des Laplace-Operators einer Funktion $\varphi(x)$ identisch ist mit dem Laplace-Operator eines Mittelwertes von $\varphi(x)$, d. h.

$$\overline{\Delta\varphi}(r) = \Delta\overline{\varphi}(r) = \overline{\varphi}'' + \frac{n-1}{r}\overline{\varphi}'. \qquad (8.3.4)$$

Man bestimme nun alle kugelsymmetrischen Lösungen $v = v(r)$ der Laplace-Gleichung, d. h. man integriere die gewöhnliche Differentialgleichung (8.3.3). Es ist

$$v'' + \frac{n-1}{r}v' = \frac{1}{r}\left[rv'' + (n-1)v'\right]$$
$$= \frac{1}{r}\left[(rv')' + (n-2)v'\right] = \frac{1}{r}\left[rv' + (n-2)v\right]'.$$

Da Gleichung (8.3.3) sich schreiben ließ als $[rv' + (n-2)v]' = 0$, ergibt sich

$$rv' + (n-2)v = C. \qquad (8.3.5)$$

Für den Fall $n > 2$ setze man $C = (n-2)C_1$ und forme (8.3.5) in eine separable Form $rv' + (n-2)(v - C_1) = 0$ um. Ist $n = 2$, so besitzt (8.3.5) die separable Form $rv' = C$. Für $n = 1$ ist (8.3.5) schreibbar als $v'' = 0$. Die Integration in allen Fällen ist einfach und liefert den nachfolgenden Satz:

Satz 8.3.1. *Die allgemeine Lösung der Gleichung* (8.3.3) *lautet*

$$v = C_1 + C_2 r^{2-n}, \quad mit\ n \neq 2; \qquad (8.3.6)$$
$$v = C_1 + C_2 \ln r, \quad mit\ n = 2. \qquad (8.3.7)$$

8.3.3 Die Berechnung der Distribution $\Delta(r^{2-n})$

Satz 8.3.1 zeigt, dass das Fundamentalsystem von Lösungen für Gleichung (8.3.3) die triviale konstante Lösung z. B. $v = 1$ beinhaltet. Außerdem sind da noch jeweils die Lösungen r^{2-n} und $\ln r$ für $n > 2$ und $n = 2$. Beide Funktionen r^{2-n} und $\ln r$ besitzen eine Singularität für $r = 0$, d. h. für den Ursprung und haben damit auch keine klassische Ableitung in diesem Punkte. Folglich wird der Laplace-Operator dieser Funktionen für $x \neq 0$ annulliert und liefert eine Distribution in der Umgebung des singulären Punktes.

Im Folgenden soll diese Distribution $\Delta(r^{2-n})$ für $n > 2$ berechnet werden.

Satz 8.3.2. *Sei $n > 2$. Dann ist $\Delta(r^{2-n})$ die durch*

$$\Delta(r^{2-n}) = (2 - n)\omega_n\delta(x) \tag{8.3.8}$$

gegebene Distribution. Hierbei ist $\delta(x)$ die Diracsche δ-Funktion, die durch Gleichung (8.1.7) definiert ist. ω_n kennzeichnet die Oberfläche der Einheitskugel.

Beweis. Augenscheinlich ist die Funktion r^{2-n} integrierbar. Berücksichtigt man die Ableitungsregel (8.2.3) und Definition (8.1.4) für Distributionen, die durch lokal integrierbare Funktionen bestimmt wird und wendet die Gleichung

$$\int\limits_{\mathbb{R}^n} f(x)\,\mathrm{d}x = \int\limits_0^\infty \mathrm{d}r \int\limits_{\Omega_r} f\,\mathrm{d}S \tag{8.3.9}$$

an, so folgt

$$(\Delta(r^{2-n}), \varphi) = (r^{2-n}, \Delta\varphi) = \int\limits_{\mathbb{R}^n} r^{2-n}\Delta\varphi\,\mathrm{d}x = \int\limits_0^\infty \mathrm{d}r \int\limits_{\Omega_r} r^{2-n}\Delta\varphi\,\mathrm{d}S.$$

Die Gleichungen (8.3.1) und (8.3.2) liefern

$$\int\limits_{\Omega_r} r^{2-n}\Delta\varphi\,\mathrm{d}S = r^{2-n}S_r\overline{\Delta\varphi}(r) = \omega_n r^{2-n}r^{n-1}\overline{\Delta\varphi}(r) = \omega_n r\overline{\Delta\varphi}(r).$$

Verwendet man nun alle obigen Gleichungen und den Ausdruck (8.3.4), so ist

$$(\Delta(r^{2-n}), \varphi) = \omega_n \int\limits_0^\infty r\overline{\Delta\varphi}(r)\,\mathrm{d}r = \omega_n \int\limits_0^\infty [r\overline{\varphi}'' + (n-1)\overline{\varphi}']\,\mathrm{d}r. \tag{8.3.10}$$

Berechnet man nun das Integral auf der rechten Seite von (8.3.10), so folgt

$$\int\limits_0^\infty [r\overline{\varphi}'' + (n-1)\overline{\varphi}']\,\mathrm{d}r = \int\limits_0^\infty [(r\overline{\varphi}')' + (n-2)\overline{\varphi}']\,\mathrm{d}r = [r\overline{\varphi}' + (n-2)\overline{\varphi}]_0^\infty.$$

Da $\varphi \in C_0^\infty$ ist, verschwindet sie im Unendlichen. Es folgt

$$[r\overline{\varphi}' + (n-2)\overline{\varphi}]_0^\infty = -(n-2)\overline{\varphi}(0) = -(n-2)\varphi(0).$$

Setzt man diesen Ausdruck in (8.3.10) ein, so findet man

$$(\Delta(r^{2-n}), \varphi) = (2-n)\omega_n\varphi(0) = ((2-n)\omega_n\delta(x), \varphi(x)).$$

Dies ist aber die Gleichung (8.3.8). □

Bemerkung 8.3.2. Sei $n = 2$, so gilt anstelle von (8.3.8) die Gleichung

$$\Delta(\ln r) = \omega_2\delta(x). \tag{8.3.11}$$

Bemerkung 8.3.3. Gleichung (8.3.8) gilt auch im Falle $n = 1$. Damit lassen sich die Ausdrücke (8.3.8) und (8.3.11) in den folgenden allgemeinen Gleichungen zusammenfassen:

$$\Delta(r^{2-n}) = (2 - n)\frac{2\pi^{n/2}}{\Gamma(n/2)}\delta(x), \quad (n \neq 2),$$

$$\Delta(\ln r) = \frac{2\pi^{n/2}}{\Gamma(n/2)}\delta(x), \quad (n = 2).$$

(8.3.12)

Die folgenden Spezialfälle sind für Anwendungen sehr wichtig:

$$\Delta(|x|) = 2\delta(x), \quad (n = 1),$$
$$\Delta(\ln r) = 2\pi\delta(x), \quad (n = 2),$$
$$\Delta(r^{-1}) = -4\pi\delta(x), \quad (n = 3).$$

(8.3.13)

8.4 Die Transformation von Distributionen

Der nun folgende Abschnitt beinhaltet eine Erweiterung der infinitesimalen Lieschen Methode auf den Raum der Distributionen. Die Ergebnisse werden dann im nächsten Kapitel angewendet.

8.4.1 Die Motivation durch lineare Transformationen

Man betrachte der Einfachheit halber zunächst den eindimensionalen Fall und beginne mit der bereits bekannten Transformation, der Verschiebung einer Distribution. Sie korrespondiert mit der Translation $\bar{x} = x - a$ der unabhängigen Variablen und ist in Übereinstimmung mit dem folgenden Transformationsgesetz für reguläre Distributionen (8.1.4) definiert. Sei $f(x)$ eine lokal integrierbare Funktion einer einzelnen Variablen x. Die Verschiebung $f(x - a)$ der zugehörigen regulären Distribution ist durch die Gleichung für Variablentransformationen gegeben:

$$(f(x - a), \varphi(x)) = \int f(x - a)\varphi(x)\,dx = \int f(\bar{x})\varphi(\bar{x} + a)\,d\bar{x}.$$

Unter Verwendung von (8.1.4) folgt

$$(f(x - a), \varphi(x)) = (f(\bar{x}), \varphi(\bar{x} + a))$$

(8.4.1)

oder nach Ersetzen von $\bar{x}$ durch x ergibt sich die Gleichung für eine Verschiebung

$$(f(x - a), \varphi(x)) = (f(x), \varphi(x + a)).$$

(8.4.2)

Diese Gleichung (8.4.2) dient nun zur Definition einer Verschiebung für eine beliebige Distribution. Z. B. lautet diese für die Diracsche δ-Funktion

$$(\delta(x - a), \varphi(x)) = (\delta(x), \varphi(x + a)) = \varphi(a).$$

(8.4.3)

Eine beliebige lineare Transformation einer verallgemeinerten Funktion lässt sich auf ähnliche Weise definieren. Sei $f(x)$ hierzu eine lokal integrierbare Funktion im $\mathbb{R}^n$ und sei

$$\bar{x} = Ax - a$$

eine allgemeine lineare Transformation. Hierbei ist $a = (a^1, \ldots, a^n)$ ein n-dimensionaler Vektor und $A = \|a_{ij}\|$ eine $n \times n$-Matrix mit $\det A \neq 0$. Dann ergibt sich die Variablentransformation im Integral (8.1.4) zu

$$(f(Ax - a), \varphi(x)) = \int f(Ax - a)\varphi(x)\,dx = |\det A|^{-1} \int f(\bar{x})\varphi[A^{-1}(\bar{x} + a)]\,d\bar{x}.$$

Diese Gleichung definiert eine lineare Transformation für eine beliebige Distribution

$$(f(Ax - a), \varphi(x)) = (|\det A|^{-1}f(\bar{x}), \varphi[A^{-1}(\bar{x} + a)]), \tag{8.4.4}$$

bzw. nach der Ersetzung von $\bar{x}$ durch x

$$(f(Ax - a), \varphi(x)) = (|\det A|^{-1}f(x), \varphi[A^{-1}(x + a)]). \tag{8.4.5}$$

8.4.2 Die Variablentransformation für die δ-Funktion

Sei $p(x)$ eine Funktion einer Variablen x derart, dass $p(0) = 0$, $p'(0) \neq 0$ gilt. Dann ist

$$\delta(p(x)) = \frac{1}{p'(0)}\delta(x). \tag{8.4.6}$$

Besitzt $p(x)$ verschiedene Nullstellen, z. B. an den Punkten $a_1, \ldots, a_s$, so ist dort $p'(a_\sigma) \neq 0$ für $\sigma = 1, 2, \ldots, s$. Es gilt (vgl. [4], Kapitel VI, § 3.3, Gleichung (2)):

$$\delta(p(x)) = \sum_{\sigma=1}^{s} \frac{1}{p'(a_\sigma)}\delta(x - a_\sigma). \tag{8.4.7}$$

Beispiel 8.4.1. Die Anwendung von Gleichung (8.4.7) auf $\delta(x^2 - a^2)$, $a \neq 0$ ergibt

$$\delta(x^2 - a^2) = \frac{1}{2a}[\delta(x - a) - \delta(x + a)]. \tag{8.4.8}$$

Im Falle von mehreren Variablen $x = (x^1, \ldots, x^n)$ ergibt sich aus Gleichung (1.2.52)

$$\delta(p(x)) = \frac{1}{|J(0)|}\delta(x), \quad J(0) = \det\left\|\frac{\partial p^i}{\partial x^j}\right\|_{x=0}. \tag{8.4.9}$$

8.4.3 Beliebige Transformationsgruppen

Man betrachte nun eine beliebige Transformation T, die Punkte $x \in \mathbb{R}^n$ auf Punkte $\bar{x} \in \mathbb{R}^n$ abbildet:

$$\bar{x} = Tx. \tag{8.4.10}$$

Die Transformation T lässt sich koordinatenmäßig darstellen durch

$$\bar{x}^i = \bar{x}^i(x), \quad i = 1, \dots, n.$$

Die Jacobi-Determinante hierfür lautet

$$J = \det \left\| \frac{\partial \bar{x}^i}{\partial x^j} \right\|. \tag{8.4.11}$$

Es sei nun $J \neq 0$ und $\bar{x}^i(x)$ sei unendlich oft differenzierbar.

Definition 8.4.1. Die Transformation $f \rightarrow \bar{f}$ einer beliebigen Distribution f auf eine Distribution $\bar{f}$, die nach (8.4.10) zu bilden ist, ist durch die Gleichung

$$(f(Tx), \varphi(x)) = (\bar{f}(\bar{x}), \varphi(T^{-1}\bar{x})) \tag{8.4.12}$$

definiert.

Diese Definition 8.4.1 ist durch die linearen Transformationen motiviert. Die Verschiebungsgleichung (8.4.1) besitzt die Form (8.4.12) mit $Tx = x - a$ und $\bar{f} = f$. Auch die Transformation (8.4.4) ist von der Form (8.4.12) mit $Tx = Ax - a$ und $\bar{f} = |\det A|^{-1}f$.

Um eine Transformation von Distributionen nach (8.4.10) zu erhalten, betrachte man noch einmal die Begründung, die im Falle einer linearen Transformation gemacht worden ist. Sei hierzu $f(x)$ eine lokal integrierbare Funktion im $\mathbb{R}^n$. Die Gleichung zur Variablensubstitution bei Integralen liefert

$$(f(Tx), \varphi(x)) = \int f(Tx)\varphi(x) \, dx = \int J^{-1} f(\bar{x}) \varphi(T^{-1}\bar{x}) \, d\bar{x}.$$

Dies motiviert die folgende Gleichung für allgemeine Distributionen:

$$(f(Tx), \varphi(x)) = (J^{-1}f(\bar{x}), \varphi(T^{-1}\bar{x})). \tag{8.4.13}$$

Hierbei ist J wieder die Jacobi-Determinante (8.4.11). Gleichung (8.4.13) lässt sich nach einer Ersetzung von $\bar{x}$ durch x auch schreiben als

$$(f(Tx), \varphi(x)) = (J^{-1}f(x), \varphi(T^{-1}x)). \tag{8.4.14}$$

Vergleicht man nun (8.4.13) mit (8.4.12), so findet man die folgende Transformation für beliebige Distributionen:

$$\bar{f} = J^{-1}f. \tag{8.4.15}$$

Beispiel 8.4.2. Für eine Skalentransformation $\bar{x} = xe^a$ im $\mathbb{R}^n$ gilt mit Gleichung (8.4.15)

$$\bar{f} = e^{-na}f. \tag{8.4.16}$$

Beispiel 8.4.3. Man betrachte für den zweidimensionalen Fall die Rotationsgruppe

$$\bar{x} = x \cos a + y \sin a, \quad \bar{y} = y \cos a - x \sin a.$$

Mit Hilfe von (8.4.15) folgt

$$\bar{f} = f. \tag{8.4.17}$$

8.4.4 Die infinitesimale Transformation von Distributionen

Man betrachte eine einparametrige Gruppe G von Transformationen im $\mathbb{R}^n$:

$$\bar{x} = T_a(x) \tag{8.4.18}$$

mit der zugehörigen infinitesimalen Transformation

$$\bar{x}^i \approx x^i + a\xi^i(x), \quad i = 1, \ldots, n. \tag{8.4.19}$$

Nach Gleichung (8.4.15) war die Erweiterung der Wirkung der Gruppe auf Distributionen gegeben durch

$$\bar{x} = T_a(x), \quad \bar{f} = J^{-1}f. \tag{8.4.20}$$

Hierbei ist die Jacobi-Determinante (8.4.11), $J = \det\|\partial\bar{x}^i/\partial x^j\|$ positiv, wenn der Gruppenparameter a kleine Werte annimmt.

Entwickelt man nun die Transformation (8.4.20) in eine Taylor-Reihe um a bei $a = 0$ und berücksichtigt, dass $J = 1$ für $a = 0$ ist, so erhält man in Übereinstimmung mit der infinitesimalen Transformation für x nach (8.4.19) die folgende Transformation für f:

$$\bar{f} \approx f - af\left[\frac{dJ}{da}\bigg|_{a=0}\right].$$

Wendet man nun die Regeln zur Differentiation von Determinanten (vgl. Abschnitt 1.3.6) auf die Jacobi-Determinante (8.4.11) an, so ergibt sich die folgende Gleichung (vgl. Aufgabe 8.7):

$$\frac{dJ}{da}\bigg|_{a=0} = D_i(\xi^i) \tag{8.4.21}$$

mit

$$D_i(\xi^i) = \sum_{i=1}^{n} \frac{\partial \xi^i}{\partial x^i}. $$

Damit wird die infinitesimale Transformation (8.4.19) der unabhängigen Variablen begleitet durch die folgende infinitesimale Transformation von Distributionen

$$\bar{f} \approx f - aD_i(\xi^i)f. \tag{8.4.22}$$

Im Speziellen sei $f(x) = \delta(x)$. Unter Berücksichtigung von (8.2.2) erhält man die infinitesimale Transformation für die δ-Funktion:

$$\bar{\delta} \approx \delta - a[D_i(\xi^i)|_{x=0}]\delta. \tag{8.4.23}$$

Aufgaben zu Kapitel 8

8.1. Sei x eine einzelne Variable. Man bestimme die Wirkung von Ableitungen der δ-Funktion auf eine Testfunktion. Dazu berechne man

(i) $(\delta'(x), \varphi(x))$,

(ii) $(\delta''(x), \varphi(x))$,

(iii) $(\delta'(x - x_0), \varphi(x))$.

8.2. Man berechne folgende verallgemeinerte Funktionen:

(i) $\lim\limits_{\varepsilon \to 0} \dfrac{2\varepsilon x}{\pi(x^2 + \varepsilon^2)^2}$,

(ii) $\lim\limits_{v \to \infty} \int\limits_{-v}^{v} i\xi e^{i\xi x}\,d\xi$,

(iii) $\lim\limits_{v \to \infty} \int\limits_{-v}^{v} \xi^2 e^{i\xi x}\,d\xi$.

8.3. Sei $\alpha(x)$ eine C^∞-Funktion und f eine Distribution. Man zeige

$$(\alpha(x)f)' = \alpha'(x)f + \alpha(x)f'.$$

8.4. Sei $\alpha(x)$ eine C^∞-Funktion. Man zeige

$$(\alpha(x)\theta(x))' = \alpha(0)\delta(x) + \theta(x)\alpha'(x).$$

8.5. Man beweise Gleichung (8.2.6):

$$(f(x) \otimes g(t), \varphi(x)\psi(t)) = (f(x), \varphi(x))(g(t), \psi(t)).$$

8.6. Man beweise Gleichung (8.2.8):

$$\delta(x) \otimes \delta(t) = \delta(x, t).$$

8.7. Man beweise die Faltungs-Gleichung (8.2.10) $f * g = g * f$ für reguläre Distributionen.

8.8. Man zeige die Eigenschaften (8.2.14) und (8.2.15) für die Faltung.

8.9. Man zeige (8.3.4) für $n = 2$ und $n = 3$.

8.10. Man berechne die Distribution $\Delta(\ln r)$ für $n = 2$ und zeige die Gleichung (8.3.11).

8.11. Man untersuche die Gleichung (8.3.9).

8.12. Man beweise (8.4.21).

8.13. Sei $\alpha(x)$ eine beliebige C^∞-Funktion. Man zeige, dass

$$\alpha(x)\delta'(x) = \alpha(0)\delta'(x) - \alpha'(0)\delta(x).$$

8.14. Man betrachte die Substitution der Variablen x, die durch $y = p(x)$ gegeben ist. Hierzu sei ferner $p(0) = 0$, $p'(0) \neq 0$. Man zeige die Gültigkeit von Gleichung (8.4.6): $\delta(p(x)) = p'(0)^{-1}\delta(x)$.

8.15. Sei $p(x)$ eine Funktion mit mehreren Nullstellen, z. B. bei $a_1, \ldots, a_s$. Ferner sei dort $p'(a_\sigma) \neq 0$ für alle $\sigma = 1, 2, \ldots, s$. Man zeige die Gültigkeit von Gleichung (8.4.7):

$$\delta(p(x)) = \sum_{\sigma=1}^{s} \frac{1}{p'(a_\sigma)} \delta(x - a_\sigma).$$

8.16. Man leite die Gleichung (8.4.8) her:

$$\delta(x^2 - a^2) = \frac{[\delta(x - a) - \delta(x + a)]}{(2a)}.$$

9 Invarianzprinzip und Fundamentallösung

Dieses Kapitel beinhaltet eine neue gruppentheoretische Anwendung von Anfangs-wertaufgaben, die auf dem Invarianzprinzip basiert. Diese Methode lässt sich gewinn-bringend bei der Lösung von linearen Gleichungen sowohl mit konstanten als auch variablen Koeffizienten einsetzen.

Zusätzliche Literatur: N. H. Ibragimov [20], Abschnitt 3.

9.1 Einleitung

Die Lieschen Methoden werden im Allgemeinen als nur bedingt brauchbar angese-hen, um Anfangswertaufgaben zu lösen. Dies hat seine Ursache darin, dass beliebige Anfangsbedingungen die Symmetrie-Gruppe der betrachteten Differentialgleichung zerstören. Trotzdem wurde in [15] gezeigt, dass die fundamentalen Lösungen der klas-sischen Gleichungen der mathematischen Physik tatsächlich gruppeninvariante Lö-sungen sind. Diese Beobachtung, verstärkt durch die Formulierung eines Invarianz-prinzips für Anfangswertaufgaben, führte zur Entwicklung einer systematischen An-wendung von Gruppentheorie auf Fundamentallösungen [17]. Dieses neue Anwen-dungsgebiet kombiniert die Philosophie der Lieschen Symmetrien mit der Theorie der Distributionen.

Der Schlüssel zur erfolgreichen Anwendung von Gruppentheorie auf Fundamen-tallösungen liegt darin, dass die Anfangswertaufgaben, die eine Fundamentallösung ausmachen, und das allgemeine Problem mit beliebigen Rand- oder Anfangsbedin-gungen bestimmte Symmetrien der Differentialgleichung übernehmen. Folglich las-sen sich Fundamentallösungen dadurch bestimmen, dass man invariante Lösungen sucht, die eine bestimmte übernommene Symmetriegruppe zulassen.

Die Fundamentallösungen für elliptische und parabolische Gleichungen sind gewöhnliche Funktionen und können mit Hilfe der klassischen Lie-Theorie (vgl. Ab-schnitte 9.2.3 und 9.2.4) bestimmt werden. Für hyperbolische Gleichungen sind die Fundamentallösungen Distributionen (vgl. Abschnitt 9.4). Dafür werden Differential-gleichungen mit Distributionen benötigt wie im Abschnitt 9.4.2 vorgestellt wird.

Die neue Methode ist, anders als die Fourier-Transformation, unabhängig von der Wahl des Koordinatensystems und ist nicht nur anwendbar auf Gleichungen mit kon-stanten Koeffizienten sondern auch auf solche mit variablen Koeffizienten.

DOI 10.1515/9783110495522-013

9.2 Das Invarianzprinzip

9.2.1 Formulierung des Invarianzprizips

Ein allgemeines Prinzip, wie es in [15] (vgl. auch [21]) formuliert wurde und Invarianzprinzip genannt wird, fügt Lie-Gruppen-Theorie und Randwert-Aufgaben sowie im speziellen Anfangswert- oder Cauchy-Probleme zusammen. Dieses Prinzip besagt, dass, wenn eine Differentialgleichung eine Lie-Gruppe G zulässt und Rand- bzw Anfangswertaufgaben invariant in Bezug auf eine Untergruppe $H \subset G$ sind, dann soll die gesuchte Lösung unter den H-invarianten Lösungen zu finden sein. Dieses Invarianzprinzip ist sowohl auf lineare wie auch auf nichtlineare Gleichungen anwendbar. Im Folgenden beschränke man sich jedoch nur darauf, Fundamentallösungen für lineare Gleichungen herzuleiten. Demgemäß wird das Invarianzprinzip hier nur für lineare Gleichungen formuliert.

Definition 9.2.1. Sei L ein linearer Differentialoperator in den unabhängigen Variablen $x = (x^1, \ldots, x^n)$. Die Differentialgleichung $L(u) = f(x)$ lässt eine Gruppe G zu. Dann heißt das Randwertproblem

$$L(u) = f(x), \quad u|_S = h(x) \tag{9.2.1}$$

invariant unter einer Untergruppe $H \subset G$, wenn
(1) die Mannigfaltigkeit S invariant ist unter H,
(2) die Rand- oder Anfangsbedingung $u|_S = h(x)$ invariant ist in Bezug auf die Gruppe $\tilde{H}$, die auf S durch H erzeugt wird. Das heißt, $\tilde{H}$ ist die Wirkung von H eingeschränkt auf S.

Invarianzprinzip

Ist eine Rand- bzw. Anfangswertaufgabe (9.2.1) invariant in Bezug auf die Gruppe H, so ist die Lösung eine Funktion, die in Bezug auf H invariant ist.

9.2.2 Fundamentallösung von linearen Gleichungen mit konstanten Koeffizienten

Definition 9.2.2. Eine Fundamentallösung für einen Differentialoperator L mit konstanten Koeffizienten ist eine verallgemeinerte Funktion $\mathcal{E}$ derart, dass

$$L\mathcal{E} = \delta. \tag{9.2.2}$$

Die charakteristische Eigenschaft einer Fundamentallösung ist durch die folgende Aussage gegeben:

Satz 9.2.1. *Sei $\mathcal{E}$ eine Fundamentallösung für einen Differentialoperator L mit konstanten Koeffizienten. Dann ist die Lösung für eine inhomogene Gleichung*

$$Lu = f \qquad (9.2.3)$$

gegeben durch

$$u = \mathcal{E} * f. \qquad (9.2.4)$$

Beweis. Man benutze die Eigenschaften (8.2.11)-(8.2.15) der Faltung. Es ergibt sich

$$Lu = L(\mathcal{E} * f) = (L\mathcal{E}) * f = \delta * f = f. \qquad \square$$

9.2.3 Anwendung auf die Laplace-Gleichung

Man betrachte die Laplacesche Gleichung mit einer beliebigen Zahl $n \geq 3$ von Variablen $x = (x^1, \dots, x^n)$:

$$\Delta u \equiv \sum_{i=1}^{n} u_{ii} = 0. \qquad (9.2.5)$$

Die Symmetrien dieser Gleichung (9.2.5) bestehen aus der endlich-dimensionalen Lie-Algebra, die durch

$$X_i = \frac{\partial}{\partial x^i}, \quad X_{ij} = x^j \frac{\partial}{\partial x^i} - x^i \frac{\partial}{\partial x^j},$$

$$Y_i = (2x^i x^j - |x|^2 \delta^{ij}) \frac{\partial}{\partial x^j} + (2 - n) x^i u \frac{\partial}{\partial u}, \qquad (9.2.6)$$

$$Z_1 = x^i \frac{\partial}{\partial x^i}, \quad Z_2 = u \frac{\partial}{\partial u} \quad (i, j = 1, \dots, n)$$

aufgespannt wird, und der unendlich-dimensionalen Algebra mit dem Generator

$$X_\tau = \tau \frac{\partial}{\partial u}.$$

Dabei ist $\tau = \tau(x)$ eine beliebige Lösung der Laplace-Gleichung. Im Folgenden sei $\tau(x) = 0$ und man verwende nur die Generatoren (9.2.6).

Man bestimme nun die Fundamentallösung $\mathcal{E}(x)$. Dazu wird das Invarianzprinzip auf Gleichung (9.2.2) angewandt:

$$\Delta \mathcal{E} = \delta(x). \qquad (9.2.7)$$

Diese Gleichung (9.2.7) wird als Randwert-Problem mit festem singulärem Punkt (Ursprung) behandelt, wo die δ-Funktion gegeben ist. Zuerst werden von den Generatoren (9.2.6) diejenigen bestimmt, die den singulären Punkt $x = 0$ invariant lassen. Es ist einfach zu sehen, dass diese Eigenschaft von allen Operatoren (9.2.6) erfüllt wird, außer von den Translations-Operatoren X_i $(i = 1, \dots, n)$. Für die Generatoren der

Rotation X_{ij} und der Dilatationen Z_1 und Z_2 ist es offensichtlich. Dieser Invarianztest $Y_i(x^k)|_{x=0} = 0$ für Y_i liefert mit $Y_i(x^k) = 2x^i x^k - |x|^2 \delta^{ik}$ das gewünschte Ergebnis.

Nun wende man sich der Invarianz der Gleichung (9.2.7) zu. Zunächst sei bemerkt, dass Gleichung (9.2.7) den Operator X_{ij} zulässt, da der Laplace-Operator und auch die δ-Funktion invariant in Bezug auf Rotationen sind. Was die Dilatationsgeneratoren Z_1 und Z_2 anbelangt, so werden sie nicht getrennt betrachtet. Es wird eine Linearkombination

$$Z = x^i \frac{\partial}{\partial x^i} + ku \frac{\partial}{\partial u} \qquad (9.2.8)$$

von ihnen angesetzt. Dieser Operator werde wegen der zweiten Ableitung u_{ii} zweifach prolongiert und seine Wirkung nach (8.4.23) auf die δ-Funktion erweitert. Man beachte, dass in diesem Fall $D_i(\xi^i) = n$ ist. Führt man die Prolongation aus, so findet man den Operator

$$\tilde{Z} = x^i \frac{\partial}{\partial x^i} + ku \frac{\partial}{\partial u} + (k-1)u_i \frac{\partial}{\partial u_i} + (k-2)u_{ij} \frac{\partial}{\partial u_{ij}} - n\delta \frac{\partial}{\partial \delta}. \qquad (9.2.9)$$

Damit ergibt sich

$$\tilde{Z}(\Delta u - \delta) = (k-2)\Delta u + n\delta.$$

Die Invarianzbedingung lautet somit

$$\tilde{Z}(\Delta u - \delta)|_{\Delta u=\delta} = (k-2+n)\delta = 0.$$

Dies führt auf $k = 2 - n$. Folglich lässt die Gleichung (9.2.7) die nachstehenden Operatoren zu:

$$X_{ij} = x^j \frac{\partial}{\partial x^i} - x^i \frac{\partial}{\partial x^j}, \quad Z = x^i \frac{\partial}{\partial x^i} + (2-n)u \frac{\partial}{\partial u}. \qquad (9.2.10)$$

Auf ähnliche Weise kann gezeigt werden, dass auch die Operatoren Y_i zugelassen werden. Aber sie werden nicht benutzt. Man betrachte sie als überschüssige Symmetrien für die Fundamentallösung.

In Übereinstimmung mit dem Invarianzprinzip suche man Lösungen von Gleichung (9.2.7) in Bezug auf die Generatoren (9.2.10). Der erste X_{ij} besitzt die zwei unabhängigen Invarianten u und $r = \sqrt{(x^1)^2 + \cdots + (x^n)^2}$. Man schreibe als nächstes den Operator Z in den Invarianten:

$$Z = r \frac{\partial}{\partial r} + (2-n)u \frac{\partial}{\partial u}$$

und löse anschließend die Gleichung $Z(J(r, u)) = 0$. Es lassen sich hieraus die Invarianten

$$J = ur^{n-2}.$$

finden. Damit besitzt die invariante Lösung die Form $J = C = $ const. Es ist

$$u = Cr^{2-n}. \qquad (9.2.11)$$

Aus Abschnitt 8.3 ist bekannt, dass die Funktion (9.2.11) der Gleichung (9.2.7) bis auf einen konstanten Faktor genügt. Vergleicht man dafür (9.2.11) und (8.3.8), so ergibt sich der folgende Wert für die Konstante C:

$$C = \frac{1}{(2-n)\omega_n}.$$

Dabei ist ω_n die Oberfläche der Einheitskugel. Somit lautet die Fundamentallösung $\mathcal{E}_n$ für Gleichung (9.2.5) mit $n \geq 3$

$$\mathcal{E}_n = \frac{1}{(2-n)\omega_n} r^{2-n} = \frac{\Gamma(n/2)}{2(2-n)\sqrt{\pi^n}} r^{2-n}. \tag{9.2.12}$$

Zusammenfassend ist die Fundamentallösung für die Laplace-Gleichung (9.2.5) aus dem Invarianzprinzip heraus bis auf einen konstanten Faktor bestimmt worden. Gleichung (9.2.7) übernimmt die Rolle einer Normierungsbedingung.

In gleicher Weise lässt sich das Invarianzprinzip auch für den Fall $n = 2$ benutzen. Dann ergibt sich die Fundamentallösung

$$\mathcal{E}_2 = \frac{1}{2\pi} \ln r \tag{9.2.13}$$

für die Laplace-Gleichung (5.2.26) mit zwei Variablen:

$$\Delta u \equiv u_{xx} + u_{yy} = 0. \tag{9.2.14}$$

Im physikalisch wichtigen Fall $n = 3$ liefert Gleichung (9.2.12) die Fundamentallösung (vgl. (8.3.13))

$$\mathcal{E}_3 = -\frac{1}{4\pi r} \tag{9.2.15}$$

für die Laplace-Gleichung (1.3.20) mit drei Variablen :

$$\Delta u \equiv u_{xx} + u_{yy} + u_{zz} = 0. \tag{9.2.16}$$

9.2.4 Anwendung auf die Wärmeleitungsgleichung

Man betrachte die Wärmeleitungsgleichung in n räumlichen Koordinaten $x = (x^1, \ldots, x^n)$:

$$u_t - \Delta u = 0. \tag{9.2.17}$$

Hierbei ist Δ der n-dimensionale Laplace-Operator mit x^i (vgl. Gleichung (9.2.5)).

Die Symmetrien von Gleichung (9.2.17) bilden eine endlich-dimensionale Lie-Algebra, die durch

$$X_0 = \frac{\partial}{\partial t}, \quad X_i = \frac{\partial}{\partial x^i}, \quad X_{ij} = x^j \frac{\partial}{\partial x^i} - x^i \frac{\partial}{\partial x^j},$$
$$Z_1 = 2t \frac{\partial}{\partial t} + x^i \frac{\partial}{\partial x^i}, \quad Z_2 = u \frac{\partial}{\partial u}, \quad Z_{0i} = 2t \frac{\partial}{\partial x^i} - x^i u \frac{\partial}{\partial u}, \tag{9.2.18}$$
$$Y = t^2 \frac{\partial}{\partial t} + t x^i \frac{\partial}{\partial x^i} - \frac{1}{4}(2nt + |x|^2) u \frac{\partial}{\partial u}$$

aufgespannt wird, sowie einen unendlich-dimensionalen Anteil mit dem Generator

$$X_\tau = \tau \frac{\partial}{\partial u}.$$

Hierbei ist $\tau = \tau(t, x)$ eine beliebige Lösung der Wärmeleitungsgleichung. Im Folgenden sei $\tau(t, x) = 0$. Man benutze nur die Generatoren (9.2.18).

Die Gleichung (9.2.2) für die Fundamentallösung $\mathcal{E}(t, x)$ besitzt die Form

$$\mathcal{E}_t - \Delta\mathcal{E} = \delta(t, x). \tag{9.2.19}$$

Sie ist invariant in Bezug auf die Gruppe bestehend aus folgenden Generatoren

$$X_{ij} = x^j \frac{\partial}{\partial x^i} - x^i \frac{\partial}{\partial x^j}, \quad Z_{0i} = 2t \frac{\partial}{\partial x^i} - x^i u \frac{\partial}{\partial u},$$

$$Z = 2t \frac{\partial}{\partial t} + x^i \frac{\partial}{\partial x^i} - nu \frac{\partial}{\partial u}. \tag{9.2.20}$$

Die Operatoren (9.2.20) lassen sich mit Hilfe der Methode gewinnen, wie sie bei der Laplace-Gleichung bereits durchgeführt wurde. Dazu wähle man aus der Menge der Generatoren (9.2.18) diejenigen heraus, die die Invarianz des Punktes $(t = 0, x = 0)$ und die Invarianz der Gleichung (9.2.19) liefern.

Nun werde das Invarianzprinzip angewendet. Die Invarianten für X_{ij} sind t, r, u. Im Raum dieser Invarianten ergibt sich für den Operator Z_{0i} die Darstellung

$$Z_{0i} = x^i \left(2 \frac{t}{r} \frac{\partial}{\partial r} - u \frac{\partial}{\partial u} \right).$$

Löst man die Gleichung $Z_{0i}(J) = 0$, so folgen die zwei Invarianten der Rotationen und der Galilei-Transformation t und $p = u e^{r^2/(4t)}$. Stellt man jetzt den letzten Operator aus (9.2.20) mit Hilfe dieser Invarianten dar, so ist

$$Z = 2t \frac{\partial}{\partial t} - np \frac{\partial}{\partial p}.$$

Das Lösen der Gleichung $Z(J) = 0$ führt auf die Invariante

$$J = t^{n/2} p \equiv u(\sqrt{t})^n e^{r^2/(4t)}.$$

Die invariante Lösung ist nun gegeben durch $J = $ const und ist von der Form

$$u = \frac{C}{(\sqrt{t})^n} e^{-\frac{r^2}{4t}}, \quad t > 0.$$

Erweitert man diese nun auch für $t < 0$ durch $u = 0$, so folgt

$$u = \frac{C\theta(t)}{(\sqrt{t})^n} e^{-\frac{r^2}{4t}}. \tag{9.2.21}$$

Hierbei ist $\theta(t)$ die Heaviside-Funktion (8.1.5) mit t. Die Gleichung (9.2.19) spielt wieder die Rolle einer Normierungsbedingung. Im nächsten Abschnitt wird nämlich gezeigt, dass $C = (2\sqrt{\pi})^{-n}$. Damit lautet die Fundamentallösung für die Wärmeleitungsgleichung in n räumlichen Koordinaten

$$\mathcal{E}_n = \frac{\theta(t)}{(2\sqrt{\pi t})^n} e^{-\frac{r^2}{4t}}. \tag{9.2.22}$$

9.3 Das Cauchy-Problem der Wärmeleitungsgleichung

In diesem Abschnitt wird das Konzept der Fundamentallösung auf das Cauchy-Problem angewendet und mit Hilfe des Invarianzprinzips für die Wärmeleitungsgleichung eine Lösung erzeugt. Es folgt aus diesen Berechnungen, dass die Wärmeleitung direkt aus dem Invarianzprinzip hergeleitet werden kann.

9.3.1 Fundamentallösung für das Cauchy-Problem

Definition 9.3.1. Eine Distribution $E(t, x)$ heißt Fundamentallösung des Cauchy-Problems der Wärmeleitungsgleichung, wenn sie das Anfangswertproblem

$$E_t - \Delta E = 0, \quad E|_{t=0} = \delta(x). \tag{9.3.1}$$

löst.

Satz 9.3.1 (vgl. Aufgabe 9.7). *Sei $E(t, x)$ eine Fundamentallösung für das Cauchy-Problem. Dann ist die Lösung für*

$$u_t - \Delta u = 0, \quad u|_{t=0} = u_0(x) \tag{9.3.2}$$

gegeben durch die Faltung von E mit der Anfangsfunktion $u_0(x)$:

$$u(t, x) = E * u_0 = \int_{\mathbb{R}^n} u_0(\xi) E(t, x - \xi) \, d\xi. \tag{9.3.3}$$

Satz 9.3.2. *Sei $E(t, x)$ eine Fundamentallösung des Cauchy-Problems und $\theta(t)$ die Heaviside-Funktion. Dann ist*

$$\mathcal{E} = \theta(t)E(t, x) \tag{9.3.4}$$

die Fundamentallösung für die Wärmeleitungsgleichung $\mathcal{E}_t - \Delta\mathcal{E} = \delta(t, x)$.

Beweis. Es ist

$$\mathcal{E}_t - \Delta\mathcal{E} = \theta'(t)E(t, x) + \theta(t)(E_t - \Delta E).$$

Berücksichtige man nun Gleichung (9.3.1) sowie die Eigenschaften (8.2.4), (8.2.2) und (8.2.8) von Distributionen, so folgt sofort Gleichung (9.2.19) via

$$\mathcal{E}_t - \Delta\mathcal{E} = \delta(t)E(t, x) = \delta(t)E(0, x) = \delta(t) \otimes \delta(x) = \delta(t, x). \qquad \square$$

9.3.2 Herleitung der Fundamentallösung für das Cauchy-Problem mit Hilfe des Invarianzprinzips

Lemma 9.3.1. *Die Lie-Algebra, die durch das Anfangswertproblem (9.3.1) zugelassen wird, wird durch die Generatoren von (9.2.18)*

$$X_{ij}, \quad Z_{0i}, \quad Z_1 - nZ_2, \quad Y, \quad i, j = 1, \ldots, n \tag{9.3.5}$$

aufgespannt.

Beweis. Da die Algebra L durch die Differentialgleichung (9.2.17) zugelassen wird, ist es ausreichend, nur die Invarianz der Anfangsbedingungen zu betrachten. Die Anfangsmannigfaltigkeit ist durch $t = 0$ gegeben. Außerdem erfordert die Invarianz der Anfangsdaten, dass der Träger $\delta(x)$, d. h. der Punkt $x = 0$ unverändert bleibt. Damit fordert Definition 9.2.1 die Invarianz der Gleichungen $t = 0$ und $x = 0$. Diese Forderungen entfernen aus der Algebra L die Generatoren der Translation X_i, X_0. Folglich reduziert sich (9.2.18) auf

$$X_{ij}, \quad Z_{0i}, \quad Z_1, \quad Z_2, \quad Y.$$

Die Anfangsbedingung (9.3.1) ist invariant in Bezug auf die Operatoren X_{ij}, Z_{0i} und Y. Sie ist nicht invariant in Bezug auf die zweidimensionale Algebra, die durch Z_1 und Z_2 gebildet wird. Daher untersuche man den Invarianz-Test mit einer Linearkombination von Z_1 und Z_2. Es ist

$$(Z_1 + kZ_2)|_{t=0} = x^i \frac{\partial}{\partial x^i} + ku \frac{\partial}{\partial u}, \quad k = \text{const.}$$

Mit Hilfe dieses Operators unterliegen die Variablen u und die δ-Funktion den Transformationen

$$\bar{u} \approx u + aku, \quad \bar{\delta} \approx \delta - an\delta.$$

Es ergibt sich, dass $\bar{u} - \bar{\delta} = u - \delta + a(ku + n\delta) + o(a)$, woraus folgt:

$$(\bar{u} - \bar{\delta})|_{u=\delta} = a(k + n)\delta + o(a).$$

Damit besitzt die Invarianzbedingung (9.3.1) die Form $k + n = 0$. Auf diese Weise gelangt man zu den Operatoren (9.3.5). $\square$

Satz 9.3.3. *Die Fundamentallösung für das Cauchy-Problem der Wärmeleitungsgleichung in n räumlichen Koordinaten besitzt die Form*

$$E_n(t, x) = \frac{1}{(2\sqrt{\pi t})^n} e^{-\frac{r^2}{4t}}. \tag{9.3.6}$$

Es ist die einzige Funktion $E = u(t, x)$, die die Anfangsbedingung (9.3.1) erfüllt und invariant in Bezug auf die Rotationsgrupppe, Galilei-Transformation und Dilatationen mit den infinitesimalen Generatoren

$$X_{ij}, \quad Z_{0i}, \quad Z_1 - nZ_2, \quad i, j = 1, \dots, n \tag{9.3.7}$$

ist.

Beweis. Man bemerke zunächst, dass die Invarianten der Rotation t, r, u funktional unabhängig sind. Damit lässt sich der Galilei-Operator auf diese einschränken und kann mit ihrer Hilfe dargestellt werden:

$$Z_{0i} = x^i \left(2\frac{t}{r} \frac{\partial}{\partial r} - u \frac{\partial}{\partial u} \right).$$

Für diesen Operator lauten die Invarianten t und $p = u \exp[r^2/(4t)]$. Der letzte Operator (9.3.7) ist dann mit diesen Variablen darstellbar als

$$Z_1 - nZ_2 = 2t\frac{\partial}{\partial t} - np\frac{\partial}{\partial p}.$$

Dieser besitzt die einzige unabhängige Invariante

$$J = t^{n/2}p = t^{n/2}u \exp[r^2/(4t)].$$

Die allgemeine Form der invarianten Funktion $E = u(t, x)$ folgt damit aus der Gleichung $J = C$:

$$u = \frac{C}{(\sqrt{t})^n}e^{-\frac{r^2}{4t}}, \quad t > 0.$$

Führt man den Grenzübergang $t \to 0$ aus und benutzt die Anfangsbedingung (9.3.1), berücksichtigt ferner noch (8.1.12), so folgt $C = (2\sqrt{\pi})^{-n}$ und (9.3.6) als Ergebnis. $\quad\square$

Bemerkung 9.3.1. Die Fundamentallösung (9.2.22) für die Wärmeleitungsgleichung erhält man, indem man (9.3.6) in (9.3.4) einsetzt.

9.3.3 Lösung des Cauchy-Problems

Die Gleichungen (9.2.22), (9.3.6), (9.3.3) und (9.2.3) führen auf das folgende Ergebnis:

Satz 9.3.4. *Die Fundamentallösung $\mathcal{E}$ der Wärmeleitungsgleichung (9.2.17) und die Fundamentallösung E des Cauchy-Problems der Wärmeleitungsgleichung lauten*

$$\mathcal{E} = \frac{\theta(t)}{(2\sqrt{\pi t})^n}e^{-\frac{r^2}{4t}} \tag{9.2.22}$$

und

$$E(t, x) = \frac{1}{(2\sqrt{\pi t})^n}e^{-\frac{r^2}{4t}}. \tag{9.3.6}$$

Die Lösung des allgemeinen Cauchy-Problems (9.3.2)

$$u_t - \Delta u = 0, \quad u|_{t=0} = u_0(x), \tag{9.3.2}$$

für eine stetige Funktion $u_0(x)$ ist gegeben durch

$$u(t, x) = \frac{1}{(2\sqrt{\pi t})^n}\int_{\mathbb{R}^n} u_0(\xi)e^{\frac{-|x-\xi|^2}{4t}}\,d\xi, \quad t > 0. \tag{9.3.8}$$

Betrachtet man das Cauchy-Problem der inhomogenen Wärmeleitungsgleichung

$$u_t - \Delta u = f(t, x), \quad u|_{t=0} = u_0(x), \tag{9.3.9}$$

mit einer zweifach stetig differenzierbaren Funktion $f(t, x)$ für $(t \geq 0)$ und einer stetigen Anfangsbedingung $u_0(x)$, so ist die Lösung für (9.3.9) gegeben durch

$$u(t, x) = \int\limits_0^t \int\limits_{\mathbb{R}^n} \frac{f(\tau, \xi)}{(2\sqrt{\pi(t-\tau)})^n} e^{\frac{-|x-\xi|^2}{4(t-\tau)}} \, d\xi \, d\tau$$

$$+ \frac{1}{(2\sqrt{\pi t})^n} \int\limits_{\mathbb{R}^n} u_0(\xi) e^{\frac{-|x-\xi|^2}{4t}} \, d\xi, \quad t > 0. \tag{9.3.10}$$

9.4 Die Wellengleichung

9.4.1 Elementares zu Differentialformen

Sei $\phi = \phi(x)$ eine differenzierbare Funktion mit $x = (x^1, \ldots, x^n)$. Das Differential von ϕ

$$d\phi = \sum_{i=1}^n \frac{\partial \phi}{\partial x^i} \, dx^i$$

lässt sich in der kompakten Form

$$d\phi = \phi_i \, dx^i$$

schreiben. Dabei ist $\phi_i = \partial \phi(x)/\partial x^i$. Die folgende Verallgemeinerung des Differentials ist nützlich:

Definition 9.4.1. Eine Differential-1-Form ist ein Ausdruck

$$\omega = a_i(x) \, dx^i \tag{9.4.1}$$

mit $a_i(x)$, $i = 1, \ldots, n$ als beliebige Funktion.

Sind im Speziellen die Koeffizienten $a_i(x)$ partielle Ableitungen einer Funktion ϕ, so ist die 1-Form ω ein Differential. Es folgt dann

$$\omega = d\phi.$$

Sei S nun eine Fläche im dreidimensionalen Raum mit den Koordinaten (x, y, z). dS kennzeichne ein Flächenelement und $\mathbf{v} = (v^1, v^2, v^3)$ sei der nach außen gerichtete Normaleneinheitsvektor auf dS. v^1, v^2 und v^3 seien die Komponenten von $\mathbf{v}$ entlang der x-, y- bzw. z-Achse. In der Theorie der Oberflächenintegrale werden die Bezeichnungen „orientierte Oberfläche" und „Flächenelement" gemeinsam benutzt. Das orientierte Flächenelement (bekannt auch als Element einer vektoriellen Fläche) ist definiert durch

$$\mathbf{v} \, dS = (v^1 \, dS, v^2 \, dS, v^3 \, dS).$$

Die Komponenten dieses Vektors sind die Projektionen von $v\,\mathrm{d}S$ in die Koordinaten-ebenen (y, z), (z, x) und (x, y). Sie lassen sich in der folgenden Form schreiben (vgl. Abschnitt 1.3.4):

$$v^1\,\mathrm{d}S = \mathrm{d}y \wedge \mathrm{d}z, \quad v^2\,\mathrm{d}S = \mathrm{d}z \wedge \mathrm{d}x, \quad v^3\,\mathrm{d}S = \mathrm{d}x \wedge \mathrm{d}y. \tag{9.4.2}$$

Diese Schreibweise lässt vermuten, dass die Orientierung von $\mathrm{d}S$ einem Rechte-Hand-System der Vektoren $\mathrm{d}x$, $\mathrm{d}y$, $\mathrm{d}z$ entspricht. Ändert man die Orientierung, so vertauscht man y und z und ersetzt $v^1\,\mathrm{d}S$ durch $-v^1\,\mathrm{d}S$. Damit ist dann $\mathrm{d}z \wedge \mathrm{d}y = -v^1\,\mathrm{d}S$. Folglich gilt hiermit $\mathrm{d}y \wedge \mathrm{d}x = -\mathrm{d}x \wedge \mathrm{d}y$ usw. Außerdem lässt sich dieses äußere Produkt $\mathrm{d}y \wedge \mathrm{d}x$ mit dem Vektorprodukt der Vektoren $\mathrm{d}y$ und $\mathrm{d}x$ in Verbindung bringen, die entlang der y- und z-Achse orientiert sind.

Im Falle von n unabhängigen Variablen x^i führt die Verallgemeinerung obiger Konstruktion auf das äußere Produkt $\wedge$, das der Regel

$$\mathrm{d}x^i \wedge \mathrm{d}x^j = -\mathrm{d}x^j \wedge \mathrm{d}x^i \quad (\text{im Speziellen, } \mathrm{d}x^i \wedge \mathrm{d}x^i = 0). \tag{9.4.3}$$

genügt.

Definition 9.4.2. Eine Differential-2-Form ist ein Ausdruck der Gestalt

$$\omega = \sum_{i,j=1}^{n} a_{ij}(x)\,\mathrm{d}x^i \wedge \mathrm{d}x^j. \tag{9.4.4}$$

Hierbei sind $a_{ij}(x)$, $i, j = 1, \ldots, n$ beliebige Funktionen. Gemäß der Eigenschaft des äußeren Produktes (9.4.3) lässt sich die Summe in (9.4.4) auf die Form

$$\omega = \sum_{i<j} a_{ij}(x)\,\mathrm{d}x^i \wedge \mathrm{d}x^j \tag{9.4.5}$$

reduzieren.

Definition 9.4.3. Eine Differential-p-Form (oder einfach p-Form) lässt sich schreiben als

$$\omega = \sum_{i_1 < \ldots < i_p} a_{i_1 \cdots i_p}(x)\,\mathrm{d}x^{i_1} \wedge \cdots \wedge \mathrm{d}x^{i_p}. \tag{9.4.6}$$

Hierbei ist $x = (x^1, \ldots, x^n)$, $\mathrm{d}x = (\mathrm{d}x^1, \ldots, \mathrm{d}x^n)$. $a_{i_1 \cdots i_p}(x)$ stellen stetig differenzierbare Funktionen dar. Die Summation ist über alle Werte $i_1, \ldots, i_p = 1, \ldots, n$ derart durchzuführen, dass $i_1 < \cdots < i_p$.

Das äußere Produkt erlaubt Umformungen mit Differentialformen und ist durch die formale äußere Multiplikation $\wedge$ bestimmt, die den Regeln (9.4.3) genügt. Eine äußere Differentiation kann damit durch

$$\mathrm{d}\omega = \sum_{i_1 < \ldots < i_p} \sum_{j=1}^{n} \frac{\partial a_{i_1 \cdots i_p}}{\partial x^j}\,\mathrm{d}x^j \wedge \mathrm{d}x^{i_1} \wedge \cdots \wedge \mathrm{d}x^{i_p} \tag{9.4.7}$$

definiert werden.

Gemäß (9.4.7) handelt es sich bei dem Differential $\mathrm{d}\omega$ einer p-Form um eine $(p + 1)$-Form. Die äußere Differentiation und die Multiplikation von Formen liefern folgende Regeln:

$$\mathrm{d}^2\omega \equiv \mathrm{d}(\mathrm{d}\omega) = 0, \qquad (9.4.8)$$

$$\omega \wedge \eta = (-1)^{pq}\eta \wedge \omega, \qquad (9.4.9)$$

$$\mathrm{d}(\omega \wedge \eta) = \mathrm{d}\omega \wedge \eta + (-1)^p \omega \wedge \mathrm{d}\eta. \qquad (9.4.10)$$

Hierbei ist ω eine p-Form und η eine q-Form. Ist $p = n$, so lässt sich jede n-Form darstellen als $\omega = a(x)\,\mathrm{d}x^1 \wedge \cdots \wedge \mathrm{d}x^n$. Ihr zugehöriges Integral ist definiert durch

$$\int \omega = \int a(x)\,\mathrm{d}x^1 \cdots \mathrm{d}x^n. \qquad (9.4.11)$$

Definition 9.4.4. Eine Form ω heißt abgeschlossen, wenn

$$\mathrm{d}\omega = 0, \qquad (9.4.12)$$

und exakt, wenn eine $(p - 1)$-Form η existiert, so dass

$$\omega = \mathrm{d}\eta \qquad (9.4.13)$$

gilt.

Gleichung (9.4.8) zeigt, dass jede exakte Form abgeschlossen ist. Die folgende Aussage, auch als Poincarescher Satz bekannt, behauptet, dass die Umkehrung ebenso gilt.

Satz 9.4.1. *Eine Differentialform ω ist genau dann abgeschlossen, wenn sie lokal exakt ist. Das heißt, Gleichung (9.4.13) gilt in einer Umgebung des betrachteten Punktes x.*

Beispiel 9.4.1. In der Notation äußerer Differentialformen bedeutet die Definition 3.2.1 einer exakten Gleichung (3.2.3), dass ihre linke Seite

$$\omega \equiv M(x, y)\,\mathrm{d}x + N(x, y)\,\mathrm{d}y$$

eine exakte 1-Form (vgl. (9.4.1) mit $n = 2$) ist, d. h. $\omega = \mathrm{d}\Phi$. Berücksichtigt man noch (9.4.7) und (9.4.3), so lässt sich das Differential ω schreiben als

$$\mathrm{d}\omega = \left(\frac{\partial N}{\partial x} - \frac{\partial M}{\partial y} \right) \mathrm{d}x \wedge \mathrm{d}y. \qquad (9.4.14)$$

Da Satz 9.4.1 sagt, dass die Exaktheit von ω äquivalent ist zu $\mathrm{d}\omega = 0$, so ergibt Gleichung (9.4.14) die klassische Bedingung (3.2.6) für die Exaktheit.

Das Konzept der integrierenden Faktoren, wie es in Abschnitt 3.2.3 diskutiert wurde, lässt sich ebenfalls auf Differentialformen übertragen. Hierzu sei $\mu(x)$ ein integrierender Faktor einer Differentialform ω, wenn $\mathrm{d}(\mu\omega) = 0$. Nach Abschnitt 3.2.3 existiert ein solcher Faktor für jede 1-Form.

Die äußeren Differentialformen erlauben es, die drei klassischen Integralsätze aus Abschnitt 1.3.4 auch für höhere Dimensionen zu formulieren:

Satz 9.4.2. *Sei V eine p-dimensionale Mannigfaltigkeit, d. h. V ist ein p-dimensionales Gebiet des n-dimensionalen euklidischen Raumes $\mathbb{R}^n$ mit $p \leq n$. ∂V kennzeichne ihren Rand. Sei ferner ω eine $(p-1)$-Form. Dann gilt die folgende Stokessche Gleichung*

$$\int_{\partial V} \omega = \int_V d\omega. \tag{9.4.15}$$

Es soll nun gezeigt werden, dass Gleichung (9.4.15) den Greenschen, Stokesschen und den Divergenz-Satz als Spezialfälle enthält.

Herleitung des Greenschen Satzes

In diesem Fall ist V ein zweidimensionales Gebiet im $\mathbb{R}^2$. Man betrachte die 1-Form

$$\omega = P(x, y)\, dx + Q(x, y)\, dy. \tag{9.4.16}$$

Die äußere Differentiation (9.4.7) ergibt

$$d\omega = \frac{\partial P}{\partial x}\, dx \wedge dx + \frac{\partial P}{\partial y}\, dy \wedge dx + \frac{\partial Q}{\partial x}\, dx \wedge dy + \frac{\partial Q}{\partial y}\, dy \wedge dy.$$

Unter Berücksichtigung der Eigenschaften (9.4.3) der äußeren Multiplikation folgt

$$d\omega = \left(\frac{\partial Q}{\partial x} - \frac{\partial P}{\partial y} \right) dx \wedge dy. \tag{9.4.17}$$

Setzt man (9.4.16) und (9.4.17) in (9.4.15) ein und berücksichtigt die Definition (9.4.11) des Integrals einer Differentialform, so ergibt sich die Greensche Gleichung (1.3.16):

$$\int_{\partial V} P(x, y)\, dx + Q(x, y)\, dy = \int_V \left(\frac{\partial Q}{\partial x} - \frac{\partial P}{\partial y} \right) dx\, dy.$$

Herleitung des Stokesschen Satzes

Sei V ein zweidimensionales Gebiet im $\mathbb{R}^3$ und sei

$$\omega = P(x, y, z)\, dx + Q(x, y, z)\, dy + R(x, y, z)\, dz. \tag{9.4.18}$$

Wendet man die äußere Differentiation (9.4.7) an und berücksichtigt, dass

$$dx \wedge dx = dy \wedge dy = dz \wedge dz = 0,$$

so folgt

$$d\omega = \frac{\partial P}{\partial y}\, dy \wedge dx + \frac{\partial P}{\partial z}\, dz \wedge dx + \frac{\partial Q}{\partial x}\, dx \wedge dy$$
$$+ \frac{\partial Q}{\partial z}\, dz \wedge dy + \frac{\partial R}{\partial x}\, dx \wedge dz + \frac{\partial R}{\partial y}\, dy \wedge dz$$

bzw.

$$\mathrm{d}\omega = \left(\frac{\partial Q}{\partial x} - \frac{\partial P}{\partial y}\right)\mathrm{d}x \wedge \mathrm{d}y$$
$$+ \left(\frac{\partial R}{\partial y} - \frac{\partial Q}{\partial z}\right)\mathrm{d}y \wedge \mathrm{d}z + \left(\frac{\partial P}{\partial z} - \frac{\partial R}{\partial x}\right)\mathrm{d}z \wedge \mathrm{d}x. \tag{9.4.19}$$

Setzt man nun (9.4.18) und (9.4.19) in (9.4.15) ein, so folgt Gleichung (1.3.17).

Herleitung des Divergenz-Satzes (dim $V = 3$, $V \subset \mathbb{R}^3$)

Schreibt man die linke Seite von Gleichung (1.3.18) unter Benutzung von (9.4.2), so folgt die 2-Form

$$\omega = A^1\,\mathrm{d}y \wedge \mathrm{d}z + A^2\,\mathrm{d}z \wedge \mathrm{d}x + A^3\,\mathrm{d}x \wedge \mathrm{d}y \equiv (\boldsymbol{A} \cdot \boldsymbol{v})\,\mathrm{d}S. \tag{9.4.20}$$

Wendet man hierauf die äußere Differentiation (9.4.7) an und berücksichtigt, dass z. B. $\mathrm{d}x \wedge \mathrm{d}y \wedge \mathrm{d}z = 0$, so folgt

$$\mathrm{d}\omega = \frac{\partial A^1}{\partial x}\,\mathrm{d}x \wedge \mathrm{d}y \wedge \mathrm{d}z + \frac{\partial A^2}{\partial y}\,\mathrm{d}y \wedge \mathrm{d}z \wedge \mathrm{d}x + \frac{\partial A^3}{\partial z}\,\mathrm{d}z \wedge \mathrm{d}x \wedge \mathrm{d}y.$$

Unter Ausnutzung der Eigenschaft (9.4.9) lässt sich dieser Ausdruck schreiben als

$$\mathrm{d}\omega = \operatorname{div}\boldsymbol{A}\,\mathrm{d}x \wedge \mathrm{d}y \wedge \mathrm{d}z. \tag{9.4.21}$$

Setzt man nun (9.4.20) und (9.4.21) in (9.4.15) ein, so folgt Gleichung (1.3.18).

9.4.2 Hilfreiche Gleichungen mit Distributionen

Betrachtet wird nun eine Fläche im $\mathbb{R}^n$, die durch $P(x) = 0$ beschrieben wird. $P(x)$ sei dabei eine stetig differenzierbare Funktion. Ferner sei $\nabla P \neq 0$ auf der Fläche $P(x) = 0$.

Definition 9.4.5. Die Leray-Form ([24], Kapitel IV, §1) auf einer Fläche $P(x) = 0$ ist eine $(n-1)$-Form ω, die der folgenden Gleichung genügt:

$$\mathrm{d}P \wedge \omega = \mathrm{d}x^1 \wedge \cdots \wedge \mathrm{d}x^n.$$

Sie lässt sich in der Form (vgl. [24])

$$\omega = (-1)^{i-1}\frac{\mathrm{d}x^1 \wedge \cdots \wedge \mathrm{d}x^{i-1} \wedge \mathrm{d}x^{i+1} \wedge \cdots \wedge \mathrm{d}x^n}{P_i} \tag{9.4.22}$$

für jedes feste i derart darstellen, dass $P_i \equiv \partial P(x)/\partial x^i \neq 0$.

Die Heaviside-Funktion $\theta(P)$ auf der Fläche $P(x) = 0$ ist dann definiert durch

$$\theta(P) = \begin{cases} 1, & P \geq 0, \\ 0, & P < 0. \end{cases}$$

In Zusammenhang mit Distributionen folgt

$$(\theta(P), \varphi) = \int_{P \geq 0} \varphi(x) \, dx. \tag{9.4.23}$$

Die Diracsche δ-Funktion auf einer Fläche $P(x) = 0$ ist definiert durch

$$(\delta(P), \varphi) = \int_{P=0} \varphi\omega, \tag{9.4.24}$$

wobei ω eine Leray-Form ist. Diese zwei Distributionen sind miteinander durch Gleichung (8.2.4) verbunden. Es ist

$$\theta'(P) = \delta(P). \tag{9.4.25}$$

Unter Verwendung dieser Distributionen lassen sich beliebige Differentialgleichungen formulieren und lösen. Diese sind von erster Ordnung und beinhalten diese Art der Ausdrücke. Sie werden benutzt, um Cauchy-Probleme für die Wellengleichung zu lösen. Man beginne mit der einfachsten Gleichung dieser Art und betrachte

$$xf' = 0 \tag{9.4.26}$$

mit einer unabhängigen Variablen x. Die einzige klassische Lösung hierfür ist $f = $ const. Aber es gibt mehr Lösungen im Raum der Distributionen. Setzt man $\alpha(x) = x$ in Gleichung (8.2.2) $\alpha(x)\delta = \alpha(0)\delta$, so erhält man

$$x\delta(x) = 0. \tag{9.4.27}$$

Berücksichtigt man, dass $\theta'(x) = \delta(x)$ ist, wobei $\theta(x)$ die Heaviside-Funktion in einer Variablen x darstellt, so folgt, dass Gleichung (9.4.26) die Lösung $f = \theta(x)$ besitzt, was eine andere Form im Vergleich zu $f = $ const ist. Da Gleichung (9.4.26) linear ist, ist die Linearkombination

$$f = C_1 \theta(x) + C_2 \tag{9.4.28}$$

eine Distributionslösung, die zwei beliebige Konstanten C_1 und C_2 berücksichtigt. Der folgende Satz verallgemeinert die Gleichungen (9.4.27) und (9.4.26).

Satz 9.4.3. *Die δ-Funktion (9.4.24) genügt den folgenden Gleichungen*

$$P\delta(P) = 0, \tag{9.4.29}$$
$$P\delta^{(m)}(P) + m\delta^{(m-1)}(P) = 0, \quad m = 1, 2, \ldots. \tag{9.4.30}$$

Beweis. Man verwende Definition (9.4.24) und findet

$$(P\delta(P), \varphi) = (\delta(P), P\varphi) = \int_{P=0} P\varphi\omega = 0.$$

Dies ist aber Gleichung (9.4.29). Sei außerdem $\partial P/\partial x^i \neq 0$ (für einige i muss diese Aussage wahr sein in Bezug auf die Bedingung grad $P \neq 0$), so folgt durch Differentiation von (9.4.29) nach x^i die Gleichung

$$\frac{\partial P}{\partial x^i}\delta(P) + P\delta'(P)\frac{\partial P}{\partial x^i} = 0.$$

Nach Division durch $\partial P/\partial x^i$ ergibt sich Gleichung (9.4.30) für $m = 1$. Das fortlaufende Ableiten führt dann auf Gleichung (9.4.30) für $m = 2, 3, \ldots$ Damit ist der Beweis vollständig. $\qquad\square$

Satz 9.4.4. *Die Differentialgleichung erster Ordnung*

$$Pf'(P) + mf(P) = 0 \qquad\qquad (9.4.31)$$

besitzt die allgemeine Lösung im Raum der Distributionen

$$f = C_1\theta(P) + C_2 \qquad\qquad \text{für } m = 0, \qquad\qquad (9.4.32)$$
$$f = C_1\delta^{(m-1)}(P) + C_2 P^{-m} \quad \text{für } m = 1, 2, \ldots. \qquad (9.4.33)$$

Beweis. Man benutze Satz 9.4.3 und beachte, dass $f = P^{-m}$ die klassiche Lösung von Gleichung (9.4.31) ist. Für weitere Einzelheiten siehe z. B. [8]. $\qquad\square$

9.4.3 Symmetrien und Definition der Fundamentallösungen für die Wellengleichung

Man betrachte die Wellengleichung in mehreren räumlichen Variablen (vgl. Gleichung (2.6.18)):

$$u_{tt} - \Delta u = 0, \qquad\qquad (9.4.34)$$

wobei Δ den n-dimensionalen Laplace-Operator in den Variablen $x = (x^1, \ldots, x^n)$ darstellt.

Die Symmetrien für die Wellengleichung (9.4.34) bestehen aus einer endlichdimensionalen Lie-Algebra, die durch die Generatoren (7.3.49) der Lorentz-Gruppe aufgespannt wird:

$$X_0 = \frac{\partial}{\partial t}, \quad X_i = \frac{\partial}{\partial x^i}, \quad X_{ij} = x^j\frac{\partial}{\partial x^i} - x^i\frac{\partial}{\partial x^j}, \quad X_{0i} = t\frac{\partial}{\partial x^i} + x^i\frac{\partial}{\partial t},$$

$$Z_1 = t\frac{\partial}{\partial t} + x^i\frac{\partial}{\partial x^i}, \quad Z_2 = u\frac{\partial}{\partial u},$$

$$Y_0 = (t^2 + |x|^2)\frac{\partial}{\partial t} + 2tx^i\frac{\partial}{\partial x^i} - (n-1)tu\frac{\partial}{\partial u}, \qquad (9.4.35)$$

$$Y_i = 2tx^i\frac{\partial}{\partial t} + \left(2x^i x^j + (t^2 - |x|^2)\delta^{ij}\right)\frac{\partial}{\partial x^j} - (n-1)x^i u\frac{\partial}{\partial u}$$

mit $i, j = 1, \ldots, n$. Außerdem gehört noch eine unendlich-dimensionale Algebra mit den Generatoren

$$X_\tau = \tau(t, x)\frac{\partial}{\partial u}$$

dazu, wobei $\tau(t, x)$ eine beliebige Lösung der Wellengleichung ist. Im Folgenden sei $\tau(t, x) = 0$ und es werden nur die Generatoren (9.4.35) verwendet.

Zur Definition einer Fundamentallösung $\mathcal{E}(t, x)$ habe Gleichung (9.2.2) die Form

$$\mathcal{E}_{tt} - \Delta\mathcal{E} = \delta(t, x). \tag{9.4.36}$$

Die Definition für eine Fundamentallösung eines Cauchy-Problems der Wellengleichung ist ähnlich der für die Wärmeleitungsgleichung. Man beachte, dass das allgemeine Cauchy-Problem mit beliebigen Anfangsbedingungen

$$u_{tt} - \Delta u = 0, \quad t > 0,$$
$$u|_{t=0} = u_0(x), \quad u_t|_{t=0} = u_1(x) \tag{9.4.37}$$

sich reduzieren lässt auf ein spezielles Cauchy-Problem

$$u_{tt} - \Delta u = 0, \quad u|_{t=0} = 0, \quad u_t|_{t=0} = h(x). \tag{9.4.38}$$

Hierzu kann folgende Aussage gezeigt werden:

Lemma 9.4.1. *Seien $v(t, x)$ und $w(t, x)$ Lösungen des speziellen Cauchy-Problems (9.4.38) mit $h(x) = u_0(x)$ und $h(x) = u_1(x)$. Dann löst die Funktion*

$$u(t, x) = w(t, x) + \frac{\partial v(t, x)}{\partial t} \tag{9.4.39}$$

das allgemeine Cauchy-Problem (9.4.37).

Definition 9.4.6. Die Distribution $E(t, x)$ heißt Fundamentallösung des Cauchy-Problems der Wellengleichung, wenn sie eine Lösung des folgenden speziellen Cauchy-Problems

$$E_{tt} - \Delta E = 0 \ (t > 0), \quad E|_{t=0} = 0, \quad E_t|_{t=0} = \delta(x) \tag{9.4.40}$$

ist. Hierbei ist

$$E|_{t=0} \equiv \lim_{t \to +0} E(t, x), \quad E_t|_{t=0} \equiv \lim_{t \to +0} \frac{\partial E(t, x)}{\partial t}$$

zu verwenden.

Satz 9.4.5. *Sei $E(t, x)$ eine Fundamentallösung für das Cauchy-Problem. Dann ist die Lösung für die Aufgabe (9.4.38) gegeben durch die Faltung von E mit der Anfangsbedingung $h(x)$:*

$$u(t, x) = E * h(x).$$

Bemerkung 9.4.1. Sei $E(t, x)$ die Fundamentallösung des Cauchy-Problems. Dann ist $\mathcal{E} = \theta(t)E(t, x)$ die Fundamentallösung für die Wellengleichung, d. h. es gilt $\mathcal{E}_{tt} - \Delta\mathcal{E} = \delta(t, x)$.

9.4.4 Herleitung der Fundamentallösung

Verfährt man analog zu Abschnitt 9.3.2, Lemma 9.3.1, so findet man das folgende Lemma:

Lemma 9.4.2. *Die Lie-Algebra, die durch die Gleichung (9.4.40) für die Fundamentallösung zugelassen ist, besteht aus den folgenden Operatoren von (9.4.35):*

$$X_{ij}, \quad X_{0i}, \quad Z_1 + (1-n)Z_2, \quad Y_0, \quad Y_i, \quad i,j = 1,\ldots,n. \tag{9.4.41}$$

Im Folgenden wird die Fundamentallösung für das Cauchy-Problem der Wellengleichung für ungerade n hergeleitet. Die Lösung für gerade n lässt sich mit Hilfe der einfachen Methode von Hadamard (vgl. [12, 4, 14]) berechnen.

Satz 9.4.6. *Die Fundamentallösung für das Cauchy-Problem der Wellengleichung* (9.4.34) *mit ungerader Anzahl räumlicher Variablen besitzt die Form*

$$E_1 = \frac{1}{2}\theta(t^2 - x^2) \qquad \text{mit } n = 1, \tag{9.4.42}$$

$$E_3 = \frac{1}{2\pi}\delta(t^2 - r^2) \qquad \text{mit } n = 3, \tag{9.4.43}$$

$$E_n = \frac{1}{2\sqrt{\pi^{n-1}}}\delta^{\left(\frac{n-3}{2}\right)}(t^2 - r^2) \quad \text{mit } n > 3. \tag{9.4.44}$$

Sie sind eindeutig bestimmbar mit Hilfe des Invarianzprinzips. $E(t, x)$ aus (9.4.42)–(9.4.44) sind die einzigen Distributionen, die das spezielle Cauchy-Problem (9.4.40) *lösen und invariant sind unter der Wirkung der Gruppe bestehend aus Rotationen, Lorentz-Transformationen und Dilatationen mit den infinitesimalen Generatoren*

$$X_{ij}, \quad X_{0i}, \quad Z_1 + (1-n)Z_2, \quad i,j = 1,\ldots,n. \tag{9.4.45}$$

Beweis. Die Generatoren X_{ij}, X_{0i} von Rotationen und Lorentz-Transformationen besitzen die zwei unabhängigen Invarianten u und $p = t^2 - r^2$ mit $r = |x|$. Schränkt man den Dilatations-Generator aus (9.4.45) auf diese Invarianten ein, so ist

$$Z_1 + (1-n)Z_2 = 2p\frac{\partial}{\partial p} + (1-n)u\frac{\partial}{\partial u}. \tag{9.4.46}$$

Gesucht sind nun invariante Distributionen der Form $u = f(p)$. Der Invarianztest mit dem Operator (9.4.46) liefert die gewöhnliche Differentialgleichung

$$2pf'(p) + (n-1)f(p) = 0.$$

Sei $n = 2m + 1$, so lässt sich diese Gleichung in der Form (9.4.31) schreiben:

$$pf'(p) + mf(p) = 0, \quad m = 0, 1, \ldots.$$

Die allgemeine Lösung hierfür ist gegeben durch (9.4.32): $f(p) = C_1\theta(p) + C_2$, für $m = 0$ und durch (9.4.33) mit $f(p) = C_1\delta^{(m-1)}(p) + C_2 p^{-m}$ für $m \neq 0$. Damit ist

$$u = C_1\theta(p) + C_2 \qquad (n = 1),$$
$$u = C_1\delta^{\left(\frac{n-3}{2}\right)}(p) + C_2 p^{\frac{1-n}{2}} \quad (n \geq 3).$$

Die Anfangsbedingungen aus (9.4.40) zusammen mit den Ausdrücken

$$\lim_{t \to 0} \delta^{\left(\frac{n-3}{2}\right)}(p) = 0, \quad \lim_{t \to 0} \theta(p) = 0$$

liefern

$$C_1 = \frac{1}{2\sqrt{\pi^{n-1}}}, \quad C_2 = 0.$$

Damit folgen die Fundamentallösungen (9.4.42)–(9.4.44). □

Es sei ferner angemerkt, dass unter Benutzung von (8.4.8) die Gleichung (9.4.43) in der Form

$$E_3 = \frac{1}{4\pi r}[\delta(t-r) - \delta(t+r)].$$

dargestellt werden kann.

9.4.5 Lösung des Cauchy-Problems

Die Lösung für das Cauchy-Problem der eindimensionalen Wellengleichung ist gegeben durch (5.4.11). Unter Verwendung der Fundamentallösung erhält man die Lösung für die Wellengleichung in $x = (x^1, \ldots, x^n)$. Das Ergebnis werde für $n = 3$ und $n = 2$ zusammengefasst.

Satz 9.4.7. *Die Lösung des Cauchy-Problems*

$$u_{tt} - k^2 \Delta u = f(t, x), \quad u|_{t=0} = u_0(x), \quad u_t|_{t=0} = u_1(x) \tag{9.4.47}$$

ist gegeben durch

$$u(t, x) = \frac{1}{4\pi k^2}\left[\frac{1}{t} \int\limits_{|\xi - x| = kt} u_1(\xi)\, dS + \frac{\partial}{\partial t}\left(\frac{1}{t} \int\limits_{|\xi - x| = kt} u_0(\xi)\, dS \right) \right.$$

$$\left. + \int\limits_{|\xi - x| < kt} f\left(t - \frac{|\xi - x|}{k}, \xi \right) \frac{d\xi}{|\xi - x|} \right] \quad \text{mit } n = 3, \tag{9.4.48}$$

$$u(t, x) = \frac{1}{2\pi k}\left[\int\limits_{|\xi - x| < kt} \frac{u_1(\xi)\, d\xi}{\sqrt{k^2 t^2 - |\xi - x|^2}} + \frac{\partial}{\partial t} \int\limits_{|\xi - x| < kt} \frac{u_0(\xi)\, d\xi}{\sqrt{k^2 t^2 - |\xi - x|^2}} \right.$$

$$\left. + \int\limits_0^t \int\limits_{|\xi - x| < k(t-\tau)} \frac{f(\tau, \xi)\, d\xi\, d\tau}{\sqrt{k^2(t-\tau)^2 - |\xi - x|^2}} \right] \quad \text{mit } n = 2. \tag{9.4.49}$$

9.5 Gleichungen mit variablen Koeffizienten

Das Invarianzprinzip liefert eine effektive Methode, um Fundamentallösungen für lineare Gleichungen mit variablen Koeffizienten herzuleiten. Als Beispiel soll hier die Fundamentallösung für die Black–Scholes-Gleichung berechnet werden, die aus dem Invarianzprinzip folgt. In [20], Kapitel 3 ist die Anwendung dieses Prinzips für hyperbolische Gleichungen mit variablen Koeffizienten zu finden, nämlich für die Wellengleichung in einer gekrümmten Raum-Zeit mit der nicht-trivialen konformen Gruppe.

Die Fundamentallösung für das Cauchy-Problem der Black–Scholes-Gleichung (2.4.15) ist eine Distribution $E(t, x; t_0, x_0)$, die folgendes Anfangswertproblem löst:

$$E_t + \frac{1}{2}A^2 x^2 E_{xx} + BxE_x - CE = 0 \ (t < t_0), \quad E|_{t \to -t_0} = \delta(x - x_0). \qquad (9.5.1)$$

Unter Verwendung des Invarianzprinzips lässt sich folgende Fundamentallösung herleiten (vgl. [15], englische bzw. schwedische Ausgabe und die Literaturstellen darin):

$$E(x, t; x_0, t_0) = \frac{1}{Ax_0 \sqrt{2\pi(t_0 - t)}} \exp\left[-\frac{(\ln x - \ln x_0)^2}{2A^2(t_0 - t)} \right.$$
$$\left. - \left(\frac{K^2}{2A^2} + C \right)(t_0 - t) - \frac{K}{A^2}(\ln x - \ln x_0) \right], \quad K = B - \frac{A^2}{2}. \quad (9.5.2)$$

Aufgaben zu Kapitel 9

9.1. Man bestimme die Fundamentallösung (9.2.13) der Laplace-Gleichung in zwei Variablen $u_{xx} + u_{yy} = 0$ mit Hilfe des Invarianzprinzips.

9.2. Man zeige die Eigenschaft (9.4.8) der 1-Form für zwei Variablen.

9.3. Man zeige die Eigenschaft (9.4.8) der 1-Form (9.4.18) für drei Variablen.

9.4. Man zeige die Eigenschaft (9.4.8) für eine beliebige p-Form (9.4.6).

9.5. Man zeige die Eigenschaft (9.4.9).

9.6. Man zeige die Eigenschaft (9.4.25).

9.7. Man zeige Satz 9.3.1, d. h. man verifiziere: Ist $E(t, x)$ eine Fundamentallösung des Cauchy-Problems der Wärmeleitungsgleichung, dann löst die Faltung

$$u(t, x) = E * u_0 = \int_{\mathbb{R}^n} u_0(y)E(t, x - y)\,\mathrm{d}y$$

das Cauchy-Problem

$$u_t - \Delta u = 0, \quad u|_{t=0} = u_0(x).$$

9.8. Man zeige Satz 9.4.5, d. h. man verifiziere: Ist $E(t, x)$ eine Fundamentallösung des Cauchy-Problems der Wellengleichung, dann löst die Faltung $u(t, x) = E * h$ das Cauchy-Problem (9.4.38):

$$u_{tt} - \Delta u = 0, \quad u|_{t=0} = 0, \quad u_t|_{t=0} = h(x).$$

9.9. Man leite die Lösung (9.4.48) für das Cauchy-Problem der dreidimensionalen Wellengleichung her.

9.10. Man leite die Lösung (9.4.49) für das Cauchy-Problem für die zweidimensionale Wellengleichung durch Anwendung der Methode von Hadamard auf Gleichung (9.4.48) der dreidimensionalen Wellengleichung her.

Lösungen

Kapitel 1

1.2.
(i) $\operatorname{arcsinh} x = \ln(x + \sqrt{x^2 + 1})$,

(ii) $\operatorname{arctanh} x = \frac{1}{2} \ln\left[\dfrac{1 + x}{1 - x}\right]$, $(|x| < 1)$,

(iii) $\operatorname{arccosh} x = \ln(x \pm \sqrt{x^2 - 1})$, $(x \geq 1)$.

1.3. $x_1 = -1$, $x_2 = 2 + \mathrm{i}$, $x_3 = 2 - \mathrm{i}$.

1.4. Es ist

$$\int_{-\pi}^{\pi} \sin(kx)\sin(mx)\,\mathrm{d}x = \int_{-\pi}^{\pi} \cos(kx)\cos(mx)\,\mathrm{d}x = 0, \quad m \neq k,$$

$$\int_{-\pi}^{\pi} \cos(kx)\sin(mx)\,\mathrm{d}x = 0, \quad m, k = 0, 1, 2, \ldots,$$

$$\int_{-\pi}^{\pi} \sin^2(kx)\,\mathrm{d}x = \int_{-\pi}^{\pi} \cos^2(kx)\,\mathrm{d}x = \pi, \quad k = 1, 2, \ldots$$

1.8. Die Funktionen (ii) sind funktional unabhängig, während die Funktionen (i) und (iii) funktional abhängig sind.

1.9. $(\sinh x)' = \cosh x$, $(\cosh x)' = \sinh x$, $(\tanh x)' = \dfrac{1}{\cosh^2 x}$.

1.10. Die Funktionen (i), (iv) und (v) sind linear unabhängig, während (ii) und (iii) linear abhängig sind.

1.11. $\mathrm{i}^{\mathrm{i}} = \mathrm{e}^{-\pi/2}$.

1.12. $\nabla x = 3$, $\nabla \times x = 0$.

1.13. Es ist
(i) $\nabla \times (\nabla \phi) = 0$,

(ii) $\nabla(\nabla \times a) = 0$,

(iii) $\nabla(a \times x) = x(\nabla \times a)$,

(iv) $\nabla \times (\nabla \times a) = \nabla(\nabla a) - \nabla^2 a$,

(v) $\nabla(\phi\nabla\psi - \psi\nabla\phi) = \phi\Delta\psi - \psi\Delta\phi$.

DOI 10.1515/9783110495522-014

1.14. Es ist

$$\int\limits_V (\phi\Delta\psi - \psi\Delta\phi)\,dx\,dy\,dz = \int\limits_{\partial V} (\phi\nabla\psi - \psi\nabla\phi)\nu\,dS.$$

1.15. Es ist

$$\bar{y}' = \frac{\psi_x + y\psi_y}{\varphi_x + y'\varphi_y},$$

$$\bar{y}'' = \frac{\begin{vmatrix} \varphi_x + y'\varphi_y & \varphi_{xx} + 2y'\varphi_{xy} + (y')^2\varphi_{yy} + y''\varphi_y \\ \psi_x + y'\psi_y & \psi_x x + 2y'\psi_{xy} + y'^2\psi_{yy} + y''\psi_y \end{vmatrix}}{(\varphi_x + y'\varphi_y)^3}.$$

1.16. $\bar{y}' = -e^{-x}y^{-2}y'$, $\bar{y}'' = \dfrac{(yy' + 2y'^2 - yy'')}{y^3 e^{2x}}.$

1.17. $\bar{y}''' = \dfrac{3y''^2 - y'y'''}{y'^5}.$

1.18. Die drei Lösungen der Gleichung $w^3 + 1 = 0$ sind

$$w_1 = \frac{1}{2}(1 + i\sqrt{3}), \quad w_2 = -1, \quad w_3 = \frac{1}{2}(1 - i\sqrt{3}).$$

1.21. Für ein sphärisches Problem lautet die Lösung $\phi(r) = \dfrac{C_1}{r} + C_2.$

1.25. Die Gleichung für Kreise lautet

$$y''' - 3\frac{y'y''^2}{1 + y'^2} = 0, \quad y = y(x).$$

Für Hyperbeln hingegen lautet die Differentialgleichung

$$z''' - \frac{3}{2}\frac{z''^2}{z'} = 0, \quad z = z(t).$$

Beide Gleichungen hängen über die komplexe Transformation $x = z + it$, $y = t + iz$ zusammen.

1.29. $\Gamma\left(-\frac{1}{2}\right) = -2\sqrt{\pi}.$

1.30. $\int_0^\infty e^{-s^2}\,ds = \dfrac{\sqrt{\pi}}{2}.$

Kapitel 2

2.1. Die zugehörigen Euler–Lagrange-Gleichungen lauten
(i) $u_{tt} - \Delta u = f(t, x, y, z)$, vgl. Gleichung (2.6.16) mit $k = 1$.
(ii) $2u_{tx} + u_x u_{xx} - u_{yy} = 0$, vgl. Gleichung (2.3.37).
(iii) $u_{tt} + \mu u_{xxxx} = f$, vgl. Gleichung (2.4.1).
(iv) $u_{tt} + u_{xxxx} + 2u_{xxyy} + u_{yyyy} = f(t, x, y)$, vgl. Gleichung (2.6.28).

2.6. $P = \dfrac{\alpha C e^{\alpha t}}{3C e^{\alpha t} - 1}$.

2.7. Die Gleichung (2.3.30) und die Beziehung (9) aus Gleichung (1.3.15) liefern:

$$D_t(\operatorname{div} \boldsymbol{E}) = \operatorname{div} \boldsymbol{E}_t = c\,\operatorname{div}(\nabla \times \boldsymbol{H}) = 0,$$
$$D_t(\operatorname{div} \boldsymbol{H}) = \operatorname{div} \boldsymbol{H}_t = -c\,\operatorname{div}(\nabla \times \boldsymbol{E}) = 0.$$

Kapitel 3

3.1.
(iv) $y = C e^x - (x^2 + 2x + 2)$,
(v) $y = e^{-C_1 x} \left[C_2 - \int (x + x^2)\,e^{C_1 x}\,dx \right]$.

3.2. (iv) $y = C_1 x - \ln \left| C_2 - \int (x + x^2)\,e^{C_1 x}\,dx \right|$.

3.3. (iii) Die allgemeine Lösung der Gleichung $y''' + y = 0$ lautet

$$y = K_1 e^{-x} + e^{\frac{x}{2}} \left[K_2 \cos\left(\frac{\sqrt{3}x}{2} \right) + K_3 \sin\left(\frac{\sqrt{3}x}{2} \right) \right], \quad K_i = \text{const.}$$

3.4. Die Gleichung $y' + y^2 = Cx^{-2}$ ist invariant bezüglich der Dilatation $\bar{x} = ax$, $\bar{y} = a-1y$. Sie ist die einzige homogene Gleichung der Form $y' + y^2 = Cx^s$.

3.11. Die Lösungen lauten
(i) $y = -\cos x \ln \left| \dfrac{1 + \sin x}{\cos x} \right| + C_1 \cos x + C_2 \sin x$.
Hinweis: Man benutze das Integral $\int \dfrac{dx}{\cos x} = \ln \left| \dfrac{1 + \sin x}{\cos x} \right|$.
(ii) $y = \cos x \ln|\cos x| + x \sin x + C_1 \sin x + C_2 \cos x$.
(iii) $y = \sin x \ln|\sin x| - x \cos x + C_1 \sin x + C_2 \cos x$.

3.13. Die allgemeine Gleichung zweiter Ordnung $f(x, y, y', y'') = 0$, die sich auf die Form $g(x, y, y')y''' = 0$ durch Differentiation bringen lässt, besitzt das Aussehen

$$(ax^2 + bx + c + ky)y'' - \frac{k}{2}y'^2 - (2ax + b)y' + 2ay = 0.$$

Hierbei sind a, b, c, k = const. Bis auf Ableitungen besitzt die resultierende Gleichung die Form

$$(ax^2 + bx + c + ky)y''' = 0,$$

und reduziert sich damit auf den Ausdruck $y''' = 0$.

3.14. Die Standard-Substitution $t = \ln x$ reduziert die zu untersuchende Gleichung auf

$$\frac{d^2 y}{dt^2} + \frac{dy}{dt} + 4y = 0.$$

Die charakteristische Gleichung ist von der Form $\lambda^2 + \lambda + 4 = 0$ mit den Lösungen

$$\lambda_{1,2} = \frac{-1 + i\sqrt{15}}{2}.$$

Damit lautet das Fundamentalsystem von Lösungen

$$y_1 = e^{-\frac{t}{2}} \sin\left(\frac{\sqrt{15}t}{2}\right), \quad y_2 = e^{-\frac{t}{2}} \cos\left(\frac{\sqrt{15}t}{2}\right).$$

Somit besitzt die allgemeine Lösung der betrachteten Differentialgleichung das Aussehen

$$y = \frac{1}{\sqrt{x}}\left[C_1 \sin\left(\frac{\sqrt{15}\ln x}{2}\right) + C_2 \cos\left(\frac{\sqrt{15}\ln x}{2}\right)\right].$$

3.15. Multipliziert man die betrachtete Gleichung mit x^2, so erhält man die Eulersche Differentialgleichung

$$x^2 y'' - 3xy' + 3y = 0.$$

Die Integration mittels der Standard-Substitution $t = \ln x$ für die unabhängigen Variablen führt nach einfachen Berechnungen auf die Lösung $y = C_1 x + C_2 x^3$.

Kapitel 4

4.9. Das System ist nicht vollständig. Vergleiche hierzu Beispiel 4.5.1.

4.13. $u = \phi(z - xy)$.

Kapitel 5

5.9. Die Gleichung $u_{tt} - x^2 u_{xx}$ lässt sich auf die Telegraphen-Gleichung der Form $v_{\xi\eta} + v = 0$ abbilden. Dies geschieht mittels der Transformation

$$\xi = \frac{1}{4}(t + \ln x), \quad \eta = \frac{1}{4}(t - \ln x), \quad u(t, x) = \sqrt{x}\,v(\xi, \eta).$$

5.13. Da die Anfangsbedingung nur die trigonometrische Funktion $\sin x$ enthält, kann die Lösung dadurch gewonnen werden, dass man in (5.5.13) nur einen Term berücksichtigt. Setzt man voraus, dass $l = 2\pi$ ist, folgt

$$u(t, x) = \left[a \cos\left(\frac{kt}{2}\right) + b \sin\left(\frac{kt}{2}\right) \right] \sin\left(\frac{kt}{2}\right).$$

Differenziert man diesen Ausdruck nach t und benutzt die Bedingung $u_t(0, x) = 0$, ergibt sich $b = 0$ und damit $u(t, x) = a \cos(\frac{kt}{2}) \sin(\frac{kt}{2})$. Die Anfangsbedingung $u|_{t=0} = \sin x$ lässt sich darstellen als $a \sin(\frac{kt}{2}) = \sin x$, woraus sich $a = 1$, $k = 2$ ergibt. Damit lautet die Lösung $u(t, x) = \cos t \sin x$.

5.14. $u(t, x) = \sin t \sin x$.

5.15. Gleichung (5.5.26) lässt sich schreiben als

$$c_k = \frac{1}{\sqrt{\pi}} \int\limits_0^{2\pi} \sin x \sin \frac{kx}{2} \, dx.$$

Damit folgt $c_1 = c_3 = c_4 = \cdots = 0$ und

$$c_2 = \frac{1}{\sqrt{\pi}} \int\limits_0^{2\pi} \sin^2 x = \frac{1}{\sqrt{\pi}} \pi = \sqrt{\pi}.$$

Damit besteht die zu bestimmende Reihe (5.5.26) der Lösung nur aus einem Term:

$$u(t, x) = \frac{1}{\sqrt{\pi}} c_2 e^{-\left(\frac{2\pi}{2\pi}\right)t} \sin x = e^{-t} \sin x.$$

Alternative Lösung. Man suche eine Lösung in der Form $u = T(t)X(x)$. Diese soll den Rand- und Anfangsbedingungen genügen. Setzt man diese in die Wärmeleitungsgleichung ein, so ergibt sich eine gewöhnliche Differentialgleichung erster Ordnung der Form $T' + \lambda T = 0$ für die Funktion $T(t)$. Außerdem entsteht eine gewöhnliche Differentialgleichung zweiter Ordnung mit dem Aussehen $X'' + \lambda X = 0$ für die Funktion $X(x)$. Das Randwertproblem ergibt sich damit zu $X'' + \lambda X = 0$, $X(0) = X(2\pi) = 0$. Dies führt zu $\lambda = \left(\frac{k}{2}\right)^2$, $X(x) = C_1 \sin(\frac{kx}{2})$, $k = 1, 2, \ldots$ Nun kann die Gleichung $T' + \left(\frac{k}{2}\right)^2 T = 0$ gelöst werden. Man erhält

$$T(t) = C_2 e^{-\left(\frac{k}{2}\right)^2 t}.$$

Damit ergibt sich insgesamt

$$u = C e^{-\left(\frac{k}{2}\right)^2 t} \sin\left(\frac{kx}{2}\right).$$

Dabei sind $C = C_1 C_2 = \text{const.}$ Die Anfangsbedingung liefert $C \sin \frac{kx}{2} = \sin x$. Dies führt auf $k = 2$, $C = 1$. Für die Lösung ergibt sich

$$u(t, x) = e^{-t} \sin x.$$

5.16. Die Aufgabe ist nicht richtig gestellt, da die Konsistenzbedingung (5.5.21) nicht erfüllt ist.

Kapitel 6

6.1. Nein, sie lässt die Dilatationsgruppe mit dem Generator nicht zu.

6.2. Die allgemeinsten invarianten Gleichungen lauten

(i) $\quad y' = \Phi\left(\dfrac{y}{x}\right),\ y'' = \dfrac{1}{x}F\left(\dfrac{y}{x}, y'\right);$

(ii) $\quad y' + P(x)y = 0,\ y'' = yF\left(x, \dfrac{y'}{y}\right);$

(iii) $\quad y' = \dfrac{1}{x}\phi(y),\ y'' = \dfrac{1}{x^2}F(y, xy').$

6.3. Die Gleichung dritter Ordnung

$$\mu^2\mu''' = v\left(2\mu\mu'' - \mu'^2\right), \quad v = \text{const} \neq 0$$

lässt sich im Falle $\mu = \mu(x)$ auf eine Gleichung erster Ordnung reduzieren. Diese besitzt das Aussehen

$$pss' = s(p - s) + v(2s - p).$$

Hierbei ist $s = s(p)$. Ferner wurde zuerst $\mu' = p(\mu)$ verwendet und anschließend $\tau = \ln\mu,\ \frac{dp}{d\tau} = s(p)$ gesetzt.

6.4. Gleichung (P6.2) (i) $y'' + \dfrac{y'}{x} - e^y = 0$ besitzt zwei Symmetrien

$$X_1 = x\ln x\frac{\partial}{\partial x} - 2(1 + \ln x)\frac{\partial}{\partial y}, \quad X_2 = x\frac{\partial}{\partial x} - 2\frac{\partial}{\partial y}.$$

Die Gleichung (P6.2) (ii) $y'' - \dfrac{y'}{x} + e^y = 0$ hat hingegen nur eine Symmetrie:

$$X = x\frac{\partial}{\partial x} - 2\frac{\partial}{\partial y}.$$

6.5. Die Gleichungen (P6.3) (i), (ii), (iii) und (vi) sind linearisierbar, während (iv) und (v) diese Eigenschaft nicht besitzen.

6.6.

(i) Die Gleichungen $X_2(t) = 1,\ X_2(u) = u$ liefern $t = \ln x,\ u = \dfrac{y}{\sqrt{x}}$.

(ii) Gleichung (6.5.6) kann mit Hilfe der kanonischen Variablen t, u auf die Form

$$u'' = \frac{u'}{u^2} - \frac{1}{2u} + \frac{u}{4}$$

gebracht werden.

(iii) Die Substitution $u' = p(u)$ führt mit $u'' = pp'$ für obige Gleichung auf einen Ausdruck erster Ordnung der Form

$$pp' = \frac{p}{u^2} - \frac{1}{2u} + \frac{u}{4}.$$

6.7. Im Falle der beliebigen Parameter k und ω lautet die Lösung

$$y = A\sqrt{1 + \omega^2 x^2}\,\cos(C - p\arctan(\omega x)).$$

Dabei ist

$$p = \sqrt{1 + \left(\frac{k}{\omega}\right)^2}$$

und A und B sind Konstanten. Im Falle $k = 3\omega^2$ lässt sich die Lösung mittels der elementaren Formel

$$\arctan(s) = \arccos\left(\frac{1}{\sqrt{1 + s^2}}\right) = \arcsin\left(\frac{s}{\sqrt{1 + x^2}}\right)$$

auf die Form

$$y = A\left(\frac{1 - \omega^2 x^2}{\sqrt{1 + \omega^2 x^2}}\cos C + \frac{2\omega x}{\sqrt{1 + \omega^2 x^2}}\sin C\right)$$

bringen.

6.10. Die Gleichungen erster Ordnung, welche den Operator

$$X = \sqrt{2}\,x\frac{\partial}{\partial x} + y\frac{\partial}{\partial y}$$

besitzen, haben die Form

$$\frac{dy}{dx} = \frac{y}{x}F\left(\frac{y^{\sqrt{2}}}{x}\right).$$

Die Lösung lässt sich durch Quadratur in impliziter Form angeben und lautet

$$\int \frac{du}{\Phi(u) - u} = t + C.$$

6.11. Die zweifach invariante Gleichung erster Ordnung besitzt die Form

$$y' = C\frac{y}{x}, \quad C = \text{const.}$$

6.12. Die doppelt homogene Gleichung zweiter Ordnung hat das Aussehen

$$y'' = \frac{y}{x^2}H\left(\frac{xy'}{y}\right).$$

6.14. Sucht man eine Polynomlösung der Form $y = A_0 + A_1 x + A_2 x^2 + \cdots + A_n x^n$ für die Gleichung $y'' = xy' - 4y$, so lässt sich zeigen, dass ein solcher Ausdruck für $n = 4$ existiert und durch $y = x^4 - 6x^2 + 3$ gegeben ist. Wendet man nun eine der Methoden aus Abschnitt 6.5.5 an, so erhält man (z. B. mit Gleichung (6.5.29) und $z(x) = x^4 - 6x^2 + 3$) die folgende Lösung der betrachteten Gleichung:

$$y = (x^4 - 6x^2 + 3)\left[C_1 \int \frac{e^{\frac{x^2}{2}}}{(x^4 - 6x^2 + 3)^2} \, \mathrm{d}x + C_2 \right].$$

6.17. Die Algebra L_2 gehört zum Typ II. Daher löse man die Gleichungen

$$X_1(t) = 0, \quad X_1(u) = 1, \qquad X_2(t) = 0, \quad X_2(u) = t$$

und erhält die kanonischen Variablen $t = \frac{y}{x}$, $u = -\frac{1}{x}$. Da die Variable t die abhängige Größe y enthält, kann diese nur als neue Unabhängige verwendet werden, wenn die singuläre Lösung der betrachteten Gleichung, entlang der t eine Konstante ist, ausgeschlossen wird. Diese singuläre Lösung besteht aus den Geraden $y = Kx$, $K = $ const. Mit Hilfe der Variablen t, u lässt sich die zu untersuchende Gleichung in der Form $u'' = 2$ scheiben. Die Lösung hierzu ist $u = t^2 + C_1 t + C_2$. Setzt man nun hierin die Ausdrücke für t und u ein, so folgt

$$y^2 + C_1 xy + C_2 x^2 + x = 0.$$

Das Auflösen dieser Gleichung nach y und das anschließende Setzen von

$$A = -\frac{C_1}{2}, \quad B = A^2 - C_2$$

führt auf diese allgemeine Lösung

$$y = Kx, \quad y = Ax \pm \sqrt{Bx^2 - x}.$$

Da die betrachtete Gleichung eine Algebra L_2 vom Typ II besitzt, folgt aus der Tabelle 6.5.2 in Abschnitt 6.5.4, dass sie linearisierbar ist (in der Tat lässt sie sich auf die Form $u'' = 2$ transformieren). Damit besitzt sie eine achtdimensionale Lie-Algebra.

6.18. (i) $y = -\dfrac{x}{2} + \sqrt{\dfrac{5}{4}x^2 - x}$.

6.18. Die allgemeine Lösung der Gleichung (6.6.53) besitzt die Form (vgl. (6.6.56))

$$y = \frac{1}{K_1 x + K_2 x^2 + K_3 x^3}, \quad K_i = \text{const.}$$

6.20. Aus den Gleichungen (6.6.82), (6.6.83) und Aufgabe 3.3 (iii) folgt, dass die allgemeine Lösung für Gleichung (6.6.74) in impliziter Form gegeben ist durch

$$x = K_1 e^{-y} + e^{\frac{y}{2}}\left[K_2 \cos\left(\frac{\sqrt{3}y}{2} \right) + K_3 \sin\left(\frac{\sqrt{3}y}{2} \right) \right], \quad K_i = \text{const.}$$

Kapitel 7

7.2. Die infinitesimalen Symmetrien der linearen Wärmeleitungsgleichung beinhalten eine unendlich-dimensionale Lie-Algebra mit dem Generator

$$X_\tau = \tau \frac{\partial}{\partial u}.$$

$\tau = \tau(t, x)$ ist hierbei eine beliebige Lösung der Wärmeleitungsgleichung.

(i) Der endlich-dimensionale Anteil besteht aus einer sechsdimensionalen Lie-Algebra mit den Generatoren

$$X_1 = \frac{\partial}{\partial t}, \quad X_2 = \frac{\partial}{\partial x}, \quad X_3 = 2t\frac{\partial}{\partial t} + x\frac{\partial}{\partial x}, \quad X_4 = u\frac{\partial}{\partial u},$$
$$X_5 = 2t\frac{\partial}{\partial x} - xu\frac{\partial}{\partial u}, \quad X_6 = t^2\frac{\partial}{\partial t} + tx\frac{\partial}{\partial x} - \frac{1}{4}(2t + x^2)u\frac{\partial}{\partial u}.$$

Betrachtet wurde hier eine eindimensionale Wärmeleitungsgleichung der Form $u_t - u_{xx} = 0$.

(ii) Für die zweidimensionale Wärmeleitungsgleichung der Form $u_t = u_{xx} + u_{yy}$ findet man eine neundimensionale diskrete Lie-Algebra, die durch diese Generatoren

$$X_1 = \frac{\partial}{\partial t}, \quad X_2 = \frac{\partial}{\partial x}, \quad X_3 = \frac{\partial}{\partial y}, \quad X_4 = 2t\frac{\partial}{\partial t} + x\frac{\partial}{\partial x} + y\frac{\partial}{\partial y},$$
$$X_5 = u\frac{\partial}{\partial u}, \quad X_6 = y\frac{\partial}{\partial x} - x\frac{\partial}{\partial y}, \quad X_7 = 2t\frac{\partial}{\partial x} - xu\frac{\partial}{\partial u},$$
$$X_8 = 2t\frac{\partial}{\partial y} - yu\frac{\partial}{\partial u}, \quad X_9 = t^2\frac{\partial}{\partial t} + tx\frac{\partial}{\partial x} + ty\frac{\partial}{\partial y} - \frac{1}{4}(4t + x^2 + y^2)u\frac{\partial}{\partial u}$$

erzeugt wird.

(iii) Im dreidimensionalen Fall, in dem die Wärmeleitungsgleichung das Aussehen $u_t = u_{xx} + u_{yy} + u_{zz}$ besitzt, liegt eine dreizehn-dimensionale Lie-Algebra vor, die durch die Generatoren

$$X_1 = \frac{\partial}{\partial t}, \quad X_2 = \frac{\partial}{\partial x}, \quad X_3 = \frac{\partial}{\partial y}, \quad X_4 = \frac{\partial}{\partial z},$$
$$X_5 = 2t\frac{\partial}{\partial t} + x\frac{\partial}{\partial x} + y\frac{\partial}{\partial y} + z\frac{\partial}{\partial z}, \quad X_6 = u\frac{\partial}{\partial u}, \quad X_7 = y\frac{\partial}{\partial x} - x\frac{\partial}{\partial y},$$
$$X_8 = z\frac{\partial}{\partial y} - y\frac{\partial}{\partial z}, \quad X_9 = x\frac{\partial}{\partial z} - z\frac{\partial}{\partial x}, \quad X_{10} = 2t\frac{\partial}{\partial x} - xu\frac{\partial}{\partial u},$$
$$X_{11} = 2t\frac{\partial}{\partial y} - yu\frac{\partial}{\partial u}, \quad X_{12} = 2t\frac{\partial}{\partial z} - uzu\frac{\partial}{\partial u},$$
$$X_{13} = t^2\frac{\partial}{\partial t} + tx\frac{\partial}{\partial x} + ty\frac{\partial}{\partial y} + tz\frac{\partial}{\partial z} - \frac{1}{4}(6t + x^2 + y^2 + z^2)u\frac{\partial}{\partial u}$$

aufgespannt wird.

7.3. Der Operator

$$X = \frac{\partial}{\partial t} + ku\frac{\partial}{\partial u}$$

besitzt zwei unabhängige Invarianten: x und $v = ue^{-kt}$. Daher wird eine invariante Lösung in der Form $v = \psi(x)$ gesucht, in der $u = \psi(x)e^{kt}$ ist. Setzt man dies in die Wärmeleitungsgleichung ein, so folgt $\psi''(x) - k\psi = 0$. Im Falle $k < 0$ sei $k = -\alpha^2$ und man findet $\psi = C_1\cos(\alpha x) + C_2\sin(\alpha x)$. Damit lautet die invariante Lösung

$$u = [C_1\cos(\alpha x) + C_2\sin(\alpha x)]\,e^{-\alpha^2 t}.$$

Für den Fall $k > 0$ sei $k = \beta^2$ und man erhält $\psi = C_1 e^{\beta t} + C_2 e^{-\beta t}$. Dies führt auf die invarianten Lösungen

$$u = (C_1 e^{\beta t} + C_2 e^{-\beta t})\,e^{\beta^2 t}.$$

7.4.

(i) Ähnlich wie in Aufgabe 7.3 kann die Invarianz bezüglich des Generators

$$X = \frac{\partial}{\partial t} + ku\frac{\partial}{\partial u}$$

gezeigt werden, was auf $u = \psi(x, y)e^{kt}$ führt. Setzt man dies in die Wärmeleitungsgleichung $u_t = u_{xx} + u_{yy}$ ein, so folgt $\psi_{xx} + \psi_{yy} = k\psi$.

(ii) Die zweidimensionale Lie-Algebra, die durch die Generatoren X und Y aufgespannt wird, besitzt die Invarianten $r = \sqrt{x^2 + y^2}$ und $v = ue^{-kt}$. Damit ist eine invariante Lösung in der Form $v = \phi(r)$ mit $u = \phi(r)\,e^{kt}$ gesucht. Setzt man dies in die Wärmeleitungsgleichung ein und multipliziert anschließend mit r, so folgt die Gleichung $r\phi'' + \phi' - kr\phi = 0$. Sei nun $k < 0$. Setzt man jetzt $k = -\alpha^2$ und $\tilde{r} = \alpha r$, so folgt die Besselsche Differentialgleichung (vgl. Abschnitt 3.3.5). Ihre Lösungen sind die Bessel-Funktionen $J_0(\tilde{r})$ der Ordnung Null. Die zugehörige Gleichung ist von der Form $\tilde{r}\phi'' + \phi' + \tilde{r}\phi = 0$. Der Strich kennzeichnet die Ableitung in Bezug auf $\tilde{r}$. Damit ist $\phi = J_0(\tilde{r})$ und die invariante Lösung lautet

$$u = J_0(\alpha r)\,e^{-\alpha^2 t}.$$

7.8. Es ist

$$T_5 = 2tE - m\mathbf{x}\mathbf{v}, \quad T_6 = 2t^2 E + m\mathbf{x} + (\mathbf{x} - 2t\mathbf{v})$$

mit $E = \frac{m}{2}|v|^2 + kr^{-2}$ als Energie.

7.10. $s = n$

7.11. Eine einfache Lösung lautet

$$A_1 = \frac{x}{r}\left(0 \quad \frac{z}{y^2 + z^2} \quad -y\frac{y}{y^2 + z^2}\right).$$

Eine etwas symmetrischere Lösung ist

$$A = \frac{1}{3r} \left(\frac{zy(z^2 - y^2)}{(r^2 - z^2)(r^2 - y^2)}, \frac{xz(x^2 - z^2)}{(r^2 - x^2)(r^2 - z^2)}, \frac{yx(y^2 - x^2)}{(r^2 - y^2)(r^2 - x^2)} \right).$$

7.14. Die erste Prolongation von $\hat{X}_1$ erhält man dadurch, dass man zum ursprünglichen Operator $\hat{X}_1$ noch den Term

$$-(x^2\dot{v}^2 + (v^2)^2 + x^3\dot{v}^3 + (v^3)^2)\frac{\partial}{\partial v^1} + (2x^1\dot{v}^2 + v^1 + v^2 - x^2\dot{v}^1)\frac{\partial}{\partial v^2}$$
$$+ (2x^1\dot{v}^3 + v^1v^3 - x^3\dot{v}^1)\frac{\partial}{\partial v^3}$$

hinzuaddiert.

7.15. Nach der Einführung der Variablen $y = \ln|x|$ kann die Black–Scholes-Gleichung in der Form $u_t + \frac{1}{2}A^2 u_{yy} + K u_y - C u = 0$ geschrieben werden. Dabei ist $K = B - \left(\frac{A^2}{2}\right)$ (vgl. Gleichung (9.5.2)).

7.16. Die erste Gleichung $\xi_y = 0$ liefert $\xi = \xi(x)$. Damit wird die vierte Gleichung $\xi_{xx} = 0$ zu $\xi''(x) = 0$. Ihre Lösung lautet

$$\xi = K_1 + K_2 x.$$

Dabei sind K_1, K_2 Konstanten. In ähnlicher Weise ergibt sich aus der dritten Gleichung

$$\eta_x = 0$$

der Ausdruck $\eta = \eta(y)$. Setzt man nun die Terme für ξ und η in die zweite Gleichung ein, so folgt

$$3(\eta_y + \eta) - 2\xi_x = 0.$$

Hieraus kann die lineare nicht-homogene gewöhnliche Differentialgleichung erster Ordnung der Form

$$\eta' + \eta = \frac{2}{3}K_2$$

gewonnen werden. Diese hat als Lösung

$$\eta = \frac{2}{3}K_2 + K_3 e^{-y}.$$

Berücksichtigt man noch $K_3 = C_1$, $K_1 = C_2$, $3C_3 = K_2$ so bekommt man die allgemeine Lösung des betrachteten überbestimmten Gleichungssystems. Diese ist von der Form

$$\xi = C_2 + 3C_3 x, \quad \eta = 2C_3 + C_1 e^{-y}.$$

Kapitel 8

8.1. Es ist

(i) $(\delta'(x), \varphi(x)) = (\delta(x), -\varphi'(x)) = -\varphi'(0),$

(iii) $(\delta'(x - x_0), \varphi(x)) = (\delta(x - x_0), -\varphi'(x)) = -\varphi'(x_0).$

8.2. Es ist (vgl. Abschnitt 8.1.3)

(i) $\displaystyle \lim_{\epsilon \to 0} \frac{2\epsilon x}{\pi \,(x^2 + \epsilon^2)^2} = -\delta'(x),$

(ii) $\displaystyle \lim_{v \to \infty} \int_{-v}^{v} i\xi e^{i\xi x}\, d\xi = 2\pi\, \delta'(x),$

(iii) $\displaystyle \lim_{v \to \infty} \int_{-v}^{v} \xi^2 e^{i\xi x}\, d\xi = -2\pi\, \delta''(x).$

Literatur

[1]   Ames WF. Nonlinear partial differential equations in engineering. Vol. 1. New York: Academic Press; 1965.
[2]   Bluman GW, Kumei S. Symmetries and differential equations. New York: Springer-Verlag; 1989.
[3]   Cantwell BJ. Introduction to symmetry analysis. Cambridge: Cambridge University Press; 2002.
[4]   Courant R, Hilbert D. Methods of mathematical physics, Vol. II: Partial differential equations, by Courant R. New York: Interscience Publishers, John Wiley; 1962. Wiley Classics Edition; 1989.
[5]   Courant R, Hilbert D. Methods of mathematical physics, Vol. I. New York: Interscience Publishers, John Wiley; 1989.
[6]   Duff GFD. Partial differential equations. Toronto: University of Toronto Press; 1956.
[7]   Euler L. Integral calculus; 1769/1770. Vol. III, Part 1, Chapter II.
[8]   Gel'fand IM, Shilov GE. Generalized functions. Vol. 1. Moscow: Fizmatgiz; 1959. English translation: Saletan E. New York: Academic Press; 1964.
[9]   Goursat E. Differential equations. Boston: Ginn and Co; 1917. English translation: Hedrick ER, Dunkel O. Goursat's classical Cours d'analyse mathématique, Vol. 2, Part II.
[10] Goursat E. Cours d'analyse mathématique, Tome 1, 5th ed. Paris: Gauthier-Villars; 1956. English translation: A course in mathematical analysis.
[11] Greenberg M. Advanced engineering mathematics, 2nd ed. Upper Saddle River, NJ: Prentice Hall; 1998.
[12] Hadamard J. Lectures on Cauchy's problem in linear partial differential equations. New Haven: Yale University Press; 1923. Reprinted in New York: Dover Publications; 1952. See also revised French edition: Le problème de Cauchy. Paris; 1932.
[13] Ibragimov NH. Invariant variational problems and conservation laws. Teoreticheskaya i Matematicheskaya Fizika. 1969; 1(3): 350–359. English translation: Theor Math Phys. 1969; 1(3): 267–276. Reprinted in: Ibragimov NH. Selected Works, Vol. I. Karlskrona: ALGA Publications; 2006. Paper 8.
[14] Ibragimov NH. Transformation groups applied to mathematical physics. Moscow: Nauka; 1983. English translation: Dordrecht: Riedel; 1985.
[15] Ibragimov NH. Primer of group analysis. Moscow: Znanie, No. 8; 1989. (Russian). Revised edition in English: Introduction to modern group analysis, Tau: Ufa; 2000. Available also in Swedish: Modern grouppanalys: En inledning till Lies lösningsmetoder av ickelinjära differentialekvationer. Lund: Studentlitteratur; 2002.
[16] Ibragimov NH. Essay in group analysis. Moscow: Znanie; 1991. Russian.
[17] Ibragimov NH. Group analysis of ordinary differential equations and the invariance principle in mathematical physics (for the 150th anniversary of Sophus Lie). Uspekhi Mat Nauk. 1992; 47(4): 83–144. English translation: Russian Math Surveys. 1992; 47(2): 89–156. Reprinted in: Ibragimov NH. Selected Works, Vol. I. Karlskrona: ALGA Publications; 2006. Paper 21.
[18] Ibragimov NH, editor. CRC Handbook of Lie group analysis of differential equations. Vol. 1: Symmetries, exact solutions and conservation laws. Boca Raton: CRC Press Inc.; 1994.
[19] Ibragimov NH, editor. CRC Handbook of Lie group analysis of differential equations. Vol. 2: Applications in engineering and physical sciences. Boca Raton: CRC Press Inc.; 1995.
[20] Ibragimov NH, editor. CRC Handbook of Lie group analysis of differential equations. Vol. 3: New trends in theoretical developments and computational methods. Boca Raton: CRC Press Inc.; 1996.
[21] Ibragimov NH. Elementary Lie group analysis and ordinary differential equations. Chichester: John Wiley & Sons; 1999.

DOI 10.1515/9783110495522-015

[22] Ibragimov NH. Integrating factors, adjoint equations and Lagrangians. Journal of Mathematical Analysis and Applications. 2006; 318(2): 742–757.

[23] Laplace PS. Recherches sur le calcul intégral aux différences partielles. Mémoires de l'Académie royale des Siences de Paris. 1773; 23(24): 341–402. Reprinted in: Laplace PS. Oeuvres complètes, Tome IX. Paris: Gauthier-Villars; 1893, pp. 5–68. English Translation: New York; 1966.

[24] Leray J. Hyperbolic differential equations. Lecture notes, Institute for Advanced Study, Princeton; 1953. Available in a book form in Russian translation: Ibragimov NH. Moscow: Nauka; 1984.

[25] Lie S. Klassifikation und Integration von gewöhnlichen Differentialgleichungen zwischen x, y, die eine Gruppe von Transformationen gestatten. III. Arch for Math. 1883; 8(4): 371–458. Reprinted in: Lie's Ges. Abhandl, Vol. 5; 1924. Paper XIV, pp. 362–427.

[26] Lie S. Vorlesungen über Differentialgleichungen mit bekannten infinitesimalen Transformationen. Leipzig: B. G. Teubner; 1891. Bearbeitet und herausgegeben von G. Scheffers.

[27] Murray JD. Mathematical biology. I: An introduction, 3rd ed. New York: Springer; 2002.

[28] Murray JD. Mathematical biology. II: Spatial models and biomedical applications, 3rd ed. New York: Springer; 2003.

[29] Newton I. Mathematical principles of natural philosophy. London: Benjamin Motte; 1929. Translated into English by Andrew Motte, to which are added, The laws of Moon's motion, according to gravity, by John Machin. 1st ed. 1687, 2nd ed. 1713, 3rd ed. 1726.

[30] Noether E. Invariante Variationsprobleme. Königliche Gesellschaft der Wissenschaften zu Göttingen, Nachrichten Mathematisch-Physikalische Klasse. 1918; 2: 235–257. English translation: Transport Theory and Statistical Physics. 1971; 1(3): 186–207.

[31] Olver PJ. Applications of Lie groups to differential equations. New York: Springer-Verlag; 1986. 2nd ed. 1993.

[32] Ovsyannikov LV. Group analysis of differential equations. Moscow: Nauka; 1978. English translation, Ames WF, editor. New York: Academic Press; 1982. See also Ovsyannikov LV. Group properties of differential equations. Novosibirsk: Siberian Branch, USSR Academy of Sciences; 1962.

[33] Petrovsky IG. Lectures on partial differential equations, 3rd ed. Moscow: Fizmatgiz; 1961. English translation: New York: Interscience; 1964. Republished by Dover; 1991. Translated from Russian by Shenitzer A.

[34] Schwartz L. Métodes mathématiques de la physique. Paris: Hermann; 1961. English translation: Mathematics for the physical sciences. Reading: Addison-Wesley; 1966.

[35] Simmons GF. Differential equations with applications and historical notes, 2nd ed. New York: McGraw-Hill; 1991.

[36] Smirnov VI. A course of higher mathematics, Vol. IV. New York: Pergamon Press; 1964. Translated from Russian by Brown DE, edited by Sneddon IN.

[37] Sobolev SL. Partial differential equations of mathematical physics. New York: Dover; 1989. Translated from Russian by Dawson ER, edited by Broadbent TAA.

[38] Sommerfeld A. Partial differential equations in physics. New York: Academic Press; 1964. English translation: Straus EG of A. Sommerfeld's Lectures on theoretical physics, Vol. VI.

[39] Tikhonov AN, Samarskii AA. Equations of mathematical physics, 2nd ed. New York: Dover; 1990. Translated from Russian.

[40] Whittaker E, Watson G. A course of modern analysis, 4th ed. Cambridge: Cambridge University Press; 1927.

Stichwortverzeichnis

www.ingramcontent.com/pod-product-compliance
Lightning Source LLC
Chambersburg PA
CBHW080711220326
41598CB00033B/5385